역사로 배우는 공학수학은, 그야말로 공학을 하는 사람에게 필요한 수학을 역사적으로 정리, 기술함으로써, 가능한 한 많은 개념의 기원, 정의, 응용에 대한 지식을 전달하고자 하였다. 공학은 오늘날 과학과 불가분의 관계에 있으며, 따라서 대부분의 공과대학에서는 학사과정에서 상당히 많은 시간을 수학을 가르치는데 할애하고 있다. 공학도가 어느 정도의 수학을 배워야 하는가 하는 의문은 서양에서도 항상 지속되고 있는 의문이지만, 수학자가 배우는 수학과는 분명히 달라야 할 것이며, 그런 의미에서 공학수학은 공학도가 알아야 하는 수학으로 정의할 수 있을 것이다.

2011
문화체육관광부
우수학술도서

역사로 배우는

Engineering Mathematics learning as history

공학수학

이승준

도서출판 GS인터비전

序　文

홍콩 대학(University of Hong Kong) 교수회관의 식당에서 점심을 먹으며 이 글을 쓴다. 14층인지라 멀리 내려다보이는 빅토리아 하버, 한 때는 세계에서 제일 바쁜 항구였던, 그 바다가 손에 잡힐 듯 가깝다. 오른쪽에는 중국인(더 정확하게는 홍콩인?)이 그리고 왼쪽에는 영국인들이 앉아 식사를 하고 있는데 혼자 식사를 하며 이상한 교감에 젖어든다. 물론 내 주변의 모든 사람들이 영어라는 공통 언어를 구사하고 있지만, 각자의 언어도 가지고 있다. 근대과학이 서양에서 먼저 발달한 이유로 아시아의 동쪽 끝에 위치한 우리나라는 서양의 문물이 동쪽으로 다가올 때 가장 늦게 이를 접했다. 보다 근본적인 근대과학과 우리나라의 만남은 이차대전 이후라고 해도 틀리지 않을 것이며, 이는 인근의 중국이나 일본에 비하면 최소한 100년 이상 뒤늦은 것이었다. 게다가 초기에는 언어 관계 상, 우리 선배들이 주로 접한 대부분의 과학 관련 서적들이 중국어 또는 일본어로 쓰여 진 것이었으므로, 자연스럽게 이들 나라에서 만들어진 많은 과학 용어들을 우리 것으로 사용하기 시작하였다. 예를 들어 기하, 물리 등은 모두 중국에서 활동하던 서양 선교사들에 의해 18세기 중엽에 만들어진 번역 용어이며, 과학, 공학 등은 일본에서 19세기 말에 만들어진 번역 용어이다.

첫 수업 시간에 학생들과 하는 대화중의 하나다. engineering과 공학 중 어느 것이 먼저 생긴 단어인가? 수식이나 칠판에 잔뜩 쓰는 수학 강의를 생각하고 앉아 있다가 잠깐 생각에 빠지는 학생들을 수없이 보아 왔다. 물론 engineering이라는 단어가 먼저 있었고 이를 번역하기 위해 만들어진 용어가 공학(또는 공업)이므로 선후는 금방 판명이 되는데, 더욱 중요한 문제는 두 단어가 정말 동일한 의미를 전달하고 있느냐 하는 것이지 않을까. 그래서 저자가 졸업한 대학의 학과 명칭이 engineering science인데 우리말로 번역해 보라고 한다. 공학과학과? 그게 뭐하는 곳인지 금방 이해가 되는 말이냐고 되묻는다. 물론 무슨 말인지 잘 이해가 되지 않는다고 대답한다. 그런데 만약 영어를 쓰는 사람들은 engineering science 학과가 어떤 학과인지 이해하는데 전혀 문제가 없다면 어떻게 된 것이냐고 다시 묻는다. 번역이 잘못 된 것입니다 라는 대답을 기대하고 묻지만 우리 학생들이 그렇게 대답하는 것은 그리 흔한 일이 아니다.

모든 번역이 그렇듯이 쉬운 일이 아니며, 우리 사회에서 흔히 쓰이고 있는 단어들에 대해 단순히 틀렸다 맞았다를 얘기하는 것이 현명한 일이 아니라고 생각하므로, 적당한 선에서 다시 본론으로 돌아가고는 하는데, 여기서 항상 남는 의문은 이와 같은 문제의 중요성에 대해 우리가 얼마나 적절히 대처하고 있느냐 하는 것이다. 근대과학과 관련된 학문의 짧은 역사와 산업의 발전에 급급하며 지금까지 우리가 걸어온 과학 및 공학 교육의 길을 다시 돌아보게 된다. 우리 선조에 의해 만들어지지 않은 학문을 우리 후손들에게 가르칠 때 생기는 많은 문제들. 언어가 다르기 때문에 생길 수밖에 없는 수많은 어려움과 그에 따르는 오류의 가능성. 이런 많은 문제들을 극복한다는 것과는 거리가 먼 각도에서 쓰여 진 교과서. 이런 여러 가지를 생각하며, 공학수학(engineering mathematics) 교과서를 쓰기로 마음먹은 것은 꽤 오래 된 일이지만 항상 저자의 지식이 너무도 모자란다는 생각에 거듭거듭 주저하다가, 이제 더 이상 미루면 평생 쓸 수 없을지도 모른다는 생각이 들어 2005년 홍콩대학에 연구 차 나온 김에 글을 쓰기 시작하였다.

제 3장의 내용은 Caltech의 James K. Knowles 교수의 강의 노트에 크게 의존하였다. 물론 이 책에 포함된 모든 오류는 전적으로 저자의 책임임을 미리 밝혀둔다.

공학수학이 포함하는 범위를 일의적으로 정하기는 어렵지만 공과대학에서 배우는 각종 역학과 관련된 지식을 이해하는데 필요한 수학적 도구를 일관되게 제공한다는 측면에서 내용을 차례에 보인 바와 같이 고를 수밖에 없었다. 이에 관해서는 후일 많은 선후배, 동료 제현들의 질정을 바란다.

항상 변함없는 사랑으로 내조에 힘써주는 인숙, 이제 자기 갈 길로 매진하고 있는 정익, 자기가 하고 싶어 하는 일에 열심인 현아, 모두에게 책을 쓴다는 이유로 많은 시간을 같이 하지 못한 점 무한히 미안하게 생각하며 미안한 마음이 이 책의 완성으로 조금이라도 덜어질 수 있기를 바란다.

홍콩대학에서 이 승준

2005년 6월 13일

차 례

제 1 장 서론 1

쉬어가기 1 7

쉬어가기 2 13

쉬어가기 3 17

제 2 장 벡터미적분학 21

쉬어가기 4a 26

2.1 벡터의 미분과 곡선운동 30

2.1 벡터의 미분과 곡선운동 30

2.2 방향도함수와 *grad* 45

쉬어가기 4b 54

2.3 *div* 와 *curl* 58

2.4 벡터의 적분과 선적분 66

쉬어가기 5 73

2.5 평면 상에서의 Green 정리 78

2.6 면적분과 Stokes 정리 83

쉬어가기 6 92

2.7 체적적분과 Gauss 정리 97

2.8 다중 적분에서의 변수 변환(1) 107

2.9 다중 적분에서의 변수 변환(2) 121

쉬어가기 7 128

2장 연습문제 131

제 3 장 선형대수 ········ 143
쉬어가기 8a ········ 148
3.1 벡터와 벡터공간 ········ 153
쉬어가기 8b ········ 162
3.2 벡터의 스칼라곱 ········ 166
쉬어가기 9 ········ 183
3.3 선형변환 또는 텐서 ········ 187
3.4 대칭텐서와 직교텐서 ········ 209
쉬어가기 10 ········ 221
3.5 행렬, 행렬식과 Cramer의 해법 ········ 227
3.6 고유값과 고유벡터 ········ 242
쉬어가기 11 ········ 273
3.7 텐서의 극형분해와 택일정리 ········ 277
3.8 소거법과 텐서의 기준형 ········ 292
쉬어가기 12 ········ 307
3장 연습문제 ········ 311
참고문헌 ········ 318
부록: 공학수학 연대표 ········ 319
찾아보기 ········ 321

제 1 장 서론

오늘날 공학이 수학에 의존하는 정도는 그 어느 때보다 높다. 공학은 항상 어떤 제품을 만들어 내는 것을 염두에 두고 있고, 갈수록 우리가 만들어 내는 제품의 복잡성, 정교성은 높아지고 있기 때문이다. 물론 수학으로 대변되는 공학의 이론적인 분야가 제품 생산의 모든 것을 제공하지는 않는다. 하지만, 공학의 가장 기본적인 부분이 바로 수학에 의해 뒷받침되고 있다는 이유만으로도, 대부분의 공학도는 어느 정도의 수학에 대해서 충분히 이해해야 할 것이다.

수학은 인간이 지각할 수 있는 가장 기본적인 개념 중의 **숫자**와 **도형**에 관한 이야기라고 해도 좋다. 손으로 하나 둘을 셀 수 있을 때부터 인간은 수학에 발을 들여 놓게 되었고, 동굴의 벽에 그림을 그리면서부터 우리는 수학에 관심을 가지게 되었다.

수학 발전의 초기에는 도형과 관련된 분야로 볼 수 있는 **기하학**(geometry)이 보다 큰 비중을 차지하고 있었는데, 이와 같은 사실은 중학교 수학 시간에 배우는 **Pythagoras**(BC569~475, Samos, 쉬어가기 1 참조)[1)]의 정리와, 또 서구에서는 오늘날에도 중요한 고전으로 간주되는 **Euclid**(BC325~270, Alexandria, 쉬어가기 2 참조)의 Elements(일반적으로 기하학원론이라고 번역됨)에 의해 대변된다. 지레와 부력에 대한 원리로 유명하고, 또 인류 최초의 진정한 공학자로 불리는 **Archimedes**(BC287~212, Syracuse, 쉬어가기 3 참조)는 당시에 알려진 수학적(또는 기하학적) 지식을 실제적으로 유용한 장치들을 만드는데 적극적으로 활용한 것으로도 유명한 일화를 많이 남기고 있다.

그러나 이미 Pythagoras의 정리로부터 $\sqrt{2}$를 두 자연수의 비로 나타내기 힘들다[2)]는 사실을 인식하기 시작하게 되었으니, 숫자가 단순히 정수 또는 정수의 연산만으로 표현될 수 있을 것인가 하는 문제는 향후 2000년을 두고 많은 수학자들을 괴롭혀 왔다. 이와 같이 차후의 인류 문화에 미친 그리스 철학, 수학의 영향은 참으로 지대한데, 이에 대해서는 관련 부분만 [쉬어가기 1, 2, 3]에 간단히 정리하였다.

한편 오리와 소의 다리가 모두 몇 개이고 오리와 소의 전체 수가 몇 마리이면 오리와 소는 각각 몇 마리인가 하는 형태의 오늘날도 초등학교에서 배우고 있는 방정식

---

1) 이 책에서는 인명, 지명, 서명 등의 고유명사는 영어로 표기하며, 주로 Asimov(1982)[1]의 예를 따르기로 한다.

2) $1^2+1^2=x^2$에서 x를 정수와 정수의 비로 나타낼 수 있는가 하는 문제를 뜻한다(쉬어가기 1 참조).

(equation)은 숫자의 연산과 그와 관련된 제반 특성을 다루는 분야로 **대수학**(algebra)의 기본이 되어 발전해 왔다.

이와 같이 숫자와 도형에 관한 인간의 지각과 인식은 각각 대수학과 기하학으로 체계를 갖추어 학문적인 발전을 거듭해 왔는데, 지난 2000년의 수학사는 이들의 지속적인 경쟁의 역사로 볼 수도 있다. 오늘날의 용어로 얘기하면 숫자는 디지털(digital)적인, 그리고 도형은 아날로그(analog)적인 인간의 지각, 인식 능력의 기반을 이루고 있는데, 이 두 개념은 때로는 경쟁, 또 때로는 통합의 길을 걸으면서 인류에게 유익한 엄청난 양의 지식을 선물해 왔다. 위에서 언급했던 숫자와 관련하여 매우 기본적인 사항인 $\sqrt{2}$ 의 성질에 관한 논의는 실제로 Pythagoras의 정리라는 기하학적 기반에 근거하여 제공되었으며, 이와 같은 기하학의 우세는 고대 이래로 한 동안 지속된다.

그러나 이러한 고대의 전통은 **Descartes**(1596~1650, France; 1637, 쉬어가기 4a, b 참조)에 의한 좌표계(co-ordinate system)의 도입으로 엄청난 변화를 겪게 되며, 대수학은 단번에 기하학을 압도하게 된다. 도형을 좌표평면, 또는 좌표공간에서 나타내고, 이들의 성질을 방정식으로 이해하는 방법은 Descartes 이전에는 생각하기 힘든 것이었으며, 이후 대수학은 새로운 분야로 함수와 관련하여 **해석학**(analysis)을 포함하게 되는데, 대수학의 기하학에 대한 상대적 우위는 오늘날 고등학교 수학과정에서 많이 다루고 있는 주제인 해석기하학(analytic geometry)이라는 명칭으로도 잘 상징된다.

믿기 힘들지 모르겠지만, 젊은 시절의 **Galileo**(1564~1642, Italy, 쉬어가기 4a, b 참조)는 오늘날은 중학생들도 다 아는 포물선의 방정식 $y=ax^2$ 에 대해 모르고 있었다. 물론 수학 교수였던 그는 포물선의 모든 기하학적 성질에 대해 정통하고 있었고 또 위와 같은 식의 결과로 얻어지는 성질에 대해서는 거의 알고 있었지만, 정작 도형을 방정식으로 나타낸다는 개념 자체를 가지고 있지 않았다는 말이다. 만년의 Galileo(1638)가 함수의 개념을 도입하여 운동을 설명하려고 했던 것은 Oresme(1323~1382, France)의 영향에 따른 것으로 보이며, 그의 이러한 시도는 곧 과학계 전반에 지대한 영향을 끼치게 되었다.

이와 같은 대수학과 기하학의 위상 반전의 시대에 **Newton**(1642~1727, UK, 쉬어가기 5 참조)이 살고 있었으며, 이러한 학문적 토양 위에서 **미적분**(calculus)의 개념에 도달하게 되었고, 또 이렇게 새로이 만들어진 개념들은 그의 가장 주요한 저서 **Principia**(1687)[3]에서 물체의 운동을 설명하는데 없어서는 안 될 주요한 요소들이었

3) 프린키피아로 읽으며, Newton의 주요 저서인 Mathematical Principles of Natural Philosophy(자연철학의 수학적원리)의 라틴어 제목의 '원리'(Principles)에 해당하는 부분이다. 그 시대의 자연철학은 오늘날 과학, 또는 물리학에 해당한다(쉬어가기 5 참조).

다. 미적분을 창안한 Newton과 **Leibniz**(1646~1716, Germany, 쉬어가기 5 참조)에 의해 수학은 또 한 번의 전기를 맞이하게 되는데, 무한소(infinitesimal)나 극한(limit) 등의 개념이 아직 엄밀하지는 않지만 본격적으로 도입되면서 대수학은 대수학대로, 기하학은 기하학대로 그 영역이 크게 확장된다. 물론 수학이 이때부터 더욱 본격적으로 과학의 도구로 사용되기 시작하며, 이전의 수학과 달리 미적분은 숫자와 도형에 대한 단순한 지각 능력을 기반으로 하는 것이 아니라, 보다 고도화된 생각하는 능력을 요구하는 성질을 가지게 된다.

수학사에 있어 또 다른 전기에 해당하는 19세기 중엽에 이르러서는, 대수학과 기하학, 두 분야 모두 다시 한 번 대단히 본질적인 문제에 대한 해답을 얻게 되면서 자체적인 특성에 충실하고자 하는 모습을 보이게 된다.

먼저, 대수학 분야에서는 함수의 개념과 관련하여 도형 등에 의해 주어지는 기하학적인(geometric) 직관에 의존하지 않는 순전히 대수적인(algebraic) 함수의 정의를 보다 중요하게 생각하게 되었고, 또 **Hamilton**(1805~1865, Ireland; 1843, 쉬어가기 7 참조)에 의해 숫자끼리의 곱이 교환성(commutativity)을 가지지 않는, 즉 $ab \neq ba$ 인 대수도 가능하다는 발견에 접하면서 대수학 자체의 본질에 보다 충실하게 된다. 한편, Euclid의 Elements 이래로 2000년 이상 수학자들을 괴롭혀 왔던 문제, 즉 Euclid의 공리체계에 포함된 소위 평행선공리에 관한 논쟁이 Riemann(1826~1866, Germany; 1854)에 의해 어느 정도 해결되면서, 기하학은 非유클리드기하학의 탄생을 맞이하며, 유클리드공간의 절대성으로부터 해방되어 공리체계로서의 기하학에 보다 충실하고자 하는 모습을 보이게 된다.

이와 같은 환경 아래, 과학과 수학의 모든 분야에서 무언가 변하지 않는 양, 특히 좌표계에 독립적인 불변량, 또는 불변 관계의 존재에 대한 관심이 고조되며, 벡터(vector)는 19세기 말, 전자기학의 출현과 더불어 공학 문제의 전면에 등장하게 된다. 정역학에서 다루는 두 힘의 합성이 평행사변형법칙에 따라 주어진다는 사실은 **Aristotle**(384~322BC, Greece, 쉬어가기 2 참조)에게도 알려져 있었으므로 벡터의 기본적인 개념이 알려진 것은 수천 년이 되었지만, 물리량을 다루는데 있어 여러 가지 연산(operation)법칙을 만족하는 벡터와 그들의 미적분과 관련하여 좌표계와는 독립적으로 다룰 수 있는 개념 및 관련 체계의 창출이 요구되고 있었던 것이다. 이러한 상황은 **Gibbs**(1839~1903, USA; 1884, 쉬어가기 7 참조)에 의해 상당 부분 해결되며, 벡터공간 및 그와 관련된 개념의 발전을 촉진하게 된다.

이 책 제 1편의 주요 내용인 벡터미적분학과 선형대수학은 위에서 서술한 바와 같은 역사를 통해 발전되어 왔으므로 길게는 수천 년, 짧게는 200년 정도의 수학사를 포함하는 내용임에도 불구하고, 대부분의 공과대학 수학 교재에서는 이와 같은 수학의 역사는 거의 언급하지 않은 채 20세기 중반 이후에야 그 모습을 제대로 갖추게 된 내용을 일률적으로 전달하고 있다. 특히 번역서의 경우에는 번역이 잘못된 경우는 아예 차치하고, 제대로 번역이 된 경우에도 원서의 표현에 충실하다 보면 우리글이나 우리말에는 없는 표현들로 가득 차게 되어, 따라서 많은 학생들이 과목 자체에 대한 흥미를 잃고 있다. 천학비재임에도 불구하고 공과대학에서 사용할 수학 교재를 아예 우리글로 쓰고자 하는 저자의 시도는 이와 같은 너무나 안타까운 상황을 극복하기 위함이다.

'역사로 배우는 공학수학'(engineering mathematics)이라는 제목을 가진 이 책에서는, 그야말로 공학을 하는 사람에게 필요한 수학을 역사적으로 정리, 기술함으로써, 가능한 한 많은 개념의 기원, 정의, 응용에 대한 지식을 전달하고자 하였다. 공학은 사실 지극히 동양적인 번역어이다. engineering이라는 원래의 영어 단어는 engineer가 하는 일을 총체적으로 뜻하는 말이며, 학문이라는 뜻을 가지고 있다고 보기는 힘들다. 19세기 후반 일본에서 만들어진 이 번역어는 당시 모든 것을 배워야, 즉 學해야 했던 일본인의 입장에서 만들어진 것으로 보이는데, 이와 같은 번역 용어가 알게 모르게 미치는 영향은 참으로 심대하다. 어찌 되었든 원어적인 의미에서 공학은 오늘날 과학과 불가분의 관계에 있으며, 따라서 대부분의 공과대학에서는 학사과정에서 상당히 많은 시간을 수학을 가르치는데 할애하고 있다. 공학도가 어느 정도의 수학을 배워야 하는가 하는 의문은 서양에서도 항상 지속되고 있는 의문이지만, 수학자가 배우는 수학과는 분명히 달라야 할 것이며, 그런 의미에서 공학수학은 공학도가 알아야 하는 수학으로 정의할 수 있을 것이다.

언제부터 공학수학이라고 부를 수 있는 분야가 성립되었고, 또 이와 같은 제목의 교과서들이 저술되기 시작되었는지는 확실치 않으나, 20세기 대서양의 양쪽에서 항공우주공학 발전의 증인이었던 von Karman(1881~1963, Hungary, Germany & USA)과 관련하여 하나의 일화가 있다.

난류유동의 수학적 모형을 찾아 많은 학자들의 노력이 모아지고 있던 1930년대, 통계학적인 지식을 필요로 하던 그는 저명한 통계학자들을 초빙하여 그가 재직하고 있던 Caltech의 실험실에서 같이 지내곤 했는데, 수학자와 공학자의 본질적인 차이점에 누차 주목하지 않을 수 없었다. 당대의 유명한 수학자였던 E. T. Bell 교수가 수학 강좌를 제공하고 있었음에도 불구하고, engineer임을 자처하였던 그는 유용한 수학(useful mathematics)이라는 표제 아래 스스로 수학 강좌를 제공하였으며, 이는 수학의 공학적 응용에 큰 관심이 없었던 Bell에게 일종의 도전장을 낸 것과 같은 일이었다. 물론 결과는 학생들의 선택에 의해 von Karman의 일방적 승리로 끝났는데, 그의 수학 강의에 근거하여 출판된 책의 제목이 바로 공학수학(von Karman & M. Biot, Mathematical methods in engineering, 1940[2])이었다. 수학을 공학에 어떻게 응용할 것인가, 또 어느 정도의 수학을 공학자가 배워야 하는가 하는 문제에 대한 하나의 해답을 전해 주었던 그의 강의와 또한 그의 책은 많은 제자들에게 엄청난 영향을 주었고, 결과적으로는 20세기 후반 미국의 공학 발전에 지대한 공헌을 한 것으로 볼 수 있다.

대부분의 수학 관련 교과서에서는 상당한 수학적 엄밀성을 지키려고 노력한다. 반드시 그런 이유 때문은 아니지만, 공과대학의 학생들이 그러한 책을 읽을 때, 대부분 매우 딱딱하며 이해하기 어렵고, 따라서 응용과는 거리가 멀다고 느끼게 된다. 여기서는 von Karman & Biot(1940)[2]의 전례를 따라, '이 책은 수학자를 위해서 쓰인 책이 아니고 공학자를 위해서 쓴 책'임을 다시 한 번 강조한다.

수학적 기술의 엄밀성은 대체적으로 우리가 다루는 함수의 유연성(smoothness)과 연관이 많은데, 적분의 경로, 곡면, 면적, 또는 체적에 대해서도 마찬가지로 이 책에서 우리가 사용하는 표현식은 그러한 표현식이 수학적으로 가능하고 또 그러한 양이 존재한다는 가정 하에 쓰기로 한다는 점도 아울러 강조한다.

이 책에서는 수학 및 역학사의 내용을 필요한 부분에서 가능한 한 많이 소개하려고 하였는데, 사람들에 의해서 만들어진 그리고 긴 세월을 두고 다듬어진 내용을 전달하고 있다는 사실을 강조하기 위함이다.

1) 수학사의 전반적인 내용은 Kline(1972)[3], Boyer & Merzbach(1991)[4],
2) 벡터해석에 관한 부분은 Crowe(1994)[5],
3) 동역학 및 전반적인 역학사에 대해서는 Truesdell(1968)[6],
4) 유체역학의 발달 및 주요 관련 역사에 대해서는 Rouse & Ince(1963)[7],
5) 관련 학자들의 삶이나 업적에 대해서는 O'Connor & Robertson[8]의 웹사이트를 주로 참고하였음을 밝힌다.

쉬어가기 1

Thales(BC629~547, Miletus)와 Pythagoras(BC569~475, Samos)

어느 나라, 지역의 역사가 다 그러하듯이 그리스의 역사도 옛날로 거슬러 올라가면 의문투성이로 남아있다. 신화와 역사를 정확히 구분 짓는 것이 쉽지 않을 뿐만 아니라 근거할 만한 자료가 충분치 않기 때문이다. 그리스 문명의 아침은 그리스 본토가 아닌 지중해 가운데의 섬, 크레타(Crete)로부터 밝아 올랐다.

그리스뿐만 아니라 서양 문명 전체의 해양성을 이해하기 위해서는 BC1600년 당시, 그들에게 알려진 땅을 나타낸 지도를 보는 것도 좋을 것이다(쉬어가기 그림 1). 북쪽은 유럽, 남쪽은 아프리카, 동쪽은 아시아, 서쪽은 좁은 해협(14km)으로 거의 막혀있다고 해도 좋을 지중해가 바로 그들 삶의 중심이었다. 地中海(mediterranean sea)라고 하는 단어 자체가 라틴어로 땅(terra=land) 가운데(medi=middle)의 바다(sea)라는 뜻인데, 한자 번역이 원어의 뜻을 그대로 전달할 수 있는 바람직한 경우이다. 사족이지만, 영어에서는 라틴어와 그리스어로부터 이렇게 의미부인 어근을 취하여 표음 문자의 단점을 보충하고 있는데, 우리의 경우에는 한자를 사용하여 같은 목적을 이루고 있으므로, 이런 관점에서는 한자의 유용성에 대한 새로운 이해가 있어야 할 것이다.

청동기시대 말기에 들어서면서 문명의 주도권은 그리스 본토로 옮겨가는데, BC1600년에서 BC1100년까지의 기간은 미케네(Mycenae) 문명으로 불린다. 미케네는 그리스 본토 남부를 이루고 있는 펠로폰네소스(Peloponnese) 반도의 동북쪽에 위치한 지역의 이름이다(쉬어가기 그림 2). 이 시기는 그리스 신화시대에 해당하며, 저 유명한 트로이 전쟁(Trojan war)에서 그리스군을 이끌고 있던 사람이 바로 미케네의 왕이었던 아가멤논(Agamemnon)이었다. 미케네 문명의 주역을 이루었던 다른 도시국가로는 아테네(Athens), 테베(Thebes)를 들 수 있으며, 또한 이들은 이미 소아시아(지금의 터키)로 진출하여 사모아(Samos) 섬 바로 건너편의 지역을 생활 근거지로 하고 있었는데 이 지역은 이오니아(Ionia)로 불리고 있었고, 가장 큰 도시로는 밀레투스(Miletus)가 있었다(쉬어가기 그림 2 참조). 또 한 가지 중요한 사항은 위에서 언급한 도시국가 중 테베는 페니키아 인들이 세웠다는 신화가 있는데, 이때부터 페니키아는 동 지중해에서 이미 상당한 영향력을 발휘하고 있었다(쉬어가기 그림 3).

페니키아는 오늘날의 레바논 지역에 근거지를 두었던 셈족 계통의 사람들이 세운 나라로 알려져 있는데, 고대 그리스와 로마에 막대한 영향을 끼친 나라였다. 우선 그리스 문

쉬어가기 그림 1 지중해를 중심으로 본 지역

자, 알파벳이 페니키아의 것을 모방한 것이었으며, 그리스 문자는 나중에 거의 모든 서양 문자의 모형이 되었으므로, 이런 관점에서는 서양 전체에 미친 영향이 막중하다고 할 수 있다. 한편 이들은 뛰어난 조선술과 항해술의 소유자들이었으며, 지중해 전역에 식민도시를 세워 무역을 통해 막대한 부를 창출하고 있었다. 이집트로는 조선용 목재를 수출하였고, 이스라엘의 솔로몬 왕과는 신전 건축(Solomon's Temple, BC1000경)을 위해 협조하였으며, 그리스에는 귀족들의 옷감에 사용되었던 자주색 염료를 공급하는 나라였다.

페니키아(Phoenecia)라는 나라 이름 자체가 그리스어로 자주색을 뜻하는 단어에서 나왔으니 이 염료가 얼마나 중요한 품목이었는지 알 수 있다. 페니키아는 지중해의 반대편 끝인 스페인에까지 식민도시를 건설하였으며, 스페인이라는 나라 이름도 바위너구리(shapan)의 섬이라는 뜻의 페니키아어에서 비롯되었다. 또한 한니발(Hannibal)로 유명한 카르타고(Carthage)가 바로 페니키아 인들이 북아프리카 튜니지아의 해안에 세웠던 도시국가이며, 로마에 의한 카르타고의 멸망(BC146)에 이르기까지 페니키아인들은 지중해 무역에 있어 상당한 독점권을 행사하고 있었다. 초기에는 레바논 지역에 있던 도시 티레(Tyre), 시돈(Sidon), 비블로스(Byblos) 등이 가장 크고 번성하였는데, 특히 티레는 가장 융성하였던 무역 도시였고, 비블로스는 종이의 원료인 파피루스의 수출항으로, 결국 성경을 뜻하는 바이블(bible) 또는 책(biblio)의 어원이 된 것으로도 유명한 도시이다.

BC1100년경, 아직까지 확실히 밝혀지지 않은 이유로 미케네 문명은 몰락하고, 그리스

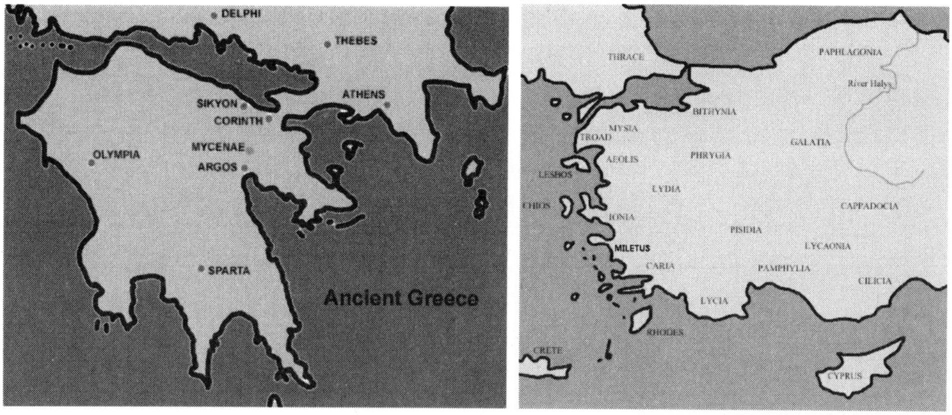

쉬어가기 그림 2 고대 그리스의 펠로폰네소스 반도와 이오니아

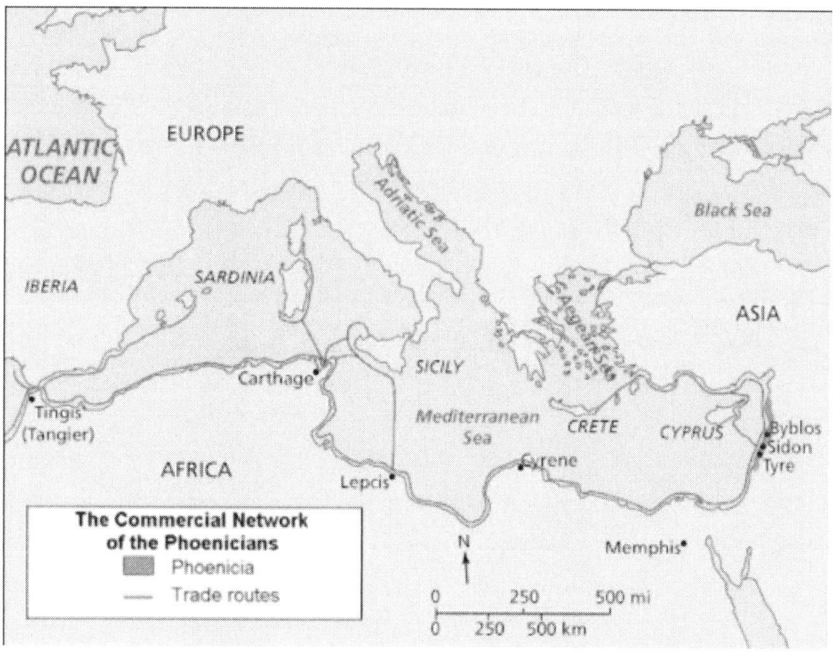

쉬어가기 그림 3 페니키아의 세력 범위

에는 약 300년간의 암흑시대(Dark Ages)가 찾아오는데, 이 기간 동안 그리스 북부에 거주하던 도리아인(Dorians)들이 대거 남쪽으로 이동하여 펠로폰네소스 반도의 남단에 스파르타(Sparta), 코린트(Corinth)를 비롯하여 수많은 도시국가를 형성하게 되며, 이들의 이동으로 그리스 세계는 커다란 변화를 거치며 지중해 전역에 걸쳐 식민도시를 건설하였다.

BC800년경부터 약 300년 동안, 그리스는 해외로 해외로 뻗어나가게 되는데, 페니키아인들과 경쟁 및 협력 속에서 동 지중해의 상당 지역에 식민도시를 건설한 그리스도 근본적으로는 해양 세력이었다.

소아시아의 이오니아는 앞에서도 언급하였지만, 흑해 연안 전역과 에게해(Aegean Sea) 연안 전역, 키프러스(Cyprus), 그리고 남부 이탈리아, 시칠리(Sicily), 남부 프랑스에 이르기까지의 광범위한 지역에 수많은 그리스의 식민지가 건설되었는데, 이 중에서 특히, 대 그리스(Magna Graecia)로 불리던 남부 이탈리아의 크로토네(Crotone)와 도리아인들에 의해 건설된 시칠리의 시라쿠사(Syracuse)는 나중을 위해서 기억해 둘 만하다. 오늘날의 나폴리(Naples), 마르세이이(Marseille), 이스탄불(Istanbul) 등도 그리스 식민도시로서 출발한 도시들이었음을 지적해 둔다. 한편 BC800년경부터 페니키아의 알파벳을 본뜬 그리스의 알파벳이 완성되어 역사 기록과 저작 활동이 풍성해지기 시작해진 것도 이즈음이다.

바로 이 기간 중에 수학이 중요한 학문의 하나로 태동하여 성립되었으며, 수학의 아버지로 불리는 **Thales**(BC629~547, Miletus)는 최초로 수학적 사고에 대해 가르치기 시작하였다. 그는 주로 이오니아 지방의 밀레투스에서 활동하였는데, 공리(axiom)와 연역법(deduction)을 사용하여 수학의 체계를 세우는 효시를 보였다(쉬어가기 그림 4).

Thales보다 60년 뒤인 BC569년, 같은 이오니아 지방인 사모아 섬에서 **Pythagoras**(BC569~475, Samos)가 태어났다. 어머니는 사모아 사람, 아버지는 당시 페니키아의 가장 큰 도시였던 티레(Tyre) 사람으로, Pythagoras는 어린 시절을 티레에서 보내며 페니키아식 교육을 받았는데, 18세 되던 해에 밀레투스로 Thales를 방문하여 가르침을 받기도 하였다. 이때 Thales는 그에게 당시 선진 문명국이었던 이집트를 방문하기를 권하였으며, 그는 34세에 이집트로 건너가 10년 동안 체류하며 많은 지식을 체득하였으나, 페르시아와 이집트의 전쟁에서 이집트가 지는 바람에 바빌론으로 잡혀가게 되었다. 그는 그곳에서 5년 동안 다시 바빌로니아의 앞선 수학에 대해서도 배우게 되었고, 49세에야 고향인 사모아 섬으로 돌아와 후진 양성을 시작하지만, 그의 이집트 식 교육 방법에 대한 비난이 비등하자, 2년 후, 이탈리아 남부의 그리스 식민지였던 크로토네로 자리를 옮겨 그의 학파를 키워나갔다(쉬어가기 그림 5).

오늘날 그의 이름이 붙어있는 직각삼각형에 대한 유명한 정리는, 내용상으로는 이미 1000년 전에 바빌로니아 사람들에게 알려져 있었지만, 수학적 증명을 제공한 최초의 학자가 그였음을 기리기 위한 것이다. 크로토네에서 10년 동안 착실하게 세력을 키워나가던 중, 61세 되던 해에는 그 지방의 세력자였던 귀족의 공격을 받아 상당한 피해를 보며 시련을 겪기도 하는데, 이후 94세로 생을 마감하기까지 많은 추종자들을 얻었다. 기원전 500년경, 수학자로 알려진 그의 여행 족적을 따라다니다 보면, 그 당시 그리스, 페니키아인들의 생활 및 사고의 범위가 짐작된다.

그와 관련하여 최대의 아이러니는 Pythagoras의 정리에 대한 증명을 얻은 후, 온 학파가 너무나 기뻐하며 엄청난 축제를 벌이고 축하하였는데, 바로 이 정리가 그의 지론 중의 하나였던 모든 숫자는 자연수의 비로 나타낼 수 있다는 주장이 진실이 아님을 보여주는 근거가 되었다는 점이다. 다시 말하면 이등변직각삼각형의 직각을 이루는 두 변의 길이를 1이라고 할 때, 빗변의 길이는 그의 정리에 따르면 $\sqrt{2}$ 가 되는데, 이 숫자를 자연수의 비로 나타내기가 불가능한 것을 알게 되었다는 점이다. 그러나 이와 같은 사실에도 불구하고, 실수체계(real number system)에 대한 의문과, 또한 만물은 숫자에 의해서 지배된다고 믿었던 그의 사고가 서양 수학에 끼친 영향은 실로 심대하다고 할 수 있다.

Pythagoras의 정리, 즉 직각삼각형의 빗변의 길이를 c, 직각을 이루는 두변의 길이를 a, b라고 할 때, $c^2 = a^2 + b^2$이라는 사실은 순전히 기하학적으로 증명할 수 있는데, 쉬어가기 그림 6에 이 증명에 가장 많이 사용되는 도형을 보였다.

쉬어가기 그림 4 Thales와 Pythagoras(3 세기 동전)

쉬어가기 그림 5 Pythagoras

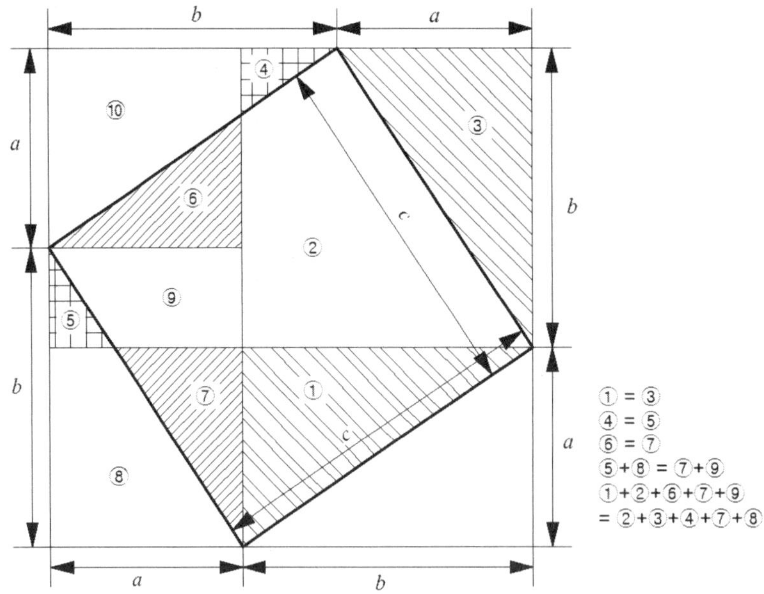

쉬어가기 그림 6 직각삼각형에 대한 Pythagoras의 정리의 증명

쉬어가기 2

Aristotle(BC384~322, Macedonia)과 Euclid(BC325~270, Alexandria)

BC500년경부터는 그리스의 고전시대(Classical Period)가 시작되어 Alexander 대왕(Alexander the Great)이 급서하던 BC323년까지 지속된다. 소아시아에 있던 이오니아 지방을 무력으로 통합하고 있던 페르시아에 대항하여 그리스는 이오니아의 정치적인 독립을 요구하였다. 이것이 도화선이 되어 그리스와 페르시아 사이에 전쟁(BC490)이 발발하였으며, 이 싸움에서 그리스가 승리하였고, 여기서 주도적 역할을 하였던 아테네가 전 그리스의 패권을 잡으며 소위 그리스 문화의 전성기로 들어선다. 마라톤(Marathon) 부근에서 벌어진 페르시아군과의 싸움에서 얻어진 그리스군의 승리를 아테네에 알렸던 청년을 기리는 운동으로 마라톤이 시작된 것도 이 때였다.

이 시대에는 Socrates, Plato 등에 의해 대표되는 많은 철학자와 수학자들이 탄생하였는데, 이 시대의 마지막에 즈음하여 마케도니아(Macedonia) 출신인 Aristotle(BC384~322, Macedonia)이 등장한다. 그는 Plato이 세운 학교인 아카데미(**Academy**)에서 수학하였는데, 아카데미의 후계자로서 충분한 자격을 갖추고 있었음에도 불구하고, 마케도니아 인이라는 이유로 배척당하여, 스스로 리케움(**Lyceum**)이라는 학교를 세우기도 하였다(쉬어가기 그림 7). 또한 그는 마케도니아의 왕자 Alexander의 가정교사로서 미래의 지배자에 대한 교육을 담당함으로써 차후 세상에 엄청난 영향을 끼치게 되었고, 동서 문명의 융합이라는 새로운 시각을 Alexander에게 제공하였으며, 알렉산드리아(Alexandria)라는 국제 문화 도시의 성립에 지대한 영향을 끼친 것으로 알려져 있다.

Aristotle은 그 때까지 알려진 모든 학문을 분류하고 체계화하는 작업을 수행하였으며, 그의 저작은 시대를 건너뛰어 문예부흥시대 유럽인들의 필독서가 되었다. 그리스는 그 때까지 야만족으로 보아왔던 마케도니아에 의해 정복당한 형태가 되었으나, 그와 함께 세계 경영에 나서게 되며, 그리스 인들이 스스로를 부르는데 사용하였던 이름인 헬렌 인에 기원하는 헬레니즘, 즉 헬렌 인들의 문명을 더욱 넓은 지역에 전파할 수 있는 기회를 얻게 되었다.

Alexander의 죽음(BC323) 이후, 로마가 그리스를 통합하여 속주로 삼게 되는 BC146년까지의 기간은 통상 헬레니즘시대(Hellenistic Period)로 불리는데, 정치적으로는 상당히 불안한 시대였지만, 학문적으로는 꾸준한 발전을 거듭하여 고대 그리스 문화의 꽃이 만개한 시기이다. 지금의 이집트는 Alexander의 사후, 그의 가장 충실한 친구이며 동지이자

쉬어가기 그림 7 Plato(좌)와 Aristotle(우)

부하였던 Ptolemy에 의해 새로운 왕국으로 거듭나며, 알렉산드리아는 Alexander에 의해 사라진 페니키아의 티레를 대신하여 지중해 최대의 무역 항구이자 왕국의 수도로서 번영을 거듭하게 된다. Alexander와 같이 Aristotle에게 수학하였던 Ptolemy는 학문의 옹호자임을 자처하였으며, 알렉산드리아에 그 당시 세계 최대의 도서관을 건립하게 하였고, 알렉산드리아가 학문에 있어서 아테네의 역할을 대신할 수 있도록 최선의 노력을 다한다(쉬어가기 그림 8).

기하학의 아버지로 불리는 **Euclid**(BC325~265, Alexandria)는 이 때, 알렉산드리아에서 거주하며 저작 및 학술 활동을 하였는데, 이 당시 알렉산드리아의 도서관은 대학(university)의 기능을 포함한 최고의 교육기관이었다(쉬어가기 그림 9). Euclid의 최대의 역작은 기하학원론(Elements)으로 꼽히는데, 그 당시에 이미 다른 사람들에 의해 알려진 내용도 포함하고 있기는 하였지만, 일관된 공리체계로서의 기하학을 새롭게 구성한 그의 공로는 순수 수학자로서 어느 누구에게도 뒤지지 않을 것이다(쉬어가기 그림 10).

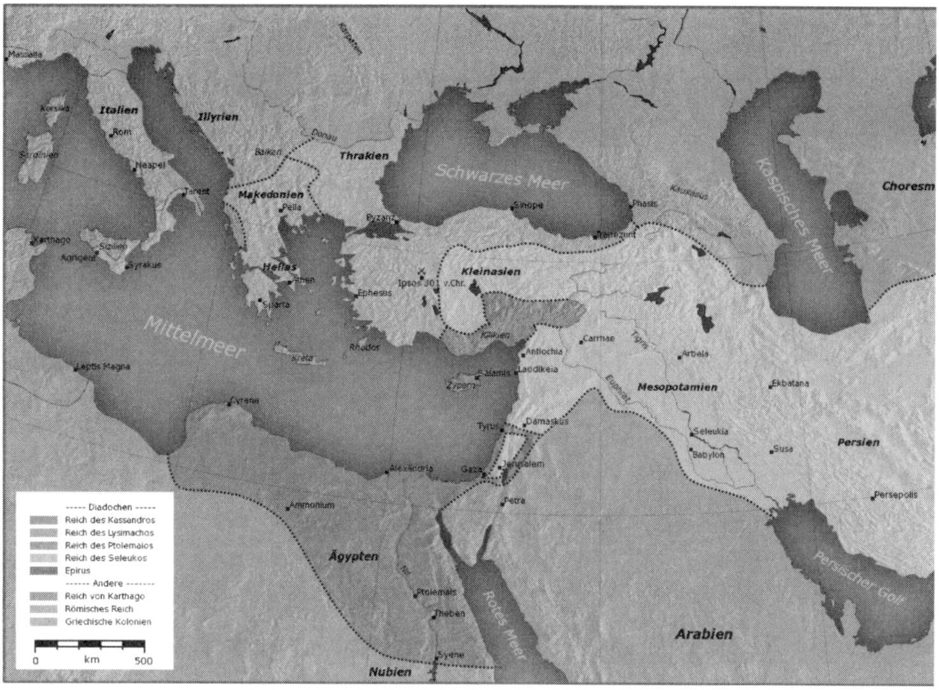

쉬어가기 그림 8 Alexander 사후의 왕국 분열

쉬어가기 그림 9 2002년 개관한 도서관, Bibliotheca Alexandria

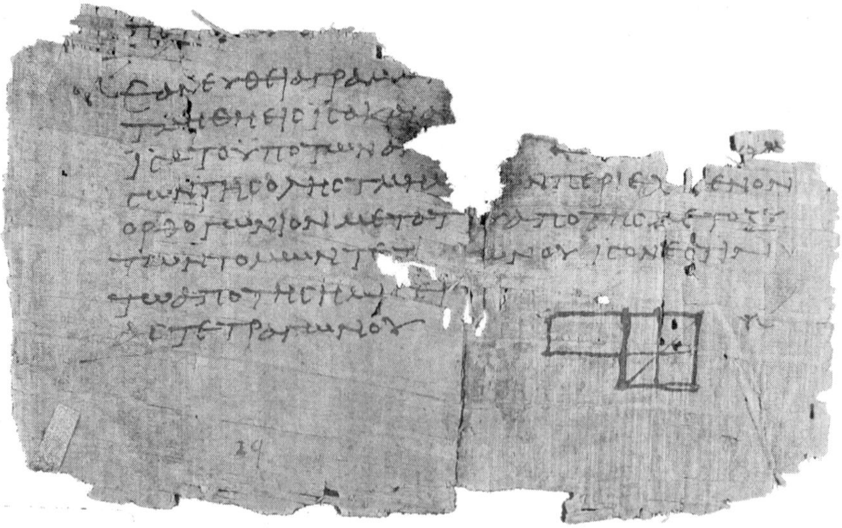

쉬어가기 그림 10 Euclid의 Elements(100년경, 파피루스본)

쉬어가기 3

Archimedes(BC287~212, Syracuse)

벌거벗고 길을 뛰어가며 **Eureka**(I've got it)를 외친 것으로 유명한 Archimedes. 그의 이름은 그가 죽은 지 2200년이 지난 지금도 수많은 발견, 발명, 사건과 결부되어 우리 주위에 살아 있다. 아직도 이집트에서 농업용수 펌프로 사용되고 있는 Archimedes의 나사(쉬어가기 그림 11), 지레를 사용하면 지구도 들어 올릴 수 있다는 말로 대표되는 지레 및 모멘트에 관한 원리, 무게 중심과 관련된 정리, 금관에 포함된 순금의 농도와 관련하여 얻어진 부력에 관한 **Archimedes의 원리**, 선박 안정성에 관한 기본원리, **소진법**(消盡法, method of exhaustion)을 사용하여 얻은 다양한 기하학적 도형에 대한 구분구적법, 원에 내접 및 외접하는 96각형의 둘레로부터 얻은 비교적 정확한 π의 범위[4], 시라쿠사 왕국과 로마의 전쟁에서 사용된 수많은 과학적 병기들, 그리고 허무한 죽음(쉬어가기 그림 12).

지중해를 둘러싸고 벌어진 패권의 싸움, 포에니전쟁(Punic War)[5]은 BC264년에 시작하여 카르타고가 멸망하는 BC146년까지 로마가 페니키아의 후예인 카르타고를 상대로 국운을 걸고 벌린 싸움이다. 이 기간 동안 로마는 이탈리아 반도의 육상 강국에서 지중해를

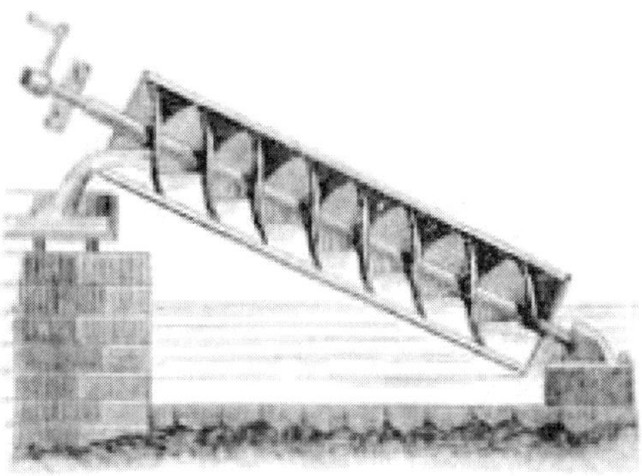

쉬어가기 그림 11 Archimedes의 나사

4) $3\frac{10}{71}$과 $3\frac{1}{7}$ 사이로 주어졌다.

5) Punic은 페니키아의 후예인 카르타고를 뜻하는 명칭이다.

쉬어가기 그림 12 Fields 메달[6]에 새겨진 Archimedes

아우르는 초강대국으로 성장하고, 명장 Hannibal(BC247~183, Carthage)과 싸우며 그의 앞선 전술, 전략을 배워 지중해 최고의 효율적인 군대를 보유하게 된다.

Archimedes는 일차 포에니전쟁이 발발하기 23년 전, 시칠리의 시라쿠사 왕국에서 태어났다. 시라쿠사는 원래 도리아 계통인 스파르타 인들에 의해 만들어진 그리스 식민도시였다. 그는 왕족과 가까웠던 것으로 알려져 있는데, 젊은 시절에는 그 당시 최고의 학문도시였던 알렉산드리아에 유학하여 그곳의 학자들과 두터운 관계를 맺게 되었고, 이 때 이미 그의 나사를 발명한 것으로 알려져 있다.

BC264년에 시작되어 22년 동안이나 계속된 일차 포에니전쟁의 주요 싸움터는 바로 시칠리였으므로 직접 간접으로 그에게 많은 영향을 끼쳤을 것이나, 그리스 계였던 시라쿠사는 일찍부터 로마와 동맹을 맺어 50년 이상 충실하게 동맹국의 역할을 수행하였다. 알렉산드리아에서의 생활을 접고, 시라쿠사로 귀국한 그는 부력의 원리, 지레의 원리, 그리고 수많은 수학적 발견들을 알렉산드리아의 친구들과 편지로 주고받으며 왕성한 저술 활동을 하였다. 인생의 대부분을 수학적 연구에 바쳤던 그는 그러나 현실 문제에 대한 수학의 응용이 얼마나 엄청난 결과를 가져올 수 있는지 로마인들에게 가장 확실히 각인시킨 수학자가 되었다.

BC218년부터 시작되는 이차 포에니전쟁은 Hannibal 전쟁으로도 불린다. Hannibal은 일차 포에니전쟁 시, 카르타고군의 총사령관이었던 아버지가 패전 후, 복수전을 위해 스페인 총독으로 자원함에 따라 9살 때 아버지와 함께 스페인으로 건너간다. 전사한 아버지의 뒤를 이어 26세에 총독이 된 Hannibal은, 3년의 준비 기간 후, 10만의 대군을 이끌고 드디어 로마 원정에 오른다. 겨울철 알프스의 혹독함을 이기고 이탈리아반도에 들어간 뒤,

6) 40세 이하의 수학자에게 매 4년(1950년 이후)마다 수여되는 수학 분야 최고의 상이며, 표면에 새겨진 라틴어는 'Rise above oneself and grasp the world'라는 뜻이다.

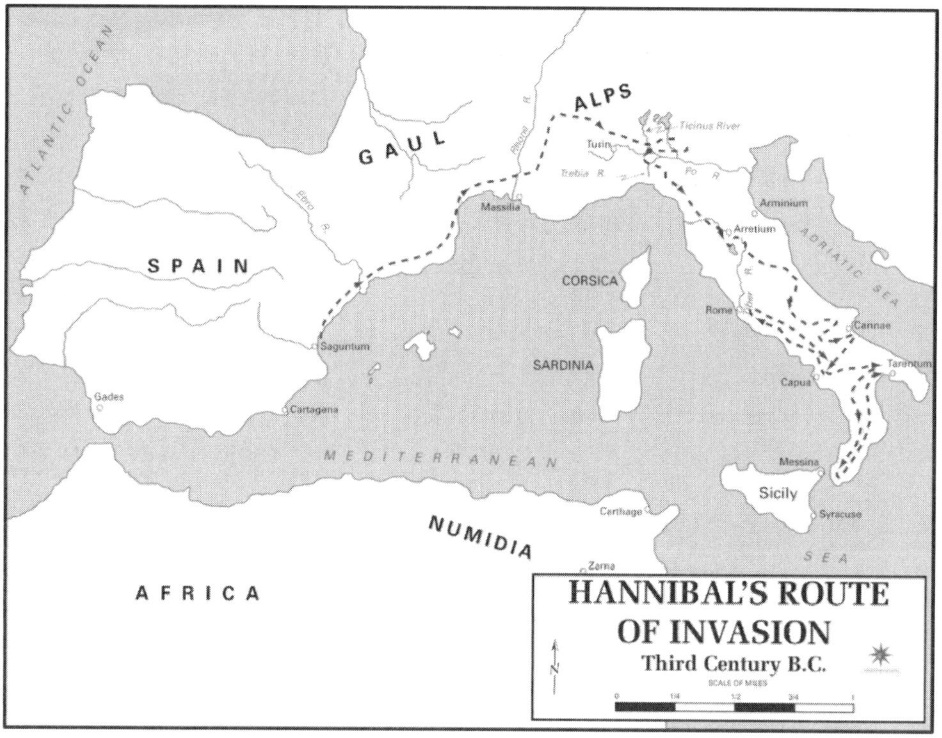

쉬어가기 그림 13 Hannibal과 Rome의 전쟁

무려 16년 동안을 본국의 변변한 지원 없이 로마를 상대로 이탈리아반도에서 싸웠던 그는, 로마를 본질적으로 붕괴시키기 위해서는 로마의 동맹국들을 이반시켜야 한다는 생각을 가지고 있었으며, 특히 전략적으로 중요한 위치에 있었던 시라쿠사 왕국을 어느 편에 서게 하는가는 전선에서 벌리는 싸움에 못지않게 중요한 과제였다.

Archimedes가 72세 되던 BC215년, Hannibal이 이탈리아 반도에서 로마군과 싸운 지 3년 되던 해, 오랫동안 시라쿠사를 잘 이끌어 오던 국왕이 90세로 세상을 떠난 뒤, 시라쿠사는 내분을 겪으며 결국 로마에 등을 돌리고 카르타고의 편으로 돌아서게 되었다. 이와 같은 변화에는 Hannibal의 연승과 외교가 주효했던 것으로 알려져 있는데, 시라쿠사의 이탈과 때를 같이하여 발칸반도의 마케도니아 왕국, 알프스 주변의 갈리아 족도 로마에 반기를 들었으며, 이베리아반도에 남아 있던 Hannibal의 본국 지원군도 로마군에 대한 공격을 일층 강화하였다(쉬어가기 그림 13).

바로 1년 전, BC216년에 있었던 칸나에전투(Battle of Cannae)에서의 로마군의 참패는 고대전사에서 빼어 놓을 수 없는 일대 사건인데, 로마군 7만 명이 몰살당하고, 1만 명이 포로가 되어 결국 노예로 팔리는 로마로서는 전무후무한 치욕을 당하고 있었으며, 이러한 상황이 주변 국가들의 이탈을 가속시켰다. 이때부터 약 4년 동안, 로마는 전세를 만회하기 위해 전투에 능한 Hannibal과는 가능한 한 싸우지 않으며 지구전을 펼치는 동시에, 기타 전선에서는 총력을 다 하여 공격에 나선다. 이러한 전선 중의 하나가 바로 시칠리 섬의 시라쿠사였다. 로마군은 BC213년 3만의 군사로 1년 내내 공격을 펼쳤으나 끝내 시라쿠사를 함락시키지 못하였다.

이때 시라쿠사에는 Archimedes가 있었는데, 각종 도르래와 기계 장치를 이용하여 성을 지키는데 필요한 장비를 고대에는 상상할 수 없을 정도의 수준으로 제작하여 활용하고 있었다. 육상으로 공격하는 경우에는 머리 위로 정확하게 떨어지는 바위 세례에 수없이 많은 로마군이 영문도 모른 채 죽음을 당하였고, 바다로 쳐들어가는 경우에도 바위 세례는 마찬가지인데, 바위를 피하여 성벽 가까이에 도착한 배들도 성벽에서 내려온 기계 장치에 의해 배가 공중으로 들어 올려지는 바람에 군사들을 제대로 상륙시킬 수가 없었으며, 상륙을 했다손 치더라도 어디선가 비치는 햇빛의 강렬한 반사광 때문에 눈을 뜰 수가 없었던 것이다. 적군은 보지도 못하고 아군만 희생되는 그런 전투를 수없이 반복한 후, 해를 넘긴 로마군은 드디어 시라쿠사의 약점을 알아내었다. 스파르타인의 후예인 시라쿠사인들은 사냥의 여신 아르테미스 축제일에는 술에 만취되는 습관이 있었는데, 포로를 통해 이를 알아낸 로마군이 야간 기습을 계획하였던 것이다. 한 밤중에 1000명의 기동대를 편성하여 급습한 결과, 오랜 동안의 전쟁과 축제일의 습관 때문에 깊은 잠에 푹 빠져 있는 시라쿠사를 밤사이에 무너뜨릴 수 있었다.

날이 밝은 다음, 아직도 성이 함락된 사실을 알지 못한 채, 수학 문제를 푸는데 몰두하고 있던 75세의 Archimedes를 총사령관의 명령으로 데리러 왔던 로마 병사는, 그를 사뭇 무시하고 모래 위에 그려진 도형에만 정신을 팔고 있는 노인에 대해 분노하며, 이 노인이 누구인지를 생각할 겨를도 없이, 그대로 찔러 죽여 버리고 말았다. 기원전 3세기, 인류 최초의 응용 수학자로 불릴 만한 대학자의 죽음으로서는 너무나 허무한 죽음이었다.

그의 저작 중에는 **Quadrature of Parabola**라는 제목을 가진 것이 있는데, 보통 포물선의 적분으로 번역된다. quadrature라는 단어는 지금도 많이 쓰이고 있는 단어로, 통상 적분으로 번역되지만, 항상 많은 학생들이 그 뜻에 대해 곤혹스러워 하는 것을 본다. quadrature는 원래 주어진 면적과 같은 면적을 가지는 정사각형의 한 변의 길이를 구하는 것을 뜻하는 단어였는데, 나중에는 일반적으로 면적을 구한다는 뜻으로 쓰이게 되었으며, 적분이 도입된 후에는 면적을 구하기 위한 적분과도 동의어로 사용되어 왔다. 2200년의 시간과 공간을 뛰어 넘어 포물선 아래의 면적과 관련하여 우리는 지금도 Archimedes를 만나고 있는 것이다.

제 2 장 벡터미적분학

대부분의 학생들이 벡터라는 개념을 고등학교 수학 시간에 처음 접하며, 이 때 벡터는 크기와 방향을 가지는 양으로 배운다. 이러한 인식이 틀린 것은 아니지만, 보다 다양한 현상을 벡터라는 개념을 사용하여 통일적으로 또한 일관성 있게 다루기 위해서는 위에서 얘기한 바와 같은 벡터의 개념을 조금 수정, 확장할 필요가 있다. 예를 들어 얘기하면, 함수를 벡터로 다루는 것이 편리할 때가 많은데, 고등학교 때 배운 개념을 고수한다면 함수를 벡터로 보기 힘들기 때문이다.

또한 수업 시간에 종종 학생들에게 다음과 같은 질문을 던진다. 좌표계를 잡지 않으면 벡터에 대해서 논할 수 있는가 없는가라고. 많은 학생들이 좌표계를 먼저 잡아야 되지 않느냐고 대답한다. 즉 벡터라고 하면 먼저 xyz-좌표계를 생각하고, 벡터 $\underline{x}$에 대해 예를 들어 다음과 같은 표현을 먼저 생각한다(그림 2.1).

$$\underline{x} = (x, y, z) = (1, 2, 3) \tag{2.0.1}$$

그러나 사실은 벡터라는 개념은 좌표계와 독립적으로 사용될 수 있으며, 벡터를 사용할 때 얻는 가장 중요한 이점 중의 하나가 우리가 설명하고자 하는 어떤 물리 현상에 대해 **좌표계와 무관한**(또는 보다 수학적으로 얘기하여, 독립적인) **수학적 기술**(mathematical description)을 얻을 수 있다는 점이며, 이와 같은 생각은 이미 19세기 중엽부터 발전되어 왔다. 예를 들어 Newton의 운동법칙을 대부분의 학생들이 $f = ma$로 이해하고 있지만, 역학 시간에 배우는 바와 같이 이 식은 다음과 같은 벡터방정식으로 이해되어야 한다.

$$\underline{f} = m\underline{a} \tag{2.0.2}$$

이 때, 벡터 $\underline{f}$와 $\underline{a}$는 어떤 좌표계를 상정하고 잡은 양이 아니라는 사실은 잘 알고 있을 것으로 생각한다. 이와 같이 벡터는 좌표계와 무관한 양으로 이미 사용되어 왔지만 이와 같은 사실을 뚜렷이 지적해 주는 사람이나 책이 없으므로 이에 대해 잘 느끼지 못하고 있는 경우가 대부분인 것으로 보인다.

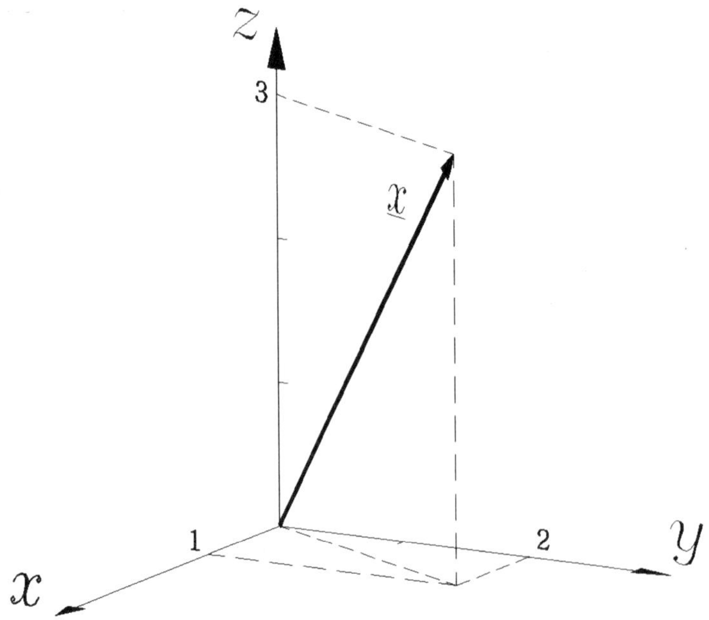

그림 2.1 좌표계와 벡터

한편 벡터라는 개념은 역학(mechanics)에서뿐만 아니라 생물, 화학, 사회학, 경제학 등의 여러 학문 분야에서 사용하고 있는데, 많은 경우 벡터를 정의하기 보다는 **벡터공간**(vector space), 또는 선형공간(linear space)을 정의하는 것이 더 편리하며, 실제로 그런 식으로 사용되고 있다.

여기서는 가장 일반적으로 사용되는 **선형벡터공간**(LVS, linear vector space)에 대해 생각하기로 하는데, 정확한 정의에 대해서는 다음 장에서 소개하기로 하고, 우선 LVS는 벡터라는 양의 집합과, 실수(real number)라는 스칼라(scalar)[7]의 집합, 그리고 이들 벡터끼리의 덧셈, 벡터와 스칼라의 숫자곱(scalar multiplication)[8]에 대한 몇 개의 요구 조건 등으로 이루어진다는 점만 기억해 두기로 하자(그림 2.2). 유의할 점은 아직까지 벡터를 무엇이라고 뚜렷이 정의하지 않았다는 점이며, 필요에 따라 예를 들어 함수도 벡터가 될 수 있고, 고등학교 때 배웠던 벡터도 역시 벡터로 사용될 수 있

7) 복소수(complex number)로 스칼라를 취할 수도 있으나, 이 책에서는 실수인 경우만 생각하기로 한다.
8) 숫자곱과 스칼라곱(scalar product)은 종종 혼동의 소지가 있는데, 이 책에서는 숫자를 벡터에 곱해주는 연산은 숫자곱으로 부르기로 하며, 벡터와 벡터의 연산에 의해 스칼라가 그 결과로 주어지는 연산은 스칼라곱으로 부르기로 한다.

다는 점이다.

한 가지 첨언할 사항은 우리나라와 일본에서는 스칼라, 벡터, 그리고 다음 장에서 다룰 텐서(tensor) 등에 대해 영어의 발음만을 취하여 이들을 용어로 사용하고 있지만, 중국에서는 스칼라는 標量(number quantity), 즉 표준적인 또는 기호적인 양, 벡터는 矢量(arrow quantity), 즉 화살과 같은 양, 텐서는 張量(tension quantity), 즉 인장과 관련된 양으로 부르고 있어, 같은 한자 문화권이지만 용어의 번역에 있어 언어의 특성상, 그 뜻에 보다 치중하는 면을 보여주고 있다. 표량, 시량, 장량 등의 용어는 그 의미에 있어서 원어의 뜻을 잘 전달하고 있어 여기서 소개하였다.

한편 벡터에 대한 기본적인 개념은 기원전의 그리스 수학자들에게까지 소급될 수 있지만, 오늘날 고등학교 이상의 과정에서 사용하고 있는 벡터에 대한 표기법(notation) 및 연산법칙은 **Gibbs**(1884)에 의해 주어진 것이다. 실제로 20세기 초에 저술된 역학, 수학 책들을 보면, 지루하다 싶을 정도로, xyz-좌표계를 생각하고, x, y, z방향 각각에 대해 모든 식들을 따로 쓰고 있는 것을 볼 수 있다. 이와 같은 표기법은 **Cartesian**[9] **표기법**이라고 불리는데, 예를 들어 식 (2)의 $\underline{f} = m\underline{a}$ 대신에 항상 다음과 같이 쓰고 있는 것을 볼 수 있다.

$$f_x = ma_x\,,\ f_y = ma_y\,,\ f_z = ma_z \tag{2.0.3}$$

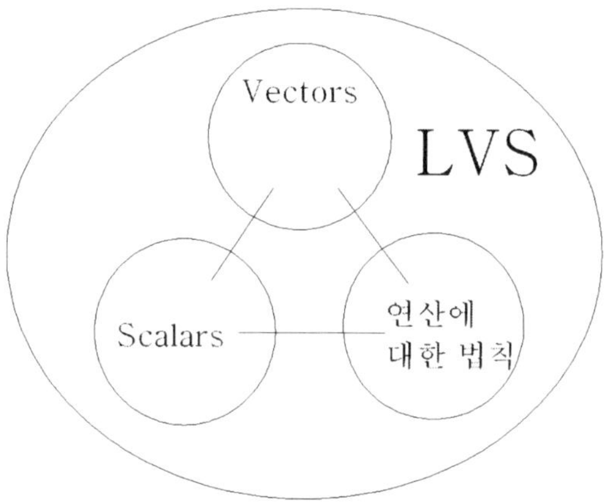

그림 2.2 선형벡터공간의 구성

9) Cartesian은 Descartes(데까르트)를 기념하기 위한 것이며, 그의 라틴어 이름인 Cartesius로부터 유래되었다(쉬어가기 4 참조).

여기서 하첨자는 각각 그 방향의 성분을 나타낸다.

물론 식 (2)와 식 (3)은 동일한 식이라고 볼 수도 있겠지만, 표기의 간단성과, 개념의 확실성, 그리고 이러한 특성으로부터 얻어지는 많은 결과들에 있어서 두 식은 매우 다른 내용을 담고 있다고 해도 과언이 아니다. 특히 위에서 언급한 바와 같이 벡터는 좌표계와 무관하게 사용할 수 있다는 개념은, 식 (3)과 같은 표기법만을 사용하는 경우 거의 얻어질 수 없을 것이다.

Gibbs의 벡터표기법은 벡터연산 및 벡터미적분과 관련하여 특히 큰 장점이 있는데, 이는 벡터들의 스칼라곱(scalar product)[10], 벡터곱(vector product)[11], 그리고 $grad$, div, $curl$ 등의 벡터미분연산자(vector differential operator)[12]를 매우 기능적으로 도입하여 사용하기 때문이다. 역사적으로는 이와 같은 연산과 연산자들이 **Hamilton**(1843)에 의해 quaternion[13]이라는 양과 관련하여 처음 만들어졌지만, 결국은 **Gibbs**와 **Maxwell**(1831~1879, UK, 1873), **Heaviside**(1850~1925, UK; 1893) 등에 의해 보다 편리하고 유용한 벡터체계의 요소로 사람들에게 알려지게 되었다.

특히 Maxwell과 Heaviside는 이러한 체계를 사용하여 전자기이론(electromagnetic theory)의 확립을 시도하였으며, 이러한 과정을 통해 새로운 벡터체계의 우월성을 사람들에게 인식시킬 수 있었다. 수학에 있어서 표기법의 간단화는 항상 개념의 확립, 확장에 엄청난 영향을 끼친다. 단지 아쉬운 점은 이와 같은 합리적이고도 간편한 표기법이 일단 도입되면, 어느 정도의 시간이 지난 후 그러한 사항들이 너무나 당연시되어, 나중에는 사람들이 그러한 표기법의 차이에 기인하는 변화, 또 개념과 표기의 역사에 따른 발전, 그 영향들에 대해 잘 알 수 없는 상황이 전개된다는 점이다.

20세기 중반까지만 하더라도 많은 책 또는 논문에서 Gibbs의 벡터표기법을 사용하겠다고 하는 기술들을 자주 볼 수 있었는데, 현재에 이르러서는 아무도 그러한 필요를 느끼지 않으며, Gibbs의 표기법이라는 용어 자체가 거의 쓰이지 않고 있다는 점이 위에서 기술한 바와 같은 상황을 잘 보여 주고 있다.

---

10) 고등학교에서 내적이라고 배우는 연산인데, 이제부터는 벡터와 벡터의 연산에 의한 결과가 스칼라라는 점을 강조하여 스칼라곱이라는 명칭을 사용하기로 한다. 영어로는 dot product로 부르기도 한다.

11) 고등학교에서 간혹 외적이라고 배우는 연산인데, 이제부터는 벡터와 벡터의 연산에 의한 결과가 벡터라는 점을 강조하여 벡터곱이라는 명칭을 사용하기로 한다. 영어로는 cross product라고 부르기도 한다.

12) 연산자는 함수를 다른 함수로 변환시키는 역할을 하는 것으로 정의하며, 따라서 벡터미분연산자는 함수를 변환시켜 다른 함수를 얻는데, 그 변환의 내용이 벡터와 미분을 포함하는 연산자임을 뜻한다.

13) Hamilton은 3차원 공간에 적용할 수 있는 2차원 복소수의 확장적인 개념을 추구하였는데, quaternion은 그가 오랜 연구 끝에 얻은 4차원 공간에 적용할 수 있는 수이며, 벡터 부분과 스칼라 부분으로 이루어진 양이었으나, 그 연산이 Gibbs 체계에 비해 복잡하고 실용성이 떨어져 결국 대중적인 지지를 받는 데 실패하였다(쉬어가기 7 참조). quaternion은 통상 사원수(四元數)로 번역된다.

벡터미적분학과 관련하여 가장 좋은 참고서를 추천하라고 하면 주저 없이 추천할 수 있는 책이 바로 Courant & John Vol. 1(1965)[9], Vol. 2(1974)[10]이다. 항상 옆에 두고 볼 수 있는 참고 문헌으로 많은 학생들이 친숙해지기를 바란다.

쉬어가기 4a

Galileo(1564~1642, Italy)와 Descartes(1596~1650, France)

Galileo와 Descartes가 살았던 시대는 Newton과 Leibniz에 의한 미적분의 창안을 기다리는 새벽에 해당하였으며, 두 사람 모두 각자 독특한 형태로 다가오는 새로운 시대에 기여하였다. 두 사람은 서른 살 정도 나이 차이가 있지만, Galileo는 78세, Descartes는 54세에 유명을 달리 하였기 때문에 두 사람의 만년은 거의 일치한다.

한편 두 사람 모두 이름과 관련하여 종종 혼동을 빚고 있는데, Galileo는 그의 성이 아니라 이름이며, 그의 고향인 Tuscany 지방에서는 장남의 이름을 성과 비슷하게 지어 부르는 습관 때문에 기인한 것으로, 일반적으로 그는 성 Galilei가 아닌 이름 Galileo로 불리고 있다. 한편 Descartes는 저술 시 라틴어 이름으로는 Cartesius를 사용하였는데, 이에 따라 그가 고안한 좌표계와 또 그가 주창한 철학 체계의 수식어로 Cartesian이라는 명칭이 쓰이게 되었다.

중세와 근세를 구분하는 사건으로 1492년 Columbus의 신대륙 발견을 꼽기도 한다. 여러 가지 관점에서 이 사건이 시대 구분의 기점이 될 수 있는데, 특히 그때까지 서양인의 활동이 지중해를 중심으로 이루어지고 있던 것이, 이 사건을 기점으로 대서양 쪽으로 서서히 옮겨갔다는 측면에서 그러하다. 이탈리아는 서로마 제국의 멸망(476년) 이래, 하나의 국가로 통일되지 못하고 10개 정도의 군소국으로 나뉘어 중세를 지나고 근세에 들어서게 되는데, Galileo가 살았던 시대에는 플로렌스(Florence)와 피사(Pisa)를 중심으로 하는 그의 고향인 터스카니(Tuscany), 로마(Rome)와 볼로냐(Bologna)를 중심으로 하는 교황령, 그리고 해상 무역 세력이었던 베니스(Venice)와 제노바(Genoa), 또한 나폴리(Naples)와 시칠리를 중심으로 하는 남부 지방, 밀라노(Milan)를 중심으로 하는 북부 지방, 그리고 토리노(Torino)를 중심으로 하는 사보이(Savoy) 등의 7개 주요 세력이 이탈리아를 나누어 지배하고 있었다(쉬어가기 그림 14 참조).

이들 여러 나라들은 대부분 Philip 2세(1556~1598, 재위기간)가 다스리던 스페인에 의해 지배되거나 또는 큰 영향을 받고 있었는데, 1571년, Galileo가 7살 때 벌어진 레판토 해전(Battle of Lepanto)에서, 스페인-베니스 연합함대가 터키의 함대를 크게 격파하면서 스페인의 세력은 전 세계에 걸쳐 엄청나게 신장된다.

이때 스페인은 역사상 최초로 **'해가 지지 않는 나라'**의 칭호를 들었으며, 예루살렘과 필리핀을 포함하는 아시아, 멕시코를 중심으로 하는 북중미, 그리고 합스부르그 왕가(House

쉬어가기 그림 14 15세기의 이탈리아

of Habsburg)[14]의 유산으로 얻어진 엄청난 크기의 유럽 영토가 Philip 2세의 지배 아래 있었다. 특히 필리핀(Philippine)은 그의 이름을 기념하는 뜻에서 만들어진 이름이었으며, 무적함대(Invincible Armada)로 불린 그의 해군은 잠시 동안이나마 대단한 위세를 떨쳤다.

한편, 동(東)지중해에서는 비록 레판토해전에서 참패를 당하였지만, 오토만(Ottoman)제국이 계속 국력을 키워나가고 있었으므로, 스페인은 이에 대항하여 유럽의 수호자 역할을 자임하였다. 또 새롭게 대두되는 네델란드(1597년 스페인으로부터 독립 선언), 영국[15] 등

14) 합스부르그 왕가는 유럽의 최대 명문왕가로 독일 및 신성로마제국의 황제, 오스트리아의 지배자(1282년~1918년), 헝가리의 왕(1526년~1918년), 스페인의 왕(1516년~1700년), 포르투갈의 왕(1580년~1640년) 들이 이 가문에 속하였다.

의 신교국가들에 대해서는 구교의 수호자로서, 또한 프랑스 및 다른 나라들에 대해서는 합스부르그 왕가의 실질적 계승자로서 영토 및 왕위 계승과 관련하여 필요 이상의 전쟁을 일으키거나 개입함으로써 엄청난 국력의 손실을 입게 되었다.

결국 1588년 Elizabeth 1세 치하의 영국을 공격하기 위해 도버(Dover)해협으로 출항했던 무적함대가 회복 불능의 손실을 입고 패퇴하는 것을 기점으로 스페인은 쇠락의 길로 들어선다. 이후 영국은 스페인을 대신하여 전 세계의 제해권을 장악하며 해외의 식민지 획득에도 본격적으로 나서는데, Elizabeth 1세는 1600년 동인도회사(British East India Company)를 만들어 아시아 경영에도 박차를 가한다. 미국의 버지니아(Virginia)주는 그녀의 별명이었던 Virgin Queen을 기념하기 위해 부쳐진 이름이기도 하다.

터스카니의 피사에서 태어나 플로렌스 근교에서 죽음을 맞은 Galileo는 10세(1547년)에 수도원으로 보내져 아버지의 뜻에 따라 의학 공부의 기초를 닦은 후, 17세(1581년)에 의학을 전공하기 위해 Pisa 대학(University of Pisa)[16]에 입학하였으나, 도중에 Euclid의 Elements를 접하고 나서는 수학으로 전공을 바꾸기로 결심한다.

음악가였던 아버지의 맹렬한 반대에도 불구하고 결국 수학을 전공으로 삼았으나, Pisa 대학을 졸업하기도 전인 21세(1585년)에 학교를 떠나 로마, 볼로냐 등의 다른 대학에서 수학 교수 자리를 구하려고 애를 쓴다. 결국 25세(1589년)에 모교인 Pisa 대학에서 수학 교수로 발령을 받았지만 형편없는 급료에 결혼을 포기하기에 이른다.

Pisa 대학에 있던 3년 동안, 물체의 운동에 대한 연구를 게을리 하지 않았는데, 자유낙하와 관련하여 경사면을 사용하면 가속도의 크기를 줄일 수 있다는 점에 착안하여 경사면에 대한 연구를 진행하였으며, 여기서 많은 성과를 얻게 된다. 28세(1592년)에는 세배의 급료를 제시한 Padua(파도바) 대학(University of Padua)[17]으로 직장을 옮겼는데, 이 대학은 그 당시에는 동서양의 다양한 종교에 대해 예외적으로 관용적이었던 해상 무역국 베니스의 국립대학으로 종교적인 측면에서 학문의 자유가 가장 보장된 곳이었으며, 그는 이곳에서 보낸 1610년까지의 18년이 그의 인생 중 가장 행복한 시절이었다고 만년에 술회하고 있다.

Padua 대학은 태양 중심설(heliocentric theory)로 유명한 **Copernicus**(1473~1543, Poland)가 의학을 배우며, 1501년 태양 중심설에 대한 가설을 최초로 접한 곳으로도 알려져 있는 대학이다. Galileo는 이곳에서 의과대학의 학생들에게 Euclid의 기하학과 지구 중심설(geocentric theory)에 근거한 천문학을 가르치며 대부분의 시간을 물체의 운동에 관

15) Philip 2세의 부인은 영국 여왕 Mary 1세(1553~1558, 재위기간)였는데, 그녀의 사후 왕위에 오른 Elizabeth 1세(1558~1603, 재위기간)는 Mary 1세의 배다른 동생으로 언니와는 달리 구교도를 탄압하며 영국성공회를 전적으로 지원하였고, 영국은 Elizabeth 1세의 치하에서 성공회국가로서의 기틀을 온전히 다지게 된다.

16) Pisa 대학은 비공식적으로는 11세기에 시작된 것으로 되어 있으나, 공식적으로는 1343년에 창립된 것으로 알려져 있다.

17) Padua 대학은 1222년, 서양에서 가장 오래된 대학으로 알려진 Bologna 대학(University of Bologna, 1088년 창설)의 일부 교수들이 학문적 자유를 찾아 새롭게 만든 대학이다.

한 연구에 할애하였는데, Kepler(1571~1630, Germany) 등과 서신 교환을 하며 태양 중심설에 대한 증거 및 이론을 확립하고자 노력하였다.

1609년에는 망원경의 발명에 대한 소식을 전해 듣고, 스스로 망원경을 만들어 최초로 천체 관측을 시작함으로써, 당시의 우주관에 엄청난 충격을 가하기 시작하는데, 달 표면의 산맥들, 태양의 흑점, 은하수의 실체, 목성 주위를 돌고 있는 네 개의 위성 등, 계속되는 발견으로 일대 센세이션을 일으킨다. 망원경의 성능을 지속적으로 향상시켜 많은 사람들에게 스스로 만든 망원경을 선물한 그는, 46세(1610년)에 망원경을 이용하여 얻은 새로운 천문학적 발견들을 **Messages from stars**라는 논문으로 발표하였다. 같은 해에 그는 다시 Pisa 대학으로 돌아가는데 이제는 터스카니 대공의 궁정 수학자 및 철학자의 자격으로 강의를 하지 않는 조건이었다.

Galileo가 점차 유명해지면서 그의 태양 중심설에 대한 지지도 로마 교황청의 표적이 되기에 이르러, 교황청의 종교재판소는 1616년 Copernicus의 이론을 이단으로 선고하기에 이른다. 그러나 교황의 두터운 신임을 믿고 있었던 Galileo는 55세(1623년)에 **Il Saggitore**(The Assayer)를, 그리고 그 다음 해에 시작하여 6년 후에 완성하고 출판 허가를 얻는데 다시 2년이 걸린 **Dialogue**(Dialogue concerning the two chief systems of the world-Ptolemaic and Copernican)를 68세(1632년)에 플로렌스에서 발간한다. 여기서 그는 Copernicus의 태양 중심설을 받아들일 수밖에 없는 수많은 증거들을 제시하는데, 조석(tides)과 관련하여서는 중대한 오류를 범하였다. 그러나 더 엄중한 현실적 문제는 이 책의 출판으로 인하여 그는 69세였던 다음 해, 결국 종교재판을 받게 되고 유죄로 판정되어 종신 가택 연금형에 처해진다(쉬어가기 4b로 계속).

쉬어가기 그림 15 Galileo와 Descartes

2.1 벡터의 미분과 곡선운동

Newton(1687)이 그의 유명한 저서 **Principia**에서 물체의 운동을 기술하고자 했을 때, 제일 먼저 해결해야 했던 문제 중의 하나는 운동하는 물체의 속도를 정의하는 일이었다. 물체를 질점으로 이상화하는 경우, 질점의 시간에 따른 위치의 변화는 결국 공간 상에서의 곡선으로 주어지는데, 이 곡선을 따라 움직이는 질점의 속도를 구하는 것이 첫 번째 해결해야할 과제였던 것이다.

여기서 질점(mass point)은 이상화된 개념으로 질량과 위치는 가지고 있지만 크기는 없는 '**개념**'(concept)이며, 기하학에서의 점의 개념을 역학에 원용한 사례였다. 아래에서 알게 될 바와 같이 Newton역학의 기본은 벡터와 미적분의 개념으로 이루어지는데, 벡터와 미적분의 개념은 그야말로 Newton 이전과 Newton 이후를 가름하는 가장 근본적인 열쇠였으며, 어떤 의미에서는 17세기 이후, 동양과 서양의 운명을 가르는 역할을 맡았던 과학혁명 및 산업혁명의 핵심적인 요소로 볼 수도 있다.

3차원 공간 중에서 움직이는 점이 있다고 하면, 이 점의 궤적은 공간 중에서 어떤 곡선을 나타낼 것이다. 예를 들어 시간 t를 매개변수(parameter)로 하여 질점의 위치를 나타내는 벡터 $\underline{x}(t)$를 생각하면, 이 $\underline{x}(t)$는 독립변수(independent variable)를 t, 종속변수(dependent variable)를 벡터 $\underline{x}$로 삼는 소위 벡터함수가 되며, 이때 벡터함수 $\underline{x}(t)$는 물리적으로는 물론 질점의 변위(displacement)를 나타내는 양이 된다. 여기서 벡터 $\underline{x}$는 3차원 공간 상에서 위치를 나타내는 모든 점과 임의의 기준점[편의상 원점(origin)이라고 부르기로 한다]에 의해 정의될 수 있는 양이며, 반드시 좌표계가 도입되어야만 정의될 수 있는 양이 아님에 유의하기 바란다.

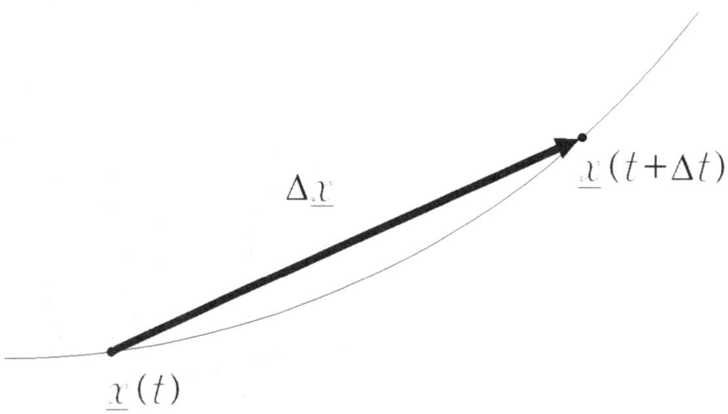

그림 2.3 변위와 속도

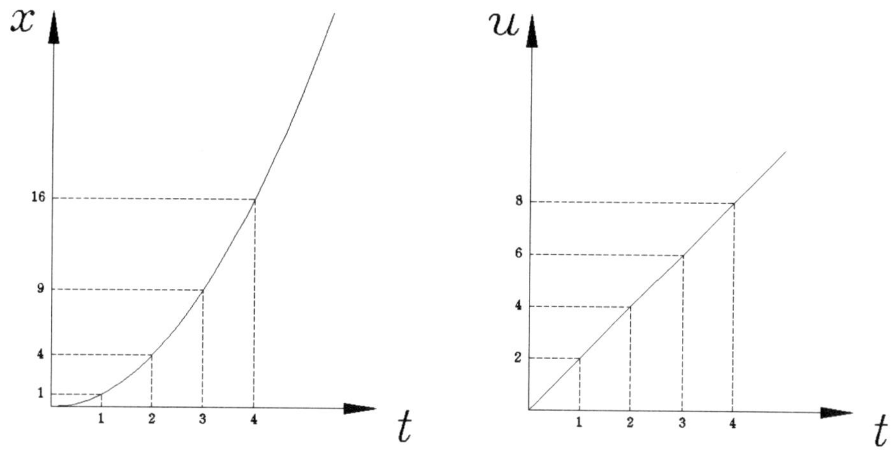

그림 2.4 등가속도운동과 포물선

$$\underline{u}(t) = \frac{d\underline{x}}{dt} = \lim_{\Delta t \to 0} \frac{\Delta \underline{x}}{\Delta t} = \lim_{\Delta t \to 0} \frac{\underline{x}(t+\Delta t) - \underline{x}(t)}{\Delta t} \tag{2.1.1}$$

식 (1)로 정의된 벡터함수 $\underline{u}(t)$는 물리적으로는 물론 질점의 속도(velocity)를 나타내며, 평균적인 의미에서의 속도와 구분하기 위해 통상 **순간속도**(instantaneous velocity)라고 부른다. 위의 정의가 의미를 가질 수 있기 위해서는 벡터와 벡터의 합(addition)과 차(subtraction)를 구하는 방법이 미리 정해져 있어야 하는데, 이를 위해서는 벡터합성을 위해 일반적으로 사용되는 평행사변형법칙(law of parallelogram)을 사용하기로 하며, 벡터와 스칼라의 숫자곱 또한 벡터와 벡터의 합과 동일한 결과를 줄 수 있도록 정의하여 사용하기로 한다.[18]

여기서 흥미롭게 볼 수 있는 사항 중의 하나는 미분의 개념을 가지고 있지 않았던 Galileo가 어떻게 위에서 언급한 순간속도의 개념을 사용하지 않으면서도, 여러 가지 물체의 운동에 관한 문제를 다룰 수 있었던가 하는 점이다.

그가 다룬 문제의 대부분은 등속도운동과 등가속도운동이었다. 등속도운동의 경우에는 물론 순간속도가 평균속도와 정확히 일치하므로, 미분의 개념을 사용할 필요가 없다. 한편 등가속도운동은 Galileo에 의해서는 속도의 증분이 일정한 운동으로 불렸는데, Galileo는 그의 기하학적인 지식으로부터, 수평좌표를 시간으로 잡고, 수직좌표를 직선운동의 변위로 잡을 때, 변위가 시간에 대해 포물선(parabola)처럼 변화하는 경우,

18) 예를 들어 동일한 두 벡터의 합으로 얻어지는 결과와 그 벡터와 스칼라 2의 숫자곱에 의한 결과가 같아지도록 숫자곱을 정의하기로 한다는 뜻이다.

예를 들어 시간이 1, 2, 3, 4와 같이 증가할 때, 변위는 1, 4, 9, 16으로 증가하고, 속도는 2, 4, 6, 8로 증가하여 속도의 증분은 항상 일정한 값 2를 가진다는 사실을 알고 있었다(그림 2.4). 따라서 속도의 증분이 일정한 운동의 경우에는 변위가 시간에 따라 포물선처럼 변화한다고 생각함으로써, 도함수의 개념을 적용하여 얻어지는 순간속도 및 가속도(acceleration)의 개념을 가지지 못했던 어려움을 교묘히 비켜갈 수 있었다.

한편 Galileo는 정역학에서 다루는 힘에 대한 지식으로부터 방향과 크기를 가진 양의 취급에 익숙해 있었으며, 따라서 명백하게 정의하지는 않았지만 벡터의 개념을 충분히 활용하고 있었고, 특히 물체의 운동에 대해 속도를 방향을 가진 양으로 보아 수평방향과 수직방향으로 나누어 생각함으로써, 벡터의 성분분해에 의해 주어진 물리 문제를 얼마나 간단한 형태의 문제들로 바꿀 수 있는지에 대해 정통하고 있었다. 바로 이러한 방법을 사용하여 수백 년 동안 정확한 해를 구할 수 없어 애를 먹고 있었던 포사체(projectile)의 운동궤적(motion trajectory)에 대한 해답을 명쾌하게 줄 수 있었던 것이다(이승준(2002)[11] 참조).

식 (1)로 정의된 속도를 시간에 대해 다시 한 번 미분하여 벡터함수인 가속도 $\underline{a}(t)$를 다음과 같이 얻을 수 있다.[19]

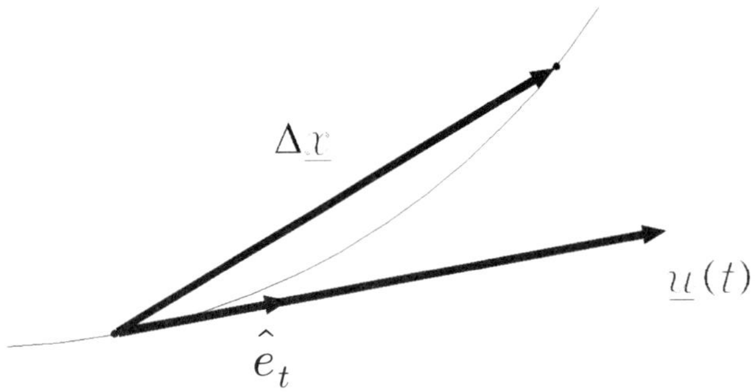

그림 2.5 접선방향의 단위벡터

19) 물론 Newton은 그의 Principia(1687)에서, 식 (1), (2)에서와 같이 벡터함수의 미분, 아니 사실은 실수함수의 미분조차도 명백히 정의한 적이 없지만, 이는 단지 독자들의 편의를 위해 독자들이 익숙한 방법으로 그가 밝히고자 했던 내용을 기술하였을 뿐이었고, 실제로는 그가 창안한 미분을 활용하여 주요 결과들을 얻었던 것으로 알려져 있다.

$$\underline{a}(t) = \frac{d\underline{u}}{dt} = \frac{d^2\underline{x}}{dt^2} = \lim_{\Delta t \to 0} \frac{\Delta \underline{u}}{\Delta t} = \lim_{\Delta t \to 0} \frac{\underline{u}(t+\Delta t) - \underline{u}(t)}{\Delta t} \tag{2.1.2}$$

이상에서 논의한 바와 같이 벡터함수의 개념을 사용하면 질점의 속도, 가속도를 정의할 수 있는데, 질점의 일반적인 운동을 역학적으로 설명할 수 있기 위해서는 질점의 운동궤적인 곡선의 특성 또한 알아야 한다.

곡선의 특성을 나타내는 방법은 여러 가지가 있지만, 운동을 설명하기 위해 필요한 속도 및 가속도의 성분분해를 위해, 우선 곡선 상의 임의의 점에서 곡선에 대한 **접선**(tangential)방향의 단위벡터 $\hat{e}_t$[20]를 알아야 하며, $\hat{e}_t$는 속도벡터를 이용하여 다음과 같이 정의할 수 있다(그림 2.5).

$$\hat{e}_t = \frac{\underline{u}}{|\underline{u}|} \tag{2.1.3}$$

여기서 단위벡터는 크기가 1인 벡터이고, $|\underline{u}|$는 스칼라로 속도벡터 $\underline{u}$의 크기인데, 아직 좌표계를 도입하지 않았으므로, 이제 벡터의 크기를 어떻게 구할 것인지 정해야 한다. 벡터공간에 대해 벡터의 크기를 정하는 방법 또한 여러 가지가 있지만, 여기서는 가장 많이 쓰이는 방법을 따르기로 하고, 먼저 벡터의 스칼라곱을 정의하기로 한다.

벡터 $\underline{x}$와 벡터 $\underline{y}$의 **스칼라곱** $(\underline{x}, \underline{y})$는 다음과 같은 네 가지 성질을 만족하는 선형연산자((linear operator)이다.

$$(\underline{x}, \underline{y}) = (\underline{y}, \underline{x}) \tag{2.1.4}$$

$$(\alpha\underline{x}, \underline{y}) = \alpha(\underline{x}, \underline{y}) \tag{2.1.5}$$

$$(\underline{x}_1 + \underline{x}_2, \underline{y}) = (\underline{x}_1, \underline{y}) + (\underline{x}_2, \underline{y}) \tag{2.1.6}$$

$$(\underline{x}, \underline{x}) > 0\,, \ \underline{x} \neq \underline{0} \tag{2.1.7}$$

여기서 α는 임의의 스칼라이며, $\underline{x}_1$과 $\underline{x}_2$는 임의의 벡터이고, $\underline{0}$는 벡터의 합에 의해

20) 이 책에서 단위벡터는 위에 ^를 붙여 나타내기로 한다.

결과가 변화하지 않는 소위 벡터의 합에 대한 항등원인 0벡터이다.

위와 같은 성질을 만족하는 스칼라곱이 정의되면 벡터 $\underline{x}$의 크기 $|\underline{x}|$는 다음과 같이 정의된다.

$$|\underline{x}| = \sqrt{(\underline{x},\ \underline{x})} \tag{2.1.8}$$

이 정의가 성립하기 위해서는 식 (7)로 주어지는 스칼라곱의 성질이 필수적임에 유의한다. 식 (4), (5), (6), (7)을 만족하도록 스칼라곱이 정의된 선형벡터공간은 유클리드공간(RES, real Euclidean space)[21)]이라고 부른다.

따라서 RES 상에 정의된 곡선 상의 운동에 대해서는 속도벡터의 크기를 구할 수 있으므로, 식 (3)으로 주어지는 접선방향의 단위벡터를 얻을 수 있다. 접선방향의 단위벡터 $\hat{e}_t$를 사용하여 속도를 나타내면 다음과 같다.

$$\underline{u} = |\underline{u}|\,\hat{e}_t \tag{2.1.9}$$

식 (9)로부터 속도벡터 $\underline{u}$는 고등학교 때 배운 바와 같이 크기 $|\underline{u}|$와, $\hat{e}_t$에 의해 주어지는 방향에 의해 그 특성이 주어짐을 알 수 있다.

한편, 곡선의 길이는 대단히 짧은 시간 Δt 동안 질점이 움직이는 거리 Δs를 사용하여 구할 수 있으며, Δs는 다음과 같이 주어진다.

$$\Delta s = |\underline{u}|\Delta t \tag{2.1.10}$$

따라서 시간이 지남에 따라 질점이 움직인 거리 $s(t)$는 다음과 같이 얻을 수 있다.

$$s(t) = \int_0^t |\underline{u}(\tau)|d\tau \tag{2.1.11}$$

식 (10)에 대해 Δt가 무한히 작아지는 극한을 고려하거나 또는 식 (11)의 역연산(inverse operation)을 고려하여 $s(t)$의 도함수 $\dot{s}(t)$에 대해 다음을 얻는다.

21) 스칼라로 복소수를 허용하는 경우에는 복소유클리드공간을 고려해야 하는데, 여기서는 실수만을 허용하기로 하고 있으므로, real을 번역하지 않고 그냥 유클리드공간이라고 부르기로 한다.

$$\dot{s}(t) = \frac{ds}{dt} = |\underline{u}(t)| \tag{2.1.12}$$

그러므로 식 (9)를 $\dot{s}(t)$를 사용하여 다시 쓰면 다음과 같은데,

$$\underline{u} = \dot{s}\,\hat{e}_t \tag{2.1.13}$$

가속도의 정의에 따라 식 (13)을 시간에 대해 한 번 더 미분하면 다음 결과를 얻는다.

$$\underline{a} = \ddot{s}\,\hat{e}_t + \dot{s}\frac{d\hat{e}_t}{dt} \tag{2.1.14}$$

이 식에 따르면 가속도는 그 접선방향 성분이 속도벡터의 크기의 도함수인 $\ddot{s}$ 이며, 그 외에도 식 (14) 우변의 두 번째 항이 더해진 양이다. 이 두 번째 항은 속도의 방향 변화에 상응하는 성분인데, 대단히 짧은 시간 Δt 동안의 $\hat{e}_t$의 변화를 고려하여 먼저 다음 결과를 얻는다(그림 2.6).

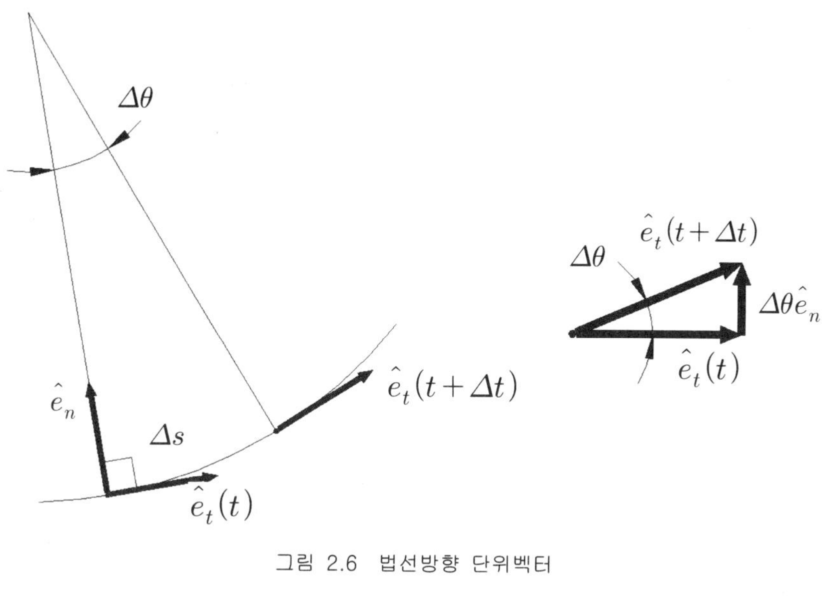

그림 2.6 법선방향 단위벡터

$$\Delta \hat{e}_t = \hat{e}_t(t+\Delta t) - \hat{e}_t(t) = \frac{\Delta s}{\rho} \hat{e}_n \tag{2.1.15}$$

여기서 ρ는 Δt 동안의 질점의 궤적을 내접원으로 근사하였을 때의 원의 반경으로 **곡률반경**(radius of curvature)이라고 부르는 양이며[연습문제 2.3 참조], $\hat{e}_n$은 $\hat{e}_t$에 수직이고, 위에서 언급한 내접원의 중심을 향하는 단위벡터로, 이 벡터의 방향은 주법선 또는 줄여서 **법선**(normal)방향이라고 부른다.

식 (15)를 사용하여 식 (14) 우변의 $d\hat{e}_t/dt$를 나타내면 다음 결과를 얻고,

$$\frac{d\hat{e}_t}{dt} = \lim_{\Delta t \to 0} \frac{\Delta \hat{e}_t}{\Delta t} = \lim_{\Delta t \to 0} \frac{\Delta s}{\Delta t} \frac{\hat{e}_n}{\rho} = \frac{\dot{s}}{\rho} \hat{e}_n \tag{2.1.16}$$

이 결과를 식 (14)에 대입하여 다음을 얻는다.

$$\underline{a} = \ddot{s}\, \hat{e}_t + \frac{\dot{s}^2}{\rho} \hat{e}_n \tag{2.1.17}$$

식 (17)에 따르면, 속도의 방향 변화에 기인하는 가속도 성분은 법선방향 성분이며, 그 크기는 $\dot{s}^2/\rho$으로 주어진다. 가속도의 법선방향 성분은 고등학교 때 배운 등속원운동의 구심가속도와 같은 형태를 가지고 있는데, 원의 반경이 ρ, 원운동의 선속도가 $\dot{s}$ 일 때의 구심가속도와 같은 크기를 가진다.

질점의 운동궤적인 곡선 상의 임의의 점에 대해 접선방향과 법선방향의 단위벡터가 결정되면 두 단위벡터로 이루어지는 평면에 수직인 제 3의 단위벡터 $\hat{e}_b$를 두 벡터의 **벡터곱**으로 다음과 같이 정의할 수 있다.

$$\hat{e}_b = \hat{e}_t \times \hat{e}_n \tag{2.1.18}$$

여기서 $\hat{e}_b$는 **배법선**(binormal)방향의 단위벡터라고 부르며, 벡터곱은 통상적인 벡터곱의 정의, 즉 두 벡터 $\underline{x}$, $\underline{y}$의 벡터곱은 그 결과가 벡터이며, 그 방향은 두 벡터에 의해 이루어지는 평면에 수직이고, 그 크기는 두 벡터의 크기와 $\sin\theta$의 곱, 즉 $|\underline{x}||\underline{y}|\sin\theta$로 주어진다는 정의를 사용하기로 한다. 여기서 두 벡터의 사이각 θ는 다음

과 같이 정의된다.[22)]

$$\cos\theta = \frac{(\underline{x},\ \underline{y})}{|\underline{x}||\underline{y}|} \tag{2.1.19}$$

이렇게 얻어진 서로 수직인 세 개의 단위벡터 $\hat{e}_t$, $\hat{e}_n$, $\hat{e}_b$는 3차원 공간 중에서의 질점의 운동궤적인 곡선과 운동의 특성을 기술하는데 매우 주요한 역할을 하고 있다(그림 2.7).

3장에서 보다 자세히 설명하겠지만, 식 (19)로부터 두 벡터의 스칼라곱에 대해 중요한 사실을 몇 가지 알 수 있다. 먼저 두 벡터의 사이각 $\theta = 0$일 경우, 즉 두 벡터가 동일한 방향인 경우에는 두 벡터의 스칼라곱은 두 벡터의 크기의 곱과 같다. 또 두 벡터의 사이각 $\theta = \pi/2$일 경우, 즉 두 벡터가 직교하는 경우에는 두 벡터의 스칼라곱은 0이 된다.

이 절에서는 Newton의 역학 문제를 예제로 하여 벡터미적분이 그 모습을 최초로 드러낸 문제에 대해 생각해 보았다. 물론 Newton이 제시했던 내용보다는 조금 더 일관되고 정련된 방법으로 기술되었지만, 그 근본적인 개념들은 전적으로 동일하며, 이와 같은 정련 과정은 Newton 이래로 지금까지 계속되고 있다고 할 수 있다.

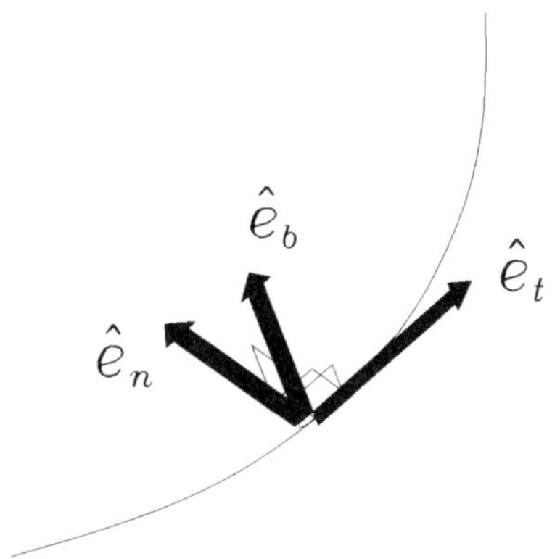

그림 2.7 곡선운동에 대한 세 개의 단위벡터

22) 고등학교 때 배운 내적은 $\underline{x} \cdot \underline{y} = |\underline{x}||\underline{y}|\cos\theta$로 정의되어 두 벡터 사이의 사이각은 기하학적으로 당연히 알려진 양으로 취급되었던 반면에, 여기서는 두 벡터 사이의 각을 대수적으로 정의하는데 오히려 스칼라곱이 사용되는 점에 주목하고 그 차이점에 대해 깊이 생각해 보기 바란다.

한편 이 절에서, 스칼라곱이 만족해야 하는 성질에 대해서만 기술하였을 뿐, 구체적으로 어떤 좌표계를 도입하고, 스칼라곱이 어떻게 계산되는지에 대해 지금까지 기술할 필요가 없었음에 대해 독자들은 꼭 유의하기 바라며, 다시 한 번 이 절의 내용을 읽어보며 어떻게 그런 과정이 가능했었는지에 대해 숙고해 보기 바란다.

[예제 2.1] 직선운동

직선 상에서 움직이는 질점의 변위 $x(t)$가 다음과 같은 경우, 속도 $u(t)$와 가속도 $a(t)$를 구하시오. 단 δ, x_0, ω는 주어진 상수이다.

$$x(t) = \delta + x_0 \cos\omega t \qquad \text{(예2.1.1)}$$

► 답

직선운동이므로 변위 $x(t)$의 미분과 2계미분에 의해 속도와 가속도가 다음과 같이 얻어진다.

$$u(t) = \frac{dx}{dt} = -\omega x_0 \sin\omega t \qquad \text{(예2.1.2)}$$

$$a(t) = \frac{d^2x}{dt^2} = -\omega^2 x_0 \cos\omega t \qquad \text{(예2.1.3)}$$

[예제 2.2] 원운동

반경 r_0인 원주 위를 다음과 같은 각속도 $\omega(t)$로 운동하는 질점의 속도 $\underline{u}(t)$와 가속도 $\underline{a}(t)$를 구하시오. 단 r_0, ω_0, δ는 주어진 상수이다.

$$\omega(t) = \omega_0[1 + \exp(-\delta t)] \qquad \text{(예2.1.4)}$$

또 구심가속도가 $t=0$일 때의 값의 반이 되는데 걸리는 시간 τ를 구하고, $t \to \infty$일 때의 운동이 등속원운동임을 보이시오.

► 답

원운동은 평면 상에서의 곡선운동이므로 다음과 같은 본문의 식 (13), (17)을 사용할 수 있는데,

$$\underline{u} = \dot{s}\,\hat{e}_t \quad (2.1.13)$$

$$\underline{a} = \ddot{s}\,\hat{e}_t + \frac{\dot{s}^2}{\rho}\hat{e}_n \quad (2.1.17)$$

단 원운동의 경우에는 $\hat{e}_t = \hat{e}_\theta$, $\hat{e}_n = -\hat{e}_r$로 놓을 수 있고[그림 예2.1 참조], $\rho = r_0$, $\dot{s}(t) = r_0\omega$, $\ddot{s} = r_0\dot{\omega}$ 임을 이용하면 다음 결과를 얻는다.

$$\underline{u} = \dot{s}\,\hat{e}_t = r_0\omega\hat{e}_\theta \quad (예2.1.5)$$

$$\underline{a} = \ddot{s}\,\hat{e}_t + \frac{\dot{s}^2}{\rho}\hat{e}_n = -\delta r_0\omega_0\exp(-\delta t)\hat{e}_\theta - r_0\omega_0^2[1+\exp(-\delta t)]^2\hat{e}_r \quad (예2.1.6)$$

$t = 0$일 때의 구심가속도는 $r_0\omega_0^2(1+1)^2 = 4r_0\omega_0^2$이므로, τ에 대해 다음을 얻고,

$$1 + \exp(-\delta\tau) = \sqrt{2} \quad (예2.1.7)$$

이를 정리하여 다음 결과를 얻으므로,

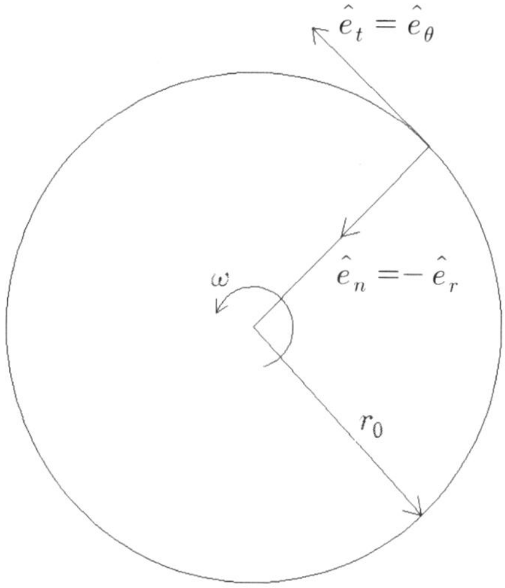

그림 예 2.1 원운동과 단위벡터

$$\tau = -\frac{1}{\delta} ln(\sqrt{2}-1) = \frac{0.88}{\delta} \qquad (예2.1.8)$$

τ는 δ에 반비례함을 알 수 있다.

한편 $t \to \infty$ 일 때의 각속도는 식 (예4)로부터 $\omega \to \omega_0$ 이므로 상수이며, 따라서 등속원운동임을 알 수 있는데, 이 때 속도와 가속도는 식 (예5), (예6)으로부터 다음과 같으므로,

$$\underline{u}(\infty) = r_0 \omega_0 \hat{e}_\theta = u_0 \hat{e}_\theta \qquad (예2.1.9)$$

$$\underline{a}(\infty) = -r_0 \omega_0^2 \hat{e}_r \qquad (예2.1.10)$$

고등학교 때 배운 등속원운동에 대한 선속도와 구심가속도임을 확인할 수 있다.

[예제 2.3] 나선운동

다음과 같은 **원형나선**(circular helix)운동을 하는 질점에 대해 접선방향과 법선방향의 단위벡터를 구하고, 이들을 사용하여 가속도 $\underline{a}(t)$를 구하시오. 단 r_0, ω, u_z는 주어진 상수이고, $\hat{i}$, $\hat{j}$, $\hat{k}$는 각각 x, y, z축방향의 단위벡터이다.

$$\underline{x}(t) = r_0 \cos\omega t \hat{i} + r_0 \sin\omega t \hat{j} + u_z t \hat{k} \qquad (예2.1.11)$$

► 답

먼저 $\dot{s}(t)$는 다음과 같이 본문의 식 (12)에 의해 주어지므로,

$$\dot{s}(t) = \frac{ds}{dt} = |\underline{u}(t)| \qquad (2.1.12)$$

식 (예11)의 각 방향성분을 미분하여 속도벡터를 구하고 또 그 크기를 구할 수 있다.

$$\dot{s}(t) = |\underline{u}(t)| = \sqrt{(-r_0\omega \sin\omega t)^2 + (r_0\omega \cos\omega t)^2 + u_z^2} = \sqrt{r_0^2\omega^2 + u_z^2} = u_0 \quad (예2.1.12)$$

u_0는 상수이므로, $\ddot{s} = 0$이며, 또 다음과 같은 본문의 식 (13)을 사용하면,

$$\underline{u} = \dot{s}\,\hat{e}_t \qquad (2.1.13)$$

접선방향의 단위벡터는 다음과 같다.

$$\hat{e}_t = \frac{\underline{u}}{\dot{s}} = \frac{r_0\omega}{u_0}(-\sin\omega t\,\hat{i} + \cos\omega t\,\hat{j}) + \frac{u_z}{u_0}\hat{k} \qquad (예2.1.13)$$

한편 법선방향의 단위벡터와 곡률반경을 구하기 위해 다음과 같은 본문의 식 (16)을 이용한다.

$$\frac{d\hat{e}_t}{dt} = \lim_{\Delta t \to 0}\frac{\Delta\hat{e}_t}{\Delta t} = \lim_{\Delta t \to 0}\frac{\Delta s}{\Delta t}\frac{\hat{e}_n}{\rho} = \frac{\dot{s}}{\rho}\hat{e}_n \qquad (2.1.16)$$

위에서 얻은 식 (예13)을 시간에 대해 미분한 결과를 위의 식 (16)에 대입하여 다음을 얻으며,

$$\hat{e}_n = \frac{\rho}{\dot{s}}\frac{d\hat{e}_t}{dt} = -\frac{\rho}{u_0}\frac{r_0\omega^2}{u_0}(\cos\omega t\,\hat{i} + \sin\omega t\,\hat{j}) \qquad (예2.1.14)$$

단위벡터의 크기는 1이므로, 식 (예14)로부터 $\hat{e}_n$과 ρ에 대해 다음 결과를 얻는다.

$$\hat{e}_n = -(\cos\omega t\,\hat{i} + \sin\omega t\,\hat{j}) = -\hat{e}_r \qquad (예2.1.15)$$

$$\rho = \frac{u_0^2}{r_0\omega^2} = r_0\left\{1 + \left(\frac{u_z}{r_0\omega}\right)^2\right\} \qquad (예2.1.16)$$

여기서 $\hat{e}_r$은 xy 평면에서 반경방향의 단위벡터이다.

마지막으로 가속도는 다음과 같은 본문의 식 (17)을 사용하여 얻는다.

$$\underline{a} = \ddot{s}\,\hat{e}_t + \frac{\dot{s}^2}{\rho}\hat{e}_n \qquad (2.1.17)$$

이 식에 위에서 얻은 식 (예12), (예16)을 대입하여 다음 결과를 얻는다.

$$\underline{a} = \ddot{s}\,\hat{e}_t + \frac{\dot{s}^2}{\rho}\hat{e}_n = r_0\omega^2\hat{e}_n = -r_0\omega^2\hat{e}_r \qquad (예2.1.17)$$

따라서 식 (예11)로 주어지는 원형나선운동의 가속도는 xy 평면에서 이루어지는 등속원운동의 구심가속도와 같음을 알 수 있다[식 (예10) 참조].

[예제 2.4] 비틀림반경

배법선방향의 단위벡터는 다음과 같이 본문의 식 (18)로 정의된다.

$$\hat{e}_b = \hat{e}_t \times \hat{e}_n \tag{2.1.18}$$

배법선방향의 단위벡터의 s에 대한 미분, 즉 $\underline{b} = \dfrac{d\hat{e}_b}{ds}$는 법선방향의 벡터임을 보이시오.

► 답

식 (18)에 주어진 $\hat{e}_b$의 정의로부터 다음을 얻는다.

$$\frac{d\hat{e}_b}{ds} = \frac{d\hat{e}_t}{ds} \times \hat{e}_n + \hat{e}_t \times \frac{d\hat{e}_n}{ds} \tag{예2.1.18}$$

한편 본문의 식 (15)는 다음과 같으므로,

$$\Delta\hat{e}_t = \hat{e}_t(t+\Delta t) - \hat{e}_t(t) = \frac{\Delta s}{\rho}\hat{e}_n \tag{2.1.15}$$

$\Delta s \to 0$인 극한을 취함으로써 $\dfrac{d\hat{e}_t}{ds} = \dfrac{\hat{e}_n}{\rho}$를 얻고, 이를 식 (예18)에 대입하면 방향이 같은 두 벡터의 벡터곱은 0이 됨을 이용하여 다음 결과를 얻는다.

$$\underline{b} = \frac{d\hat{e}_b}{ds} = \hat{e}_t \times \frac{d\hat{e}_n}{ds} \tag{예2.1.19}$$

식 (15)에서 $\Delta\hat{e}_t$가 $\hat{e}_t$에 수직인 것과 마찬가지로, $\Delta\hat{e}_b$는 $\hat{e}_b$에 수직이며, 따라서 $\underline{b}$ 또한

$\hat{e}_b$에 수직이어야 한다. 또한 식 (예19)에 따르면 $\underline{b}$는 $\hat{e}_t$에 대해서도 수직이므로, 결국 $\underline{b}$는 $\hat{e}_n$방향의 벡터임을 알 수 있다. 통상 벡터 $\underline{b}$의 크기는 **비틀림반경**(radius of torsion) τ를 사용하여 나타내며 다음과 같이 정의한다.

$$\underline{b} = \frac{d\hat{e}_b}{ds} = -\frac{\hat{e}_n}{\tau} \qquad (\text{예}2.1.20)$$

[예제 2.5] Serret-Frenet 공식

위의 예제에서 이용한 식 (15)에서 얻는 $\frac{d\hat{e}_t}{ds} = \frac{\hat{e}_n}{\rho}$와, 식 (예20)에서 얻은 $\frac{d\hat{e}_b}{ds} = -\frac{\hat{e}_n}{\tau}$을 이용하여 $\underline{n} = \frac{d\hat{e}_n}{ds}$을 구하시오.

► 답

위의 예제에서도 인용한 식 (18)에서 알 수 있는 바와 같이 $\hat{e}_t$, $\hat{e}_n$, $\hat{e}_b$는 우수계를 형성하는 세 벡터이므로, $\hat{e}_n = \hat{e}_b \times \hat{e}_t$을 얻으며, 이 식의 양변을 s에 대해 미분하여 다음 결과를 얻는다.

$$\frac{d\hat{e}_n}{ds} = \frac{d\hat{e}_b}{ds} \times \hat{e}_t + \hat{e}_b \times \frac{d\hat{e}_t}{ds} \qquad (\text{예}2.1.21)$$

문제에서 주어진 관계식을 식 (예2.21)의 우변에 대입하여 다음을 얻는다.

$$\underline{n} = -\frac{\hat{e}_n}{\tau} \times \hat{e}_t + \hat{e}_b \times \frac{\hat{e}_n}{\rho} = \frac{\hat{e}_b}{\tau} - \frac{\hat{e}_t}{\rho} \qquad (\text{예}2.1.22)$$

문제에서 주어진 두 관계식과 위의 식 (예22)는 통상 **Serret-Frenet 공식**이라고 부르며, 아래와 같이 정리해서 쓸 수 있다.

$$\begin{pmatrix} \dfrac{d\hat{e}_t}{ds} \\ \dfrac{d\hat{e}_n}{ds} \\ \dfrac{d\hat{e}_b}{ds} \end{pmatrix} = \begin{pmatrix} 0 & \dfrac{1}{\rho} & 0 \\ -\dfrac{1}{\rho} & 0 & \dfrac{1}{\tau} \\ 0 & -\dfrac{1}{\tau} & 0 \end{pmatrix} \begin{pmatrix} \hat{e}_t \\ \hat{e}_n \\ \hat{e}_b \end{pmatrix} \qquad \text{(예2.1.23)}$$

2.2 방향도함수와 $grad$

Euler(1707~1783, Switzerland, Germany, & Russia; 1752, 쉬어가기 6 참조)는 유체에 대한 기본 방정식을 유도하면서 먼저 유동장 내부의 임의의 점에 위치한 **유체입자**(fluid particle)의 질량 또는 밀도를 수학적으로 표현해야 했는데, 여기서 유체입자라는 개념 또한 기하학에서 사용하는 점의 개념을 유체역학에 원용한 사례였다.

3차원 유동장 내부의 임의의 점에 위치한 유체입자의 밀도가 시간에 따라 변화하지 않는 정상유동(steady flow)이라고 가정하면, 점 $\underline{x}$에 위치한 유체입자의 밀도 ρ는 독립변수를 벡터 $\underline{x}$, 종속변수를 스칼라 ρ로 하는 벡터변수(vector variable)의 실수함수 $\rho(\underline{x})$로 나타낼 수 있다.

3차원 공간 중의 점의 위치를 좌표계를 도입하여 표현하기 위해서는 3 개의 독립적인 좌표가 필요하므로, 벡터 $\underline{x}$로 표현한 독립변수는 사실상, 세 개의 독립변수에 해당하며, 따라서 $\rho(\underline{x})$는 다변수함수(multi-variable function)이다. 편의상 그림 2.1에 보인 바와 같은 **직각좌표계**(Cartesian co-ordinate system)[23]를 도입하여 $\underline{x}$를 나타내기로 하면, 밀도는 다음과 같이 쓸 수 있다.

$$\rho(\underline{x}) = \rho(x, y, z) = \lim_{\Delta V \to 0} \frac{\Delta m}{\Delta V} \tag{2.2.1}$$

여기서 ΔV는 점 $\underline{x}$를 포함하는 미소요소의 체적이며, Δm은 그 요소에 포함된 유체의 질량이다. 물론 연속체의 가정에 따라 ΔV의 특성길이(characteristic length)는 기체분자의 평균자유경로(mean free path)보다는 상당히 커야 할 것이다(이승준(2009)[12] 참조).

위와 같이 정의된 밀도는 위치에 따라 그 값이 변화하는 다변수함수인데, 이 때, 위치에 따른 밀도의 변화를 고려하기 위해서는 단일변수함수(single variable function)에 대한 미분의 개념을 고려중인 경우에 적합하도록 확장할 필요가 있다. 편도함수의 개념을 사용하면, 각 좌표방향으로의 밀도의 변화율(rate of change)은 쉽게 나타낼 수 있으나, 임의의 점에서 일정한 방향으로 밀도의 변화율을 구하고자 하는 경우에는 (그림 2.8) 다음과 같은 **방향도함수**(directional derivative)의 개념을 도입해야 한다.

먼저 점 $\underline{x}$에서 단위벡터 $\hat{n}$의 방향으로 구한 밀도의 변화율을 $\frac{\partial \rho}{\partial n}$으로 표기하기

23) 2장 도입부에서 밝힌 바와 같이, Cartesian좌표계라는 명칭은 1637년 이 좌표계를 창안한 Descartes(데까르트)를 기념하기 위한 것이다.

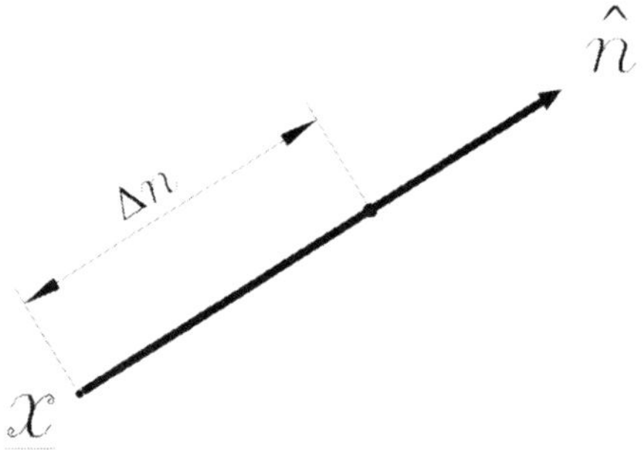

그림 2.8 방향도함수

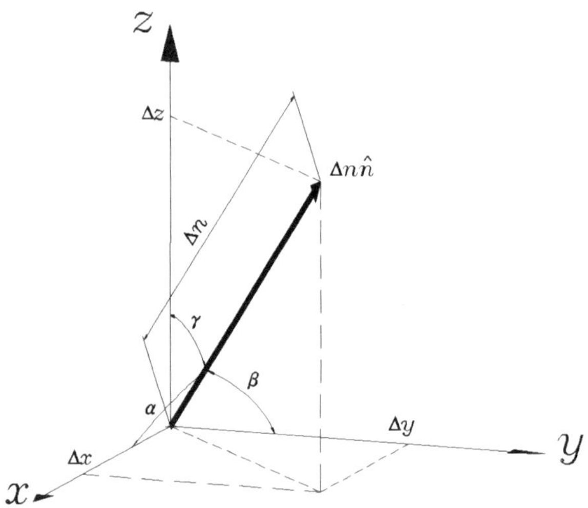

그림 2.9 방향코사인

로 하고, n방향으로의 미소변위를 Δn이라고 하면, 실수함수에 대한 도함수의 정의와 비슷한 방법으로 밀도의 n방향도함수 $\dfrac{\partial\rho}{\partial n}$을 다음과 같이 정의할 수 있다.

$$\frac{\partial\rho}{\partial n} = \lim_{\Delta n\to 0}\frac{\Delta\rho}{\Delta n} = \lim_{\Delta n\to 0}\frac{\rho(\underline{x}+\Delta n\hat{n})-\rho(\underline{x})}{\Delta n} \tag{2.2.2}$$

여기서 미소 변위벡터 $\Delta n\hat{n}$은 다음과 같이 나타낼 수 있다.

$$\Delta n\hat{n} = \Delta x\hat{i} + \Delta y\hat{j} + \Delta z\hat{k} \tag{2.2.3}$$

$\hat{i}$, $\hat{j}$, $\hat{k}$는 각각 x, y, z 방향으로의 단위벡터이다.

따라서 Δx, Δy, Δz는 벡터 $\Delta n\hat{n}$의 각 방향성분을 나타내므로, 방향코사인(directional cosine)을 사용하여 Δx, Δy, Δz를 나타내면 다음을 얻고(그림 2.9),

$$(\Delta x, \Delta y, \Delta z) = (\cos\alpha, \cos\beta, \cos\gamma)\,\Delta n \tag{2.2.4}$$

식 (4)의 결과를 이용하여 식 (3)을 다시 쓰면 다음을 얻는다.

$$\hat{n} = \cos\alpha\,\hat{i} + \cos\beta\,\hat{j} + \cos\gamma\,\hat{k} \tag{2.2.5}$$

한편 식 (4)를 사용하여 밀도의 변화량 $\Delta\rho$를 다음과 같이 얻을 수 있다.

$$\begin{aligned} \Delta\rho &= \left(\frac{\partial\rho}{\partial x}\Delta x + \frac{\partial\rho}{\partial y}\Delta y + \frac{\partial\rho}{\partial z}\Delta z\right) + O(\Delta n)^2 \\ &= \left(\frac{\partial\rho}{\partial x}cos\alpha + \frac{\partial\rho}{\partial y}cos\beta + \frac{\partial\rho}{\partial z}cos\gamma\right)\Delta n + O(\Delta n)^2 \end{aligned} \tag{2.2.6}$$

여기서 O는 크기를 나타내는 기호이며, 식 (6) 우변의 마지막 항이 O를 뒤따르는 양, 즉 $(\Delta n)^2$에 비례하는 크기를 가짐을 뜻한다.

식 (6)을 식 (2)의 방향도함수의 정의에 대입하여 최종적으로 다음 결과를 얻는다.

$$\frac{\partial\rho}{\partial n} = \lim_{\Delta n\to 0}\frac{\Delta\rho}{\Delta n} = \frac{\partial\rho}{\partial x}\cos\alpha + \frac{\partial\rho}{\partial y}\cos\beta + \frac{\partial\rho}{\partial z}\cos\gamma \tag{2.2.7}$$

식 (7) 우변의 형태를 보면 고등학교에서 배운 내적을 연상할 수 있다. 벡터 $\underline{x}$와 $\underline{y}$의 직각좌표계에서의 성분이 각각 (x_1, x_2, x_3), (y_1, y_2, y_3)일 때, 두 벡터의 스칼라곱은 $\hat{i}$, $\hat{j}$, $\hat{k}$가 서로 수직인 것을 고려하면 다음과 같이 쓸 수 있다.

$$(\underline{x}, \underline{y}) = x_1y_1 + x_2y_2 + x_3y_3 \tag{2.2.8}$$

따라서 식 (7)의 우변은 식 (5)를 고려하여 다음과 같은 두 벡터의 스칼라곱으로 쓸 수 있다.

$$\frac{\partial \rho}{\partial n} = \left(\hat{n}, \left(\frac{\partial \rho}{\partial x}, \frac{\partial \rho}{\partial y}, \frac{\partial \rho}{\partial z}\right)\right) \tag{2.2.9}$$

이 식에 따르면 임의의 점 $\underline{x}$에서의 단위벡터 $\hat{n}$방향으로의 밀도의 변화율, 즉 밀도의 n방향도함수는, 그 점에서의 x, y, z방향으로의 편도함수로 구성되는 벡터 $\left(\frac{\partial \rho}{\partial x}, \frac{\partial \rho}{\partial y}, \frac{\partial \rho}{\partial z}\right)$와 단위벡터 $\hat{n}$의 스칼라곱에 의해 주어진다.

식 (9)에 나타난 벡터 $\left(\frac{\partial \rho}{\partial x}, \frac{\partial \rho}{\partial y}, \frac{\partial \rho}{\partial z}\right)$는 밀도의 $grad$(**gradient**)로 정의되며 일반적으로 다음과 같이 표기한다.

$$grad\,\rho = \nabla \rho = \left(\frac{\partial \rho}{\partial x}, \frac{\partial \rho}{\partial y}, \frac{\partial \rho}{\partial z}\right) \tag{2.2.10}$$

여기서 ∇은 통상 델(del)로 읽으며, $grad$는 스칼라함수를 입력(input)으로 하고, x, y, z방향의 각 성분이 각 방향에 대한 편도함수로 주어지는 벡터함수를 출력(output)으로 하는 벡터미분연산자이며, $grad$ 대신에 ∇을 쓰는 경우가 더 흔하고, 이런 경우에는 ∇을 다음과 같은 연산자로 볼 수 있다.

$$\nabla = \left(\frac{\partial}{\partial x}, \frac{\partial}{\partial y}, \frac{\partial}{\partial z}\right) \tag{2.2.11}$$

한편, 식 (9)에 따르면, 스칼라곱의 성질에 의해 $\hat{n}$의 방향이 $grad\,\rho$ 또는 $\nabla\rho$와 같은 방향일 때, 방향도함수 $\frac{\partial \rho}{\partial n}$의 크기가 가장 클 것이므로, $\nabla\rho$의 방향은 밀도 변화율이 최대인 방향임을 알 수 있다.

이 절에서는 Euler가 유체역학에 대한 기본방정식을 유도함에 있어 우선적으로 필요로 했던 방향도함수의 개념에 대해 살펴보았다. 물론 표기법은 Euler가 사용한 것과 약간의 차이가 있지만 본질적으로는 동일한 논의가 Euler에 의해 다루어졌으며, 우리가 오늘날 역학 교과서에서 마주하는 대부분의 수학적 내용이 사실상 17세기 이후 수백 년에 걸쳐 수많은 천재들에 의해 만들어진 것임을 상기하면, 한 번 또는 몇 번 보아서 그 내용을 충분히 이해할 수 없다고 하여 그렇게 실망할 일만은 아니다.

한편 이 절에서는 직각좌표계를 도입하여 $grad$를 정의하였지만, 보다 고급의 내용을 다루는 대학원 수준의 수학에서는 직각좌표계와 무관하게 $grad$를 정의할 수 있으며, 이에 대해서는 2.8절 [예제 2.21]을 참조하기 바란다.

[예제 2.6] 방향도함수 구하기; 스칼라곱의 다른 표기법: $\dfrac{\partial f}{\partial n} = \hat{n} \cdot \nabla f$

위치의 함수로 주어진 다음과 같은 함수 $f(x, y, z)$에 대해 $r^2 = x^2 + y^2 + z^2 = 1$인 구면 위에서 $\hat{n} = (\sin\phi\cos\theta, \sin\phi\sin\theta, \cos\phi) = \dfrac{1}{r}(x, y, z)$ 방향으로의 변화율을 구하시오. 단 (r, ϕ, θ)는 구좌표계(spherical co-ordinate system)이다(그림 예2.2 참조).

$$f(x, y, z) = \exp(-k\sqrt{x^2 + y^2 + z^2}) = \exp(-kr) \tag{예2.2.1}$$

여기서 k는 주어진 상수이다.

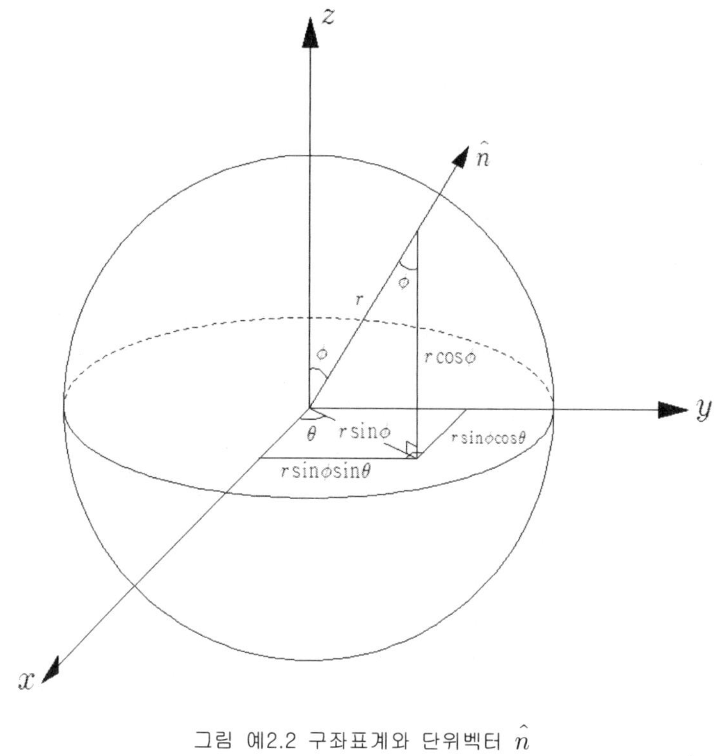

그림 예2.2 구좌표계와 단위벡터 $\hat{n}$

► 답

먼저 ∇f를 구하기 위해 $\frac{\partial f}{\partial x}$를 구하면 다음을 얻고,

$$\frac{\partial f}{\partial x} = \exp(-kr)(-k)\frac{\partial r}{\partial x} = -k\frac{x}{r}\exp(-kr) \qquad (예2.2.2)$$

마찬가지 방법으로 $\frac{\partial f}{\partial y}$, $\frac{\partial f}{\partial z}$를 얻어 다음 결과를 얻는다.

$$\nabla f = -\frac{k}{r}(x, y, z)\exp(-kr) = -k\exp(-kr)\hat{n} \qquad (예2.2.3)$$

따라서 $\hat{n}$ 방향으로의 방향도함수는 다음과 같다.

$$\frac{\partial f}{\partial n} = (\hat{n}, \nabla f) = \hat{n} \cdot \nabla f = -k\exp(-kr) = \frac{\partial f}{\partial r} \qquad (예2.2.4)$$

여기서 $\underline{x} \cdot \underline{y}$는 $(\underline{x}, \underline{y})$ 대신에 스칼라곱을 나타내는데 많이 쓰이는 기호이며, 고등학교 때부터 대부분의 학생들이 많이 보았던 기호이다.

위의 결과에 따르면 $\hat{n}$ 방향으로의 방향도함수가 반경방향의 좌표 r에 대한 편도함수와 같은 값으로 얻어졌는데, 이는 결코 우연히 얻어진 결과가 아니다. 문제에서 주어진 단위벡터 $\hat{n}$이 반경방향의 단위벡터 $\hat{e}_r$과 같은데 기인하는 결과이며, 따라서 처음부터 $\hat{n} = \hat{e}_r$에 착안하였다면 $\frac{\partial f}{\partial n} = \frac{\partial f}{\partial r}$임을 이용하여, 주어진 함수 f의 r에 대한 편도함수를 구할 수 있었다. 더구나 구좌표계로 나타내면 f는 r만의 함수, 즉 $f = f(r)$이므로, $\frac{\partial f}{\partial r} = \frac{df}{dr}$임에 유의한다.

식 (예1)로 주어진 함수는 원점으로부터의 거리에 따라 지수함수(exponential function)적으로 감소하는 값을 가지므로, 원점으로부터의 거리가 동일한 면, 즉 구면 위에서는 일정한 값을 가지며 구면 위에서의 변화율은 0이어야 하고, 또한 변화율의 크기가 최대가 되는 방향은 반경방향이 된다. 식 (예4)를 이용하여 반경이 1인 구면 위에서의 변화율을 구하여 다음을 얻는다.

$$\left.\frac{\partial f}{\partial n}\right|_{r=1} = \left.\frac{df}{dr}\right|_{r=1} = -ke^{-k} \qquad (예2.2.5)$$

[예제 2.7] 변화율의 크기가 최대인 방향

어떤 기체의 밀도분포 ρ가 다음과 같다.

$$\rho(x, y, z) = \left[1 - \tanh k(z - z_0)\right] \exp(-kR) = Z(z) f(R) \qquad (\text{예}2.2.6)$$

여기서 k, z_0는 주어진 상수이고, (R, θ, z)는 원기둥좌표계(cylindrical co-ordinate system)로, $x = R\cos\theta$, $y = R\sin\theta$이다(그림 예2.3 참조). $\underline{x} = (\frac{1}{k}, 0, z_0) = \underline{x}_0$인 점에서 밀도변화율의 크기가 최대인 방향을 구하시오.

► 답

본문의 식 (11) 아래에서 논의한 바와 같이, $\nabla\rho$의 방향이 변화율의 크기가 최대인 방향이므로, 먼저 $\nabla\rho$를 구하면 다음을 얻는다.

$$\nabla\rho = \left(\frac{df}{dR}\frac{x}{R}Z,\ \frac{df}{dR}\frac{y}{R}Z,\ \frac{dZ}{dz}f\right) \qquad (\text{예}2.2.7)$$

주어진 점에서의 값, $Z(z_0) = 1$, $f(\frac{1}{k}) = \frac{1}{e}$, $\left.\frac{dZ}{dz}\right|_{z=z_0} = -k$, $\left.\frac{df}{dR}\right|_{R=\frac{1}{k}} = -\frac{k}{e}$를 이용하여 $\nabla\rho$의 값을 구하면 다음을 얻는다.

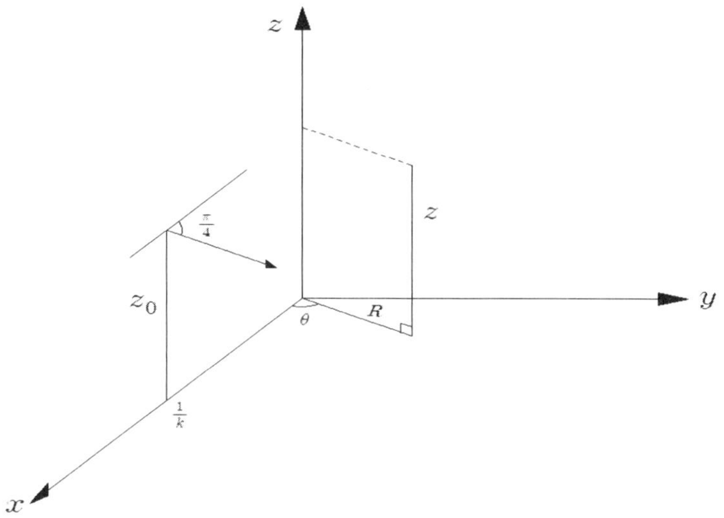

그림 예2.3 원기둥좌표계와 변화율의 크기가 최대인 방향

$$\nabla\rho(\underline{x}=\underline{x}_0)=-\frac{k}{e}(1,0,1) \qquad (예2.2.8)$$

그림 예2.3에 보인 바와 같이 식 (예8)에서 얻은 벡터의 방향은 xz-평면 상에서 음의 x축으로부터 시계방향으로 45° 인 방향이다.

[예제 2.8] 열전도에 관한 Fourier(1768~1830, France)[24] 법칙

상당히 많은 재료의 경우, 물체 내부의 온도 차이에 따른 열전도는 다음과 같은 Fourier의 열전도법칙에 따라 발생한다.

$$\underline{q}=-K\nabla T(\underline{x}) \qquad (예2.2.9)$$

여기서 $\underline{q}$는 열플럭스(heat flux), K는 재료의 성질인 열전도계수(heat conduction coefficient), $T(\underline{x})$는 온도분포이다. 온도분포가 다음과 같을 때, 열플럭스의 크기와 방향을 구하시오.

$$T(x,y,z)=\exp[-k(x^2+y^2+z^2)]=\exp(-kr^2) \qquad (예2.2.10)$$

여기서 k는 주어진 상수이다.

► 답

먼저 ∇T를 구하기 위해 $\dfrac{\partial T}{\partial x}$를 구하면 다음을 얻고,

$$\frac{\partial T}{\partial x}=-2kr\exp(-kr^2)\frac{\partial r}{\partial x}=-2kx\exp(-kr^2) \qquad (예2.2.11)$$

마찬가지 방법으로 $\dfrac{\partial T}{\partial y}$, $\dfrac{\partial T}{\partial z}$를 얻어 다음 결과를 얻는다.

$$\nabla T=-2k\exp(-kr^2)(x,y,z)=-2kr\exp(-kr^2)\hat{e}_r \qquad (예2.2.12)$$

24) 그의 Fourier 급수에 관한 최초의 연구는 On the propagation of heat in solids였으며, 이 논문은 1811년 Paris 과학아카데미의 대상을 받았고, 1822년에 Analytical theory of heat 라는 제목으로 발간되었다.

따라서 열플럭스는 다음과 같으며,

$$\underset{\sim}{q} = -K\nabla T = 2kKr\exp(-kr^2)\hat{e}_r \qquad (예2.2.13)$$

이 결과로부터 열플럭스의 크기는 $2kKr\exp(-kr^2)$이며, 방향은 반경방향임을 알 수 있다. 식 (예10)에 따르면 온도가 원점에 중심을 둔 구면 상에서는 일정하므로, 열전도의 방향은 구면에 수직한 방향, 즉 반경방향이 됨을 알 수 있다.

쉬어가기 4b

Galileo(1564~1642, Italy)와 Descartes(1596~1650, France)

스페인이 도버 해협에서 영국에 패퇴한 다음 해, 프랑스에서는 부르봉 왕가(House of Bourbon)[25]의 첫 번째 왕인 Henry 4세(1589~1610, 즉위기간)가 즉위하여, 신교도를 포용하고, 캐나다에 식민지를 건설하는 등 국력 신장에 힘쓴다. 그를 계승한 Louis 13세(1610~1643, 재위기간), 그리고 14세(1643~1715, 재위기간)의 치세에 이르러 프랑스는 절대왕권을 확립하고 유럽 최강의 국력을 자랑하게 되며, 17세기 유럽의 문화를 주도하였고, 미국의 루지애나(Louisiana)주는 당시 프랑스의 식민지로 Louis 14세를 기념하기 위해 그의 이름을 본떠 붙여진 이름이었다.

이들 세 왕의 치세 아래 살았던 Descartes는 비교적 순탄한 삶을 살 수 있는 시대, 나라에 태어났음에도 불구하고, 건강, 방랑벽, 종교 등에 기인하여 특이한 삶의 경로를 밟게 되었다. 그의 어머니는 그가 한살 때 폐결핵으로 유명을 달리하였는데, 그도 나중에 폐렴으로 삶을 마감할 뿐만 아니라, 평생토록 오전에는 침대에서 휴식을 취해야 할 정도로 허약한 체질이었다. Descartes는 8세(1604년)에 예수회 소속의 학교에 들어가 8년을 지내고, 16세(1612년)에는 법관이었던 아버지의 뜻을 따라 Poitiers 대학(University of Poitiers)[26]에 입학하여 4년 동안 법학을 전공하고 졸업한다.

그러나 변호사의 길은 돌아보지도 않은 채, 20세(1616년)부터 시작된 그의 방랑은 32세(1628년)까지 12년 동안 지속되는데, 유럽 각지를 돌아다니며 많은 학자를 만나고, 1618년부터 시작되어 30년이나 지속된 종교전쟁(Thirty year's war)을 현장에서 체험할 기회를 가지며, 그의 사상, 철학, 과학의 체계를 확립해 나갔다.

오랜 방랑 끝에 구교도였던 그는 오히려 신교의 나라지만 종교적 자유가 보장된 네덜란드에 정착하기로 결정하며, 이후 53세(1649년)까지 이곳에서 왕성한 저술 활동에 전념한다. 37세(1633년)에 그는 Galileo의 유죄 판결 소식을 전해 듣고, 4년 이상 저술에 열중하고 있던 Copernicus의 이론을 포함하는 Le Monde(Treatise on The World)의 저술을 중단하며, 종교적인 문제를 야기하지 않을 부문에 진력하기로 결심한다.

과학보다는 철학적인 주제들에 대해 초점을 맞추기로 한 그는 통상 방법서설이라고 번

25) 부르봉 왕가는 유럽의 명문 왕가로, 프랑스의 왕(1589년~1792년), 그리고 스페인의 왕(1700년~현재)들이 이 가문에 속한다.

26) 1431년 창립되었으며 16세기에는 파리 대학과 견줄 만한 대학이었으며, Francis Bacon(1561~1626, UK)도 이 대학 출신이었다.

역되는 **Discourse on the Method**를 41세(1637년) 때 발간한다. 여기서 그는 철학에 있어 수학적 사고의 중요성을 강조하며, 저 유명한 **cogito ergo sum**(I think therefore I am)을 갈파하였다. 이 책에는 세 편의 부록, 광학(Optics), 기상학(Meteorology), 기하학(Geometry)이 첨부되어 있었는데, 세 번째 부록인 **Geometry**에서 그의 유명한 Cartesian 좌표계를 도입하여 해석기하학(analytic geometry)의 길을 개척함으로써 대수학이 기하학을 제치고 수학의 전면에 나설 수 있는 기반을 마련하였다(쉬어가기 그림 16).

한편 플로렌스 부근의 자택에서 연금생활에 들어간 Galileo는 그의 마지막 역작이 된 **Two New Sciences**(Discourses and mathematical demonstrations concerning the two new sciences)의 집필에 착수하며, 이 책은 74세(1638년)에 네델란드의 라이덴(Leiden)으로 밀반출되어 출간되기에 이른다(쉬어가기 그림 17). 1년 전 발간된 Descartes의 Geometry를 그가 읽을 기회가 있었는지는 확실치 않지만, 그는 Oresme(1323~1382, France)의 좌표 개념[27]에 대해서는 이미 정통하고 있었으며, 포사체의 운동, 경사면에서의 물체의 운동, 진자의 운동, 그리고 자유낙하 등을 다루는 그의 저술에서 좌표계의 개념을 매우 적극적으로 사용하고 있음을 볼 수 있다.

그는 새로운 두 과학으로 **동역학**(dynamics)과 **재료역학**(strength of materials)을 다루었는데, 재료역학과 관련하여서는 모형시험과 역학적 상사의 중요성에 대해 기술하여 향후의 비약적 발전을 가능하게 하였다. 가택에 연금된 상태로 78세(1642년)에 사망하기 전, 석 달 동안은 제자라고 불러도 좋을 **Torricelli**(1608~1647, Italy)가 그와 같이 기거하였는데, Galileo는 젊은 시절의 태양 관측 등에 기인하여 노년에는 시력을 완전히 상실하였으며, Torricelli의 실험으로 알려진 유명한 실험은 Galileo의 제안에 따라 수행된 것으로 알려져 있다.

Descartes는 중년 이후, 철학에 더욱 관심을 집중하여 45세(1641년)에는 통상 성찰이라고 번역되는 **Meditations on First Philosophy**(또는 Metaphysical Meditations로도 불린다), 48세(1644년)에는 **Principia Philosophiae**를 암스테르담에서 출간하였다. 후자의 책은 원래 그 당시 대학에서 사용하던 Aristotle의 철학 교재를 대체하기 위해 저술된 것으로 알려져 있으며, 지식, 물질, 세계, 그리고 지구의 원리에 대한 네 부분으로 이루어져 있다.

이 후에도 그는 다양한 주제에 대한 저술 활동을 계속하는데, 53세(1649년)에 스웨덴 여왕 Christina의 초청을 받아들여, 스톡홀름(Stockholm)으로 거처를 옮긴다. 그러나 북구의 추운 날씨도 힘들었지만, 여왕의 교습 시간이 새벽 다섯 시로 잡히자 평생 오전을 휴식 시간으로 삼아야 했던 그의 허약한 몸은 그만 폐렴에 지고 만다. 첫해의 겨울도 넘기지 못하고 그는 유명을 달리 하는데, 18세기 말의 프랑스 혁명 중 그의 유물들은 Pantheon에 프랑스의 다른 위대한 사상가들과 같이 모셔졌다.

---

27) 그는 늦어도 1361년 전까지 준비된 저술을 통하여 수평좌표와 수직좌표를 사용하여 함수를 표현하는 개념에 대해 논한 바 있으며, 그의 이러한 생각은 Descartes에게도 영향을 끼쳤을 것으로 여겨지고 있다. 그의 이 저술은 아직도 미발간인 채로 남아 있으나, 그 요약본은 15, 16세기에 걸쳐 4 차례의 발행을 통해 많은 학자들에게 알려졌다.

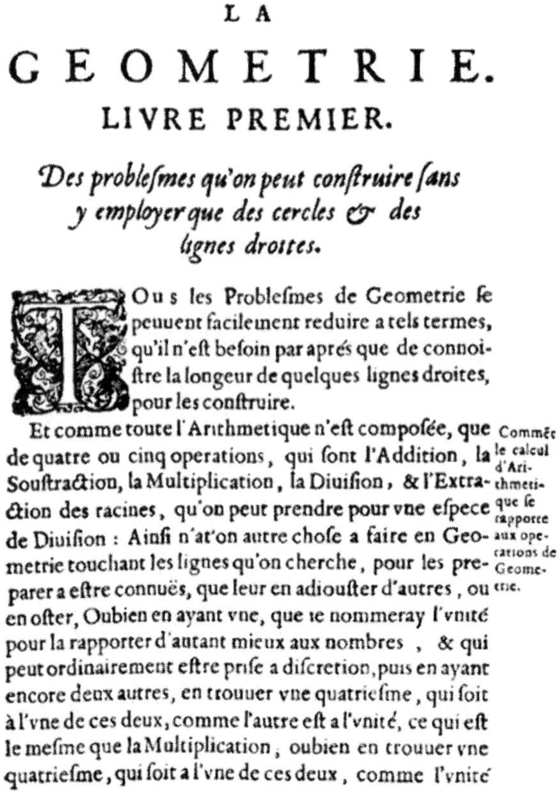

LA
GEOMETRIE.
LIVRE PREMIER.

Des probleſmes qu'on peut conſtruire ſans y employer que des cercles & des lignes droites.

Tous les Probleſmes de Geometrie ſe peuuent facilement reduire a tels termes, qu'il n'eſt beſoin par aprés que de connoiſtre la longeur de quelques lignes droites, pour les conſtruire.

Et comme toute l'Arithmetique n'eſt compoſée, que de quatre ou cinq operations, qui ſont l'Addition, la Souſtraction, la Multiplication, la Diuiſion, & l'Extraction des racines, qu'on peut prendre pour vne eſpece de Diuiſion : Ainſi n'a-t'on autre choſe a faire en Geometrie touchant les lignes qu'on cherche, pour les preparer a eſtre connuës, que leur en adiouſter d'autres, ou en oſter, Oubien en ayant vne, que ie nommeray l'vnité pour la rapporter d'autant mieux aux nombres , & qui peut ordinairement eſtre priſe a diſcretion, puis en ayant encore deux autres, en trouuer vne quatrieſme, qui ſoit à l'vne de ces deux, comme l'autre eſt a l'vnité, ce qui eſt le meſme que la Multiplication ; oubien en trouuer vne quatrieſme, qui ſoit a l'vne de ces deux , comme l'vnité

Commẽt le calcul d'Arithmetique ſe rapporte aux operations de Geometrie.

쉬어가기 그림 16 Geometry(Descartes)

그의 과학적, 철학적 저술은 오늘날의 입장에서 보면 물체의 운동과 관련된 와동이론(vortex theory) 등 부정확한 논리와 주장을 다수 포함하고 있지만, 일반적으로 근대과학의 철학적 기초를 이룩하는데 매우 중요한 역할을 한 것으로 평가되고 있다. 그가 제안한 좌표계의 개념은 수학 및 과학 전반에 엄청난 영향을 미쳤고, 결과적으로 미적분의 창안을 매우 자연스러운 발전으로 받아들일 수 있도록 하는 역할을 충실히 수행하였다. 이와 같은 그의 수학적 과학적 기여에 비하면 대단히 미미한 것으로 보이지만, 그는 대수학에도 조그만 기여를 하였다. 제곱근의 표기 $\sqrt{\ }$, 방정식에서 상수와 미지수를 표시하는데 $a, b, c, \cdots$ 와 $x, y, z, \cdots$ 등은 그에 의해 최초로 사용되었는데, 그가 만들어 놓은 철학적 기초 위에 세워진 과학적 지식을 좌표 평면에서 $y = a\sqrt{x}$ 와 같은 식으로 표시하며 배우는 한, Descartes는 우리와 같이 살고 있다고 할 것이다.

Galileo의 Dialogue는 1835년까지 교황청의 금서 목록에 포함되어 있었으며, Descartes의 저술도 1667년 같은 운명에 처해졌다. Galileo에 대한 종교재판소의 유죄 판결은 아직도 공식적으로는 유효한 것으로 남아 있는데, 이러한 사실은 오히려 교황청의 무지와 오류를 지적하는데 인용되고 있을 뿐이다. 그의 Two New Sciences에서 다루어진 동역학의 문제들은 지금도 고등학교, 대학교의 물리 시간에 거의 모든 학생들이 배우고 있으며, Newton의 운동법칙도 Galileo의 관성의 법칙으로 시작하고 있음을 상기하면, 17세기 말에 시작된 과학혁명에서 그가 어떤 위치를 차지하고 있었는지 충분히 짐작할 수 있을 것이다.

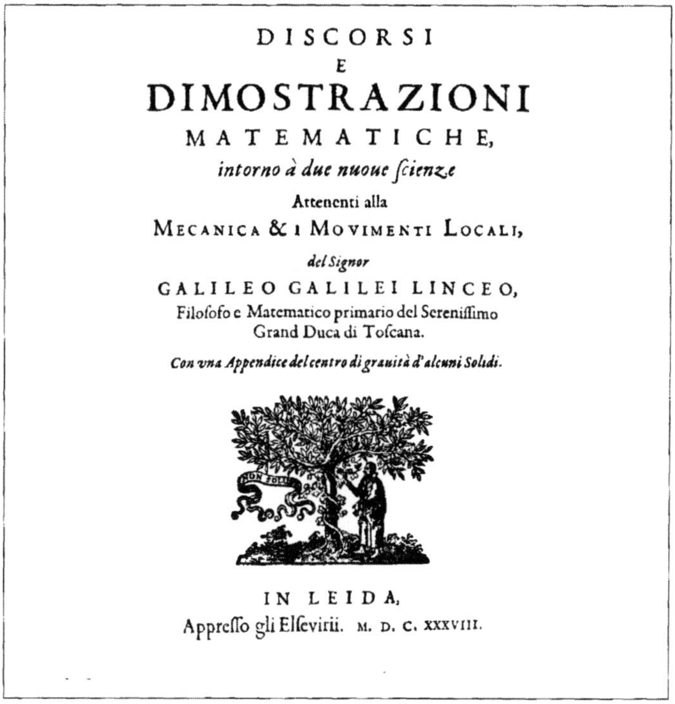

DISCORSI
E
DIMOSTRAZIONI
MATEMATICHE,
intorno à due nuoue ſcienze
Attenenti alla
MECANICA & I MOVIMENTI LOCALI,
del Signor
GALILEO GALILEI LINCEO,
Filoſofo e Matematico primario del Sereniſſimo
Grand Duca di Toſcana.
Con vna Appendice del centro di grauità d'alcuni Solidi.

IN LEIDA,
Appreſſo gli Elſevirii. M. D. C. XXXVIII.

쉬어가기 그림 17 Two new sciences(Galileo)

2.3 div 와 $curl$

d'Alembert(1717~1783, France; 1752, 쉬어가기 6 참조)는 유체에 대한 기본방정식을 얻기 위해 질량보존법칙을 적용하는 과정에서 또 하나의 주요한 벡터미분연산자의 개념에 도달하였다. 이 연산자는 이후, 열전도, 전자기학 등의 여러 분야에서도 나타나게 되는데, 여기서는 유체에 대한 d'Alembert의 원래 문제를 고려하여 이 연산자에 대해 생각해 본다.

유체의 압축성을 무시할 수 있다고 가정하고, 또 시간에 따라 유동의 변화가 없는 정상유동을 가정한다. 이와 같은 경우, 유체 내부의 미소체적에 질량보존법칙을 적용하면 미소체적의 내부에서 유체가 만들어지거나 없어지지 않는 한, 그 경계를 통해 들어가고 나간 유체의 총합은 0이 되어야 한다.

미소체적으로는 유체 유동장 내부의 임의의 위치에 놓인 그림 2.10에 보인 바와 같은 미소 직육면체에 대해 생각한다. 이 직육면체의 각 변은 편의상 x, y, z 방향과 평행하도록 잡고, 그 길이는 각각 Δx, Δy, Δz 라고 한다. 여기서 유체의 속도는 독립변수가 $\underline{x}=(x,y,z)$ 이고, 종속변수가 $\underline{u}=(u,v,w)$ 인, 즉 벡터변수의 벡터함수 $\underline{u}(\underline{x})$ 로 주어진다.

직육면체 내부의 중심(center)에 위치한 점의 좌표를 $\underline{x}$ 라고 하면, x 축에 수직인 두 경계면을 통해 들어오고 나간 단위시간 당 유체의 체적, 즉 **체적유량**(volume flow rate) q_x 는, 경계면의 면적에 두 경계면에서의 x 방향 속도를 곱해 다음과 같이 얻을 수 있다.

$$q_x=\left\{u(\underline{x}-\frac{\Delta x}{2}\hat{i})-u(\underline{x}+\frac{\Delta x}{2}\hat{i})\right\}\Delta y\Delta z \qquad (2.3.1)$$

여기서 각 경계면에서의 속도는 각 경계면의 중심에서의 속도를 평균속도로 취하였으며, 이와 같은 근사에 따른 오차는 면적이 대단히 작다고 가정하고 있으므로 그리 크지 않을 것으로 기대할 수 있다.

또한, Δx 가 매우 작은 양이므로, q_x 는 다음과 같이 근사할 수 있으며,

$$q_x=\left\{u(\underline{x})-\frac{\Delta x}{2}\frac{\partial u}{\partial x}-u(\underline{x})-\frac{\Delta x}{2}\frac{\partial u}{\partial x}\right\}\Delta y\Delta z=-\frac{\partial u}{\partial x}\Delta x\Delta y\Delta z \qquad (2.3.2)$$

여기서 편도함수는 직육면체의 중심인 점 $\underline{x}$ 에서 계산된 값이다.

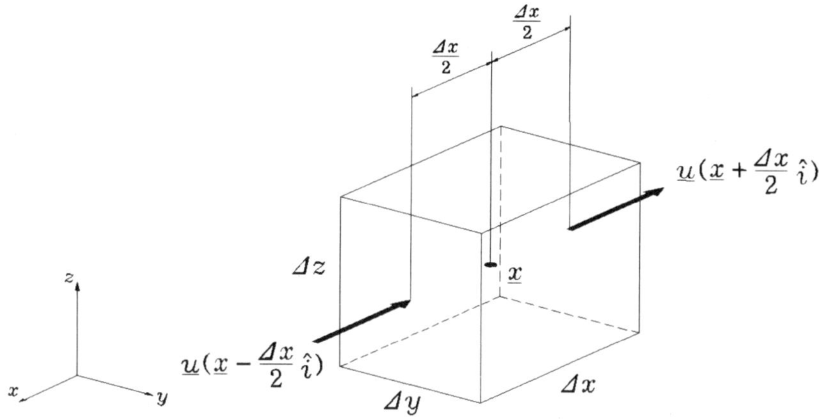

그림 2.10 미소요소에 대한 질량보존

마찬가지 방법에 의해 y축과 z축에 수직인 두 경계면을 통해 들어오고 나간 체적 유량 q_y와 q_z는 각각 다음과 같이 주어진다.

$$q_y = -\frac{\partial v}{\partial y}\Delta x \Delta y \Delta z \qquad (2.3.3)$$

$$q_z = -\frac{\partial w}{\partial z}\Delta x \Delta y \Delta z \qquad (2.3.4)$$

위에서 구한 q_x, q_y, q_z를 모두 더하면 0이 되어야 하므로 다음 결과를 얻으며,

$$q = q_x + q_y + q_z = -\left(\frac{\partial u}{\partial x} + \frac{\partial v}{\partial y} + \frac{\partial w}{\partial z}\right)\Delta x \Delta y \Delta z = 0 \qquad (2.3.5)$$

$\Delta x \Delta y \Delta z$는 미소요소인 직육면체의 체적 ΔV이므로, 식 (5)를 $-\Delta V$로 나누면 최종적으로 다음 결과를 얻는다.

$$-\frac{q}{\Delta V} = \left(\frac{\partial u}{\partial x} + \frac{\partial v}{\partial y} + \frac{\partial w}{\partial z}\right) = div\,\underline{u} = \nabla \cdot \underline{u} = 0 \qquad (2.3.6)$$

식 (6)에 따르면 먼저 $div\,\underline{u}$는 속도가 $\underline{u}$인 유동장에 대한 단위시간 당, 단위체적 당의 체적변화율임을 알 수 있으며, 비압축성유체라는 가정에 의해 그 값이 0이 됨을 알 수 있다. 여기서 div(**divergence**)는 앞 절에서 고려한 식 (2.2.11)과 비교하면 $\nabla\cdot$ 으로 쓸 수 있으며, 따라서 div는 벡터함수를 그 입력으로 하고 스칼라함수를 그 출력으로 하는 벡터미분연산자이다. 식 (6)은 비압축성유체에 대한 **연속방정식**(equation of continuity)으로 불리며, 유체역학에서 매우 중요한 방정식 중의 하나이다.

유체역학 발전의 초기에는 비점성유체를 많이 다루고 있었는데, 유체의 점성을 무시하면 실제 유체에서 발생하는 항력(drag)을 포함하는 여러 가지 중요한 물리적 현상을 역학적으로 설명하기 어렵다는 사실이 d'Alembert(1752)에 의해 밝혀지면서, 유체역학자들은 점성을 합리적으로 고려할 수 있는 점성유체에 대한 운동방정식(equation of motion)을 유도하는데 80년 이상의 오랜 시간을 보내게 된다.

이와 동시에 유체입자의 회전운동(rotation)을 고려할 수 있는 방법에 대해서도 고민하게 되는데, 이러한 과정을 통하여 유체의 회전운동 성분을 나타내는 **와도**(vorticity)라는 개념이 만들어지고 사용되기 시작한다. 속도가 $\underline{u}(\underline{x})$로 주어지는 유동장에 대해 유동장의 와도 $\underline{\omega}(\underline{x})$는 다음과 같이 속도벡터의 $curl$(**curl**)로 정의된다.

$$\underline{\omega}(\underline{x}) = \nabla\times\underline{u} = curl\,\underline{u} \qquad (2.3.7)$$

식 (2.2.11)에서 ∇이 어떻게 주어졌는지, 그리고 두 벡터의 벡터곱을 어떻게 행렬식(determinant)으로 나타낼 수 있는지에 대해 고려함으로써(3.2절에서 다루게 됨), 식 (7)은 편의상 다음과 같이 다시 쓸 수 있다[28].

$$\nabla\times\underline{u} = \begin{vmatrix} \hat{i} & \hat{j} & \hat{k} \\ \dfrac{\partial}{\partial x} & \dfrac{\partial}{\partial y} & \dfrac{\partial}{\partial z} \\ u & v & w \end{vmatrix} = \left(\frac{\partial w}{\partial y}-\frac{\partial v}{\partial z}\right)\hat{i}+\left(\frac{\partial u}{\partial z}-\frac{\partial w}{\partial x}\right)\hat{j}+\left(\frac{\partial v}{\partial x}-\frac{\partial u}{\partial y}\right)\hat{k} \qquad (2.3.8)$$

2.6절에서 Stokes 정리를 공부한 다음에 보다 일반적인 견지에서 $curl\,\underline{u}$[29]의 성질에 대해 살펴보기로 하고, 여기서는 다음과 같은 2차원 유동에 대한 간단한 예를 생각함으로써 $curl\,\underline{u}$의 물리적 의미에 대해 고찰한다. 2차원 유동이 xy-평면에서 일어

28) 엄격한 의미에서는 행렬 또는 행렬식의 요소로 벡터를 허용하지 않는 한 식 (8)은 의미를 가질 수 없으나, 형태상의 동일성 때문에 편의상 식 (8)과 같이 쓰기로 한다.
29) 또는 $\underline{u}$의 rot(rotation), 즉 $rot\,\underline{u}$로 쓰기도 한다

난다고 하면, $\underline{u}(\underline{x}) = (u, v, 0)$이고, 또 u, v는 각각 x와 y만의 함수이므로 식 (8)로부터 다음을 얻는다.

$$\underline{\omega} = \left(\frac{\partial v}{\partial x} - \frac{\partial u}{\partial y}\right)\hat{k} = \omega \hat{k} \tag{2.3.9}$$

만약 유동장 내부의 어떤 점에서 $\partial v/\partial x = -\partial u/\partial y = \omega/2 = const.$ 라고 하면, 이 점을 지나는 x축 및 y축에 평행한 직선들이 그림 2.11에 보인 바와 같이 단위시간 후에는 반시계방향으로 $\omega/2$만큼 회전할 것이며, 따라서 이 점에 십자형의 대단히 조그만 바람개비를 놓아둔다면 단위시간 당 $\omega/2$씩 회전할 것으로 생각할 수 있다. 그러므로 유동장에 대해 정의된 와도는 유체입자의 회전 각속도의 2배에 해당하는 양임을 알 수 있으며, 이러한 사실은 2.6절에서도 다시 한 번 확인될 것이다.

Stokes(1819~1903, UK)는 1845년, 점성유체에 대한 운동방정식을 **Cauchy**(1789~1857, France; 1822, 쉬어가기 8a, b 참조)에 의해 고안된 응력벡터(traction vector), 응력텐서(stress tensor) 등의 개념을 이용하여 유도하였다. **Helmholtz**(1821~1894, Germany)는 1858년, 유체유동장의 와도가 만족해야 하는 방정식을 점성유체에 대한 운동방정식을 이용하여 얻음으로써, 유체유동의 회전성에 대해 보다 근본적인 이해를 충실히 할 수 있었다.

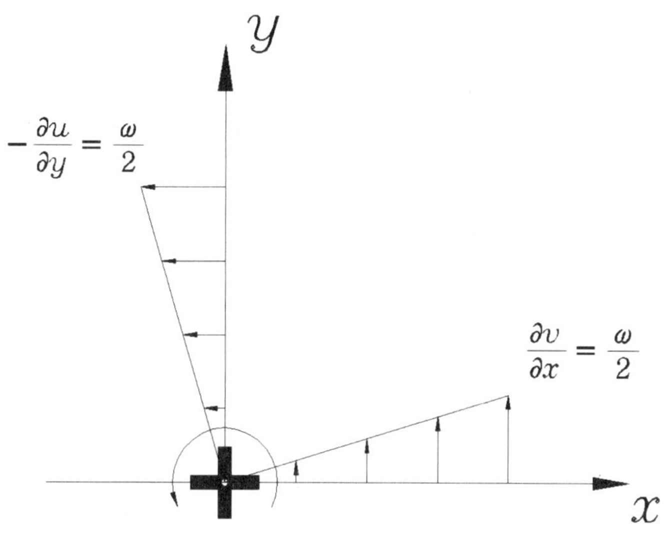

그림 2.11 와도와 유체입자의 회전

한편 **Kelvin**(1824~1907, UK)은 1869년, 순환(circulation)을 정의함으로써 회전성 유동의 물리적 특성을 더욱 확실히 하였다. 그러나 이때만 하여도 비선형(nonlinear) 편미분방정식인 이들 방정식들을 푸는 것은 특수한 몇몇 경우를 제외하고는 불가능한 일이었으며, 유체에 기인하여 물체가 받는 항력을 고려할 수 있기까지는 **Prandtl** (1875~1953, Germany; 1905)의 경계층이론 등, 보다 많은 새로운 개념들의 출현을 기다려야 했다.

이 절에서는 앞 절에서 정의한 $grad$(또는 ∇)의 스칼라곱으로 주어지는 div(또는 $\nabla\cdot$)와, 벡터곱으로 주어지는 $curl$(또는 $\nabla\times$)에 대해 고찰하였으며, 이들 벡터미분 연산자는 고체와 유체를 포함하는 연속체역학, 그리고 열전도, 전자기학 등의 여러 분야에서 매우 주요한 역할을 하고 있음을 다시 한 번 강조하고자 한다. 한편, 앞 절에서도 언급한 바와 같이 이들 벡터미분연산자는 직각좌표계를 도입하지 않고도 정의할 수 있다는 점을 다시 한 번 강조하면서 이 절을 마친다[예제 2.21, 2.22, 2.23 참조].

[예제 2.9] 극좌표계를 사용한 2차원 유동에 대한 div

본문에서 논의한 바와 같이 $div\,\underline{u}$는 속도가 $\underline{u}$인 유동장에 대한 단위시간 당, 단위체적 당의 체적변화율인 것을 이용하여, 2차원 유동에 대한 $div\,\underline{u}$를 극좌표계(polar co-ordinate system)를 사용하여 구하시오

► 답

먼저 그림 예2.4에 보인 바와 같은 극좌표계 (r,θ)의 미소 면적요소에 대해 단위시간 당, 단위체적 당의 체적변화율을 고려하기로 한다. 면적요소의 중심에 위치한 점의 좌표를 $\underline{x}$라고 하면, 길이가 각각 $r\Delta\theta$, $(r+\Delta r)\Delta\theta$인 두 변을 통하여 들어오고 나간 체적유량 q_r은 다음과 같다.

$$q_r = \left\{u_r\left(\underline{x}-\frac{\Delta r}{2}\hat{e}_r\right)\right\}r\Delta\theta - \left\{u_r\left(\underline{x}+\frac{\Delta r}{2}\hat{e}_r\right)\right\}(r+\Delta r)\Delta\theta \qquad (\text{예}2.3.1)$$

여기서 속도벡터 $\underline{u}=u_r\hat{e}_r+u_\theta\hat{e}_\theta$로 쓸 수 있으며, u_r, u_θ는 각각 반경방향과 원주방향의 속도성분이다. 본문에서와 마찬가지로 각 변에서의 속도는 각 변의 중심에서의 속도를 평균속도로 취하였으며, 이에 따른 오차는 면적요소의 크기가 매우 작으므로 무시할 수 있다고 가정한다. 위의 식 (예1)에서 Δr이 매우 작은 양이므로 q_r은 다음과 같이 근사할 수 있다.

$$q_r = \left\{u_r(\underline{x}) - \frac{\Delta r}{2}\frac{\partial u_r}{\partial r}\right\} r\Delta\theta - \left\{u_r(\underline{x}) + \frac{\Delta r}{2}\frac{\partial u_r}{\partial r}\right\}(r+\Delta r)\Delta\theta \qquad (예2.3.2)$$

여기서 편도함수는 면적요소의 중심인 점 $\underline{x}$에서 계산된 값이며, 식 (예2)를 정리하여 $(\Delta r)^2\Delta\theta$에 비례하는 고차항을 무시하면 다음을 얻는다.

$$q_r = -\frac{\partial u_r}{\partial r} r\Delta r\Delta\theta - u_r\Delta r\Delta\theta \qquad (예2.3.3)$$

같은 방법으로 θ가 일정한 길이가 Δr인 두 변을 통해 들어오고 나간 체적유량 q_θ는 다음과 같이 얻는다.

$$q_\theta = u_\theta(r, \theta - \frac{\Delta\theta}{2})\Delta r - u_\theta(r, \theta + \frac{\theta}{2})\Delta r = -\frac{\partial u_\theta}{\partial\theta}\Delta r\Delta\theta \qquad (예2.3.4)$$

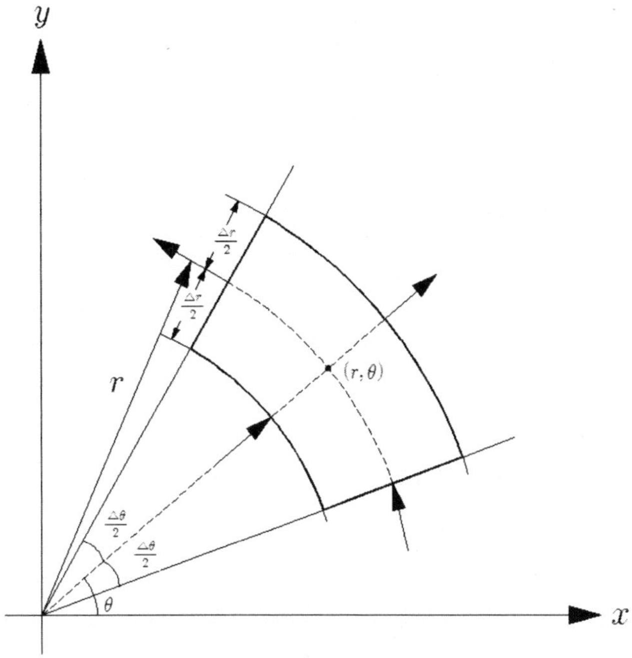

그림 예2.4 극좌표계와 미소 면적요소

위에서 구한 q_r, q_θ를 더하여 다음 결과를 얻으며,

$$q = q_r + q_\theta = -\left(\frac{\partial u_r}{\partial r} + \frac{1}{r}\frac{\partial u_\theta}{\partial \theta} + \frac{u_r}{r}\right) r\Delta r\Delta\theta \qquad (예2.3.5)$$

$r\Delta r\Delta\theta$는 미소요소의 면적 ΔA이므로, 식 (예5)를 $-\Delta A$로 나누면 다음 결과를 얻는다.

$$div\,\underline{u} = \nabla \cdot \underline{u} = -\frac{q}{\Delta A} = \left(\frac{\partial u_r}{\partial r} + \frac{1}{r}\frac{\partial u_\theta}{\partial \theta} + \frac{u_r}{r}\right) \qquad (예2.3.6)$$

직각좌표계에 대한 결과인 다음과 같은 본문의 식 (6)의 2차원 형태와 비교하면

$$div\,\underline{u} = \nabla \cdot \underline{u} = \frac{\partial u}{\partial x} + \frac{\partial v}{\partial y} = 0 \qquad (2.3.6)$$

식 (예6)과 두 가지 차이점이 있음을 알 수 있다. 첫째로 θ방향의 미소요소의 길이가 $\Delta\theta$가 아닌 반경방향의 길이에 $\Delta\theta$를 곱한 양임에 기인하여 식 (예6) 우변의 두 번째 항에 $1/r$이 곱해져 있다. 둘째로 미소요소의 바깥쪽 원주방향 변의 길이가 안쪽 보다 $\Delta r\Delta\theta$만큼 긴 것에 기인하여 세 번째 항이 추가되어 있다.

[예제 2.10] $grad$의 $curl$

2계 편도함수가 연속인 임의의 함수 $f(x, y, z)$의 $grad$에 $curl$을 취하면 항상 0이 됨을 보이시오.

► 답

$grad$의 정의인 식 (2.2.10)으로부터 다음을 얻고,

$$grad\,f = \left(\frac{\partial f}{\partial x}, \frac{\partial f}{\partial y}, \frac{\partial f}{\partial z}\right) = \underline{u} \qquad (예2.3.7)$$

$curl$에 대한 본문의 다음과 같은 식 (8)을 사용하기로 한다.

$$\nabla \times \underline{u} = \begin{vmatrix} \hat{i} & \hat{j} & \hat{k} \\ \dfrac{\partial}{\partial x} & \dfrac{\partial}{\partial y} & \dfrac{\partial}{\partial z} \\ u & v & w \end{vmatrix} = \left(\frac{\partial w}{\partial y} - \frac{\partial v}{\partial z}\right)\hat{i} + \left(\frac{\partial u}{\partial z} - \frac{\partial w}{\partial x}\right)\hat{j} + \left(\frac{\partial v}{\partial x} - \frac{\partial u}{\partial y}\right)\hat{k} \qquad (2.3.8)$$

식 (예7)을 위 식에 대입하여 원하는 결과를 얻는다.

$$\nabla \times \underline{u} = \left(\frac{\partial^2 f}{\partial y \partial z} - \frac{\partial^2 f}{\partial z \partial y}\right)\hat{i} + \left(\frac{\partial^2 f}{\partial z \partial x} - \frac{\partial^2 f}{\partial x \partial z}\right)\hat{j} + \left(\frac{\partial^2 f}{\partial x \partial y} - \frac{\partial^2 f}{\partial y \partial x}\right)\hat{k} = \underline{0} \quad (\text{예}2.3.8)$$

위의 결과에서 마지막 등호가 성립하기 위해서는 함수 $f(x, y, z)$의 2계 편도함수가 연속이라는 조건이 필요하다.

어떤 벡터장(vector field)이 스칼라함수의 $grad$로 주어질 경우, 위의 결과에 따르면 그 벡터장의 $curl$은 $\underline{0}$이 되며, 이와 같이 $curl$을 취했을 때 $\underline{0}$이 되는 벡터장은 비회전성(irrotational)이라고 부른다.

2.4 벡터의 적분과 선적분

앞 절까지 벡터의 미분과 벡터미분연산자에 대해 알아보았는데, 이제부터는 벡터의 적분 및 적분과 관련된 정리에 대해 고찰하기로 한다. 단일변수의 실수함수에 대한 미분이 고려됨과 동시에 이에 대한 역연산으로서 적분에 대한 고려가 시작되었는데, 단일변수 또는 벡터변수의 벡터함수에 대해서도 상황은 비슷했다. 뿐만 아니라 역학에서 사용되는 물리량, 예를 들어 일(work) 등은 곡선운동에 대해서는 정의 자체가 벡터량들의 연산을 포함하는 적분에 의해 주어지므로, 벡터함수의 적분에 대한 고려는 역학의 발전과 더불어 진행되었다.

단일변수의 실수함수에 대한 적분은 **부정적분**(indefinite integral)과 **정적분**(definite integral)으로 나눌 수 있는데, 부정적분은 그야말로 미분의 역연산으로서 고려되는 적분으로 적분의 결과가 함수이며, 정적분은 적분의 하한과 상한이 정해져 있는 적분으로 적분 결과가 하나의 실수로 주어진다. 이하에서는 주로 정적분에 대해 고려하기로 한다.

독립변수가 하나인 함수에 대한 정적분의 경우에는 적분의 하한과 상한이 주어지면 적분 값은 유일하게 결정된다(그림 2.12 참조). 그러나 독립변수가 벡터인 경우에는, 예를 들어 3차원 공간 중의 두 점 $\underline{x}_1$, $\underline{x}_2$가 적분의 하한과 상한으로 정의된 정적분을 가정하면, 앞의 경우와는 약간 다른 상황이 발생한다. 즉 한 점 $\underline{x}_1$으로부터 다른 한 점 $\underline{x}_2$에 이르는 방법은 무수히 많기 때문에, 이 두 점을 연결하는 어떤 곡선 또는 **적분경로**(integration path)를 따라 적분을 수행한다 하더라도 적분값에 변화가 없다는, 다시 말하면 적분의 결과가 경로에 무관하다(independent)는 사실이 증명되기 전에는 이 적분이 의미를 가질 수 없다. 따라서 보다 일반적인 경우에 대해 위에서 생각한 적분이 의미를 가지기 위해서는, 적분의 하한과 상한뿐만 아니라, 적분이 어떠한 경로(path)를 따라 이루어져야 하는지도 규정되어야 한다.

예를 들어 위에서 언급한 바 있는, 움직이는 질점에 대해 어떤 힘 $\underline{F}$가 한 일에 대해 생각해 보자. 먼저 질점이 어떤 점 $\underline{x}_1$으로부터 다른 한 점 $\underline{x}_2$로 그림 2.12에 보인 바와 같은 경로 C_1을 따라 이동하였다고 하자. 미소시간 Δt 동안, 질점이 $\Delta \underline{x}$ 만큼 움직였을 때, 힘 $\underline{F}$가 질점에 대해 한 일 ΔW는 다음과 같으므로,

$$\Delta W = \underline{F} \cdot \Delta \underline{x} \tag{2.4.1}$$

한 점 $\underline{x}_1$으로부터 다른 한 점 $\underline{x}_2$로 경로 C_1을 따라 이동하는 동안 힘 $\underline{F}$가 한 일

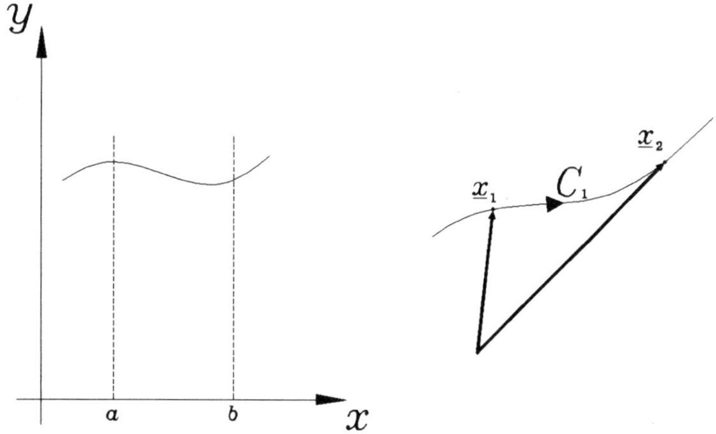

그림 2.12 선적분의 적분경로

$W(C_1)$는 다음과 같이 쓸 수 있다[30].

$$W(C_1) = \int_{\underline{x}_1}^{\underline{x}_2} \underline{F} \cdot d\underline{x} \tag{2.4.2}$$

식 (2) 우변의 적분을 계산하기 위해서는 적분경로 C_1을 매개변수로 나타내어야 하는데, 시간 t를 매개변수로 사용하였을 때, 경로 C_1이 다음과 같이 주어지는 경우,

$$\underline{x} = \xi(t) \tag{2.4.3}$$

식 (2) 우변의 적분은 다음과 같이 계산된다.

$$W(C_1) = \int_{t_1}^{t_2} \underline{F} \cdot \frac{d\xi}{dt} dt \tag{2.4.4}$$

여기서 t_1, t_2는 각각 $\underline{x}_1 = \xi(t_1)$, $\underline{x}_2 = \xi(t_2)$에 의해 결정되는 양이다. 식 (4) 우변의 적분은 피적분함수(integrand) $w(t) = \underline{F} \cdot (d\xi/dt)$가 단일변수 t에 의해 결정되는

30) 식 (2)와 같은 일에 대한 표현식은 Coriolis(1792~1843, France; 1829)의 동역학에 관한 교과서에 처음 나타난다.

실수함수이므로 적분을 수행하는데 원칙상의 문제점은 없다[31].

식 (2) 우변의 적분처럼 어떤 경로를 따라 정의되는 적분은 통상 **선적분**(line integral)으로 부르는데, 이와 같은 적분은 적분경로를 하나의 매개변수로 표현하여, 단일변수에 대한 적분으로 바꾸어 적분을 수행할 수 있다. 한편 위에서 언급한 바와 같이, 경우에 따라서는 적분경로에 무관한 선적분도 있을 수가 있는데, 아래에서는 어떤 경우에 선적분이 이와 같은 성질을 가지는 지에 대해 생각한다.

선적분을 정의하는 식 (2) 우변의 적분 기호 뒤의 부분을 정리해 보면 다음을 얻는다.

$$\underline{F} \cdot d\underline{x} = F_1 dx + F_2 dy + F_3 dz \tag{2.4.5}$$

여기서 $\underline{F} = (F_1, F_2, F_3)$이다.

만약 식 (5)의 우변이 어떤 함수의 **완전미분**(exact differential)을 나타내고 있다면, 즉 다음과 같이 주어진다면,

$$F_1 dx + F_2 dy + F_3 dz = \frac{\partial \Omega}{\partial x} dx + \frac{\partial \Omega}{\partial y} dy + \frac{\partial \Omega}{\partial z} dz = d\Omega = (\nabla \Omega) \cdot d\underline{x} \tag{2.4.6}$$

식 (6)을 식 (2)에 대입하여 다음 결과를 얻는다.

$$W(C_1) = \int_{\underline{x}_1}^{\underline{x}_2} d\Omega = \Omega(\underline{x}_2) - \Omega(\underline{x}_1) \tag{2.4.7}$$

식 (7) 우변의 결과는 적분값이 그야말로 적분경로에 무관하게, 적분의 상한과 하한에 의해서만 결정됨을 보여주고 있으며, 따라서 식 (6)이 만족되는 경우, 즉 다음과 같은 관계식을 만족하는 스칼라함수 $\Omega(\underline{x})$가 존재하는 경우에는, 식 (2)의 선적분은 경로에 무관한 적분이 된다.

$$\underline{F} = \nabla \Omega \tag{2.4.8}$$

여기서 다음과 같이 정의된 함수 $U(\underline{x})$는 **위치에너지**(potential energy)로 불리는 양

---

31) 힘 $\underline{F}$가 연속일 때, 식 (4)의 적분이 존재하기 위해서는 $d\xi/dt$가 부분연속(piecewise continuous)이어야 하며, 이와 같은 조건을 만족시키는 경로를 부분유연(piecewise smooth)하다고 한다.

이며, 에너지보존법칙 등과 관련하여 자주 사용되는 주요한 물리량이다.

$$U(\underline{x}) = -\Omega(\underline{x}) \qquad (2.4.9)$$

한편 힘 $\underline{F}$가 식 (8)처럼 어떤 스칼라함수의 $grad$로 주어지는 경우, 그와 같은 힘은 보존력(conservative force)이라고 부른다.

일반적인 선적분이 식 (8)과 같은 조건을 만족한다면, 위에서 설명한 것과 같은 이유에 의해 적분경로에 무관한 적분이 될 것이며, 그런 경우에는 임의의 **폐경로**(closed contour 또는 closed path)[32]에 대한 선적분의 값은 적분의 하한과 상한이 동일한 적분이므로, 적분경로에 무관하게 항상 0의 적분값을 가진다. 이러한 상황은 물리적으로, 예를 들어 중력 하에서 움직이는 질점이 원래 위치로 돌아온 경우, 중력이 질점에 대해 한 일은 0이 됨을 뜻한다.

[예제 2.11] 중심력에 기인하는 일

태양과 행성 사이에 작용하는 힘처럼, 두 물체 사이에 작용하는 힘이 두 물체의 중심(center of gravity)을 잇는 직선과 같은 방향으로 작용하고 힘의 크기가 두 중심 사이의 거리만의 함수로 주어지는 힘을 **중심력**(central force)이라고 부른다.

그림 예2.5에 보인 바와 같이 물체 A는 정지해 있고, 물체 B가 움직인다고 가정한다. 두 물체 사이에 작용하는 힘이 중심력이라고 할 때, 물체 A가 물체 B에 한 일을 구하시오.

► 답

물체 A의 중심에 극좌표계의 원점을 잡으면, 물체 A가 물체 B에 가한 힘 $\underline{F} = F(r)\hat{e}_r$에 기인하는 일은 식 (2)로부터 다음과 같다.

$$W(C_1) = \int_{\underline{x}_1}^{\underline{x}_2} \underline{F} \cdot d\underline{x} = \int_{\underline{x}_1}^{\underline{x}_2} F(r)\hat{e}_r \cdot d\underline{x} = \int_{r_1}^{r_2} F(r)dr = f(r_2) - f(r_1) \qquad (\text{예}2.4.1)$$

여기서 $f(r)$은 $F(r)$의 부정적분이다. 위 결과에 따르면, 중심력에 기인하는 일은 적분경로에 무관함을 알 수 있으며, 따라서 이 경우, 위치에너지는 다음과 같이 정의할 수 있다.

---

32) 보다 엄밀하게는 단순폐경로(simple closed contour)인데, 이는 시작하는 점과 끝나는 점만 동일한 점이고 그 외의 점은 한 번밖에 지나지 않는 폐경로를 뜻한다.

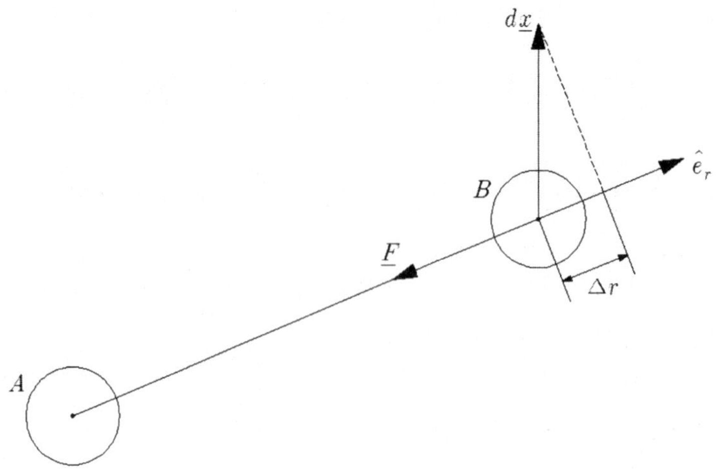

그림 예2.5 중심력을 받는 물체의 위치에너지

$$U(\underline{x}) = -f(r) = -\int F(r)dr \tag{예2.4.2}$$

이와 같이 정의된 위치에너지를 사용하여 일을 나타내면 다음을 얻는다.

$$W = \int_{r_1}^{r_2} F(r)dr = f(r_2) - f(r_1) = U(r_1) - U(r_2) \tag{예2.4.3}$$

[예제 2.12] 중력에 기인하는 일과 역학적 에너지보존법칙

지구 상에서 지구의 중력에 기인하여 움직이는 물체에 대해 운동에너지와 위치에너지의 합은 항상 일정함을 보이시오. 단 위치에너지 $E_p = mgz$, 운동에너지 $E_k = m|\underline{u}(t)|^2/2$ 이며, 여기서 m 은 물체의 질량, g 는 중력가속도, $\underline{u}(t)$ 는 물체의 속도이며, z 는 연직상방을 양으로 하는 연직방향의 좌표이다.

► 답

지구의 중력에 기인하는 힘을 고려하기 위해 지구의 중심에 극좌표계의 원점을 잡고 중심력으로 고려할 수도 있으나, 지구의 반경에 비해 물체의 운동거리가 그렇게 크지 않은 경우에는 중력에 의해 물체에 가해지는 힘의 크기는 mg, 방향은 연직하방으로 근사할 수 있다[그림 예2.6 참조]. 따라서 물체에 가해지는 힘이 중력뿐인 경우에는 Newton의 운동방정식은 다음과

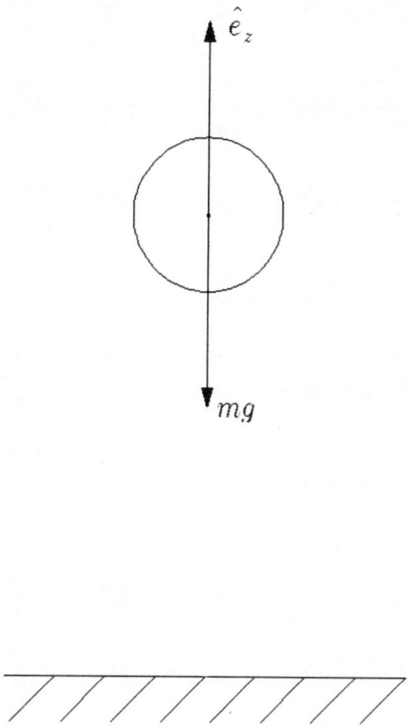

그림 예2.6 지구 상에서의 물체의 운동

같이 쓸 수 있다.

$$\underline{f} = -mg\hat{e}_z = m\frac{d\underline{u}}{dt} \qquad (예2.4.4)$$

여기서 $\hat{e}_z$는 z 방향의 단위벡터이다. 식 (예4)의 양변을 $\underline{x}$에 대해 $\underline{x}_1$부터 $\underline{x}_2$까지 적분하면 다음을 얻는다.

$$-mg\int_{\underline{x}_1}^{\underline{x}_2}\hat{e}_z \cdot d\underline{x} = m\int_{\underline{x}_1}^{\underline{x}_2}\frac{d\underline{u}}{dt} \cdot d\underline{x} \qquad (예2.4.5)$$

식 (예5)의 좌변의 적분은 다음과 같이 얻을 수 있으며,

$$\int_{\underline{x}_1}^{\underline{x}_2} \hat{e}_z \cdot d\underline{x} = \int_{z_1}^{z_2} dz = z_2 - z_1 \qquad \text{(예2.4.6)}$$

여기서 z_1, z_2는 각각 $\underline{x}_1$, $\underline{x}_2$에 상응하는 연직방향좌표이다.

또 식 (예5)의 우변의 적분에 대해서는 다음 결과를 얻을 수 있으며,

$$\int_{\underline{x}_1}^{\underline{x}_2} \frac{d\underline{u}}{dt} \cdot d\underline{x} = \int_{t_1}^{t_2} \frac{d\underline{u}}{dt} \cdot \frac{d\underline{x}}{dt} dt = \int_{t_1}^{t_2} \underline{u} \cdot \frac{d\underline{u}}{dt} dt = \int_{t_1}^{t_2} \underline{u} \cdot d\underline{u} = \frac{1}{2} \underline{u} \cdot \underline{u} \Big|_{t_1}^{t_2} \qquad \text{(예2.4.7)}$$

여기서 t_1, t_2는 각각 $\underline{x}_1$, $\underline{x}_2$에 상응하는 시간이다. 식 (예6)과 (예7)을 식 (예5)에 대입하면 다음 결과를 얻고,

$$-mgz_2 + mgz_1 = \frac{1}{2} m \left\{ |\underline{u}(t_2)|^2 - |\underline{u}(t_1)|^2 \right\} \qquad \text{(예2.4.8)}$$

식 (예8)을 정리하여 최종적으로 다음을 얻는다.

$$\frac{1}{2} m |\underline{u}(t_1)|^2 + mgz_1 = \frac{1}{2} m |\underline{u}(t_2)|^2 + mgz_2 \qquad \text{(예2.4.9)}$$

이 결과에 따르면 초기 상태와 최종 상태의 운동에너지와 위치에너지의 합은 동일하다고 할 수 있으며, 위에서 고려한 초기 상태와 최종 상태는 임의의 두 상태였으므로, 식 (예9)는 다음과 같이 바꾸어 쓸 수 있고,

$$E = E_p + E_k = const. \qquad \text{(예2.4.10)}$$

따라서 운동에너지와 위치에너지의 합은 항상 일정하다고 할 수 있으며, 이와 같은 기술은 역학적에너지보존법칙이라고 불리며, 보다 광범위하게 적용되는 에너지보존법칙의 한 예이다.

쉬어가기 5

Newton(1642~1727, UK)과 Leibniz(1646~1716, Germany)

미적분을 창안한 Newton과 Leibniz는 네 살 밖에 차이가 나지 않았으므로, 동시대인으로 서로 잘 아는 사이였는데, 공통점도 많고 다른 점도 많은 학자들이었다. Newton은 유복자였으며, Leibniz도 6세(1652년) 때 아버지를 여의었으므로, 둘 다 어려서부터 어머니의 영향을 매우 크게 받았다. 대학에 진학해서는 두 사람 다 처음에는 법학을 전공하고자 하였으나, 차후 수학 또는 과학으로 전공을 바꾸게 되었고, 또한 두 사람 모두 독실한 신교도로 종교적인 면에서는 대단히 엄격한 신앙생활을 하였으며, 평생 결혼을 하지 않았다.

그러나 Newton의 아버지는 자기 이름도 쓸 수 없을 정도로 교육을 받지 못했고 Newton은 19세(1661년)가 되어서야 처음 대학에 발을 들여 놓았지만, Leibniz의 아버지는 1409년 창립된 **Leipzig 대학**(University of Leipzig)의 철학 교수였고 Leibniz는 어려서부터 아버지의 책을 읽고 자랐으며 14세(1660년)에 대학에 입학하였다.

그런데 Newton은 **Cambridge 대학**(University of Cambridge)에 입학한지 9년 만에 스승이었던 Barrow 교수의 전폭적인 지원으로 Lucasian 교수[33]직에 임명되어 30년 이상을 재직하였고, 85세로 생을 마감할 때까지 여러 중요한 공직들을 역임하였다. 한편 Leibniz는 Leipzig 대학에서 수학 기간인 7년의 대부분을 지냈으나 학위 논문은 Altdorf 대학(University of Altdorf)[34]에 제출하여 21세에 법학박사[35]를 받은 뒤, 평생 동안 대학 교수를 지낸 적이 없으며, 30세(1676년)부터는 하노버 공국(Duchy of Hanover)의 사서가 되어 70세로 삶을 마감할 때까지 그 자리를 지켰다.

Newton은 23세(1665년) 되던 해, 런던에 창궐하였던 흑사병으로 고향에 돌아가 2년 동안 전원생활을 하였는데, 이 때 차후 그가 발표할 대부분의 저술에 대한 밑그림을 그렸다고 전해진다. 특히 그는 이 때 **2항정리**(binomial theorem)를 발견하고, 미분에 대한 연

---

33) Cambridge 대학에 재직하던 Henry Lucas 교수의 기증에 의해 1663년 제정된 석좌교수직으로, Barrow, Newton은 1, 2대였으며, 차후 Airy, Stokes, Larmor, Dirac, Lighthill 등에 의해 계승되었고, 1980년부터는 Stephen Hawking이 재직하고 있다.

34) Altdorf 대학은 16세기 말에 창립되었으며, 1809년 폐교되었다.

35) 이 당시의 박사학위는 대학에서 수여하는 첫 번째 학위로 오늘날의 학사학위에 해당하며, 신학, 법학, 의학, 철학 박사가 있었고, 오늘날과 같은 의미의 박사는 19세기 이후 독일 대학의 전통에 기인한다.

쉬어가기 그림 18 Newton과 Leibniz

구를 시작한 것으로 알려져 있다. 평생 동안 신경 쇠약 증세를 보였던 그는 논문 발표와 관련된 표절, 우선권에 대한 논쟁에 상당한 거부감을 가지고 있어 논문 발표를 꺼렸는데, 이 때문에 오히려 더욱 많은 문제들이 발생하였다.

그는 46세(1688년)에 대표자의회(Convention Parliament)부터 시작하여 의회에서 학계를 대표하는 신분이었으며, 51세(1693년)에는 연구 생활을 마감하고 조폐국의 총감(54세), 국장(57세) 등을 맡았다. 또한 61세(1703년)에는 **왕립학회**(The Royal Society)의 회장에 피선되어 이후로는 죽던 해까지 매년 회장으로 선출되었으며, 63세(1705년)에는 Anne 여왕(1702~1714, 재위기간)으로부터 과학자로서는 최초로 기사에 서훈되었고, 또 65세(1707년)에는 **Arithmetica universalis**(General Arithmetic)를 발간하였으며, 사후에는 Westminster 사원에 영국의 다른 영웅들과 나란히 묻혔다.

Leibniz는 21세(1667년)에 학교를 떠난 뒤 약 10년간 외교관을 포함한 다양한 직업을 가졌다. 특히 26세(1672년)에는 파리에서 Huygens를 만나 대학에서 배우지 못한 보다 고급의 수학을 배울 수 있었으며, 27세(1673년)에는 런던을 방문하여 Boyle 등의 영국 학자들과 교분을 맺었다.

그는 최후의 전분야 학자로 불릴 정도로 외교, 법학, 종교, 과학, 수학 등의 다방면에 걸쳐 연구 업적을 남겼는데, 특히 미적분과 관련하여서는 29세(1675년)에 적분 기호 $\int$ 을 최초로 도입하였으며, 30세(1676년)에 기본적인 함수들의 미분을 그리고 다음 해에는 함수의 곱, 비(quotient), 함수의 함수를 미분하는 규칙을 발견하였다. 10년에 걸친 연구 끝에

38세(1684년)에 미분, 40세(1686년)에 적분에 대한 최초의 논문을 발표하였다.

이들 논문에 대해 반박이라도 하는 듯이 1687년 Newton은 통상 **Principia**(Philosphiae Naturalis Principia Mathematica; Mathematical Principles of Natural Philosophy, 당시에는 모든 논문이 아직 라틴어로 작성되고 있었다, 쉬어가기 그림 19)로 불리는 그의 최대작을 발표하였다. 여기서 그는 유명한 운동의 법칙과 만유인력의 법칙을 사용하여 그때까지 여러 가지 개별적인 방법들을 사용하여 다룰 수밖에 없었던 문제들을 통일된 방법으로 다룰 수 있음을 보였는데, 단 여기서도 미적분보다는 그때까지 전통적으로 사용되던 기하학적 방법을 사용하였다.

Newton의 미적분에 대한 첫 번째 저술은 29세(1671년) 때, **Method of fluxions & infinite series**라는 제목으로 이루어졌는데, 이 논문[36)]은 제한된 사람들에게만 공개되었을 뿐, Newton의 사후, 1736년이 되어서야 영어로 번역되어 발간되었다. 공교롭게도 Leibniz가 런던을 방문하였던 1673년에는 이미 상당히 많은 사람들이 Newton의 저술에 대해 알고 있었으며, Newton을 비롯한 많은 영국인들은 Leibniz가 1680년대 발표한 미적분에 관한 논문들을 표절로 간주하였다.

Newton은 **미분**(fluxion)과 **적분**(fluent)을 역연산으로 보고, 면적, 접선, 곡선의 길이, 최소 최대값 등, 그때까지는 관련이 없는 것으로 보이던 많은 문제들을 미적분을 사용하여 통일적으로 다룰 수 있음을 보였는데, 단 그의 주요 관심사가 물체의 운동을 정량적으로 예측하는데 있었으므로, 표기법에 있어서는 $\dot{x}$, $\ddot{x}$ 등으로 충분하다고 생각하였다.

Leibniz는 표기법에 대해 항상 큰 관심을 가지고 있었고, 미적분을 보다 수학적인 관점에서 보고 있었으므로, $\dfrac{dx}{dt}$, $\dfrac{d^2x}{dt^2}$, $\cdots$, $\dfrac{d^nx}{dt^n}$ 그리고 $\int_a^b x(t)\,dt$ 등의 보다 일반화될 수 있는 표기법을 제안하였으며, 결국 오늘날 역학 분야를 제외하고는 대부분 Leibniz의 표기법을 따르고 있다. 또한 Newton의 표기법을 고집한 영국은 차후 상당 기간 동안 수학 발전에 있어서는 오히려 후진국으로 남게 된다.

Leibniz는 33세(1679년)에는 2진법에 의한 계산법을 고려하였고(1701년에 발간), 46세(1692년)에는 좌표(co-ordinate)라는 용어를 최초로 도입하는 등, 다양한 문제에 대한 연구를 평생 계속하였다.

오늘날에는 두 사람이 독립적으로 미적분을 창안하였음을 확실히 인정하고 있지만, 당시에는 왕립학회의 후광을 업은 Newton이 일방적으로 공격하는 입장에 있었고, Leibniz는 스스로를 변호함에 있어 매우 제한적일 수밖에 없었다. 1711년 이후 두 사람은 우선권에 대한 시비에 휘말리며, 더 이상의 학문적 업적을 남기지 못한 것은 매우 안타까운 일이었다. Leibniz가 68세(1714년)일 때, 하노버 공이었던 George가 영국 여왕 Anne의 뒤를 이어 영국 왕위를 계승하며(George 1세), 이 때 Leibniz는 George를 따라 영국으로 가기를 희망하였으나, George 1세(1714-27, 재위기간)는 오히려 Leibniz가 영국 사람들과 관

36) 이 논문의 초본은 1666년에 쓰여졌다.

계가 좋지 않은 것을 꺼려하여 그의 동행을 허락하지 않았다. Leibniz의 장례식은 그의 여비서 한 사람만 참석하였을 정도로 초라하였다.

이 당시 영국과 독일은 매우 다른 처지에 있었던 것이 또한 두 사람의 입장에 상당한 영향을 끼쳤다. 영국은 1663년 왕립학회(The Royal Society)가 국가 규모의 학회로는 최초로 발족되었고, 1688년 권리장전(Bill of Rights)을 입안하였던 대표자의회(Convention Parliament)가 성립되어 근대적인 의회 국가로서의 기틀을 확립하였으며, 1694년에는 영국은행(The Bank of England)이 설립되어 금융 방면에서도 네델란드와 본격적인 경쟁에 돌입하였고, 1707년에는 England와 Scotland가 대영제국(Great Britain)의 깃발 아래 하나로 뭉치게 되면서 국력이 모든 방면에서 신장을 거듭하고 있던 때였다.

반면에 독일은 이 당시 신성로마제국(Holy Roman Empire)의 일부였는데, 1618년부터 계속된 신교국과 구교국 사이의 30년 종교전쟁으로 인해 인구는 2000만에서 700만이 되어 3분의 1로 줄어들고, 자주권을 행사하는 300개 이상의 군소국으로 나뉘어, 하나의 국가로서 기능하기에 매우 어려운 처지에 있었다. 1648년 Westphalia평화협정(Peace of Westphalia)으로 간신히 국가의 명맥은 유지하였지만, 독일은 이후 1740년 프러시아의 Frederick 대왕(1740~1786, 재위기간)이 출현할 때까지, 영국, 프랑스 등의 신흥 강국과 대등한 위치에서 경쟁할 수 있는 상태에 있지 못하였다(쉬어가기 그림 20).

프랑스는 태양왕으로 알려진 재위기간 72년(1643~1715)의 Louis 14세(1638~1715)와 명재상 Colbert의 강력한 지원을 받으며, 영국보다 3년 뒤인 1666년 **과학아카데미**(Academy of Sciences)를 발족시켰다. 이와 같은 영국과 프랑스의 학회를 통한 학술 발전을 현장에서 체험하였던 Leibniz는 베를린, 비엔나, 상트페테르부르크(St. Petersburg) 등에

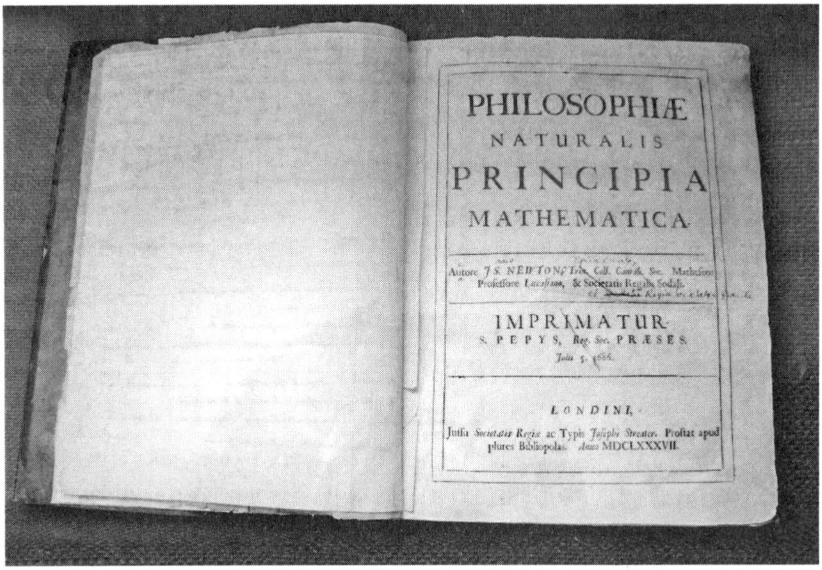

쉬어가기 그림 19 Principia(Newton)

과학아카데미를 본뜬 학회를 세우기 위해 많은 노력을 하였으며, 결국 이와 같은 그의 노력에 힘입어 많은 학회들이 결성되었다. 영국이 미적분과 관련하여 Newton의 방법을 고집하며 과학의 여러 분야에서 18세기 내내 대륙의 학자들에 비해 뒤로 처지게 된 반면, Leibniz는 보다 합리적인 미적분의 개념 및 표기법을 제시하고 또 대륙의 과학 진흥을 여러 방면에서 진작한 거두로서 수학사에 큰 자취를 남겼다.

17세기 말에 Newton이나 Leibniz가 미적분을 창안하기는 하였지만 아직 극한을 사용하여 미분을 정의하는 개념에 도달한 것은 아니었다. 미분을 오늘날과 같이 매우 작은(infinitesimal) 두 양의 비의 극한으로 정의하는 방법은 1754년 d`Alembert에 기인한 것임을 밝혀둔다.

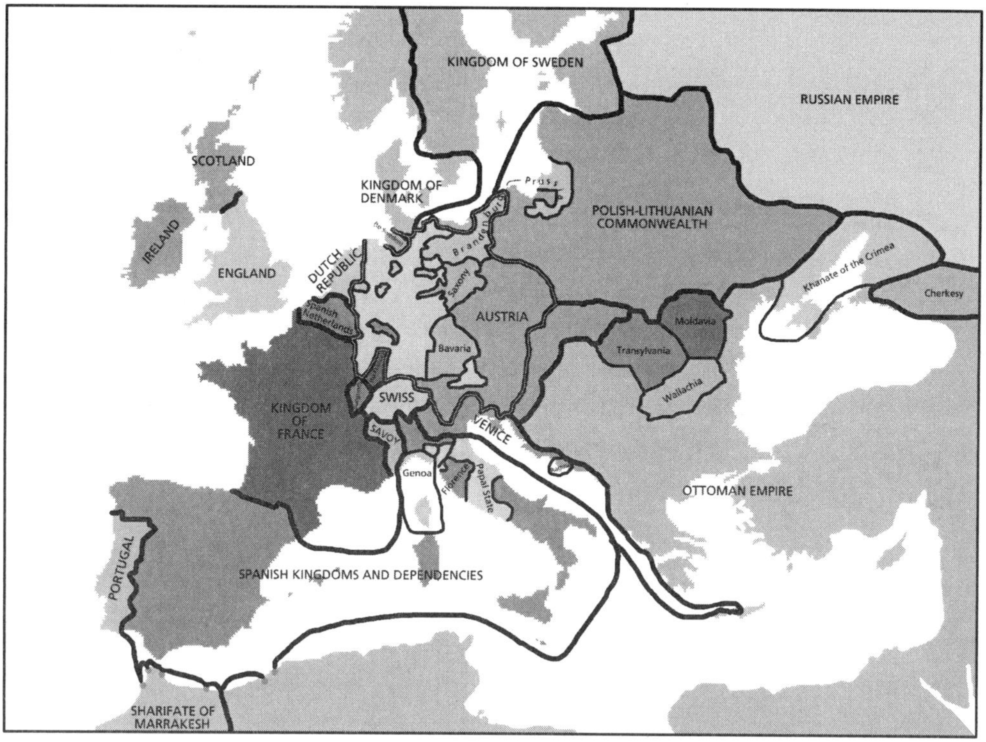

쉬어가기 그림 20 1648년의 유럽

2.5 평면 상에서의 Green 정리

Green(1793~1841, UK)은 수학사상 아주 특이한 사람 중의 하나인데, 어려서 정규 교육을 거의 받지 않았지만, 35세에 전자기학에 대한 매우 중요한 논문을 발표하였고, 40세가 되어서는 정규 대학에서 수학 교육을 받기 시작하였으나, 그 재능을 발휘할 시간을 충분히 가지지 못하고 48세에 아깝게도 삶을 마쳤다. 그의 업적은 그가 죽을 때까지 영국 내에서도 제대로 알려지지 않았으나, 사후에야 Kelvin(1850)에 의해 그 중요성이 널리 알려졌다.

Green(1828)은 여러 가지 중요한 수학적 개념들을 포함하고 있었는데, **포텐셜함수**(potential function), Green함수, 그리고 포텐셜함수들에 대한 면적분과 체적적분의 등가성 등, 차후 물리학의 여러 분야에서 편미분방정식을 다루는데 유용하게 사용할 수 있는 기본적인 개념들을 최초로 제안하였다. 이 절에서는 평면 상에서 정의된 선적분과 면적적분(area integral)의 등가성에 대한 그의 정리에 대해 고찰하기로 한다.

2차원 문제는 3차원 문제에 비하여 수학적 취급이 상당히 편리하며, 또 3차원인 실제 문제에 대한 근사로서도 중요한 의미를 가지고 있어, 공과대학의 학사과정에서 다루는 대부분의 문제는 2차원 문제라고 해도 과언이 아닐 정도이다.

우리가 고려해야 할 어떤 문제의 영역(domain) R이 2차원 평면 상에 주어진 경우를 생각하자(그림 2.13 참조). 이 영역의 경계(boundary)로 형성되는 폐경로 C를 따라 정의된 어떤 선적분이 있다고 할 때, 이 선적분을 폐경로 내부 영역에 대한 면적적분으로 바꿀 수 있다면 이와 같은 변환은 물리적으로 중요한 의미를 가진다. 왜냐하면 선적분으로 주어진 물리량을 면적적분으로 변환하여 계산할 수 있다는 것은 그 면적의 경계를 이루는 폐경로를 통한 물리량의 변화가 종국적으로는 면적 내부에서 일어난 관련 물리량의 변화와 동일하다는 것을 의미하기 때문이다.

예를 들어 비압축성유체의 질량보존을 생각하면, 어떤 면적의 경계를 통해 들어오고 나간 유량의 합은, 면적 내부의 각 점에서 일어난 유량과 관련된 물리량 변화의 총화와 결국은 같아야 할 터인데, 이와 같은 두 적분의 등가성이 수학적으로 보장되는 것을 의미하기 때문이다.

평면 상의 **Green 정리**(Green's theorem)에 대해 고찰하기 위해, 다음과 같은 형태의 폐경로 C에 대한 선적분을 생각한다.

$$I = \oint_C (F dx + G dy) \tag{2.5.1}$$

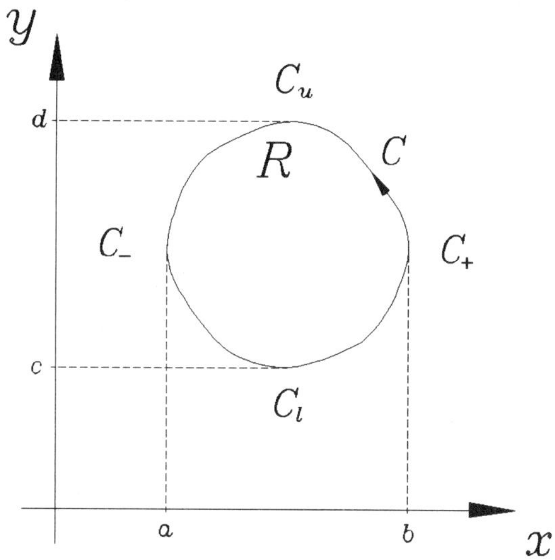

그림 2.13 평면 상에서의 Green 정리

여기서 적분의 방향은 영역 내부가 항상 적분경로의 왼쪽에 있도록 정한다.

폐경로 C를 그림 2.13에 보인 바와 같이 상반부 C_u 와 하반부 C_l 로 나누어, 식 (1) 우변의 첫 번째 항 I_1 을 먼저 생각하기로 하면 다음과 같은 결과를 얻는다.

$$\begin{aligned} I_1 &= \oint_C F dx = \int_{C_l} F dx - \int_{C_u} F dx \\ &= \int_a^b \{F[x, l(x)] - F[x, u(x)]\}\, dx = -\iint_R \frac{\partial F}{\partial y}\, dy\, dx \end{aligned} \tag{2.5.2}$$

단 C_l 은 $y = l(x)$, 또 C_u 는 $y = u(x)$ 로 주어진다.

폐경로 C를 좌반부 C_- 와 우반부 C_+ 로 나누어 동일한 방법에 의해 식 (1) 우변의 두 번째 항 I_2 에 대해 다음 결과를 얻는다.

$$\begin{aligned} I_2 &= \oint_C G dy = \int_{C_+} G dy - \int_{C_-} G dy \\ &= \int_c^d \{G[p(y), y] - G[m(y), y]\}\, dy = \iint_R \frac{\partial G}{\partial x}\, dx\, dy \end{aligned} \tag{2.5.3}$$

단 C_+ 는 $x = p(y)$, 또 C_- 는 $x = m(y)$ 로 주어진다.

식 (2), (3)을 더하여 최종적으로 다음 결과를 얻는다.

$$\oint_C (Fdx + Gdy) = \iint_R \left(\frac{\partial G}{\partial x} - \frac{\partial F}{\partial y}\right) dx\, dy \tag{2.5.4}$$

식 (4)는 평면 상에서의 Green 정리로 알려져 있으며, 폐경로 C에 대한 선적분을 영역 R에 대한 면적적분으로 변환시킬 수 있는 내용을 담고 있다. 여기서 식 (4)의 F, G에 대해 $\underline{F} = (F, G, 0) = (F_1, F_2, 0)$로 취하고, $curl\, \underline{F} = \left(\frac{\partial G}{\partial x} - \frac{\partial F}{\partial y}\right)\hat{k}$인 점을 고려하면, 식 (4)는 다음과 같은 형태로 바꾸어 쓸 수 있다.

$$\oint_C \underline{F} \cdot d\underline{x} = \iint_R (curl\, \underline{F}) \cdot \hat{k}\, dx\, dy \tag{2.5.5}$$

식 (5)는 다음 절에서 고찰할 Stokes 정리의 특별한 경우에 해당하며, 따라서 평면 상에서의 Green 정리는 Stokes 정리의 특별한 경우임을 알 수 있다.

한편, 폐경로 C 상에서 영역의 외부를 향하는 법선방향의 단위벡터 $\hat{n}$은 그림 2.14에 보인 바와 같이 다음과 같은 성분을 가진다.

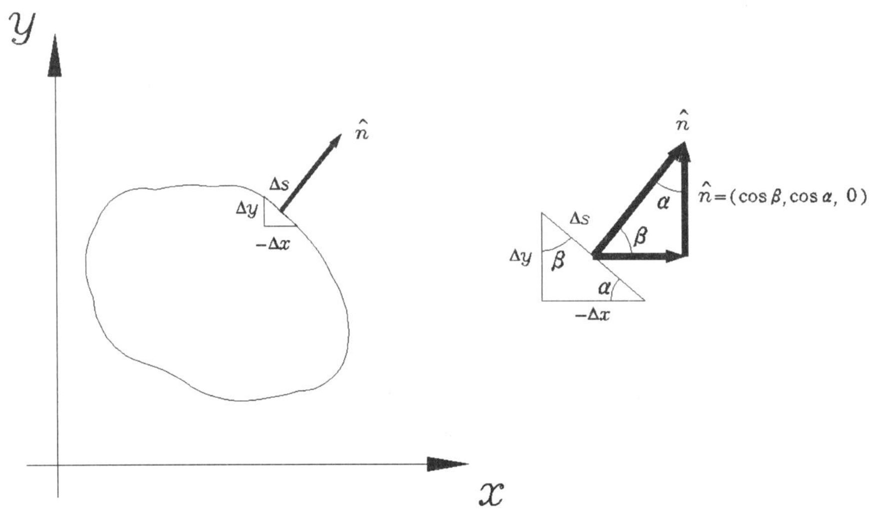

그림 2.14 법선방향 단위벡터

$$\hat{n} = (\frac{dy}{ds}, -\frac{dx}{ds,} 0) \tag{2.5.6}$$

여기서 s 는 폐경로 C를 따라 잰 호의 길이(arc length)이다.

따라서 식 (4)의 F, G에 대해 $\underline{F} = (G, -F, 0) = (F_1, F_2, 0)$로 취하면 선적분의 피적분 부분에 대해 다음 결과를 얻고,

$$Fdx + Gdy = (-F_2\frac{dx}{ds} + F_1\frac{dy}{ds})ds = \underline{F} \cdot \hat{n}\,ds \tag{2.5.7}$$

식 (4)의 우변 면적적분의 피적분함수에 대해서는 $div\,\underline{F} = \frac{\partial G}{\partial x} - \frac{\partial F}{\partial y}$를 얻으므로, 식 (4)는 다음과 같은 형태로도 바꾸어 쓸 수 있다.

$$\oint_C \underline{F} \cdot \hat{n}\,ds = \iint_R div\,\underline{F}\,dx\,dy \tag{2.5.8}$$

식 (8)은 2.7절에서 고려할 Gauss 정리의 2차원 문제에 대한 특별한 경우에 해당하며, 따라서 평면 상에서의 Green 정리는 Gauss 정리의 특별한 경우로 볼 수도 있음을 알 수 있다.

Green 정리인 식 (4)를 보면, 선적분을 면적적분으로 변환하는 경우, 피적분함수는 한 번 미분을 해준 꼴로 바뀌는 것을 알 수 있는데, 이와 같이 적분영역의 차원이 하나 증가함에 따라 피적분함수의 미분계수가 하나 증가한다는 점은 식 (5)에서는 $curl$을 취하고, 식 (8)에서는 div를 취하는 것으로도 다시 한 번 확인되며, 나아가서 2.6절과 2.7절에서 다룰 Stokes 정리 및 Gauss 정리에 대해서도 똑같이 적용된다.

[예제 2.13] Green 정리를 이용하여 면적공식 구하기

다음과 같은 본문의 식 (4)의 Green 정리를 이용하여

$$\oint_C (Fdx + Gdy) = \iint_R (\frac{\partial G}{\partial x} - \frac{\partial F}{\partial y})\,dx\,dy \tag{2.5.4}$$

C를 경계로 하는 영역의 면적을 나타내는 다음 공식을 유도하시오.

$$A = \frac{1}{2}\oint_C (-y\,dx + x\,dy) \qquad (예2.5.1)$$

► 답

식 (4)의 Green 정리에 $F = -y$, $G = x$를 대입하면 다음 결과를 얻는다.

$$\oint_C (-y\,dx + x\,dy) = \iint_R \{1-(-1))\}\,dx\,dy = 2A \qquad (예2.5.2)$$

따라서 식 (예2)의 양변을 2로 나누어 줌으로써 원하는 결과를 얻는다.

[예제 2.14] 극좌표계를 사용한 면적공식 구하기

극좌표계를 사용하여 식 (예1)을 나타냄으로써 다음과 같은 극좌표계에 대한 면적공식을 구하시오.

$$A = \frac{1}{2}\oint_C r^2\,d\theta \qquad (예2.5.3)$$

► 답

식 (예1)에 $x = r\cos\theta$, $y = r\sin\theta$ 그리고 $dx = \cos\theta\,dr - r\sin\theta\,d\theta$, $dy = \sin\theta\,dr + r\cos\theta\,d\theta$를 대입하여 다음 결과를 얻는다.

$$\begin{aligned}\oint_C (-y\,dx + x\,dy) &= \oint_C \{-rsin\theta(\cos\theta\,dr - r\sin\theta\,d\theta) + r\cos\theta(\sin\theta\,dr + r\cos\theta\,d\theta\} \\ &= \oint_C r^2(\sin^2\theta + \cos^2\theta)\,d\theta = \oint_C r^2\,d\theta \qquad (예2.5.4)\end{aligned}$$

따라서 식 (예4)의 양변을 2로 나누어 줌으로써 원하는 결과를 얻는다.

2.6 면적분과 Stokes 정리

면적분(surface integral)[37]은 3차원 공간 상에 정의된 곡면이 적분 영역인 적분을 뜻한다. 앞 절에서 고려한 2차원 평면 상의 영역에 대해 정의된 **면적적분**(area integral)은 물론 면적분의 특수한 경우인데, Green 정리가 보여주는 바와 같이 적분 영역의 경계를 따라 정의된 선적분은 면적적분으로 변환할 수 있다. 따라서 앞 절에서 다룬 내용의 3차원에 대한 일반화로써 3차원 공간 상에 정의된 곡면의 경계를 따라 정의된 선적분은 면적분으로 어떻게 변환될 것인가 하는 질문을 할 수 있다.

Stokes는 앞 절에서 소개한 Green에 비하면 나이로는 26년이나 아래지만, Cambridge 대학의 졸업은 Green과 4년밖에 차이가 나지 않았으며, 수면파에 대해 기술한 Green의 마지막 논문들에 영향을 받아 수동력학(hydrodynamics)을 본인의 주요 연구 분야로 택한 것으로 알려져 있다.

2.3절에서 유동장의 속도가 $\underline{u} = (u, v, w)$로 주어진 경우, $curl\,\underline{u}$는 유체입자의 회전운동에 대한 척도로 생각할 수 있다는 것을 보였다. Stokes는 유체입자의 회전운동 성분이 있다면, 유동장 내부의 임의의 폐경로 C에 대해 정의된 다음과 같은 적분 또한 유체의 회전운동을 척도할 수 있을 것으로 생각하였다(그림 2.15 참조).

$$\Gamma = \oint_C \underline{u} \cdot d\underline{x} = \oint_C (u\,dx + v\,dy + w\,dz) \tag{2.6.1}$$

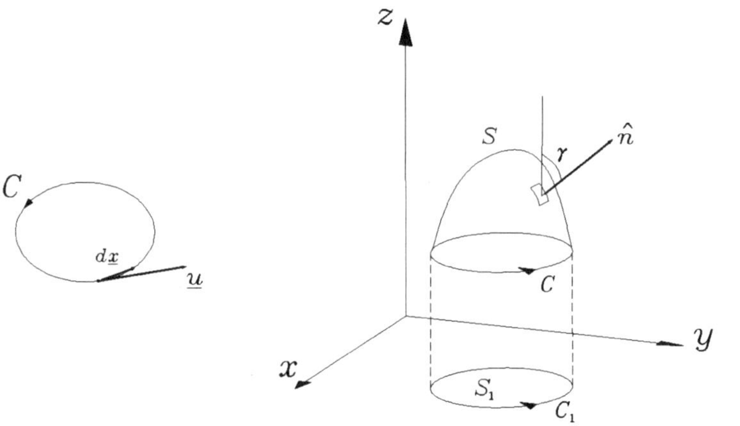

그림 2.15 Stokes 정리의 증명

37) 이 책에서 면적분은 3차원 공간 중의 일반적인 곡면 위에 정의된 폐영역에 대한 적분을, 면적적분은 2차원 평면 상의 폐영역에 대한 적분을 뜻한다.

여기서 Γ는 **순환**(circulation)이라고 부르며, 유체입자가 가진 속도의 접선방향 성분과 미소요소의 길이의 곱을 폐경로를 따라 모두 더한 값으로 볼 수 있다. 식 (1)의 적분은 앞 절에서 본 다음과 같은 식 (2.5.5) 좌변의 적분과 유사한 형태이므로,

$$\oint_C \underline{F} \cdot d\underline{x} = \iint_R (curl\, \underline{F}) \cdot \hat{k}\, dx\, dy \tag{2.5.5}$$

식 (2.5.5)의 우변과 유사한 결과를 기대할 수 있는데, 식 (1) 마지막 적분의 첫 번째 항인 $\Gamma_1 = \oint_C u\, dx$만을 우선 고려하기로 한다.

C를 경계로 하는 임의의 곡면 S를 택하고, 이 곡면의 xy-평면에 대한 투영(projection)을 S_1, 그 경계를 C_1이라고 하며, 곡면 S는 다음 식으로 주어진다고 하면,

$$z = f(x, y) \tag{2.6.2}$$

Γ_1은 다음과 같은 형태로 바꾸어 쓸 수 있다.

$$\Gamma_1 = \oint_C u\, dx = \oint_{C_1} u[x, y, f(x,y)]\, dx = \oint_{C_1} U(x, y)\, dx \tag{2.6.3}$$

이 식의 적분은 xy-평면 상에서 정의된 적분이므로, 앞 절의 Green 정리를 적용할 수 있으며, 따라서 다음 결과를 얻는다.

$$\Gamma_1 = \oint_{C_1} U(x, y)\, dx = -\iint_{S_1} \frac{\partial U}{\partial y}\, dy\, dx = -\iint_{S_1} \left(\frac{\partial u}{\partial y} + \frac{\partial u}{\partial z} f_y\right) dx\, dy \tag{2.6.4}$$

여기서 f의 하첨자는 편미분을 뜻하며, 피적분함수에 포함된 u의 도함수는 모두 S 상에서의 값들을 취한다.

한편 xy-평면에서 $dx\, dy$로 표시되는 미소 면적요소는 S 상에서의 미소요소 dS의 투영이므로 다음 관계를 만족한다.

$$dx\, dy = n_3\, dS \tag{2.6.5}$$

여기서 $\hat{n}=(n_1, n_2, n_3)$은 dS 상에서 바깥쪽을 향하는 법선방향의 단위벡터이며, 식 (2)로부터 그 성분들을 다음과 같이 얻을 수 있다. 먼저 식 (2)를 다음과 같이 바꾸어 쓰고,

$$F(x,y,z)=z-f(x,y)=0 \tag{2.6.6}$$

S 상에서 $dF=d\underline{x}\cdot grad\,F=0$임을 고려하면, $d\underline{x}$는 S 상의 벡터이므로, $grad\,F$는 법선방향의 벡터임을 알 수 있다. 따라서 $\hat{n}$을 다음과 같이 얻을 수 있다.

$$\hat{n}=\frac{grad\,F}{|grad\,F|}=\frac{(-f_x,-f_y,1)}{\sqrt{f_x^2+f_y^2+1}} \tag{2.6.7}$$

식 (5)와 (7)을 (4)에 대입하고 정리하면 다음을 얻는다.

$$\Gamma_1=\int_S(-\frac{\partial u}{\partial y}n_3+\frac{\partial u}{\partial z}n_2)\,dS \tag{2.6.8}$$

식 (1) 마지막 적분의 둘째 항과 셋째 항을 고려하면 본질적으로 동일한 방법에 의해 다음 결과를 얻으며,

$$\Gamma_2=\int_S(-\frac{\partial v}{\partial z}n_1+\frac{\partial v}{\partial x}n_3)\,dS \tag{2.6.9}$$

$$\Gamma_3=\int_S(-\frac{\partial w}{\partial x}n_2+\frac{\partial w}{\partial y}n_1)\,dS \tag{2.6.10}$$

식 (8), (9), (10)을 더하여 정리하면 다음을 얻고,

$$\begin{aligned}\Gamma &=\int_S(-\frac{\partial u}{\partial y}n_3+\frac{\partial u}{\partial z}n_2-\frac{\partial v}{\partial z}n_1+\frac{\partial v}{\partial x}n_3-\frac{\partial w}{\partial x}n_2+\frac{\partial w}{\partial y}n_1)\,dS\\ &=\int_S(curl\,\underline{u})\cdot\hat{n}\,dS\end{aligned} \tag{2.6.11}$$

그러므로 최종적으로 다음과 같은 Stokes 정리(1854, Stokes' theorem)를 얻는다.

$$\oint_C \underline{u} \cdot d\underline{x} = \int_S (curl\,\underline{u}) \cdot \hat{n}\, dS \tag{2.6.12}$$

Stokes 정리는 3차원 공간 상에서 정의된 폐경로에 대한 선적분을 그 폐경로를 경계로 하는 면적분으로 변환시킨다는 적분의 변환적인 측면에서도 큰 의미가 있지만, 유체유동장 또는 보다 일반적으로는 벡터장에 대해서도 물리적으로 많은 뜻을 내포하고 있다.

먼저 폐경로 C를 대단히 작게 취하면, 곡면 S에 대한 적분은 와도의 법선방향 성분 ω_n에 곡면의 면적 A_ϵ을 곱한 양이 되므로, 와도의 $\hat{n}$방향 성분과 순환 Γ 사이에는 다음과 같은 관계가 있음을 알 수 있다.

$$\omega_n = \lim_{A_\epsilon \to 0} \frac{\Gamma}{A_\epsilon} \tag{2.6.13}$$

따라서 와도의 어떤 방향으로의 성분은 그 방향에 수직인 평면 상의 단위면적 당 순환임을 알 수 있으며, 순환이 유체입자의 회전성을 척도하는 양이므로, 와도 또한 당연히 유체입자의 회전성을 척도하는 양이다. 유동장 내부에 와도가 0이 아닌 점이 있다고 하면, 와도 $\underline{\omega}$의 방향에 수직인 평면 상에서 계산한 순환이 0이 아니어야 하며, 그 평면 상에서 유체입자는 회전운동 성분을 가져야 한다.

식 (13)은 와도를 좌표계와 무관하게 정의하는 방법으로 사용될 수 있고, 또 식 (12)는 **일반직교좌표계**(generalized orthogonal co-ordinate system)에 대한 $curl$의 표현을 구하는데 사용될 수 있다는 점을 지적해 둔다[예제 2.23 참조].

만약 유동장 내부의 제한된 영역에서 유체가 만약 강체처럼 각속도 $\underline{\Omega}$로 회전한다면, 그 영역에서의 유체입자의 속도 $\underline{u}$는 회전축 상의 임의의 점 O로부터 잰 변위를 $\underline{x}$라고 할 때 다음과 같이 주어진다(그림 2.16).

$$\underline{u} = \underline{\Omega} \times \underline{x} \tag{2.6.14}$$

이 유동장 내부에 회전축에 대해 수직인, 점 O를 포함하는 평면을 생각하고, 이 평면 상에 점 O를 중심으로 하는 반경 ϵ인 원을 폐경로로 취하여 순환을 구하면 다음과 같다.

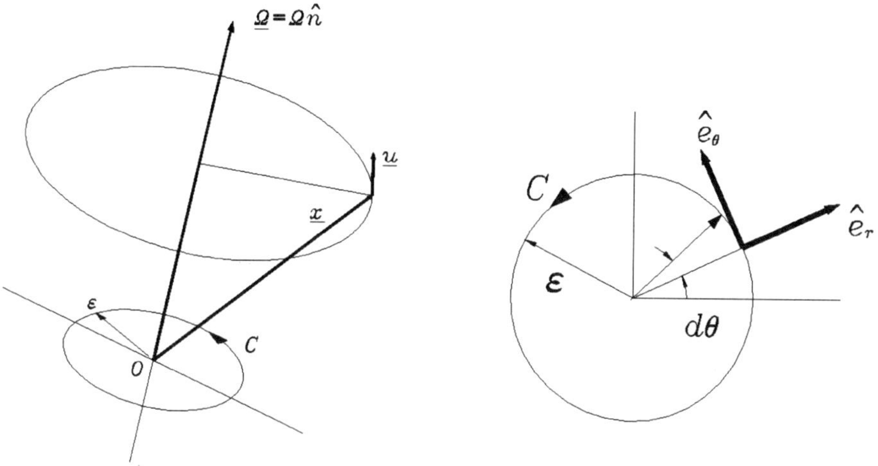

그림 2.16 강체처럼 회전하는 유동장의 와도

$$\Gamma = \oint_C \underline{u} \cdot d\underline{x} = \int_0^{2\pi} (\Omega\epsilon\,\hat{n}\times\hat{e}_r)\cdot\hat{e}_\theta\,\epsilon d\theta = \int_0^{2\pi} \Omega\epsilon^2 d\theta = 2\pi\epsilon^2\Omega \tag{2.6.15}$$

여기서 $\underline{\Omega}=\Omega\hat{n}$, $\underline{x}=\epsilon\hat{e}_r$, $d\underline{x}=\epsilon\hat{e}_\theta d\theta$ 이며, $\hat{n}\times\hat{e}_r=\hat{e}_\theta$임을 이용하였다. 따라서 식 (13)을 사용하면 $A_\epsilon=\pi\epsilon^2$ 이므로 다음을 얻는다.

$$\omega_n = \lim_{\epsilon\to 0}\frac{2\pi\epsilon^2\Omega}{\pi\epsilon^2} = 2\Omega \tag{2.6.16}$$

이 식은 2.3절 식 (2.3.9) 아래에서 얻었던 결과, 즉 와도는 유체입자의 회전각속도의 2배에 해당한다는 결과와 동일하며, 2.3절에서 생각했던 경우보다 훨씬 일반적으로 적용할 수 있는 결과임을 알 수 있다.

한편 유동장 내부의 어떤 점에서도 와도가 0인 유동장은 유체입자가 회전운동 성분을 가지고 있지 않다는 측면에서 **비회전성유동장**((irrotational flow field)이라고 부르는데, 이러한 유동장의 속도는 속도포텐셜이라고 부르는 스칼라함수 $\phi(\underline{x})$의 $grad$로 주어질 수 있으며, 즉 다음과 같은 관계가 성립한다.

$$\underline{u}(\underline{x}) = grad\,\phi(\underline{x}) = \nabla\phi(\underline{x}) \tag{2.6.17}$$

먼저 식 (17)이 성립하면, 예제 2.10에서 보인 바와 같이, 식 (예2.3.8)로부터 다음을 얻으므로,

$$\underline{\omega} = curl\underline{u} = \nabla \times \nabla\phi = \begin{vmatrix} \hat{i} & \hat{j} & \hat{k} \\ \frac{\partial}{\partial x} & \frac{\partial}{\partial y} & \frac{\partial}{\partial z} \\ \frac{\partial\phi}{\partial x} & \frac{\partial\phi}{\partial y} & \frac{\partial\phi}{\partial z} \end{vmatrix} = \underline{0} \tag{2.6.18}$$

와도는 $\underline{0}$이 된다.

또 식 (12)의 Stokes 정리로부터 $curl\,\underline{u}$가 유동장 내부의 모든 점에서 $\underline{0}$이면, 어떠한 폐경로에 대한 순환 또한 0이다. 따라서 순환을 정의하는 선적분으로부터 얻어지는 다음과 같은 적분 γ는, 2.4절 식 (2.4.8)과 관련하여 논의한 바와 같이, 적분경로에 무관하며, 즉 적분의 상한과 하한의 값에 따라서만 변화한다.

$$\gamma = \int_{\underline{x}_1}^{\underline{x}_2} \underline{u} \cdot d\underline{x} \tag{2.6.19}$$

그러므로 2.4절 식 (2.4.8)에서 보았던 바와 같이 속도 $\underline{u}$는 어떤 스칼라함수의 $grad$로 주어져야만 한다.

다시 말하면 속도 $\underline{u}$는 식 (17)과 같이 주어지는 속도포텐셜을 가지며, 그런 경우에는 식 (19) 우변 적분의 피적분 함수가 완전미분(total differential) 형태가 되므로 속도포텐셜 $\phi(\underline{x})$는 다음과 같이 쓸 수 있다.

$$\int^{\underline{x}} \underline{u}(\xi) \cdot d\xi = \int^{\underline{x}} d\phi = \phi(\underline{x}) \tag{2.6.20}$$

식 (17)과 (20)은 서로 역의 관계에 있으며, 비회전성유동장에 대한 속도포텐셜의 성질을 보여주고 있다.

유동장의 속도는 벡터함수이므로 실제로는 3 개의 미지함수(unknown function)를 포함하지만, 속도포텐셜은 스칼라함수이므로 하나의 미지함수이다. 주어진 유동장에 대해 속도 대신에 속도포텐셜을 구하면 되는 경우에는, 구해야 하는 미지함수의 수가 3에서 1로 감소되는 것을 뜻하며, 이와 같은 감소는 문제를 푸는데 필요한 시간이나

노력의 감소를 의미한다. 속도포텐셜이 존재하는 유동은 통상 포텐셜유동이라고 부르며, 이와 관련된 연구 분야는 유체역학의 주요한 부분이며, 역사적으로도 Euler 이래로 많은 학자들이 연구 결과를 축적해 온 분야이다.

2.3절에서 고려했던 다음과 같은 식 (2.3.6)은 비압축성유체에 대한 연속방정식이다.

$$div\,\underline{u} = \nabla \cdot \underline{u} = 0 \tag{2.3.6}$$

비회전성유동장에 대해서는 위에서 논의한 바와 같이 속도포텐셜이 존재하므로 식 (17)을 식 (2.3.6)에 대입하여 다음을 얻는다.

$$div\,\underline{u} = \nabla \cdot \nabla\phi = \nabla^2\phi = \frac{\partial^2\phi}{\partial x^2} + \frac{\partial^2\phi}{\partial y^2} + \frac{\partial^2\phi}{\partial z^2} = 0 \tag{2.6.21}$$

이 식은 **Laplace방정식**(Laplace equation)으로 불리며, 수동력학 및 많은 분야의 역학 문제에 대해 매우 중요한 역할을 하는 방정식이다. 이 방정식을 만족하는 함수는 **조화함수**(harmonic function)라고 부르며, 2차원 문제와 관련하여 **복소변수**(complex variable)의 **해석함수**(analytic function)는 그 실수부와 허수부가 모두 조화함수이므로, 비압축성유체의 2차원 비회전성유동장과 관련하여서는 해석함수가 매우 중요한 역할을 할 것임을 미루어 알 수 있다.

물론 순수하게 수학적인 관심에서 복소수에 대한 연구가 이루어진 측면도 있지만, 위에서 언급한 바와 같은 해석함수의 유용성은 19세기 전반, 해석함수에 대한 연구를 촉진하여 많은 문제들의 해를 이들을 이용하여 얻게 되었으며, 이와 같이 발전된 복소함수론은 또 한편 수학의 다른 여러 분야에 영향을 끼쳐 수학 자체의 발전에도 기여하게 되었다.

[예제 2.15] 점성유체에 대한 Stokes 정리의 응용

점성유체 중에 물체가 정지해 있을 때, 물체 표면 상에서 유체의 속도는 $\underline{0}$이다. 이 조건으로부터 물체 표면 상에서의 와도는 표면에 법선방향 성분을 가지지 않음을 보이시오.

► 답

다음과 같은 본문의 식 (12)의 Stokes 정리를 사용하는데 있어,

$$\oint_C \underline{u} \cdot d\underline{x} = \int_S (curl\,\underline{u}) \cdot \hat{n}\, dS \tag{2.6.12}$$

물체 표면 상에 임의의 폐경로 C를 취한 뒤, 와도의 정의인 $curl\,\underline{u} = \underline{\omega}$를 대입하여 다음을 얻는다.

$$\oint_C \underline{u} \cdot d\underline{x} = 0 = \int_S \underline{\omega} \cdot \hat{n}\, dS = \int_S \omega_n dS \qquad (예2.6.1)$$

이 식의 첫 번째 등호는 물체 표면 상에서 $\underline{u} = \underline{0}$임을 이용하여 얻었다. 식 (예1)의 마지막 적분에서 표면 S를 물체 표면 상에 취하면, 와도의 법선방향 성분 ω_n은 물체 표면 상의 모든 점에서 0이 되어야 함을 뜻한다. 만약 그렇지 않을 경우에는 0이 아닌 부분에 대해 적분을 취함으로써 위의 결과가 성립할 수 없게 되므로, 그런 경우는 발생할 수 없음을 알 수 있다.

[예제 2.16] Cauchy-Riemann-equation과 조화함수

통상 함수는 실수변수 x의 실수함수 $f(x)$를 뜻한다. 한편 복소변수 $z = x + iy$의 복소함수 $f(z)$를 고려하는 경우, 일반적으로 $f(z)$는 다음과 같이 쓸 수 있다.

$$f(z) = \phi(x,y) + i\psi(x,y) \qquad (예2.6.2)$$

여기서 $f(z)$가 해석적(analytic)이면 $\phi(x,y)$, $\psi(x,y)$는 다음과 같이 주어지는 식, 즉 **Cauchy-Riemann-equation**을 만족해야 한다.

$$\frac{\partial \phi}{\partial x} = \frac{\partial \psi}{\partial y} \qquad (예2.6.3)$$

$$\frac{\partial \phi}{\partial y} = -\frac{\partial \psi}{\partial x} \qquad (예2.6.4)$$

$\phi(x,y)$와 $\psi(x,y)$의 2계 편도함수가 연속일 경우, $\phi(x,y)$와 $\psi(x,y)$는 각각 2차원 Laplace방정식을 만족함을 보이시오.

► 답

먼저 $\phi(x,y)$에 대해 고려하기로 한다. 식 (예3)의 양변을 x에 대해 편미분하고, 식 (예4)의 양변을 y에 대해 편미분한 뒤, 두 식을 더하면 다음을 얻는다.

$$\frac{\partial^2\phi}{\partial x^2}+\frac{\partial^2\phi}{\partial y^2}=\frac{\partial^2\psi}{\partial x\partial y}-\frac{\partial^2\psi}{\partial y\partial x}=0 \tag{예2.6.5}$$

식 (예5)의 마지막 등호는 2계 편도함수의 연속성에 의해 얻어졌다.

마찬가지 방법으로, 식 (예3)의 양변을 y에 대해 편미분하고, 식 (예4)의 양변을 x에 대해 편미분한 뒤, 첫 번째 식에서 두 번째 식을 빼주어 다음을 얻는다.

$$\frac{\partial^2\psi}{\partial x^2}+\frac{\partial^2\psi}{\partial y^2}=\frac{\partial^2\phi}{\partial y\partial x}-\frac{\partial^2\phi}{\partial x\partial y}=0 \tag{예2.6.6}$$

식 (예6)의 마지막 등호는 2계 편도함수의 연속성에 의해 얻어졌다.

식 (예5), (예6)으로부터 $\phi(x,y)$와 $\psi(x,y)$는 각각 2차원 Laplace방정식을 만족하는 조화함수임을 알 수 있다. 이상유체의 2차원 비회전성유동장에 대한 복소 속도포텐셜(complex velocity potential) $f(z)$의 실수부는 속도포텐셜, 허수부는 **유량함수**(stream function)로 불리며, 유체역학 전반에 걸쳐 매우 유용하게 쓰인다(연습문제 2.17 참조).

쉬어가기 6

Euler(1707~1783, Switzerland, Russia, Germany)와 d 'Alembert(1717~1783, France)

Euler와 d'Alembert는 열 살의 나이와 국적의 차이에도 불구하고, 거의 평생 경쟁자로 살아갔다. 17세기를 Newton과 Leibniz에 의한 미적분의 창안 시대로 볼 수 있다면, 18세기는 미적분학이 각종 물리 문제에 적용되어 보다 해석적인 또는 수학적인 역학의 기초가 형성된 시대라고 볼 수 있다. 이 시대의 최전선에 두 사람이 있었다고 볼 수 있으며, 공과대학에서 배우는 수학의 기초는 이 두 사람에 의해 그 뼈대가 만들어졌다고 해도 과언이 아닐 정도이다.

Euler의 아버지 Paul은 신교의 목사였는데, 스위스의 **Basel 대학**(University of Basel)[38]에서 교육을 받았으며, 학생 시절, Jacob Bernoulli(1654~1705)[39]로부터 수학 강의를 들은 바 있다. Jacob보다 13년이나 어린 Jacob의 동생 Johann Bernoulli(1667~1748)는 Paul의 동급생이었는데, 이때부터 Bernoulli 가문은 Euler 집안과 깊은 관계를 가지게 되었다.

Euler 또한 Basel 대학에 13세(1720년)에 입학하였는데, 수학에 큰 관심을 보인 그의 능력을 알아보고 그의 전공을 신학에서 수학으로 바꾸게 한 사람이 바로 Johann이었다. Johann의 아들 **Daniel Bernoulli**(1700~1782)는 이 해 Basel 대학에서 의학으로 박사학위를 받았는데, 그 역시 평생을 수학 연구에 정진하였고, Euler와 좋은 관계를 유지하며 서로 협력하였다.

Jacob은 Leibniz로부터 서신을 통해 새롭게 창안된 미적분에 대해 배웠으며, 그런 관계로 인해 Leibniz의 유일한 제자로 간주되기도 한다. Leibniz에 의해 창안된 미적분학이 Johann과 Daniel, 그리고 Euler에 의해 엄청난 진전을 이룩하고, 또 Leibniz의 노력에 의해 각각 1725년과 1744년에 만들어진 St. Petersburg 과학아카데미와 Berlin 과학아카데미가 바로 Euler의 평생직장이었던 점이 이들 사이의 관계를 잘 보여주고 있다. Euler는 19세였던 1726년 박사학위를 받고, Basel 대학에서 직장을 얻고자 하였으나 여의치 않자, Daniel이 이미 가 있던 상트페테르부르크로 가게 된다.

38) 스위스에서 가장 오래된 대학으로 1459년 창립되었다.
39) Leibniz의 제자로 알려진 그는 1690년 곡선 아래의 면적에 대해 적분(integral)이라는 용어를 최초로 사용하였으며, 다음 해에는 역시 최초로 극좌표를 사용하여 질점의 운동을 나타내는 방법을 고안하였을 정도로, 미적분 및 역학에 관하여 Newton과 Leibniz에 못지않은 수준의 연구를 수행하였다.

환속한 수녀였던 어머니가 불법적으로 가지게 된 d'Alembert는 출생 직후 교회 앞에 버려졌으며, 포병 장교였던 아버지가 정해준 양모 밑에서 어린 시절을 보냈다. 이와 같이 불우했던 어린 시절 때문인지 그는 평생 수많은 학자들과 과도한 논쟁을 벌이며 필요 이상의 분쟁에 휩쓸렸다.

18세(1735년)에 Mazarin 대학(Collège Mazarin)[40]을 졸업하고, 거의 독학으로 수학을 배운 그는 22세(1739년)에 **Memoir on integral calculus**라는 제목의 논문을 발표하며, 24세(1741년)에 Paris 과학아카데미의 일원이 되었다. 26세(1743년)에는 동역학의 기본적 원리 중 하나인 **d'Alembert의 원리**를 포함한 논문을 발표하고, 이어서 다음 해에는 동일한 원리를 유체에 적용하여 유체의 운동에 대한 논문을 발표하면서 학계의 주목을 받게 되었는데, 이때부터 우선권에 관한 문제에 얽혀 당시 이미 상당한 명성을 얻고 있었던 Clairaut(1713~1765, France)와 다투게 된다.

러시아(Russia)는 16세기에 황제(Tsar)를 자칭하기 시작하여 Peter 대제(1689~1725, 재위기간)에 이르러서는 숙적 스웨덴을 제압하고, 1712년 상트페테르부르크를 새로운 수도로 삼으며 국력을 신장하고 있었으며, 바로 이곳에서 Daniel과 Euler는 6년여(1727~1733)를 같이 보낸다.

Euler는 20세(1727년)에 무리수 e를 최초로 도입하였으며 이 결과는 1862년에야 출간되었다. Daniel로서는 이때가 학문적으로 가장 생산적인 기간이었으나, 혹독한 겨울 날씨를 더 이상 견디지 못하게 된 Daniel이 고향 Basel 대학의 생물학 교수로 직장을 옮기게 되자, Daniel의 수학 주임교수 자리를 물려받은 Euler는 34세(1741년)까지 8년 정도 이곳에 더 머무르며 상당히 안정적이고 왕성한 연구 활동을 진행하였다.

그의 관심사는 수론(number theory), 미분방정식과 변분법, 그리고 이론역학 등 세 분야에 걸쳐 있었다. 28세(1735년)에는 함수를 $f(x)$로 최초로 표현하였으며, 29세(1736년)에는 역학 교과서인 **Mechanica**를 저술하였는데, 이 책은 질점, 중심력 등의 주요한 개념을 포함하고 있었고, 미분방정식을 사용하여 운동을 다룬 최초의 교재였다. 그러나 그는 혹독한 날씨, 과도한 업무 및 태양 관측 등의 여러 가지 이유로 이때부터 시력 문제가 발생하여 불행히도 오른쪽 눈의 시력을 잃게 된다.

한편 러시아는 1725년 Peter 대제의 죽음 이후, 왕위 계승을 놓고 많은 갈등이 생기는데, Elizabeth 여제(1741~1762, 재위기간)의 등극과 더불어 독일계 사람들이 국가 기관에 고용되는 것을 금하게 되자, Euler는 베를린으로 근거지를 옮기게 된다.

이때 베를린은 신흥 강국 프러시아(Prussia)의 수도였으며, Frederick 대왕(1740~1786, 재위기간)이 강력한 독일 왕국 건립의 꿈을 막 펼치기 시작한 때였다. 1744년의 **Berlin 과학아카데미** 개원을 앞두고 Frederick 대왕은 그 당시 파리와 상트페테르부르크에서 가장 주도적인 활동을 하고 있던 Maupertuis(1698~1759, France)와 Euler를 베를린으로 초치하여 각각 회장과 수학 소장을 맡김으로써 베를린이 과학의 발전에도 선두에 있음을

40) Louis 14세의 후견인이었던 Mazarin 추기경(1602~1661)이 남긴 유산에 의해 1661년 세워진 대학으로 프랑스 혁명 이후 Paris 대학(University of Paris)의 일부로 흡수되었다.

쉬어가기 그림 21 Euler(스위스 지폐)와 d'Alembert

보이고자 하였다.

Euler는 베를린에 34세(1741년)부터 59세(1766년)까지 25년간 머무르며 380편의 논문을 포함한 다양한 저술 활동을 하며, 해석학과 이론역학의 거의 전 분야에 걸쳐 그야말로 믿기 어려울 정도의 진전을 이룩한다. 41세(1748년)에는 해석학에 대한 저술, **Analysis of infinite**에서 함수를 보다 현대적으로 정의하고, **해석학**(mathematical analysis)은 함수에 대한 학문이라고 기술하였으며, Euler 공식($e^{ix} = \cos x + i\sin x$)을 처음으로 발표하였다. 44세(1751년)에는 복소변수의 로그함수를 다룬 논문을 발표하였고, 45세(1752년)의 논문에서는 연속방정식과 속도포텐셜에 대한 Laplace방정식, 그리고 Euler의 비점성유체에 대한 운동방정식, 48세(1755년)에는 유한차분법에 대한 저술을 발간하였으며, 또한 58세

(1765년)에는 강체의 운동에 대한 저술에서 강체의 운동이 병진운동과 회전운동으로 분해 가능함을 보였고, Euler 각을 도입하였으며, 춘추분세차운동 등에 대해 고려하였다.

d'Alembert는 Maupertuis가 파리를 떠나자 Paris 과학아카데미에 더욱 흥미를 잃고, 18세기 계몽주의의 선도자 역할을 한 **백과전서**(Encyclopédie)의 저술 및 편찬 작업에 29세(1746년)부터 26년간 상당한 노력을 기울이게 된다. 동시에 d'Alembert는 그의 연구 결과를 주로 Berlin 과학아카데미로 보내 발표하였다.

그는 30세(1747년)에 Berlin 과학아카데미의 현상문제, '바람'과 관련된 문제에 응모하여 대상을 받게 되는데, 그의 논문은 수학적으로는 큰 오류가 없었지만 물리적으로는 적절치 않은 가정들을 종종 도입하고 있어 사람들의 비난을 살 소지가 있었다. 그럼에도 불구하고 1747년 줄(string)의 진동과 관련하여 편미분방정식을 물리적 현상의 해석에 최초로 도입하여 **파동방정식**(wave equation)을 유도하고 그 일반해를 얻었으며, 33세(1750년)에는 세-물체 운동에 대한 논문을 발표하였고, 35세(1752년)에는 복소변수의 해석함수에 대한 Cauchy-Riemann 방정식을 발견하였으며, 37세(1754년)에는 미분을 매우 작은 두 양의 비의 극한으로 정의하는 등, 매우 중요한 결과들을 얻고 있었다.

Euler는 d'Alembert의 주요한 결과들에 주목하고 물리적으로 보다 합리적인 가정을 사용하여 그의 결과를 재해석하고자 하였다. 이러한 일련의 과정에서 두 사람 사이에 미묘한 관계가 형성되는데, 1759년 Maupertuis가 죽은 후, Frederick 대왕은 Euler를 승진시키는 대신 d'Alembert를 Berlin 과학아카데미의 회장으로 초청하려고 한다.

1764년 d'Alembert는 실제로 베를린을 석 달 정도 방문하여, 결국은 Frederick의 초청을 정중하게 거절하고 Euler를 추천하지만, Euler는 이미 상트페테르부르크로의 귀환을 결심한다. 이때 러시아는 Catherine 대제(1762~1796, 재위기간)의 즉위 이후, 다시 한 번 문화적 부흥기를 맞이하고 있었고, 상트페테르부르크를 떠난 뒤에도 줄곧 러시아와는 우호적인 관계를 유지하고 있던 Euler의 귀환에 Catherine 대제는 매우 적극적이었으며, 59세(1766년) 이후 Euler는 상트페테르부르크에 계속 머무르게 된다.

한편 d'Alembert는 43세(1760년) 이후에는 파리와 베를린 양쪽에 모두 염증을 느끼고 본인의 논문을 모아 따로 발간한다. 그러나 55세(1772년)에는 Paris 과학아카데미의 종신서기(perpetual secretary)가 되어 차후 프랑스 과학계의 중심적인 역할을 하게 되는데, 48세(1765년) 이후에는 오히려 문학과 철학에 몰두하여 수학 또는 과학적으로 중요한 연구업적은 찾아보기 힘들다.

반면에 Euler는 상트페테르부르크에 돌아간 뒤, 63세(1770년)에는 $\sqrt{-1}$ 에 대해 기호 i를 최초로 도입하였고(이 결과는 1794년에야 발간되었다), 64세(1771년)에는 양쪽 눈의 시력을 완전히 잃게 되지만 그 후 그의 연구업적은 오히려 증가하여 그가 평생 동안 저술한 866편의 논문 중 약 반 정도가 64세 이후에 이루어졌다.

그가 세상을 떠난(1783년) 후 거의 80년이 지난 1862년 **St. Petersburg 과학아카데미**에서는 Euler의 마지막 유고를 발간하였다. 그의 연구 분야는 수론, 미적분학, 해석학, 변분법, 천체물리학, 세-물체 문제, 탄도학, 연속체 역학, 선박조종학, 수력학, 탄성학, 선박구

조역학, 음향학, 광학, 음악 등을 망라하고 있었으며, 대부분의 분야에서 개척자적인 역할을 수행하였다.

1783년 Euler와 d'Alembert의 사후, 학문의 중심은 프랑스로 옮겨가는데, 이와 같은 변화는 Louis 14세 이래의 과학 발전에 대한 전통 유지, 프랑스 혁명(1789~1799) 및 Napoleon의 치세(1799~1814)를 거치며 과학 교육 제도를 다른 나라보다 일찍 확립할 수 있었던 점, 그리고 d'Alembert의 뒤를 이은 Laplace, Cauchy 등 프랑스 과학자들의 활약에 힘입은 바 컸다.

2.7 체적적분과 Gauss 정리

체적적분(volume integral)은 3차원 공간 상에 정의된 체적이 적분 영역인 적분을 뜻한다. Green 정리의 또 다른 형태인 2.5절의 식 (2.5.8)은 다음과 같은데,

$$\oint_C \underline{F} \cdot \hat{n}\, ds = \iint_R div \underline{F}\, dx\, dy \tag{2.5.8}$$

이 식에 따르면, 2차원 문제에 있어 적분 영역의 경계를 따라 정의된 선적분은 면적적분으로 변환할 수 있다. 이와 같은 내용의 3차원에 대한 일반화로써 3차원 공간 상에 정의된 체적의 경계면(boundary surface)인 폐곡면(closed surface)에 대해 정의된 면적분은 체적적분으로 어떻게 변환될 것인가 하는 질문을 할 수 있다.

Gauss(1777~1855, Germany, 쉬어가기 8a, b 참조)는 Euler가 1766년 Berlin을 떠나 Russia로 간 후, 침체되어가던 독일 수학계에 새로운 힘을 불어넣고 있었던 거목이었으며, 그의 천재성은 초등학교 1학년 때, 1부터 100까지 숫자를 더함에 있어, 1+100, 2+99, …, 50+51 등으로 하여 101이 50번 더해지는 것이므로 5050이라는 답을 눈 깜짝할 사이에 얻어 선생님들을 놀라게 한 사건 때부터 잘 알려져 있었다. 그는 학자로서 생애의 대부분을 **Göttingen 대학**(University of Göttingen)[41]에서 보냈으며, 수론(number theory), 미분기하학, 포텐셜이론, 통계학, 선형대수학, 천문학, 지자기학, 측지학 등의 여러 분야에 걸쳐 지대한 업적을 남겼다.

2.3절에서 유동장의 속도가 $\underline{u} = (u, v, w)$로 주어진 경우, $div\,\underline{u}$는 유동장에 대한 단위시간 당, 단위체적 당의 체적변화율임을 보였다. Gauss는 그의 포텐셜이론과 관련하여 폐곡면 S에 대해 정의된 다음과 같은 적분은 S를 경계면으로 하는 체적 V에 대한 체적변화율과 관련이 있을 것으로 생각하였다.

$$Q = \int_S \underline{u} \cdot \hat{n}\, dS = \int_S (un_1 + vn_2 + wn_3)\, dS \tag{2.7.1}$$

여기서 Q는 체적유량이며, 유체입자가 가진 속도의 법선방향 성분과 면적요소의 곱을 폐곡면을 따라 모두 더한 값으로, 체적 V로부터 경계면 S를 통해 단위시간당 들어오고 나간 유체의 총 체적을 뜻하고, $\hat{n} = (n_1, n_2, n_3)$은 dS 상에서 체적의 바깥쪽을

41) 하노버 공국 내의 Göttingen 대학은 1737년에 개교하였으며, 쉬어가기 8a와 3장의 각주 6을 참고하기 바란다.

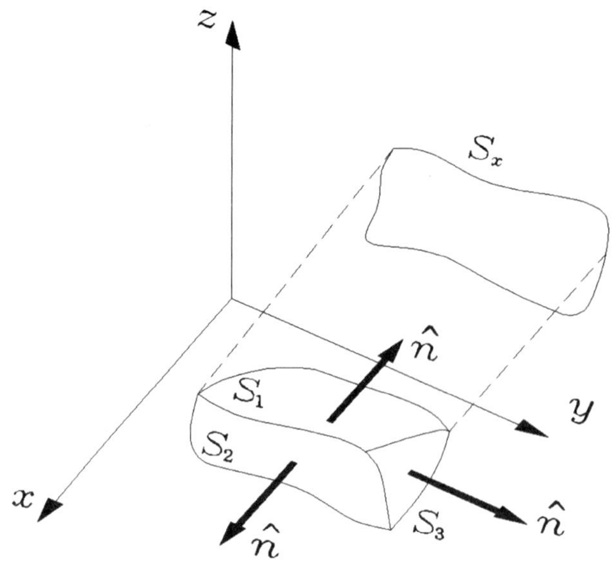

그림 2.17 Gauss 정리의 증명

향하는 법선방향의 단위벡터이다.

식 (1)의 적분은 2.5절 식 (2.5.8)의 좌변의 적분과 유사한 형태이므로, 체적적분으로 비슷한 결과를 얻을 것을 기대할 수 있으며, 식 (1) 마지막 적분의 첫 번째 항 Q_1 만을 먼저 고려하기로 한다. Q_1을 체적적분으로 변환하는 데는 그림 2.17에 보인 바와 같은 약간 특별한 모양의 체적을 우선 생각한다. 여기서 S_1과 S_2는 다음과 같은 식으로 주어지며,

$$S_1:\ x = f(y, z), \tag{2.7.2}$$

$$S_2:\ x = g(y, z), \tag{2.7.3}$$

S_3 상에서는 $n_1 = 0$이라고 하면, Q_1은 다음과 같은 형태로 바꾸어 쓸 수 있다.

$$Q_1 = \int_S u\, n_1\, dS = \iint_{S_x} \{-u[f(y, z), y, z] + u[g(y, z), y, z]\}\, dy\, dz \tag{2.7.4}$$

여기서 S_x는 S_1의 yz-평면 상으로의 투영이며, $x=f(y,z)$인 항에 대한 − 부호는 S_1 상에서 $n_1<0$이기 때문이다. 식 (4)의 마지막 적분은 다음과 같은 형태의 체적적분으로 바꾸어 줄 수 있다.

$$Q_1=\iiint_V \frac{\partial u}{\partial x}\,dx\,dy\,dz=\int_V \frac{\partial u}{\partial x}\,dV \qquad (2.7.5)$$

식 (1) 마지막 적분의 둘째 항과 셋째 항을 고려하면 본질적으로 동일한 방법에 의해 다음 결과를 얻으며,

$$Q_2=\int_V \frac{\partial v}{\partial y}\,dV \qquad (2.7.6)$$

$$Q_3=\int_V \frac{\partial w}{\partial z}\,dV \qquad (2.7.7)$$

식 (5), (6), (7)을 더하여 다음을 얻는다.

$$Q=\int_V \left(\frac{\partial u}{\partial x}+\frac{\partial v}{\partial y}+\frac{\partial w}{\partial z}\right)dV=\int_V (div\,\underline{u})\,dV \qquad (2.7.8)$$

그러므로 최종적으로 다음과 같은 Gauss 정리(Gauss theorem)를 얻는다.

$$\int_S \underline{u}\cdot\hat{n}\,dS=\int_V div\,\underline{u}\,dV \qquad (2.7.9)$$

보다 일반적인 형태의 체적에 대해서는 주어진 체적을 분할하여 분할된 체적이 위에서 고려한 바와 같은 형태를 가지도록 하면, 각 분할된 체적에 대해 얻어진 결과를 모두 더하여 전체 체적에 대한 결과를 얻을 수 있으며, 식 (9)의 형태는 이러한 연산에 의해 변화하지 않으므로, 일반적인 형태의 체적에 대한 Gauss 정리를 얻을 수 있다.

Gauss 정리는 3차원 공간 상에서 정의된 폐곡면에 대한 면적분을 그 폐곡면을 경계로 하는 체적적분으로 변환시킨다는 적분의 변환적인 측면에서도 큰 의미가 있지만,

유체유동장 또는 보다 일반적으로는 벡터장에 대해서도 물리적으로 많은 뜻을 내포하고 있다.

먼저 폐곡면 S를 대단히 작게 취하면, 체적 V에 대한 적분은 $div\,\underline{u}$에 적분 영역의 체적 V_ϵ을 곱한 양이 되므로, $div\,\underline{u}$와 체적유량 Q 사이에는 다음과 같은 관계가 있음을 알 수 있다.

$$div\,\underline{u} = \lim_{V_\epsilon \to 0} \frac{Q}{V_\epsilon} \tag{2.7.10}$$

따라서 $div\,\underline{u}$는 단위체적 당 체적유량임을 알 수 있으며, 비압축성유체에 대해서는 체적유량이 0이 아니라는 것은 용출점(흡입점)에 의해 유체가 생성(소멸)되고 있다는 것을 뜻하므로, $div\,\underline{u}$도 또한 당연히 유체의 생성 또는 소멸을 척도하는 양이다.

유동장 내부에 $div\,\underline{u}$가 0이 아닌 점이 있다고 하면, 그 점에서 유체는 생성 또는 소멸되어야 한다. 또한 식 (10)은 $div\,\underline{u}$를 좌표계와 독립적으로 정의하는데 사용될 수 있고, 또 식 (9)는 일반직교좌표계에 대한 div의 표현을 구하는데 사용할 수 있다는 점을 지적해 둔다[예제 2.22 참조].

만약 유동장 내부의 제한된 영역에서 유체가 생성(소멸)되는 경우, 그 영역에 속한 점들은 용출점(흡입점)이라고 부르는데, 만약 용출점(source)에 기인하는 유체입자의 속도 $\underline{u}$가 고려하는 점 O로부터 잰 거리 r의 제곱에 반비례하여 감소하고, 그 방향은 점 O를 원점으로 잡았을 때 변위 $\underline{x}$의 방향이라고 하면 고려하는 점에 위치한 용출점에 기인하는 속도는 다음과 같이 주어진다(그림 2.18).

$$\underline{u} = \frac{\alpha \hat{e}_r}{r^2} \tag{2.7.11}$$

여기서 α는 용출점의 세기와 관련된 양이고, $\hat{e}_r$은 반경방향의 단위벡터이다.

점 O를 중심으로 하는 반경 ϵ인 구면을 폐곡면으로 취하여 체적유량을 구하면 다음과 같다.

$$Q = \int_S \underline{u} \cdot \hat{n}\, dS = \int_0^\pi \left(\frac{\alpha \hat{e}_r}{\epsilon^2}\right) \cdot \hat{e}_r (2\pi\epsilon^2 \sin\theta) d\theta = \int_0^\pi 2\pi\alpha \sin\theta\, d\theta = 4\pi\alpha \tag{2.7.12}$$

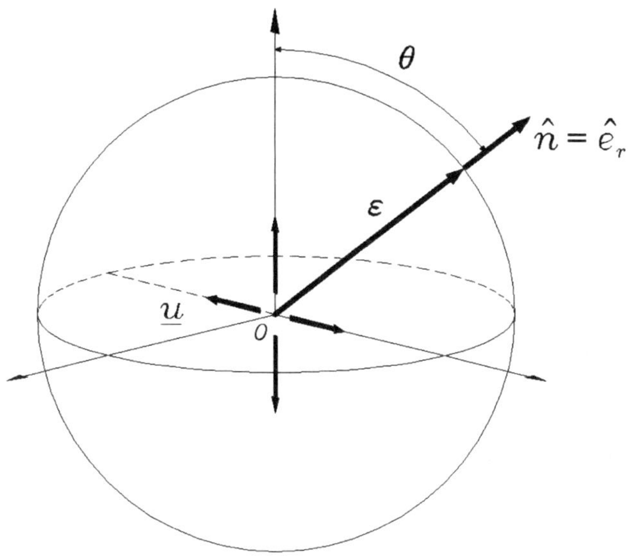

그림 2.18 용출점 또는 흡입점

여기서 구면 상에서는 $r=\epsilon$, $\hat{n}=\hat{e}_r$이고, $dS=2\pi\epsilon^2\sin\theta\, d\theta$임을 이용하였으며, θ는 0부터 π까지 변화하는 위도를 나타내는 각이다.

위와 같은 용출점의 체적분포(volume distribution)에 대해, 고려하는 점에서의 세기를 q라고 하면, 구면 내부에 위치한 용출점들에 기인하는 총 세기는 $\alpha=qV_\epsilon$로 주어지므로, 따라서 식 (10)으로부터 다음을 얻는다.

$$div\,\underline{u}=\lim_{V_\epsilon\to 0}\frac{4\pi q V_\epsilon}{V_\epsilon}=4\pi q \tag{2.7.13}$$

따라서 $div\,\underline{u}$는 용출점의 체적분포에 대해, 고려중인 점에서의 용출점의 세기에 비례하며, 비례상수는 4π이다.

유동장 내부의 모든 점에서 $div\,\underline{u}$가 0인 경우, 속도 $\underline{u}$는 벡터포텐셜이라고 부르는 벡터함수 $\underline{A}(\underline{x})$의 $curl$로 주어질 수 있으며, 즉 다음과 같은 관계가 성립한다.

$$\underline{u}(\underline{x})=curl\,\underline{A}(\underline{x})=\nabla\times\underline{A}(\underline{x}) \tag{2.7.14}$$

만약 이 식이 성립하면 $div\,\underline{u}$가 0이 되는 것은 다음 계산에서와 같이 쉽게 보일 수 있다.

$$div\,\underline{u} = \nabla \cdot (\nabla \times \underline{A}) = \begin{vmatrix} \frac{\partial}{\partial x} & \frac{\partial}{\partial y} & \frac{\partial}{\partial z} \\ \frac{\partial}{\partial x} & \frac{\partial}{\partial y} & \frac{\partial}{\partial z} \\ A_1 & A_2 & A_3 \end{vmatrix} = 0 \qquad (2.7.15)$$

여기서 $\underline{A} = (A_1, A_2, A_3)$이다.

일반적인 3차원 유동에 대해서는 벡터포텐셜이 3 개의 미지함수를 포함하므로 미지수의 개수에 변화가 없어 별 도움이 되지 않지만, 2차원 유동에 대해서는 $\underline{A} = (0, 0, \psi)$, $\psi = \psi(x, y)$가 되어 미지함수의 수가 하나인 경우로 되므로, 상당히 주요한 역할을 하며, 이 함수는 바로 2차원 유동의 유량함수로 정의된다[예제 2.17 참조].

한편 유동장 내부에 용출점 또는 흡입점(sink)이 분포되어 있는 경우에는 식 (13)이 성립하며, 동시에 비회전성유동장인 경우에는 속도포텐셜이 존재하므로, 식 (13)에 식 (2.6.17)을 대입하여 다음 식을 얻는데,

$$div\,\underline{u} = \nabla^2 \phi = \frac{\partial^2 \phi}{\partial x^2} + \frac{\partial^2 \phi}{\partial y^2} + \frac{\partial^2 \phi}{\partial z^2} = 4\pi q \qquad (2.7.16)$$

이 식은 Poisson방정식이라고 부르며, 유체역학뿐만 아니라 전자기학에서도 주요한 역할을 하는 방정식이다.

Gauss 정리는 체적적분으로 주어진 영역 내부에서 일어난 변화가 면적분으로 주어진 경계면을 통해 일어난 변화와 같아야 한다는 개념의 정량적 표현이며, 물리학 전반에 걸쳐 기본방정식의 유도, 또는 문제의 정형화 등에 자주 사용된다. 앞 절에서 설명한 Stokes 정리와 더불어 벡터장(vector field)를 다루는 문제에 대해서는 기본적인 도구로서 다양하게 사용되므로 반드시 그 내용을 잘 익혀서 적절히 사용할 수 있기를 바란다.

마지막으로 용어와 관련하여, 우리나라는 일본의 예를 따라 $grad$, div, $curl$ 등의 용어를 그대로 사용하지만, 중국에서는 각각 梯度, 散度, 旋度 등의 용어를 사용하고 있음을 밝혀 둔다. 세 용어 모두 어떤 정도를 나타내는 것으로 통일이 되어 있어 좋아

보이며, 특히 梯度는 사다리의 기운 정도, 散度는 발산 또는 흩어진 정도, 旋度는 회전하는 정도 등의 뜻을 가지고 있어 물리적으로 그 뜻을 상당히 잘 전하고 있다.

[예제 2.17] 2차원 벡터장에 대한 벡터포텐셜; $\underline{A}=(0,0,\psi)$, $\psi=\psi(x,y)$

2차원 벡터장 $\underline{u}(x,y)$에 대해서는 벡터포텐셜 $\underline{A}=(0,0,\psi)$로 주어지고, ψ 역시 x, y만의 함수로 주어질 수 있음을 보이시오.

► 답

벡터포텐셜의 정의인 다음과 같은 본문 식 (14)로부터,

$$\underline{u}(\underline{x})= curl\,\underline{A}(\underline{x}) = \nabla\times\underline{A}(\underline{x}) \tag{2.7.14}$$

2차원 벡터장 $\underline{u}(x,y)=(u,v,0)$을 벡터포텐셜 $\underline{A}=(A_1,A_2,\psi)$를 사용하여 나타내면 다음과 같다.

$$\underline{u}=(u,v,0)=\nabla\times\underline{A}=\hat{i}\left(\frac{\partial\psi}{\partial y}-\frac{\partial A_2}{\partial z}\right)+\hat{j}\left(\frac{\partial A_1}{\partial z}-\frac{\partial\psi}{\partial x}\right)+\hat{k}\left(\frac{\partial A_2}{\partial x}-\frac{\partial A_1}{\partial y}\right) \quad (\text{예}2.7.1)$$

먼저 $\underline{u}$의 z방향 성분은 $A_1=A_2=0$로 취함으로써 0으로 만들어 줄 수 있는데, 물론 이와 같은 선택이 유일한 방안은 아니지만, 어차피 $\underline{A}$는 벡터포텐셜로 한번 미분했을 때만 물리량이 되어 물리적인 의미를 가지므로, 위와 같은 선택으로 일반성을 잃지는 않는다. 따라서 2차원 벡터장 $\underline{u}(x,y)=(u,v)$는 식 (예1)로부터 다음과 같이 다시 쓸 수 있다.

$$\underline{u}=(u,v)=\left(\frac{\partial\psi}{\partial y},-\frac{\partial\psi}{\partial x}\right) \quad (\text{예}2.7.2)$$

그러므로 일반적으로 $\psi=\psi(x,y)$로 취한다고 하더라도 위의 관계에는 아무런 변화가 없음을 알 수 있으며, 결과적으로 원하는 결과를 모두 얻는다.

[예제 2.18] Green의 제 1, 제 2 공식

다음과 같은 본문 식(9)로 주어진 Gauss 정리에 대해 생각한다.

$$\int_S \underline{u} \cdot \hat{n}\, dS = \int_V div\, \underline{u}\, dV \tag{2.7.9}$$

이 정리에서 $\underline{u} = f\nabla g$로 취하여 다음과 같은 **Green의 제 1 공식**(Green's first formula)을 얻으시오. 단 f, g는 스칼라함수이다.

$$\int_V \nabla \cdot (f\nabla g)\, dV = \int_S f\frac{\partial g}{\partial n} dS \qquad \text{(예2.7.3)}$$

또 위의 결과를 이용하여 다음과 같은 **Green의 제 2 공식**(Green's second formula)을 얻으시오.

$$\int_V (f\nabla^2 g - g\nabla^2 f)\, dV = \int_S \left(f\frac{\partial g}{\partial n} - g\frac{\partial f}{\partial n}\right) dS \qquad \text{(예2.7.4)}$$

► 답

식 (9)의 Gauss 정리를 다시 쓰면 다음과 같고,

$$\int_V div\, \underline{u}\, dV = \int_S \underline{u} \cdot \hat{n}\, dS \tag{2.7.9}$$

여기서 $\underline{u} = f\nabla g$로 취하면 $div\, \underline{u} = \nabla \cdot (f\nabla g)$, 그리고 $\underline{u} \cdot \hat{n} = \hat{n} \cdot (f\nabla g) = f\hat{n} \cdot \nabla g = f\frac{\partial g}{\partial n}$을 얻으므로, 이를 식 (9)에 대입하여 제 1 공식을 얻는다.

제 2 공식을 얻기 위해서는 제 1 공식에서 f와 g의 역할을 바꾸면 다음을 얻는데,

$$\int_V \nabla \cdot (g\nabla f)\, dV = \int_S g\frac{\partial f}{\partial n} dS \qquad \text{(예2.7.5)}$$

식 (예3)에서 식 (예5)를 빼면 다음 결과를 얻는다.

$$\int_V \{\nabla \cdot (f\nabla g) - \nabla \cdot (g\nabla f)\}\, dV = \int_S \left(f\frac{\partial g}{\partial n} - g\frac{\partial f}{\partial n}\right) dS \qquad \text{(예2.7.6)}$$

이 식 좌변의 피적분함수를 전개하면 다음을 얻으므로,

$$\{\nabla \cdot (f\nabla g) - \nabla \cdot (g\nabla f)\} = (\nabla f)\cdot(\nabla g) + f\nabla^2 g - (\nabla g)\cdot(\nabla f) - g\nabla^2 f$$
$$= f\nabla^2 g - g\nabla^2 f \quad \text{(예2.7.7)}$$

이를 식 (예2.71)에 대입하면 제 2 공식을 얻는다.

Green 공식은 편미분방정식으로 이루어진 다양한 경계치문제(boundary value problem)의 해를 구하는데 사용되는 매우 중요한 식이다.

[예제 2.19] Dirichlet(1805~1859, Germany, 쉬어가기 8b 참조) 문제의 해의 유일성

2.6절 식 (2.6.21)에서 고려한 Laplace방정식은 다음과 같다.

$$div\,\underline{u} = \nabla \cdot \nabla\phi = \nabla^2\phi = \frac{\partial^2\phi}{\partial x^2} + \frac{\partial^2\phi}{\partial y^2} + \frac{\partial^2\phi}{\partial z^2} = 0 \quad (2.6.21)$$

영역 V에서는 위의 방정식을 만족하고, 그 경계면 S에서는 다음과 같은 조건을 만족하는 함수 $\phi(x,y,z)$를 구하는 문제는 **Dirichlet문제**(Dirichlet problem)로 알려져 있다.

$$\phi(\underline{x}) = h(\underline{x}),\ \ \underline{x} \in S \quad \text{(예2.7.8)}$$

[예제 2.18]의 Green의 제 1 공식을 이용하여 위와 같은 Dirichlet문제의 해가 존재한다면 유일함(uniqueness)을 보이시오.

► 답

문제에서 주어진 대로 Dirichlet문제의 해가 존재한다는 사실은 받아들이기로 하고, 또한 동일한 문제에 대해 $\phi(\underline{x})$와 $\psi(\underline{x})$ 두 해가 존재한다고 가정하면, $\phi(\underline{x})$와 $\psi(\underline{x})$의 차이인 $f(\underline{x})$는 V에서 Laplace방정식을 만족하고 S에서는 $f=0$를 만족한다.

Green의 제 1 공식인 식 예(3)에 $f=g$를 대입하면, 좌변의 피적분함수는 다음과 같고,

$$\nabla \cdot (f\nabla f) = f\nabla^2 f + (\nabla f)\cdot(\nabla f) = |\nabla f|^2 \quad \text{(예2.7.9)}$$

또 우변의 피적분함수는 0이므로 다음 결과를 얻는다.

$$\int_V |\nabla f|^2 dV = 0 \qquad (예2.7.10)$$

위 식의 피적분함수는 항상 0보다 크거나 같아야 하는데, 만약 $|\nabla f| = 0$, 즉 $\nabla f = \underline{0}$가 아닌 영역이 있다면 식 (예10)이 성립하지 않을 것이므로, 결국 $\nabla f = \underline{0}$, 즉 $f = const.$가 V의 모든 점에서 만족되어야 함을 알 수 있다. 그런데 S 상의 모든 점에서 $f = 0$이므로, 결국 V와 S 상의 모든 점에서 $f = 0$이 되어야 함을 알 수 있고, 따라서 $\phi(\underline{x}) = \psi(\underline{x})$를 얻으며, 다시 말하면 Dirichlet 문제의 해는 유일함을 알 수 있다.

2.8 다중 적분에서의 변수 변환(1)

면적분, 면적적분, 그리고 체적적분과 관련하여 주어진 적분을 계산하기 위해 적절한 새로운 변수 또는 좌표계를 사용해야 할 경우가 자주 발생한다. 이와 같이 하나의 좌표계로부터 다른 좌표계로 변수를 변환할 때, 미소 면적요소 또는 미소 체적요소를 어떻게 바꿔 줘야 하는지 고민하게 되는데, 이절에서는 이에 대해 체계적인 해석을 수행하여, 두 개의 좌표계로 나타낸 길이, 면적, 체적요소들 사이의 관계를 얻는 방법에 대해 알아보기로 한다.

먼저 계산이 간단한 2차원 문제를 예로 생각해 보자. 그림 2.19에 보인 바와 같이 원에 대해 제 1 사분면의 면적 A를 직각좌표계 (x,y)를 사용하여 구하면 다음과 같다.

$$A=\int_{A_c} dA=\int_0^a\int_0^{\sqrt{a^2-x^2}} dydx=\int_0^a \sqrt{a^2-x^2}\,dx=a^2\int_0^{\frac{\pi}{2}}\cos^2\alpha\, d\alpha=\frac{\pi a^2}{4} \quad (2.8.1)$$

여기서 A_c는 제 1사분면의 적분 영역이며, x에 대한 적분은 $x=a\sin\alpha$의 치환을 사용하였다.

한편 같은 면적을 극좌표계 (r,θ)를 사용하여 구하면 다음과 같다.

$$A=\int_{A_c} dA=\int_0^{\frac{\pi}{2}}\int_0^a rdrd\theta=\int_0^{\frac{\pi}{2}}\frac{a^2}{2}d\theta=\frac{\pi a^2}{4} \quad (2.8.2)$$

식 (1)과 (2)로부터 두 방법의 차이점은 면적요소를 어떻게 잡고, 그 때 적분의 상한과 하한을 어떻게 취하느냐 하는 것임을 알 수 있다. 즉, 직각좌표계를 사용할 경우에는 면적요소가 $dx\,dy$가 되고, 극좌표계를 사용할 경우에는 $r\,dr\,d\theta$가 되는데, 일반적인 경우에 면적요소를 어떻게 구할 것인가가 우선적인 문제가 된다.

예를 들어 2차원 문제에 대해 임의의 직교좌표계[42]가 다음과 같이 주어졌을 때,

$$q_1=q_1(x,y)\ \ ,\ \ q_2=q_2(x,y) \quad (2.8.3)$$

---

42) 직교좌표계는 각 좌표방향으로의 단위벡터가 모든 점에서 항상 직교하는 좌표계를 뜻한다. 예를 들어, 극좌표계의 경우, 임의의 점에서 반경방향의 단위벡터 $\hat{e}_r$과 원주방향의 단위벡터 $\hat{e}_\theta$는 항상 직교하므로 직교좌표계에 속한다.

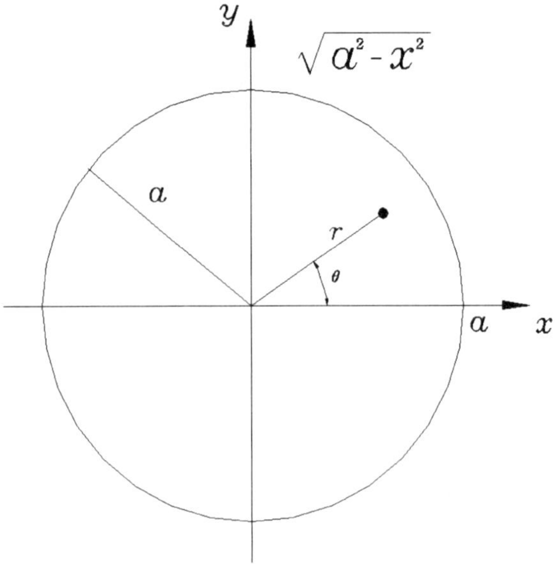

그림 2.19 원의 면적과 좌표계 변환

이들 좌표계를 사용하여 평면 상의 곡선의 길이를 구하기 위한 미소요소 ds를 나타내보자. 단 이 때, 극좌표계의 θ처럼 새로운 좌표계가 길이의 차원을 가지지 않을 수도 있다는 점에 유의하여 각 좌표방향으로 길이의 차원을 가지는 길이요소 ds_1, ds_2를 다음과 같이 표현한다.

$$ds_1 = h_1 dq_1, \ ds_2 = h_2 dq_2 \tag{2.8.4}$$

여기서 h_1, h_2는 척도계수(scale factor)라고 부르며, 이들을 구하는 방법에 대해서는 나중에 설명하기로 한다.

식 (4)로 주어진 각 좌표방향의 길이요소를 사용하면 새로운 좌표계에서 곡선의 길이를 구하기 위한 미소요소 ds를 다음과 같이 나타낼 수 있다.

$$ds = \sqrt{ds_1^2 + ds_2^2} = \sqrt{h_1^2 dq_1^2 + h_2^2 dq_2^2} \tag{2.8.5}$$

한편 면적요소 dA는 다음과 같이 쓸 수 있다.

$$dA = ds_1 ds_2 = h_1 h_2 dq_1 dq_2 \tag{2.8.6}$$

따라서 이제 남은 일은 척도계수를 어떻게 구하는가 하는 문제이다.

척도계수를 구하기 위해 위에서 고려한 극좌표계에 대해 다시 생각해 보자. 극좌표계에 대해 $r = q_1$, $\theta = q_2$라고 하고, 식 (3)을 쓰면 다음과 같은데,

$$r = \sqrt{x^2 + y^2}, \quad \theta = \tan^{-1}\frac{y}{x} \tag{2.8.7}$$

식 (4)를 얻기 위해서는 다음을 생각한다. 직각좌표계로 ds^2를 나타내면 다음과 같고,

$$ds^2 = dx^2 + dy^2 \tag{2.8.8}$$

식 (3)의 역함수(inverse function)를 고려하면 다음을 얻으므로,

$$x = x(q_{1,}\, q_2), \; y = y(q_{1,}\, q_2) \tag{2.8.9}$$

이 식을 사용하여 dx, dy를 다시 쓰면 다음을 얻는다.

$$dx = \frac{\partial x}{\partial q_1}dq_1 + \frac{\partial x}{\partial q_2}dq_2, \; dy = \frac{\partial y}{\partial q_1}dq_1 + \frac{\partial y}{\partial q_2}dq_2 \tag{2.8.10}$$

이 결과를 식 (8)에 대입하면 다음을 얻는데,

$$ds^2 = dx^2 + dy^2 = \left(\frac{\partial x}{\partial q_1}dq_1 + \frac{\partial x}{\partial q_2}dq_2\right)^2 + \left(\frac{\partial y}{\partial q_1}dq_1 + \frac{\partial y}{\partial q_2}dq_2\right)^2 \tag{2.8.11}$$

이 식과 식 (5)를 비교하면 척도계수를 다음과 같이 얻을 수 있다.

$$h_1^2 = \left(\frac{\partial x}{\partial q_1}\right)^2 + \left(\frac{\partial y}{\partial q_1}\right)^2 \tag{2.8.12}$$

$$h_2^2 = \left(\frac{\partial x}{\partial q_2}\right)^2 + \left(\frac{\partial y}{\partial q_2}\right)^2 \tag{2.8.13}$$

이 결과를 극좌표계에 대해 사용하면 다음 결과를 얻는다.

$$h_1^2 = \left(\frac{\partial x}{\partial r}\right)^2 + \left(\frac{\partial y}{\partial r}\right)^2 = \cos^2\theta + \sin^2\theta = 1 \tag{2.8.14}$$

$$h_2^2 = \left(\frac{\partial x}{\partial \theta}\right)^2 + \left(\frac{\partial y}{\partial \theta}\right)^2 = r^2\cos^2\theta + r^2\sin^2\theta = r^2 \tag{2.8.15}$$

척도계수는 식 (4)에서 보인 바와 같이 길이를 나타내는 양이므로 항상 양의 부호를 가져야 하며 따라서 다음 결과를 얻는데,

$$h_1 = 1\,,\ \ h_2 = r \tag{2.8.16}$$

이를 식 (4)에 대입하면 다음을 얻는다.

$$ds_1 = dr\,,\ \ ds_2 = r\,d\theta \tag{2.8.17}$$

이를 이용하면 곡선의 길이를 구하기 위한 길이에 대한 미소요소 ds 와 면적을 구하기 위한 미소요소 dA 를 각각 다음과 같이 구할 수 있으며,

$$ds = \sqrt{dr^2 + r^2\,d\theta^2} \tag{2.8.18}$$

$$dA = r\,dr\,d\theta \tag{2.8.19}$$

식 (19)는 식 (2)에서 우리가 이미 사용하였던 관계와 일치한다.

한편 3차원 문제에 대해서는 기본적으로 동일한 방법을 사용하여 약간 복잡한 계산 과정을 거쳐 근본적으로 동일한 결과를 얻을 수 있다. 주요한 부분만 정리하기로 하면, 먼저 직각좌표계는 (x, y, z) 로 주어지며, 새로운 직교좌표계는 다음과 같고,

$$q_i = q_i(x, y, z)\,,\ \ i = 1, 2, 3 \tag{2.8.20}$$

각 좌표방향의 길이요소는 다음과 같은데,

$$ds_i = h_i dq_i, \; i = 1, 2, 3 \tag{2.8.21}$$

여기서 척도계수들은 다음과 같이 주어진다.

$$h_i^2 = \left(\frac{\partial x}{\partial q_i}\right)^2 + \left(\frac{\partial y}{\partial q_i}\right)^2 + \left(\frac{\partial z}{\partial q_i}\right)^2, \; i = 1, 2, 3 \tag{2.8.22}$$

따라서 곡선의 길이를 구하기 위한 미소요소 ds는 다음과 같이 나타낼 수 있고,

$$ds = \sqrt{ds_1^2 + ds_2^2 + ds_3^2} = \sqrt{h_1^2 dq_1^2 + h_2^2 dq_2^2 + h_3^2 dq_3^2} \tag{2.8.23}$$

체적요소 dV는 다음과 같다.

$$dV = ds_1 ds_2 ds_3 = h_1 h_2 h_3 dq_1 dq_2 dq_3 \tag{2.8.24}$$

위에서 얻은 결과는 $grad$, div, $curl$ 등의 벡터미분연산자를 여러 직교좌표계를 사용하여 나타내고자 할 때도 그대로 쓰일 수 있으며[예제 2.21, 2.22, 2.23 각각 참조], 그 쓰임새가 매우 다양하다는 점을 지적해 둔다.

예를 들어 움직이는 질점에 가해지는 보존력이 한 일은 식 (2.4.2)에서 언급한 대로 다음과 같이 직각좌표계를 사용하여 나타낼 수 있다.

$$W = \int \underline{F} \cdot d\underline{x} = \int F_x dx + F_y dy + F_z dz \tag{2.8.25}$$

여기서 $\underline{F} = (F_x, F_y, F_z)$는 직각좌표계로 나타낸 힘이다. 이 일을 일반직교좌표계를 사용하면 다시 나타내면 다음과 같이 쓸 수 있는데,

$$W = \int \underline{F} \cdot d\underline{x} = \int F_1 h_1 dq_1 + F_2 h_2 dq_2 + F_3 h_3 dq_3 \tag{2.8.26}$$

여기서 $\underline{F} = (F_1, F_2, F_3)$는 직교좌표계로 나타낸 힘이다.

위의 논의에서 중요한 것은 매우 작은 길이를 갖는 변위벡터는 일반직교좌표계를 사용하여 다음과 같이 나타낼 수 있다는 점이다.

$$d\underline{x} = ds_1\hat{e}_1 + ds_2\hat{e}_2 + ds_3\hat{e}_3 = h_1 dq_1\hat{e}_1 + h_2 dq_2\hat{e}_2 + h_3 dq_3\hat{e}_3 \qquad (2.8.27)$$

물론 여기서 $\hat{e}_i$는 q_i-방향의 단위벡터이다.

지금까지 위에서 고려한 일반직교좌표계는 Lamé(1795~1870, France; 1833)에 의해 그 본격적인 도입이 이루어지기 시작했는데, 척도계수 등의 개념은 미분기하학이나 텐서이론과 밀접한 관련이 있으며, 이 분야의 실질적인 발전은 Galileo가 재직했던 Padua 대학의 Ricci(1853~1925, Italy; 1892, 쉬어가기 11 참조)와 그의 제자인 Levi-Civita(1873~1941, Italy; 1901)에 의한 것으로 볼 수 있으므로, 위의 내용은 20세기에 들어와서야 확립되었다.

위에서 논의한 내용에 대한 예로써, 실제적으로 가장 많이 사용하는 좌표계 중의 하나인 구좌표계에 대한 척도계수를 구해 보기로 한다.

먼저 직각좌표계 (x, y, z)를 구좌표계 (r, ϕ, θ)를 사용하여 나타내면 다음과 같다.

$$(x, y, z) = (r\sin\phi\cos\theta,\ r\sin\phi\sin\theta,\ r\cos\phi) \qquad (2.8.28)$$

척도계수는 식 (22)에 $(q_1, q_2, q_3) = (r, \phi, \theta)$와, 식 (28)을 대입하여 다음 결과를 얻으므로,

$$h_1^2 = \left(\frac{\partial x}{\partial r}\right)^2 + \left(\frac{\partial y}{\partial r}\right)^2 + \left(\frac{\partial z}{\partial r}\right)^2 = \sin^2\phi\cos^2\theta + \sin^2\phi\sin^2\theta + \cos^2\phi = 1 \qquad (2.8.29)$$

$$h_2^2 = \left(\frac{\partial x}{\partial \phi}\right)^2 + \left(\frac{\partial y}{\partial \phi}\right)^2 + \left(\frac{\partial z}{\partial \phi}\right)^2 = r^2\cos^2\phi\cos^2\theta + r^2\cos^2\phi\sin^2\theta + r^2\sin^2\phi = r^2 \qquad (2.8.30)$$

$$h_3^2 = \left(\frac{\partial x}{\partial \theta}\right)^2 + \left(\frac{\partial y}{\partial \theta}\right)^2 + \left(\frac{\partial z}{\partial \theta}\right)^2 = r^2\sin^2\phi\sin^2\theta + r^2\sin^2\phi\cos^2\theta = r^2\sin^2\phi \qquad (2.8.31)$$

이들을 정리하여 결국 다음을 얻는다.

$$h_1 = 1,\ h_2 = r,\ h_3 = r\sin\phi \qquad (2.8.32)$$

이 결과를 이용하여 원점에 중심을 둔 반경 a인 구의 체적을 구하기 위해서는 체

적요소에 대한 식 (24)에 식 (32)를 대입하여 다음을 얻는다.

$$V = \int_{V_s} dV = \iiint_{V_s} h_1 h_2 h_3 \, dq_1 \, dq_2 \, dq_3$$
$$= \iiint_{V_s} r^2 \sin\phi \, dr \, d\phi \, d\theta = 2\pi \int_0^a r^2 dr \int_0^\pi \sin\phi \, d\phi = \frac{4}{3}\pi a^3 \tag{2.8.33}$$

단 여기서 V_s는 구가 차지하고 있는 3차원 공간 상의 영역이다.

❀ [예제 2.20] 원주의 길이; 곡선의 길이(미적분의 탄생)

반경 a인 원주의 길이를 직각좌표계와 극좌표계를 사용하여 구하시오.

► 답

직각좌표계를 사용하면 미소요소의 길이는 다음과 같이 식 (2.8.8)로 주어지므로,

$$ds^2 = dx^2 + dy^2 \tag{2.8.8}$$

일반적인 곡선의 길이는 다음 식으로 주어진다.

$$s = \int_C ds = \int_C \sqrt{dx^2 + dy^2} = \int_C \sqrt{1 + \left(\frac{dy}{dx}\right)^2} dx \qquad \text{(예2.8.1)}$$

여기서 C는 그 길이를 구하고자 하는 곡선이다.

식 (예1) 우변의 제곱근 안은 C 상에서는 $x^2 + y^2 = a^2$이므로, $2xdx + 2ydy = 0$, 즉 $\frac{dy}{dx} = -\frac{x}{y}$을 이용하여 다음과 같이 정리할 수 있으며,

$$1 + \left(\frac{dy}{dx}\right)^2 = 1 + \frac{x^2}{y^2} = \frac{y^2 + x^2}{y^2} = \frac{a^2}{a^2 - x^2} \qquad \text{(예2.8.2)}$$

따라서 식 (예1)은 다음과 같이 다시 쓸 수 있다.

$$s = \int_C \sqrt{1+\left(\frac{dy}{dx}\right)^2}\, dx = \int_C \sqrt{\frac{a^2}{a^2-x^2}}\, dx \tag{예2.8.3}$$

식 (예3)의 우변의 피적분함수에 대해 $x = a\sin\theta$의 치환을 행하면 $dx = a\cos\theta\, d\theta$를 사용하여 다음 결과를 얻는다.

$$s = \int_C \sqrt{\frac{a^2}{a^2-x^2}}\, dx = \int_0^{2\pi} \frac{1}{\cos\theta} a\cos\theta d\theta = 2\pi a \tag{예2.8.4}$$

한편, 극좌표계를 사용하는 경우에는 다음과 같은 본문의 식 (2.8.18)로부터

$$ds = \sqrt{dr^2 + r^2 d\theta^2} \tag{2.8.18}$$

원주 상에서는 $r = a$, 또 $dr = 0$임을 이용하면, $ds = \sqrt{dr^2 + r^2 d\theta^2} = ad\theta$를 얻으므로 결국 다음 결과를 얻는다.

$$s = \int_C ad\theta = a\int_0^{2\pi} d\theta = 2\pi a \tag{예2.8.5}$$

위와 같은 곡선의 길이를 구하는 식들은 미적분의 발전 초기에 매우 중요한 역할을 하였으며, 지금도 미적분에 관한 교재에는 빠지지 않고 등장하는 식들이다.

[예제 2.21] 일반직교좌표계에 대한 $grad$

일반직교좌표계 (q_1, q_2, q_3)를 사용하여 $grad$를 나타내는 식을 구하시오. 또 그 결과를 원기둥좌표계에 대해 이용하여 스칼라함수 $f(\underline{x})$에 대해 ∇f를 원기둥좌표계를 사용하여 나타내시오.

► 답

$f(\underline{x})$에 대한 q_i-방향으로의 방향미분은 $\dfrac{\partial f}{\partial s_i}$임을 고려하고, q_i-방향으로의 길이 미소요소 ds_i에 본문의 다음과 같은 식 (21)을 사용하여

$$ds_i = h_i dq_i\,,\ i = 1, 2, 3 \tag{2.8.21}$$

다음 결과를 얻는다.

$$\nabla f = \frac{1}{h_1}\frac{\partial f}{\partial q_1}\hat{e}_1 + \frac{1}{h_2}\frac{\partial f}{\partial q_2}\hat{e}_2 + \frac{1}{h_3}\frac{\partial f}{\partial q_3}\hat{e}_3 \tag{예2.8.6}$$

여기서 $\hat{e}_i$는 q_i-방향의 단위벡터이다.

원기둥좌표계는 (R, θ, z)이므로, 극좌표계 (r, θ)의 척도계수에 대한 결과인 본문의 식 (16)을 이용하여

$$h_1 = 1\,,\ h_2 = r \tag{2.8.16}$$

다음 결과를 얻으므로,

$$h_1 = 1\,,\ h_2 = R,\ h_3 = 1 \tag{예2.8.7}$$

이를 식 (예6)에 대입하여 다음을 얻는다.

$$\nabla f = \frac{\partial f}{\partial R}\hat{e}_R + \frac{1}{R}\frac{\partial f}{\partial \theta}\hat{e}_\theta + \frac{\partial f}{\partial z}\hat{e}_z \tag{예2.8.8}$$

[예제 2.22] 일반직교좌표계에 대한 div

일반직교좌표계 (q_1, q_2, q_3)를 사용하여 div를 나타내는 식을 구하시오. 또 그 결과를 원기둥좌표계에 대해 이용하여 벡터함수 $\underline{u}(\underline{x})$에 대해 $\nabla \cdot \underline{u}$를 원기둥좌표계를 사용하여 나타내시오.

► 답

$\underline{u}(\underline{x})$에 대한 div를 구하기 위해 식 (2.7.9)로 주어지는 다음과 같은 Gauss 정리를 이용하기로 한다.

$$\int_V div\,\underline{u}\,dV = \int_S \underline{u} \cdot \hat{n}\,dS \qquad (2.7.9)$$

Gauss 정리를 적용하는 체적 V는 식 (24)로 주어지는 다음과 같은 체적요소로 취하고[그림 예2.7 참조],

$$\Delta V = \Delta s_1 \Delta s_2 \Delta s_3 = h_1 h_2 h_3 \Delta q_1 \Delta q_2 \Delta q_3 \qquad (2.8.24)$$

식 (2.7.9)를 다시 쓰면 다음을 얻는다.

$$\nabla \cdot \underline{u} = \frac{\int_S \underline{u} \cdot \hat{n}\,dS}{\Delta V} \qquad (\text{예}2.8.9)$$

식 (예9)는 좌표계와 무관하게 div를 정의하는 식임에 유의하기 바란다. 이 식 우변의 적분을 계산하기 위해 예를 들어 q_3방향에 수직이며 면적이 ΔS_-, ΔS_+인 두 곡면 S_-, S_+에 대해 고려하면 다음을 얻는다.

$$\int_{S_- + S_+} \underline{u} \cdot \hat{n}\,dS = \int_{S_- + S_+} u_3\,dS = \overline{u_3}(S_+)\Delta S_+ - \overline{u_3}(S_-)\Delta S_- \qquad (\text{예}2.8.10)$$

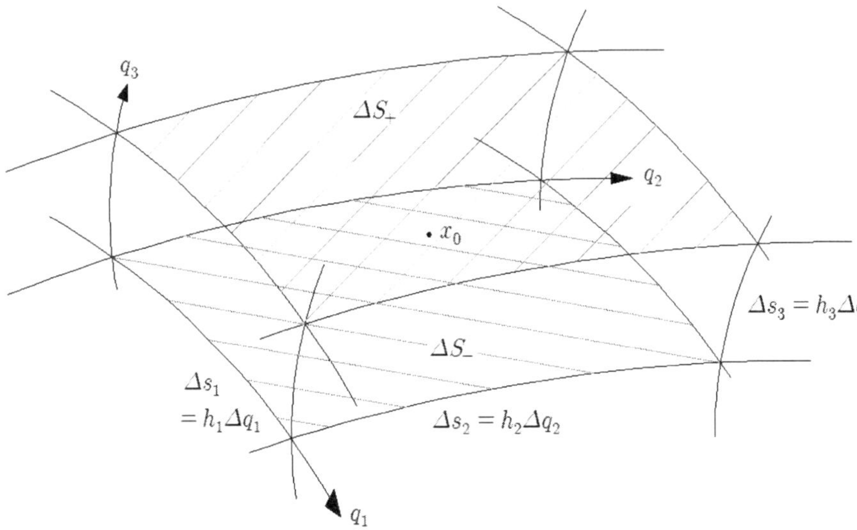

그림 예2.7 일반직교좌표계에 대한 div를 구하는데 사용하는 체적요소

여기서 $\overline{u_3}(S_\pm)$는 곡면 $S_\pm$ 상에서의 u_3의 평균치이며, 곡면 $S_\pm$ 상에서의 값들은 ΔV의 중심 $\underline{x}_0$에서의 함수와 편도함수의 값을 이용하여 다음과 같이 쓸 수 있으므로,

$$\overline{u_3}(S_\pm)\Delta S_\pm = u_3\Delta S|_{\underline{x}_0} \pm \frac{\Delta q_3}{2}\frac{\partial(u_3\Delta s_1\Delta s_2)}{\partial q_3} \qquad (예2.8.11)$$

결국 식 (예10)의 우변은 다음과 같다.

$$\overline{u_3}(S_+)\Delta S_+ - \overline{u_3}(S_-)\Delta S_- = \frac{\partial(u_3\Delta s_1\Delta s_2)}{\partial q_3}\Delta q_3 \qquad (예2.8.12)$$

같은 방법으로 ΔV의 다른 경계면에 대해 고려하여 식 (예9)의 우변에 대해 다음 결과를 얻으므로,

$$\int_S \underline{u}\cdot\hat{n}\,dS = \left[\frac{\partial(u_1\Delta s_2\Delta s_3)}{\partial q_1}\Delta q_1 + \frac{\partial(u_2\Delta s_3\Delta s_1)}{\partial q_2}\Delta q_2 + \frac{\partial(u_3\Delta s_1\Delta s_2)}{\partial q_3}\Delta q_3\right] \qquad (예2.8.13)$$

식 (21) $ds_i = h_i dq_i$를 사용하여 최종적으로 $div\,\underline{u}$에 대해 다음 결과를 얻는다.

$$\nabla\cdot\underline{u} = \frac{1}{h_1h_2h_3}\left\{\frac{\partial(u_1h_2h_3)}{\partial q_1} + \frac{\partial(u_2h_3h_1)}{\partial q_2} + \frac{\partial(u_3h_1h_2)}{\partial q_3}\right\} \qquad (예2.8.14)$$

원기둥좌표계를 사용하여 $\nabla\cdot\underline{u}$를 나타내기 위해 원기둥좌표계의 척도계수에 대한 결과, 식 (예7)을 식 (예14)에 대입하여 다음을 얻는다.

$$\nabla\cdot\underline{u} = \frac{1}{R}\left\{\frac{\partial(u_RR)}{\partial R} + \frac{\partial u_\theta}{\partial\theta} + \frac{\partial(u_zR)}{\partial z}\right\} = \frac{\partial u_R}{\partial R} + \frac{u_R}{R} + \frac{1}{R}\frac{\partial u_\theta}{\partial\theta} + \frac{\partial u_z}{\partial z} \qquad (예2.8.15)$$

이 식 우변의 두 번째 항은 극좌표계를 사용하여 $div\,\underline{u}$를 구했던 예제 2.10의 식 (예2.3.6) 우변의 마지막 항과 같은 항임에 유의한다.

[예제 2.23] 일반직교좌표계에 대한 $curl$

일반직교좌표계 (q_1, q_2, q_3)를 사용하여 $curl$을 나타내는 식을 구하시오. 또 그 결과를 원기둥좌표계에 대해 이용하여 벡터함수 $\underline{u}(\underline{x})$에 대해 $\nabla \times \underline{u}$를 원기둥좌표계를 사용하여 나타내시오.

► 답

$\underline{u}(\underline{x})$에 대한 $curl$을 구하기 위해 식 (2.6.12)로 주어지는 다음과 같은 Stokes 정리를 이용하기로 한다.

$$\int_S (curl\, \underline{u}) \cdot \hat{n}\, dS = \oint_C \underline{u} \cdot d\underline{x} \tag{2.6.12}$$

Stokes 정리를 적용하는 면적 S는 다음과 같은 면적요소로 취하고[그림 예2.8 참조],

$$\Delta S = \Delta s_1 \Delta s_2 = h_1 h_2 \Delta q_1 \Delta q_2 \qquad (예2.8.16)$$

$\hat{n} = \hat{e}_3$임을 고려하여 식 (2.6.12)를 다시 쓰면 다음을 얻는다.

$$\omega_3 = (\nabla \times \underline{u}) \cdot \hat{e}_3 = \frac{\oint_C \underline{u} \cdot d\underline{x}}{\Delta S} \qquad (예2.8.17)$$

식 (예17)은 직각좌표계와 무관하게 $curl$을 정의하는 식임에 유의하기 바란다.

이 식 우변의 적분을 계산하기 위해 예를 들어 $q_2 = const.$인 두 길이요소 L_+, L_-에 대해 고려하면 다음을 얻는다.

$$\int_{L_+ + L_-} \underline{u} \cdot d\underline{x} = -\overline{u_1}(L_+)\Delta s_+ + \overline{u_1}(L_-)\Delta s_- \qquad (예2.8.18)$$

여기서 $\overline{u_1}(L_\pm)$는 선분 $L_\pm$ 상에서의 u_1의 평균치이며, ΔS의 중심 $\underline{x}_0$에서의 함수와 편도함수의 값을 이용하여 다음과 같이 쓸 수 있으므로,

$$\overline{u_1}(L_\pm)\Delta s_\pm = u_1\Delta s_1|_{\underline{x}_0} \pm \frac{\Delta q_2}{2}\frac{\partial(u_1\Delta s_1)}{\partial q_2} \tag{예2.8.19}$$

결국 식 (예18)의 우변은 다음과 같다.

$$-\overline{u_1}(L_+)\Delta s_+ + \overline{u_1}(L_-)\Delta s_- = -\frac{\partial(u_1\Delta s_1)}{\partial q_2}\Delta q_2 \tag{예2.8.20}$$

같은 방법으로 $q_1 = const.$인 길이요소들에 대해 고려하고, 식 (21) $ds_i = h_i dq_i$를 사용하여 식 (예17)의 우변에 대해 다음 결과를 얻는다.

$$\begin{aligned}\frac{\oint_S \underline{u}\cdot d\underline{x}}{\Delta S} &= \frac{1}{\Delta S}\left\{\frac{\partial(u_2\Delta s_2)}{\partial q_1}\Delta q_1 - \frac{\partial(u_1\Delta s_1)}{\partial q_2}\Delta q_2\right\} \\ &= \frac{1}{h_1h_2}\left\{\frac{\partial(u_2h_2)}{\partial q_1} - \frac{\partial(u_1h_1)}{\partial q_2}\right\}\end{aligned} \tag{예2.8.21}$$

$\omega_1 = (\nabla\times\underline{u})\cdot\hat{e}_1$, $\omega_2 = (\nabla\times\underline{u})\cdot\hat{e}_2$에 대해서도 위에서와 마찬가지 방법으로 식 (예21)과 유사한 결과를 얻을 수 있으며, 이들을 모두 더하여 최종적으로 $curl\,\underline{u}$에 대해 다음을 얻는다.

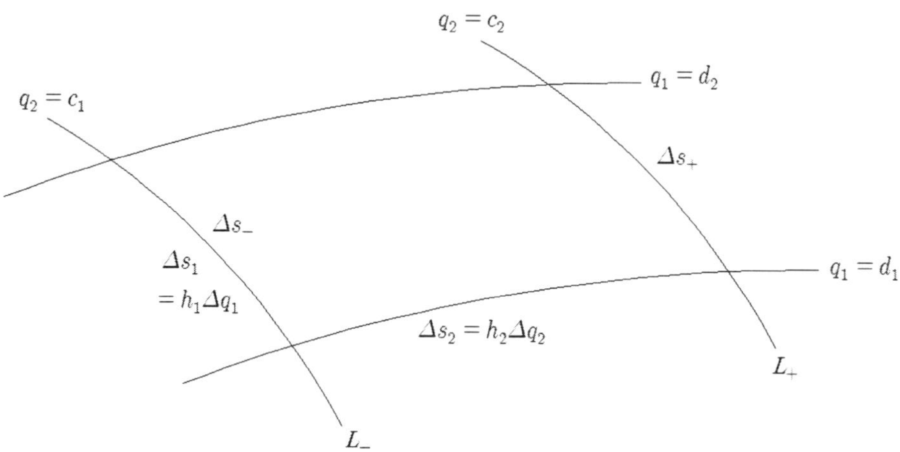

그림 예2.8 일반직교좌표계에 대한 $curl$을 구하는데 사용하는 면적요소

$$
\begin{aligned}
\nabla \times \underline{u} &= \frac{1}{h_2 h_3}\left\{\frac{\partial(u_3 h_3)}{\partial q_2} - \frac{\partial(u_2 h_2)}{\partial q_3}\right\}\hat{e}_1 \\
&+ \frac{1}{h_3 h_1}\left\{\frac{\partial(u_1 h_1)}{\partial q_3} - \frac{\partial(u_3 h_3)}{\partial q_1}\right\}\hat{e}_2 \\
&+ \frac{1}{h_1 h_2}\left\{\frac{\partial(u_2 h_2)}{\partial q_1} - \frac{\partial(u_1 h_1)}{\partial q_2}\right\}\hat{e}_3
\end{aligned}
\tag{예2.8.22}
$$

원기둥좌표계를 사용하여 $\nabla \times \underline{u}$ 를 나타내기 위해 원기둥좌표계의 척도계수에 대한 결과, 식 (예7)을 식 (예22)에 대입하여 다음을 얻는다.

$$
\begin{aligned}
\nabla \times \underline{u} &= \frac{1}{R}\left\{\frac{\partial u_z}{\partial \theta} - \frac{\partial(u_\theta R)}{\partial z}\right\}\hat{e}_R + \left\{\frac{\partial u_R}{\partial z} - \frac{\partial u_z}{\partial R}\right\}\hat{e}_\theta + \frac{1}{R}\left\{\frac{\partial(u_\theta R)}{\partial R} - \frac{\partial u_R}{\partial \theta}\right\}\hat{e} \\
&= \left\{\frac{1}{R}\frac{\partial u_z}{\partial \theta} - \frac{\partial u_\theta}{\partial z}\right\}\hat{e}_R + \left\{\frac{\partial u_R}{\partial z} - \frac{\partial u_z}{\partial R}\right\}\hat{e}_\theta + \left\{\frac{u_\theta}{R} + \frac{\partial u_\theta}{\partial R} - \frac{1}{R}\frac{\partial u_R}{\partial \theta}\right\}\hat{e}_z
\end{aligned}
\tag{예2.8.23}
$$

식 (예23)에서 z 방향 성분의 $\dfrac{u_\theta}{R}$ 항은 극좌표계의 면적요소가 직각좌표계의 면적요소와는 다르게 원주방향 두 변의 길이가 같지 않은 것에 기인함에 유의한다.

2.9 다중 적분에서의 변수 변환(2)

이하에서는 면적분, 또는 그 특수한 경우로서 면적적분을 구하는데 직교좌표계를 사용하지 않고, 적분변수의 치환을 사용하는 경우에 대해 고려한다. 먼저 일반적인 곡면에 대한 면적분의 계산을 위해서는 일반적인 곡면이 어떻게 표현되는지 알아야 한다.

일반적인 곡면을 나타내기 위해서는 두 개의 독립적인 변수가 필요하며, 3차원 공간 상의 임의의 곡면은 다음과 같은 식으로 나타낼 수 있다.

$$\underline{x}(u,v) = x(u,v)\hat{i} + y(u,v)\hat{j} + z(u,v)\hat{k} \tag{2.9.1}$$

여기서 (u,v)는 매개변수 또는 일반적인 곡면좌표계(curvilinear co-ordinate system)로 볼 수 있다.

예를 들어 원점에 중심을 둔 반경이 a 인 구의 표면을 다음과 같이 나타낼 때,

$$\underline{x}(u,v) = a\sin u\cos v\,\hat{i} + a\sin u\sin v\,\hat{j} + a\cos u\,\hat{k} \tag{2.9.2}$$

(u,v)는 구좌표계의 (ϕ,θ)에 상응하며, 또한 구면을 나타내는 곡면좌표계 또는 매개변수로 볼 수 있고, 여기서 $u\in[0,\pi]$, $v\in[0,2\pi]$이다.

일반적인 곡면에 대한 면적요소를 구하기 위해 곡면의 접평면에 대해 생각한다. 식 (1)로 주어진 곡면 상의 임의의 점에서 접평면은 다음과 같이 구할 수 있다. 먼저 곡면 위에서의 길이에 대한 미소요소를 고려하면 다음과 같다.

$$d\underline{x} = \underline{x}_u du + \underline{x}_v dv \tag{2.9.3}$$

여기서 하첨자 u, v는 편미분을 나타낸다.

식 (3)의 $d\underline{x}$는 2차원 평면 상의 곡선에 대한 기울기와 유사하게, 접평면의 기울기를 결정하며, $\underline{x}_u$와 $\underline{x}_v$는 일반적으로 서로 독립적인 벡터로 볼 수 있고, 이하에서는 $\underline{x}_u\times\underline{x}_v\neq\underline{0}$를 가정하기로 한다. 따라서 접평면은 두 벡터 $\underline{x}_u$와 $\underline{x}_v$에 의해 주어지며, 이 접평면에 대한 법선방향은 $\underline{x}_u\times\underline{x}_v$에 의해 주어진다. 예를 들어 식 (2)로 주어진 곡면에 대해, $\underline{x}_u$, $\underline{x}_v$, $\underline{x}_u\times\underline{x}_v$는 다음과 같이 주어진다.

$$\underline{x}_u = a\cos u\cos v\,\hat{i} + a\cos u\sin v\,\hat{j} - a\sin u\,\hat{k} \tag{2.9.4}$$

$$\underline{x}_v = -a\sin u\sin v\,\hat{i} + a\sin u\cos v\,\hat{j} \tag{2.9.5}$$

$$\underline{x}_u \times \underline{x}_v = a^2\sin u(\sin u\cos v\,\hat{i} + \sin u\sin v\,\hat{j} + \cos u\hat{k}) \tag{2.9.6}$$

구좌표계의 단위벡터인 $\hat{e}_r$, $\hat{e}_\phi$, $\hat{e}_\theta$ 가 다음과 같이 주어지는 것을 고려하면,

$$\hat{e}_r = \sin\phi\cos\theta\,\hat{i} + \sin\phi\sin\theta\,\hat{j} + \cos\phi\hat{k} \tag{2.9.7}$$

$$\hat{e}_\phi = \cos\phi\cos\theta\,\hat{i} + \cos\phi\sin\theta\,\hat{j} - \sin\phi\hat{k} \tag{2.9.8}$$

$$\hat{e}_\theta = -\sin\theta\,\hat{i} + \cos\theta\,\hat{j} \tag{2.9.9}$$

$\underline{x}_u$, $\underline{x}_v$, $\underline{x}_u \times \underline{x}_v$ 는 다음과 같이 다시 쓸 수 있다.

$$\underline{x}_u = a\hat{e}_\phi \tag{2.9.10}$$

$$\underline{x}_v = a\sin u\hat{e}_\theta \tag{2.9.11}$$

$$\underline{x}_u \times \underline{x}_v = a^2\sin u\hat{e}_r \tag{2.9.12}$$

따라서 $\underline{x}_u$ 와 $\underline{x}_v$ 는 서로 독립이고, $\underline{x}_u \times \underline{x}_v$ 는 식 (2)로 주어진 곡면, 즉 구면에 수직인 벡터임을 확인할 수 있다.

위에서 살펴본 바와 같이 일반적인 곡면 위의 한 점에서 접평면을 결정하는 두 벡터는 $\underline{x}_u$ 와 $\underline{x}_v$ 이며, 매개변수 평면의 $du\,dv$ 에 상응하는 면적요소의 크기는 따라서 다음과 같이 주어진다.

$$dS = |\underline{x}_u \times \underline{x}_v|dudv \tag{2.9.13}$$

예를 들어 식 (2)로 주어진 곡면에 대한 면적요소는 식 (12)를 식 (13)에 대입하여 다음과 같이 얻을 수 있으며,

$$dS = a^2 \sin u \, du dv \tag{2.9.14}$$

이 결과는 구좌표계에 대해 척도계수를 사용하여 얻은 결과와 같음을 보일 수 있다(연습문제 2.19 참조).

식 (13)을 이용하여 일반적인 곡면에 대해 정의된 면적분을 필요에 따라 다음과 같이 다시 쓸 수 있다.

$$\begin{aligned} I &= \int_S f(x,y,z)dS = \iint_R f[x(u,v),y(u,v),z(u,v)]|\underline{x}_u \times \underline{x}_v| du dv \\ &= \iint_R F(u,v) du dv \end{aligned} \tag{2.9.15}$$

여기서 R은 uv-평면 상의 적분 영역이며, $F(u,v) = f[x(u,v),y(u,v),z(u,v)]|\underline{x}_u \times \underline{x}_v|$이다.

앞 절에서 소개한 척도계수를 사용하여 다중 적분을 계산하는 방법은 직교좌표계에 대해서만 사용할 수 있으나, 식 (15)는 비직교좌표계(non-orthogonal co-ordinate system)에 대해서도 적용할 수 있는 보다 일반적인 결과임에 유의한다.

아래에서는 면적분이 곡면 $z = z(x,y)$에 대해 정의된 경우와, $z = 0$, 즉 xy-평면에 대해 정의된 면적적분의 두 가지 특별한 경우에 대해 고려한다. 먼저 면적분이 곡면 $z = z(x,y)$에 대해 주어진 경우에는 (u,v)를 그대로 (x,y)로 취할 수 있으므로 식 (1)을 다음과 같이 쓸 수 있다.

$$\underline{x}(x,y) = x\hat{i} + y\hat{j} + z(x,y)\hat{k} \tag{2.9.16}$$

또한 (u,v)를 (x,y)로 취하면, $\underline{x}_u$, $\underline{x}_v$, $\underline{x}_u \times \underline{x}_v$에 대해 다음 결과를 얻는다.

$$\underline{x}_u = \underline{x}_x = \hat{i} + z_x \hat{k} \tag{2.9.17}$$

$$\underline{x}_v = \underline{x}_y = \hat{j} + z_y \hat{k} \tag{2.9.18}$$

$$\underline{x}_u \times \underline{x}_v = \begin{vmatrix} \hat{i} & \hat{j} & \hat{k} \\ 1 & 0 & z_x \\ 0 & 1 & z_y \end{vmatrix} = (-z_x, -z_y, 1) \tag{2.9.19}$$

식 (19)를 식 (13)에 대입하여 면적요소에 대해 다음 결과를 얻으며,

$$dS = |\underline{x}_u \times \underline{x}_v| du dv = |(-z_x, -z_y, 1)| dx\, dy = \sqrt{1 + z_x^2 + z_y^2}\, dx\, dy \tag{2.9.20}$$

따라서 면적분은 식 (20)을 식 (15)에 대입하여 다음과 같이 쓸 수 있다.

$$I = \int_S f(x,y,z) dS = \iint_R f[x,y,z(x,y)] \sqrt{1 + z_x^2 + z_y^2}\, dxdy \tag{2.9.21}$$

여기서 R은 xy-평면 상의 적분 영역이다.

한편 $z=0$, 즉 xy-평면 상에 적분 영역이 포함되어 있는 면적적분에 대해서는 곡면을 나타내는 식 (1)을 다음과 같이 쓸 수 있으며,

$$\underline{x}(u,v) = x(u,v)\hat{i} + y(u,v)\hat{j} \tag{2.9.22}$$

따라서 $\underline{x}_u$, $\underline{x}_v$, $\underline{x}_u \times \underline{x}_v$에 대해 다음 결과를 얻는다.

$$\underline{x}_u = x_u \hat{i} + y_u \hat{j} \tag{2.9.23}$$

$$\underline{x}_v = x_v \hat{i} + y_v \hat{j} \tag{2.9.24}$$

$$\underline{x}_u \times \underline{x}_v = \begin{vmatrix} \hat{i} & \hat{j} & \hat{k} \\ x_u & y_u & 0 \\ x_v & y_v & 0 \end{vmatrix} = \begin{vmatrix} x_u & y_u \\ x_v & y_v \end{vmatrix} \hat{k} = \left| \frac{\partial(x,y)}{\partial(u,v)} \right| \hat{k} = J\hat{k} \tag{2.9.25}$$

식 (25) 우변의 J는 Jacobian[43]이라고 부르는 양이며, 이 결과를 면적요소에 대한 식 (13)에 대입하여 다음 결과를 얻으며,

$$dS = |\underline{x}_u \times \underline{x}_v| du\,dv = \left| \frac{\partial(x,y)}{\partial(u,v)} \right| du\,dv = J du\,dv \qquad (2.9.26)$$

따라서 면적적분은 식 (26)을 면적분에 대한 식 (15)에 대입하여 다음과 같이 쓸 수 있다.

$$I = \int_A f(x,y)dA = \iint_R f[x(u,v), y(u,v)] J du\,dv = \iint_R F(u,v) du\,dv \qquad (2.9.27)$$

여기서 A는 면적적분이 정의된 xy-평면 상의 적분 영역이고, R은 uv-평면 상의 적분 영역이며, $F(u,v) = f[x(u,v), y(u,v)] J(u,v)$이다.

이상에서 다양한 종류의 적분을 직교좌표계를 사용하거나, 또는 적분변수의 치환을 통하여 구할 수 있는 방법을 알아보았으며, 이들 방법과 앞에서 다룬 Green의 정리, Stokes의 정리, 그리고 Gauss 정리 등을 응용하면 공과대학의 학사과정에서 나오는 대부분의 적분을 다룰 수 있을 것으로 생각한다.

[예제 2.24] 구각의 이차 모멘트

구면 상에 질량이 분포되어 있는 물체를 구각(spherical shell)이라고 부를 수 있는데, 밀도 ρ가 일정하고, 원점에 중심을 둔 반경 a인 구각에 대해 다음을 구하시오.

$$I_z = \rho \int_S (x^2 + y^2) dS \qquad (예2.9.1)$$

단 S는 구면을 뜻한다.

43) Jacobi(1804~1851, Germany)를 기념하기 위해 붙여진 이름이다. 이와 같은 형태의 행렬식을 최초로 논의한 것은 Cauchy(1815, 쉬어가기 8a, 8b 참조)이지만, Jacobi(1841)는 n개의 변수로 나타낸 n개의 함수가 선형독립이면 Jacobian이 0이 될 수 없다는 점 등을 포함하여 이 행렬식에 대한 광범위한 연구를 수행하였다. 그는 어려서부터 수학에 뛰어난 재능을 보였고, 거의 독학으로 수학을 공부하였으며, Berlin 대학 졸업 후, 주로 Königsberg 대학의 교수로 재직하였는데, 그의 동료로는 Franz Neumann(1798~1895, Germany)과 Bessel(1784~1846, Germany) 등이 있었다.

식 (예1)은 질량요소에 z축으로부터의 거리의 제곱을 곱한 양을 물체에 대해 적분하여 얻어지는 양을 나타내는데, 이와 같은 양은 이차모멘트 또는 **질량관성모멘트**(mass moment of inertia)로 불린다.

► 답

구면 상에서의 면적요소는 본문의 식 (14)에 $(u,v)=(\phi,\theta)$를 대입하여 다음 결과를 얻는다.

$$dS = a^2 \sin u \, du dv = a^2 \sin\phi \, d\phi \, d\theta \tag{2.9.14}$$

또 피적분함수에 대해서는 구좌표계의 다음과 같은 정의를 이용하여

$$(x, y, z) = (r\sin\phi\cos\theta, r\sin\phi\sin\theta, r\cos\phi) \tag{2.8.28}$$

$x^2+y^2=a^2\sin^2\phi$을 얻으며, 이들을 식 (예1)에 대입하여 다음 결과를 얻는다.

$$I_z = \rho\int_S (x^2+y^2)dS = \rho\int_0^{2\pi} d\theta \int_0^{\pi} a^2\sin^2\phi \, a^2\sin\phi d\phi = 2\rho\pi a^4 \int_0^{\pi} \sin^3\phi d\phi \quad \text{(예2.9.2)}$$

여기서 마지막 우변의 적분은 다음과 같이 계산할 수 있으므로,

$$\begin{aligned} \int_0^{\pi} \sin^3\phi d\phi &= \int_0^{\pi} (1-\cos^2\phi)\sin\phi \, d\phi \\ &= -\cos\phi|_0^{\pi} + \int_1^{-1} \cos^2\phi \, d(\cos\phi) = 2 - \frac{2}{3} = \frac{4}{3} \end{aligned} \quad \text{(예2.9.3)}$$

결국 다음을 얻는다.

$$I_z = \frac{8}{3}\rho\pi a^4 \quad \text{(예2.9.4)}$$

구각의 질량 $m=4\rho\pi a^2$이므로, $I_z = \dfrac{2}{3}a^2 m = r_z^2 m$으로 쓸 수 있고, 여기서 $r_z = \sqrt{\dfrac{2}{3}}\,a$임을 알 수 있는데, r_z는 **관성반경**(radius of gyration)이라고 부른다.

[예제 2.25] 극좌표계에 대한 Jacobian

다음과 같은 2.8절의 식 (2.8.1)과 식 (2.8.2)에 의해서 얻어진 원의 면적을 극좌표계에 대한 Jacobian[식 (26)]을 사용하여 구하시오.

$$A=\int_{A_c} dA=\int_0^a\int_0^{\sqrt{a^2-x^2}} dydx=\int_0^a \sqrt{a^2-x^2}\,dx=a^2\int_0^{\frac{\pi}{2}}\cos^2\alpha\, d\alpha=\frac{\pi a^2}{4} \quad (2.8.1)$$

$$A=\int_{A_c} dA=\int_0^{\frac{\pi}{2}}\int_0^a rdrd\theta=\int_0^{\frac{\pi}{2}}\frac{a^2}{2}d\theta=\frac{\pi a^2}{4} \quad (2.8.2)$$

$$dS=\left|\underline{x}_u\times\underline{x}_v\right|du\,dv=\left|\frac{\partial(x,y)}{\partial(u,v)}\right|du\,dv=Jdu\,dv \quad (2.9.26)$$

► 답

직각좌표계 (x,y)를 극좌표계 (r,θ)를 사용하여 나타내면 다음과 같으므로,

$$(x,y)=(r\cos\theta, r\sin\theta) \quad (예2.9.5)$$

식 (26)의 정의를 이용하여 Jacobian을 다음과 같이 얻는다.

$$J=\left|\frac{\partial(x,y)}{\partial(r,\theta)}\right|=\begin{vmatrix} x_r & y_r \\ x_\theta & y_\theta \end{vmatrix}=\begin{vmatrix} \cos\theta & \sin\theta \\ -r\sin\theta & r\cos\theta \end{vmatrix}=r \quad (예2.9.6)$$

따라서 식 (2.8.1)의 적분은 다음과 같이 쓸 수 있는데,

$$A=\int_{A_c} dA=\iint_{A_c} dydx=\iint_{A_c} rdrd\theta \quad (예2.9.7)$$

이 식의 마지막 우변은 바로 식 (2.8.2)의 극좌표계를 사용한 적분과 같고, 또한 척도계수를 이용하여 얻은 다음과 같은 식 (2.8.19)와도 동일한 결과임을 확인할 수 있다.

$$dA=r\,dr\,d\theta \quad (2.8.19)$$

쉬어가기 7

Hamilton(1805~1865, Ireland)과 Gibbs(1839~1903, USA)

Hamilton과 Gibbs는 현재 우리가 사용하고 있는 벡터체계와 가장 관련이 있는 두 사람으로 생각된다. 벡터체계 또는 벡터해석에 관한 역사를 뒤지다보면 항상 역사의 아이러니를 느끼게 된다.

Hamilton은 분명 지금 우리가 사용하고 있는 scalar, vector 등의 명칭을 만들고 그들 사이의 연산에 대해 최초로 논의하였지만, 그의 논의는 quaternion이라는 보다 복잡한 개념의 틀 안에서 이루어졌다. 그런데 Gibbs는 Hamilton이 만들어 놓은 많은 개념, 명칭들을 그대로 사용하되 훨씬 간단화한 체계를 제안하였으며, 이 체계가 바로 오늘날 우리가 쓰는 벡터체계이다. 따라서 Gibbs로서는 자신이 벡터체계와 관련하여 한 일에 대해 큰 의미를 부여하지 않은데 반해, Hamilton의 경우에는 거의 평생을 바쳐 연구한 결과 중 조그만 일부가 다른 사람의 이름으로 다시 태어나게 된 결과가 되었다. 다행히 Gibbs의 간단화 된 벡터체계가 발표된 것은 1884년으로 Hamilton 사후의 일이다. 두 사람의 생애를 바라보면 30년 정도의 차이를 두고 너무나 대조적인 삶을 살았다는 생각이 절로 든다.

18세기 후반, 세계에서 가장 먼저 산업혁명을 시작한 영국은 1801년 대영제국(Great Britain)으로부터 아일랜드(Ireland)를 포함하는 United Kingdom(UK)으로 거듭나며, 이러한 상황은 1922년까지 지속된다. 따라서 더블린(Dublin)에서 태어나 평생을 고향에서 지낸 Hamilton은 아일랜드인이며 동시에 UK인으로 살았고, 자주 본토를 방문하여 런던 등지에서 열렸던 학회에 참석하곤 했다.

한편, 미국은 1776년 독립을 선언하고, 1783년 독립전쟁에서 본국인 영국에 대항하여 이김으로써 새로운 자주 국가로 탄생하며, 1861년부터 1865년까지 노예해방을 위한 내전을 겪고 난 후, 유럽에서 엄청난 수의 이민을 받아들임으로써 19세기 후반 문화, 학문, 산업, 경제의 제반 분야에서 비약적인 발전을 이룩하였다. 그러나 19세기에는 아직 문화와 학문의 중심은 유럽이었으며, Gibbs는 미국 대학에서 공학박사학위를 받은 최초의 사람이었다.

Hamilton의 아버지는 변호사였으나, 교육을 많이 받지는 못하였으므로, Hamilton은 주로 아저씨 밑에서 컸는데, 12세(1817년)에 이미 10개국의 언어에 능통할 만큼 어려서부터 천재로 이름을 떨쳤다.

독학으로 Euclid의 Elements, Descartes의 Geometry, Newton의 Principia, 미적분학

에 대한 공부 등을 마쳤던 그는 17세(1822년)에 더블린의 Trinity College[44]에 입학하였고, 재학 기간 동안 전무후무할 정도로 전 과목에 걸쳐 최고의 성적을 받았다. 19세(1824년)에 기하학적 광학에 대한 최초의 논문을 작성하였던 그는 대학을 졸업하기 전인 22세(1827년)에 교수에 임명되며, 20대 후반에는 광학에 대한 그의 방법론을 역학에 적용하여 Hamiltonian을 사용하는 새로운 관점의 역학 분야를 탄생시켰다. 또 30세(1835년)에는 기사로 서훈되고, 32세(1837년)에는 아일랜드 왕립 아카데미(Royal Irish Academy)의 회장으로 추대되는 등, 그야말로 그의 삶의 전반부는 눈부실 정도의 성공의 연속이었다.

Hamilton은 복소수를 3차원으로 확장시키고자 하는 연구를 30대 중반부터 시작하였으며, 이를 기점으로 그의 삶은 다른 길을 걷게 된다. 1840년대 아일랜드는 대기근이 들어 800만 인구 중, 백만 이상이 굶어 죽고, 백만 이상의 사람들이 미국으로 이민의 길을 떠나게 되는데, 38세(1843년)에 3차원이 아닌 4차원에서 그가 원하던 수의 체계를 발견한 Hamilton은 이를 quaternion으로 이름 짓고, 차후에는 이를 보다 많은 사람들에게 알리기 위한 저술에 여생을 바치게 된다.

48세(1853년)에는 Lectures on Quaternions를 발간하였으나, 이에 만족하지 못하고, 결국 54세(1859년)부터는 800쪽이 넘는 Elements of Quaternions를 준비하다가 60세(1865년)로 삶을 마친다. 그는 28세(1833년)에 결혼하였으나, 그의 아내는 병과 우울증 때문에 평생을 시달렸고, 또 본인도 경제적인 궁핍으로 인해 40대에는 과음으로 인한 문제가

쉬어가기 그림 22 Hamilton과 Gibbs

44) 1592년 Elizabeth 1세에 의해 창설된 대학으로 아일랜드에서 가장 오래된 대학이며, 지금은 Dublin 대학(University of Dublin)의 유일한 College이다.

발생하였으며, 연구를 위한 과도한 집중이 중년 이후의 그의 삶에 짙은 그늘을 드리웠던 것으로 알려져 있다.

유럽에서는 혁명의 파고가 높던 19세기 초반, Gibbs는 미국의 북동부에서 태어났다. Gibbs의 아버지는 아들과 이름이 같은데, 그는 미국에서 가장 오래된 두 대학, 즉 1636년 창설된 Harvard 대학(Harvard University)과 1693년 창설된 W&M 대학(College of William and Mary), 다음으로 세 번째로 오래된 Yale 대학(Yale University)에서 종교문학 교수로 재직하였다. Yale 대학은 코네티컷(Connecticut) 주에 위치하며, 1701년 주로 Harvard 대학 졸업생들에 의해 창설된 사립대학으로 Harvard 대학보다 더욱 보수적인 것으로 알려져 있다. Yale 대학은 영국의 Oxford와 Cambridge 대학을 모형으로 하여 세워졌으며, Harvard 대학과의 경쟁 관계는 Oxford와 Cambridge 대학의 경쟁(Oxbridge rivalry)에 견줄 만하다.

Gibbs는 15세(1854년)에 Yale 대학에 입학하여 24세(1863년)에 미국에서는 최초의 공학박사를 받았다. 노예해방전쟁(1861~1865)이 한창이었던 때 학위를 받은 그는, 졸업 후 3년 동안 학교에서 조교(tutor)로 일하다가, 전쟁이 끝난 후 27세(1866년)부터 3년간 유럽으로 유학 겸 여행을 떠났다. 첫해는 파리에서, 둘째 해는 베를린에서, 그리고 마지막 해는 하이델베르그(Heidelberg)에서 보낸 그는 하이델베르그에서 만난 Helmholtz(1821~1894, Germany)와 Kirchhoff(1824~1887, Germany)의 영향을 크게 받은 것으로 알려져 있다.

30세(1869년)에 미국으로 돌아와, 32세(1871년)에 Yale 대학의 교수로 임명되는데 이때까지 아직 한 편의 논문도 발간하지 않고 있어 전혀 학계에 알려지지 않은 인물이었으며, 이는 32세에 아일랜드 왕립 아카데미의 회장에 추대된 Hamilton과 비교하면 정말 너무나 대조적이다. Gibbs는 34세(1873년)가 되어서야 최초의 논문을 열역학의 화학적 응용 분야에 대해 발간하게 되는데, 자유에너지, T-S 도표 등의 중요한 개념들을 포함하고 있어, Maxwell(1831~1879, UK) 등에 의해 크게 주목받았다.

37세(1876년)에는 수학의 화학에 대한 응용과 관련하여 주요한 논문을 발표하며, 한편 벡터체계와 관련하여서는 1881~1884년 동안 학생들의 교육을 위해 만든 소책자를 그의 주변 사람들에게도 배포한 정도여서, 그 자신으로서는 중요한 업적으로 생각하지 않았고, 이는 1901년이 되어서야 그가 제안한 벡터체계가 그의 학생에 의해 최초로 발간된 사실로도 짐작할 수 있다.

43세(1882년)부터 7년 동안은 통계역학에 대한 매우 중요한 기초적인 작업을 수행하였으며, 60세(1899년)에는 Fourier 급수와 관련하여 Gibbs 현상을 지적하였고, 63세(1902년)에는 Elementary Theory of Statistical Mechanics를 발간하는 등, 삶의 후반부에도 학문적 생산성을 지속한 보기 드문 학자였다. 특히 그는 미국인의 이름을 수학사에 각인시킨 최초의 사람으로 볼 수 있고, 평생 결혼을 하지 않았으나, 정신적으로 매우 풍부한 세계를 가지고 있었던 사람으로 주변 사람들에게 기억되고 있다.

2장 연습문제

2.1 속도, 가속도

일반적으로 변위는 시간의 함수로 주어지고, 속도와 가속도는 변위를 미분하여 얻을 수 있다. 그러나 경우에 따라서는 속도를 변위의 함수로 얻는 것이 더욱 편리할 때가 있다. 예를 들어 1차원 운동이라면 $x(t)$가 주어지는 대신, $u(x)$가 주어지는 경우, 가속도 $a(x)$는 다음과 같이 주어짐을 보이시오.

$$a(x)=\frac{d}{dx}\left(\frac{1}{2}u^2\right) \tag{연2.1}$$

2.2 힘, 일, 에너지

Newton의 운동방정식을 변위에 대해 적분하여 '힘이 질점에 대해 행한 일은 질점의 운동에너지의 증가와 같다'는 1차원 운동에 대한 일-에너지원리를 구하시오.

[도움말; 운동방정식의 가속도를 식 (연1)로 표현한 뒤, 변위에 대해 적분하시오.]

2.3 곡률반경

곡률반경 ρ는 2차원 평면 상의 곡선 $y(x)$에 대해 고려하는 점에서 내접원의 반경으로 정의되며, 통상 $\rho d\theta = ds$, 즉 $\rho=\dfrac{ds}{d\theta}$로부터 구한다. 여기서 ds는 곡선을 따라 잰 호의 길이(arc length)의 미소요소이며, $d\theta$는 ds를 내접원의 반경으로 나누어 얻어지는, 즉 ds에 상응하는 미소각도이다[그림 연2.1]. 한편, $\tan\theta$는 접선의 x축에 대한 기울기로도 볼 수 있으므로, $\tan\theta=\dfrac{dy}{dx}$이며, 또 $ds=\sqrt{1+\left(\dfrac{dy}{dx}\right)^2}\,dx$임을 이용하여 다음 결과를 유도하시오.

$$\rho=\frac{\left\{1+\left(\dfrac{dy}{dx}\right)^2\right\}^{3/2}}{\left|\dfrac{d^2y}{dx^2}\right|} \tag{연2.2}$$

[도움말; $\tan\theta=\dfrac{dy}{dx}$를 x에 대해 미분하여 얻어진 결과 $\sec^2\theta\dfrac{d\theta}{dx}=\dfrac{d^2y}{dx^2}$를 이용하시오.]

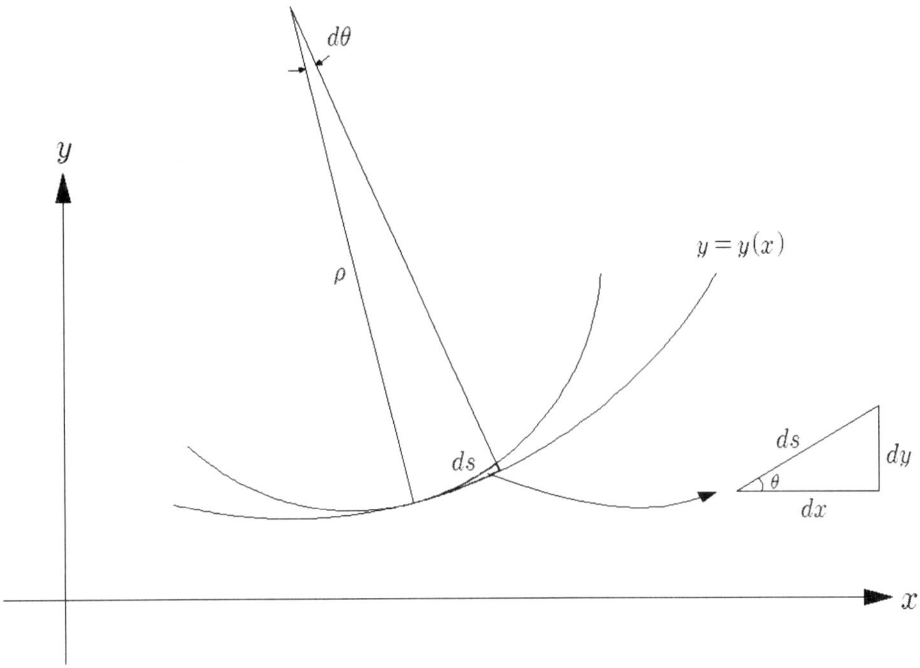

그림 연2.1 곡률반경

2.4 곡률반경 계산

식 (연2)를 사용하여 곡선 $y = x^2$에 대해 $x = 0$과 $x = 1$에서의 곡률반경을 구하고, 내접원의 중심의 위치를 각각 구하시오.

2.5 직선의 방정식

3차원 공간 상에서 직선의 방정식은 다음과 같이 주어질 수 있다.

$$\underline{x}(t) = \underline{x}_0 + t\underline{n} \qquad \text{(연2.3)}$$

여기서 $\underline{x}_0$는 직선 상의 임의의 점의 위치벡터, $\underline{n}$은 직선방향의 벡터, 그리고 t는 매개변수이다. $\underline{x}_0 = (0,0,1)$, $\underline{n} = (1,1,1)$인 직선이 $z = 0$인 평면과 만나는 점의 좌표를 구하시오.

2.6 평면의 방정식

3차원 공간 상에서 평면의 방정식은 다음과 같이 주어진다.

$$f(\underline{x}) = \alpha x + \beta y + \gamma z = C \tag{연2.4}$$

여기서 α, β, γ, C는 주어진 상수이다. $\underline{n} = (\alpha, \beta, \gamma)$이라고 하고, 또 평면 상의 임의의 두 점 P_1, P_2의 위치벡터를 $\underline{x}_1$, $\underline{x}_2$라고 할 때 다음이 성립함을 보이시오.

$$(\underline{n}, \underline{x}_1 - \underline{x}_2) = 0 \tag{연2.5}$$

$\underline{x}_1 - \underline{x}_2$는 평면 상에 있는 벡터이므로, 위 식에 따르면 식 (연4)로 주어지는 평면과 벡터 $\underline{n}$은 서로 직교함을 알 수 있다. 또한 $grad f = \underline{n}$이므로, 평면을 나타내는 식 (연4)에 대해 $grad f$는 평면에 수직인 벡터임을 알 수 있다.

2.7 직선과 평면

다음과 같은 직선 L와 평면 P가 직교한다고 할 때, 교점의 좌표를 구하시오.

$$L ;\ \underline{x}(t) = (1,1,0) + t\hat{n} \tag{연2.6}$$

$$P ;\ \alpha x + \alpha y + \gamma z = 2 \tag{연2.7}$$

단 $\hat{n} = (\alpha, \alpha, \gamma)$인 단위벡터이고, 교점에서 $t = 2\alpha$이다.

2.8 순환, 와도

2차원 평면유동에 대해 속도장 $\underline{u}(\underline{x})$이 다음과 같은 식에 의해 주어지는 유동장은 점와동(point vortex)에 기인하는 유동장이라고 부른다.

$$\underline{u}(\underline{x}) = \frac{\Gamma}{2\pi} \nabla \theta \tag{연2.8}$$

여기서 Γ는 주어진 상수이고, θ는 극좌표계의 원주방향좌표이다. 이 유동장에 대해 원점을 중심으로 하는 임의의 원에 대해 순환을 구하면 바로 Γ가 됨을 보이시오. 위 유동장에 대해 원점을 포함하지 않은 모든 폐곡선에 대한 와도는 $\underline{0}$임을 보이시오.

[도움말; $grad$를 원기둥좌표계에 대해 나타낸 식 (예2.8.14)의 z방향 성분을 무시하고, 유동장을 구한 뒤, 순환의 정의를 사용하시오.]

2.9 질량중심

유한한 크기를 갖는 물체의 질량 m은 다음과 같은 적분에 의해 구할 수 있다.

$$m = \int_B \rho(\underline{x})dV \qquad \text{(연2.9)}$$

여기서 $\rho(\underline{x})$는 물체의 밀도이며, B는 물체에 대한 적분을 뜻한다. 또 **질량중심**(center of mass)을 정의하기 위해 먼저 다음과 같이 물체의 질량 모멘트 $\underline{M}$을 정의하면,

$$\underline{M} = \int_B \rho(\underline{x})\underline{x}\,dV \qquad \text{(연2.10)}$$

질량중심의 위치벡터 $\underline{x}_c$는 다음과 같이 정의된다.

$$\underline{x}_c = \frac{\underline{M}}{m} \qquad \text{(연2.11)}$$

한 변의 길이가 a인 정삼각형 물체의 질량중심을 구하시오. 단 두께와 밀도는 균일하다고 가정한다.

2.10 $grad$

속도장 $\underline{u}(\underline{x})$가 다음과 같은 식에 의해 주어지는 유동장을 용출점에 기인하는 유동장이라고 부른다.

$$\underline{u}(\underline{x}) = -\frac{Q}{4\pi}\nabla\left(\frac{1}{r}\right) \quad (연2.12)$$

여기서 Q는 주어진 상수이고, r은 구좌표계의 반경방향 좌표이다. 이 유동장에 대해 속도장을 구하고, 원점에 중심을 둔 임의의 구면을 통해 구의 외부로 유출된 체적유량이 Q임을 보이시오.

[도움말; 식 (2.8.32)에서 구한 구좌표계의 척도계수를 일반직교좌표계에 대해 $grad$를 나타낸 식 (예2.8.6)에 대입하여 속도장을 구하시오.]

2.11 div

식 (연12)로 주어진 속도장이 원점을 제외한 모든 점에서 $\nabla \cdot \underline{u} = 0$을 만족함을 보이시오.

[도움말; 식 (2.8.32)에서 구한 구좌표계의 척도계수를 일반직교좌표계에 대해 div를 나타낸 식 (예2.8.14)에 대입하여 결과를 구하시오.]

2.12 $curl$

식 (연12)로 주어진 속도장이 원점을 제외한 모든 점에서 $\nabla \times \underline{u} = \underline{0}$을 만족함을 보이시오.

[도움말; 식 (2.8.32)에서 구한 구좌표계의 척도계수를 일반직교좌표계에 대해 $curl$을 나타낸 식 (예2.8.22)에 대입하여 결과를 구하시오.]

2.13 2차원 평면에 대한 Green 공식

다음에 보인 식 (2.5.8), 즉 2차원 평면에 대한 Green 정리는 Gauss 정리의 특별한 경우로 볼 수 있다.

$$\oint_C \underline{F} \cdot \hat{n}\, ds = \iint_R div\, \underline{F}\, dx\, dy \quad (2.5.8)$$

이 식의 $\underline{F}$에 대해 $\underline{F} = f\nabla g$를 취하여, 2차원 평면에 대한 Green의 제 1 공식을

구하고, 또 그 결과를 이용하여 제 2 공식을 구하시오.

2.14 Stokes 정리의 이용

Stokes 정리를 이용하여 다음 선적분을 계산하시오.

$$I = \oint_C (-y^3 dx + x^3 dy) \tag{연2.13}$$

여기서 C는 원점에 중심을 둔 반경이 a인 원의 원주이다.

2.15 Gauss 정리

2.3절에서 비압축성유체에 대한 연속방정식은 식 (2.3.6)과 같이 유도되었다.

$$-\frac{q}{\Delta V} = \left(\frac{\partial u}{\partial x} + \frac{\partial v}{\partial y} + \frac{\partial w}{\partial z}\right) = div\,\underline{u} = \nabla \cdot \underline{u} = 0 \tag{2.3.6}$$

비압축성유체의 유동장 내부에 정지해 있는 임의의 체적을 생각하고, 이 체적의 경계면을 통해 들어오고 나간 유체의 합이 0이라는 사실과 Gauss 정리를 이용하여 위의 연속방정식을 유도하시오.

2.16 2차원 벡터장에 대한 Gauss 정리

2차원 벡터장에 대한 Gauss 정리는 다음과 같이 쓸 수 있음을 보이시오.

$$\int_A div\,\underline{u}\,dA = \int_C \underline{u} \cdot \hat{n}\,ds \tag{연2.14}$$

여기서 $\underline{u} = (u, v)$이며, 폐곡선 C는 면적 A의 경계(boundary)이다.

2.17 2차원 벡터장에 대한 유량함수(stream function)

1) [예제 2.17]에서 얻었던 함수 $\psi = \psi(x,y)$를 유체역학에서는 다음과 같이 정의

한다.

$$\psi = \int_A^B \underline{u} \cdot \hat{n}\, ds \qquad (연2.15)$$

이 식의 우변은 점 A와 점 B를 잇는 어떤 곡선을 따라 정의된 선적분인데, 물리적으로는 단위시간 당 그 곡선을 가로질러 통과한 유체의 량, 즉 유량(보다 정확하게는 체적유량)이다. 만약 유동장 내부의 모든 점에서 $div\,\underline{u} = 0$가 만족된다면, [예제 2.16]에서 고려한 2차원 벡터장에 대한 Gauss 정리를 이용하여, 위의 적분은 점 A와 점 B를 잇는 어떤 곡선에 대해서도 같은 값을 가짐을 보이시오.

2) 위의 결과에 따르면, 2.6절에서 속도포텐셜에 대한 논의와 관련하여 다룬 적분식 (2.6.19)와 같이, 식 (연15)로 정의된 적분은 적분 경로에 무관(path-independent)하므로 피적분 함수는 완전미분 형태를 가져야 하며 다음과 같이 쓸 수 있다.

$$\psi = \int^{\underline{x}} d\psi = \int^{\underline{x}} \frac{\partial \psi}{\partial x} dx + \frac{\partial \psi}{\partial y} dy \qquad (연2.16)$$

임의의 곡선을 따라 법선방향의 단위벡터 $\hat{n}$을 s가 증가하는 방향으로부터 시계방향으로 90° 인 방향이라고 정의하면, $\hat{n} = (\sin\theta, -\cos\theta)$임을 보이시오. 단 θ는 접선이 x축과 이루는 각이다. 또 이를 이용하여 식 (연15)로부터 다음 결과를 유도하시오.

$$\psi = \int^{\underline{x}} u\, dy - v\, dx \qquad (연2.17)$$

이 식과 식 (연16)으로부터 본문의 식 (예2.7.2)를 얻을 수 있음을 보이시오.

2.18 유량함수와 유선

1) 속도포텐셜로부터 속도 벡터 $\underline{u}$를 구하는 식 (2.6.17)과 유량함수로부터 $\underline{u}$를 구하는 식 (예 2.7.2)로부터 ϕ와 ψ는 [예제 2.16]에서 고려하였던 Cauchy-Riemann-equation을 만족함을 보이시오.

2) 유량함수의 값이 일정한 점들을 연결하여 얻어지는 곡선을 유선(streamline)이

라고 정의한다. 유선 상에서는 $d\psi = 0$임을 이용하여 유선은 다음과 같은 미분방정식을 만족함을 보이시오.

$$\frac{dy}{dx} = \frac{v}{u} \tag{연2.18}$$

2.19 극좌표계에 대한 2차원 Laplace방정식

비압축성유체의 2차원 비회전성유동에 대한 연속방정식은 속도포텐셜 $\phi(r,\theta)$에 대한 2차원 Laplace방정식이다. 극좌표계에 대한 척도계수를 사용하여 극좌표계에 대한 2차원 Laplace방정식을 다음과 같이 나타낼 수 있음을 보이시오.

$$\nabla^2\phi = \frac{1}{r}\left\{\frac{\partial}{\partial r}\left(r\frac{\partial\phi}{\partial r}\right) + \frac{\partial}{\partial\theta}\left(\frac{1}{r}\frac{\partial\phi}{\partial\theta}\right)\right\} \tag{연2.19}$$

[도움말; 식 (예2.8.14)로부터 2차원 벡터장에 대한 div는 다음과 같이 쓸 수 있음을 보이고, 그 결과를 이용하시오.]

$$\nabla \cdot \underline{u} = \frac{1}{h_1 h_2}\left\{\frac{\partial(u_1 h_2)}{\partial q_1} + \frac{\partial(u_2 h_1)}{\partial q_2}\right\} \tag{연2.20}$$

2.20 Neumann 문제의 해의 유일성

영역 V에서는 식 (2.6.21)에서 고려한 Laplace방정식을 만족하고, 그 경계면 S에서는 다음과 같은 조건을 만족하는 함수 $\phi(x,y,z)$를 구하는 문제는 Neumann문제(Neumann problem)로 알려져 있다.

$$\frac{\partial\phi(\underline{x})}{\partial n} = h(\underline{x}),\ \ \underline{x} \in S \tag{연2.21}$$

[예제 2.18]의 Green의 제 1 공식을 이용하여 위와 같은 Neumann문제의 해가 존재한다면 $\nabla\phi$는 유일함을 보이시오.

2.21 다중 적분

다음 적분은 정규분포(normal distribution) 등의 확률분포 및 스펙트럼과 관련하여 여러 분야에서 유용하게 쓰인다.

$$I = \int_0^{\infty} e^{-x^2} dx = \frac{\sqrt{\pi}}{2} \qquad (\text{연}2.22)$$

이 결과를 구하시오.

[도움말; 위의 I를 구하기 위해 I^2을 생각하기로 하고, 면적요소 $dS = dxdy = r\,dr\,d\theta$ 로 바꾸어 생각하여 $I^2 = \frac{\pi}{4}$ 를 구하시오.]

2.22 호의 길이

$y = x^2$ 인 포물선의 $x = 0$ 부터 $x = 1$ 까지 호의 길이 L 이 다음과 같이 주어지는 것을 보이시오.

$$L = \int_0^1 \sqrt{1+4x^2}\, dx = \frac{1}{4}\left(\theta_1 + 2\sqrt{5}\right) \qquad (\text{연}2.23)$$

여기서 $\sinh\theta_1 = 2$ 이다.

[도움말; 식 (예2.8.1)을 이용하여 호의 길이를 나타내는 적분을 얻고, 식 (연23)의 적분 계산 시 $2x = \sinh\theta$ 의 치환을 이용하시오.]

2.23 면적

반경이 a 인 구의 표면적이 $4\pi a^2$ 임을 보이시오.

[도움말; 식 (2.8.32)에서 구한 구좌표계에 대한 척도계수를 사용하여 구 표면 상에서의 면적요소는 $dS = ds_2 ds_3 = a^2 \sin\phi\, d\phi\, d\theta$ 임을 이용하시오.]

2.24 체적

다음과 같은 식 (2.7.9)로 주어진 Gauss 정리를 사용하여 체적을 구하는 방법에 대해 생각한다.

$$\int_S \underline{u} \cdot \hat{n}\, dS = \int_V div\, \underline{u}\, dV \tag{2.7.9}$$

위 식에 $\underline{u} = \frac{1}{3}\underline{x}$ 를 대입하여 체적 V를 구하는 다음 식을 구하시오.

$$V = \frac{1}{3}\iint_S xdydz + ydzdx + zdxdy \qquad (연2.24)$$

2.25 Jacobian; 비직교좌표계

다음과 같은 적분을 Jacobian을 사용하여 계산하시오.

$$\int_A (4x^2 + y^2)\, dA \qquad (연2.25)$$

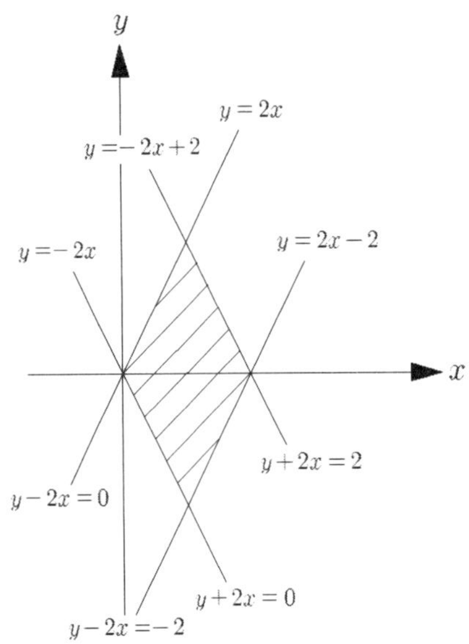

그림 연2.2 마름모꼴 영역에 대한 치환

[도움말; $y+2x=u$, $y-2x=v$로 치환하여, 마름모꼴이 uv-평면 상에서 $u\in[0,2]$, $v\in[-2,0]$로 주어지는 영역이며, Jacobian의 값이 $\frac{1}{4}$임을 이용하시오.]

제 3 장 선형대수

선형대수는 일차연립방정식의 해법과 관련하여 시작된 분야인데, 역사적으로 보면 수학에서는 드물게도 동양이 서양보다 훨씬 앞선 결과를 얻고 있었던 분야이기도 하다. BC300 년경에 만들어진 것으로 보이는 Babylonia의 점토판에 이미 행렬(matrix)이 흔적을 보이고 있고, 중국의 한(206BC-220, 漢) 왕조 때 만들어진 것으로 알려진 九章算術(그림 3.1)은 서양에서는 19세기 초반이 되어야 알려진 Gauss의 소거법(1809)을 거의 비슷한 형태로 싣고 있다. 따라서 선형대수가 단순히 행렬을 사용하여 일차연립방정식의 해를 구하는 문제를 다루는 것으로 끝났다면 이 분야에 관한 한, 동양이 서양에 훨씬 앞섰던 역사가 그대로 유지되었을 것이다.

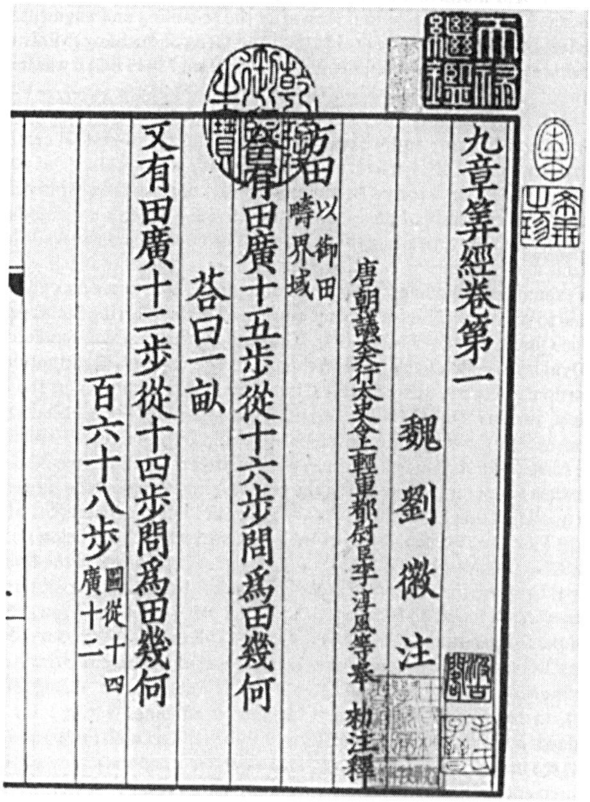
九章筭經卷第一
魏 劉 徽 注
唐朝議大夫行太史令上輕車都尉臣李淳風等奉 勑注釋
方田 以御田疇界域
今有田廣十五步從十六步問爲田幾何
荅曰一畝
又有田廣十二步從十四步問爲田幾何
百六十八步 圖從十四廣十二

그림 3.1 구장산술

그러나 그러한 상황은 벡터의 출현과 이에 따른 대수학의 영역 확장에 기인하여 19세기 중엽 일변하게 된다. 대수학에서 사용하는 합(+), 등호(=) 등의 기호와, 미지수(x, y 등)와 상수(a, b 등)를 문자로 표시하는 표기법 등이 도입된 경우와 그렇지 않은 경우를 동등하게 비교하는 것은 물론 별로 공평하다고 볼 수는 없다.

'하나에 둘을 더하면 셋'과 '$1+2=3$'이 전달하는 내용은 동일하다고 볼 수 있지만, 그 간결성과 외연성은 비교하기 힘들 정도로 차이가 있다. 등호는 Recorde(1510~1558, UK; 1557)에 의해서, 그리고 미지수와 상수를 문자로 나타내는 표기법은 Vieta(1540~1603, France; 1591)에 의해서 각각 도입되었으며, 간단한 1차 방정식에 대한 표현 $y=ax+b$가 17세기에 들어와서야 보편화되기 시작했다는 사실은 장구한 서양 수학의 역사를 생각하면 잘 믿어지지 않을 수도 있다. 물론 이 1차 방정식을 직선과 관련지어 생각하는 것도 제 1장에서 밝힌 바와 같이 Descartes의 직각좌표계가 도입된 1637년 이후에나 일반화된 사고였다.

한편, 대수학의 가장 기본적인 과제 중의 하나는 n차 방정식의 근에 관한 문제였다. Gauss(1799)는 그의 박사학위논문에서 '만약 복소수를 허용한다면' 실수계수를 가지는 n차 방정식은 항상 n개의 근을 가진다는 것을 증명하였으며, 이 결과는 대수학의 기본정리(fundamental theorem of algebra)로 불린다.

이 정리는 오늘날은 지극히 당연하게 들리는 내용을 담고 있지만, 발표 당시만 해도 상당한 오해 및 분란의 소지를 안고 있었다. Hamilton(1843)에 의해 복소수가 두 실수의 순서쌍(ordered pair)이라는 개념이 밝혀지기 전까지, 복소수의 특히 허수(imaginary number)의 수용을 놓고 18세기와 19세기의 수학계는 그야말로 난맥상을 보인다. 대가 중의 대가라고 하는 Euler(1770)까지도 그의 대수학 교과서에서 믿기 어려운 착오, 즉 $\sqrt{a}\sqrt{b}=\sqrt{ab}$ 이므로, $\sqrt{-1}\sqrt{-4}=\sqrt{4}=2$라는 결과를 보여 주고 있다.

따라서 Gauss의 입장에서는 '복소수를 허용한다면'하는 기술은 상당한 위험 부담이 따르는 것이었으며, 이런 관점에서 보면 Euler 공식[45]과 관련하여 다음과 같은 식이 수학사 2000년을 담고 있다고 술회한 Euler(1755)의 술회를 곱씹어 볼 만하다.

$$e^{i\pi}=-1 \tag{3.0.1}$$

18세기 수학자들의 입장에서뿐만 아니라 우리 학생들에게도 식 (1)은 좀 더 생각해 볼 필요가 있는 식이므로[46], 수업 시간에 항상 이 식과 관련하여 어느 정도는 시

45) Euler(1727)에 의해 알려진 $e^{i\theta}=\cos\theta+i\sin\theta$를 뜻하며, $\theta=\pi$를 대입하여 식 (1)을 얻는다.

간을 보내곤 한다.

첫째, 이 식은 등호를 가진 방정식이란 점에서 이미 상당히 오랜 기간의 수학 역사를 가지지 않은 문명에서는 얻어질 수 없는 식이다.

둘째, 이 식은 음수를 포함하고 있어, 실수의 개념이 최소한 음수까지는 확장된 것을 보여주고 있다. 믿기 힘들지만 19세기 중엽까지도 음수를 실수의 일부로 받아들이지 않았던 수학자들이 많이 있었다는 점을 상기하기를 바란다.

셋째, 이 식은 가장 대표적인 **무리수**(irrational number)[47]인 π와 e를 포함하고 있다. π는 원주와 직경의 비인데, π라는 표기 또한 Euler(1755)에 기인하는 것이며, 주어진 원과 같은 면적을 가지는 정사각형의 한 변의 길이를 구하고자 하면 반드시 알아야 하는 수로, 인류가 가장 무리가 없어 보이는 원과 관련하여 기하학적으로 만난 무리수이다.

한편 e도 Euler(1727)에 의해 도입된 기호로, 1에 무한히 작은 수 ϵ을 더하여 얻은 결과를 $1/\epsilon$승(乘)하여 얻어지는 수인데, 극한의 개념이 도입되어 얻어진 무리수이며, 또한 로그함수의 근저(base)이다. 따라서 이 e라는 무리수는 π와는 달리 인류가 대수학적으로 만나게 된 무리수이며, 이미 상당한 정도의 고급 수학을 구사할 수 있는 문명에서만 생각할 수 있는 수이다.

넷째, 이 식은 허수 $i=\sqrt{-1}$를 포함하고 있는데, i라는 표기 역시 Euler(1777)에 기인하였으며, 제곱의 역연산인 제곱근을 구함에 있어 음수까지 그 영역을 확장하면, 그 결과는 실수의 한계를 벗어나야만 한다는 사실을 인지한 후에야 이와 같은 표현을 허용할 수 있음을 상기해야 할 것이다.

다섯째, 이 식은 지수함수의 자변수(argument)로서 허수를 취하고 있다. 2^2, 3^3 등은 제곱을 거듭해줌으로써 계산 가능하지만, 일단 $2^{\sqrt{2}}$만 되어도 실수의 승수가 무리수일 경우에는 어떻게 계산을 수행할 것인지 잠깐 생각해야 할 것이다.

물론 $a^x = e^{x\ln a}$라는 정의를 생각하면 해답은 얻어지지만, 이 정의도 승수가 허수인 경우에 대해서는 아무런 도움이 되는 정보를 주지 못한다. 결국 무리수인 실수 e의 승수가 허수인 $e^{i\pi}$가 음수 -1이 되는 결과를 얻었는데, 이 식, 또는 보다 일반적인 결과로서의 Euler 공식은 오히려 승수가 허수일 때의 정의로 사용될 수 있는 식이다. 물론 이와 같은 정의는 우리가 사용해 왔던 실수함수(real function)를 복소함수(complex function)로 확장했을 때 얻어지는 결과들이 기존의 실수함수에 대한 결과

46) 식 (1)은 $\ln(-1)=i\pi$와 같은 식이며, 종종 이런 형태로 논해지기도 한다.

47) 사실 무리수는 무비수(無比數), 정수끼리의 비로 나타낼 수 없는 수로 번역되는 것이 더욱 합당하다고 생각한다.

들과 모순되지 않는 결과를 줄 수 있도록 고려된 것이다.

정말 간단해 보이는 방정식 하나에 얼마나 많은 뒷이야기가 숨어 있을 수 있는지, 앞으로는 우리 학생들도 좀 더 관심을 가지고 식들을 보아주기 바란다.

복소수와 관련된 이와 같은 혼란스러운 상황이 지속되고 또 실수, 함수 등의 가장 기본적인 개념에 대한 인식이 아직 확립되지 않았던 18세기에 이미 일차연립방정식을 포함한 다양한 문제들과 관련하여 행렬보다도 먼저 **행렬식**(determinant)[48]이 수학자들의 관심의 대상이 되기 시작했다.

논리적으로 보면 행렬이 먼저 연구의 대상이 되었을 것처럼 보이지만, 역사적으로는 그 반대였던 것이다. 행렬식이 필요했던 문제는 일차연립방정식뿐만 아니라, **이차방형**(quadratic form), **주축**(principal axes) 문제, 좌표의 변환, 다중적분의 변수 변환 등 실제적인 문제들이 많았으므로 행렬식은 일찍부터 다루어질 수밖에 없었지만, 반면에 숫자 배열(array)로 주어지는 행렬을 하나의 개념으로 다루기 위해서는 약간의 추상화 과정을 거쳐야 하므로 이와 같은 역전 현상이 일어나지 않았나 생각된다.

일차연립방정식의 해와 관련하여 **Cramer**(1704~1752, Switzerland; 1750)의 해법과, 행렬식과 관련한 **Laplace**(1749~1827, France; 1772)의 전개가 얻어지고, 또한 **Gauss**(1779)가 determinant[49]라는 명칭을 사용한 일 등이 모두 18세기에 일어났다. 한편, 숫자의 배열인 행렬과 관련하여서는 **Sylvester**(1814~1897, UK & USA; 1850, 쉬어가기 9 참조)가 determinant와 구분하기 위해 matrix라는 명칭을 부여하고, **Cayley**(1821~1895, UK; 1858, 쉬어가기 9 참조)가 행렬에 대한 일반적 이론을 제시한 일 등이 모두 1850년 이후에 발생하고 있어 이러한 역전 현상을 확인해 주고 있다.

이와 같은 우여곡절 끝에 수학자들의 연구 대상이 된 행렬과 행렬식에 대해, Cayley와 Sylvester는 행렬을 **선형변환**(linear transformation)으로 파악하고, 이 선형변환과 관련하여 좌표변환에 따라 변화하지 않는 양, 즉 **불변량**(invariant)에 관한 더욱 심도 있는 연구를 진행하였으며, 그들에 의해 얻어진 결과는 20세기에 들어서 현대물리, 수치계산 등에 엄청난 영향을 미쳐 왔다.

이 장의 내용은 이승준(1991)[13]을 주로 따랐으며, 이승준(1991)[13]은 Caltech의 Knowles 교수의 선형대수에 관한 강의록을 정리, 보충한 내용임을 다시 한 번 밝혀둔다. 유학 시절 이후로 선형대수에 관하여 벡터공간의 관점에서 기술하면서도 응용을

48) 행렬식이라는 번역 용어보다는 행렬값 또는 행렬치가 더욱 적합한 것으로 보이지만 이미 널리 쓰이고 있기 때문에 여기서도 행렬식이라는 용어를 사용하기로 한다.

49) Gauss는 오늘날 사용되는 행렬식의 개념과는 다른 양에 대한 명칭으로 사용했는데, 오늘날과 같은 양에 대한 명칭으로 행렬식을 처음 사용한 것은 **Cauchy**(1815)로 알려져 있다.

염두에 두고 쓴 교재를 찾기 위해 항상 관심을 가지고 보아 왔는데, 불행히도 아직까지 찾지 못하였다. 다만 Gelfand(1978)[14]는 학생 시절부터 보아오던 책으로 여러 가지 관점에서 추천할 만하나, 학사과정 학생들에게는 조금 어려운 내용들을 포함하고 있다는 단점이 있다. 근자의 책으로는 Meyer(2000)[15]가 벡터공간의 관점에서 다루고 있지는 않지만, 여기서 다루고 있는 내용을 비교적 적절히 기술하고 있어 참고서로 삼을 만하다.

쉬어가기 8a

Gauss(1777~1855, Germany)와 Cauchy(1789~1857, France)

Gauss와 Cauchy는 프랑스 혁명과 Napoleon의 시대를 살아갔다. Cauchy가 태어나던 해, 1789년 프랑스 혁명이 발발하여 유럽의 많은 전제군주들을 불안의 도가니로 몰고 갔으며, Gauss가 평생 동안 떠나지 않았던 브룬스윅 공국과 하노버 공국도 Napoleon의 지배를 피할 수 없었다. 18세기 말과 19세기 초의 유럽은 Napoleon에 의해 거의 모든 나라가 전화에 휩싸이며 많은 사상자와 피해를 남겼는데, 이러한 시대를 살아간 두 사람이 남긴 학문적 업적은 오히려 시대를 뛰어넘어 지금까지 엄청난 영향을 미치고 있다.

Gauss는 초등학교 때부터 그 재능을 드러냈는데, 부모는 교육을 제대로 받은 편이 아니었으며, 오히려 Gauss가 계속 교육받는 것을 원치 않을 정도였다. 그는 하노버 공국의 남동쪽에 있는 브룬스윅 공국(Duchy of Brunswick)에서 태어났는데(쉬어가기 그림 23), 당시의 브룬스윅 공(Charles William Ferdinand)의 외삼촌은 Euler를 베를린으로 초치하였던 프러시아의 Frederick 대왕이며, 브룬스윅 공은 외삼촌을 그의 본보기로 생각하는 18세기에는 보기 드문 훌륭한 군주였다.

독일에는 1528년에 이미 대학예비교육기관으로 gymnasium이 만들어져 있었는데, Gauss는 11세(1788년)에 gymnasium에 보내졌고, 15세(1792년)에는 브룬스윅 공의 장학금을 받아 브룬스윅에 있는 Collegium Carolinum[50]에 입학하였다. 18세(1795년)에는 브룬스윅을 떠나 하노버 공국 안에 위치하고 있으며, 1737년에 개교한 바 있는 Göttingen 대학[51]으로 진학하여 본격적인 대학교육을 받기 시작하였다.

그는 대학 재학 중에 이미 상당한 업적을 내고 있었는데, 21세(1798년)에 그를 재정적으로 계속 지원하고 있었던 브룬스윅 공의 요청으로 그의 영지 내에 있는 Helmstedt 대학(University of Helmstedt)[52]에 학위 논문을 제출하기로 하여, 대수학의 기본정리에 관한

---

50) 지금의 Technical University of Brunswick으로 1745년 개교하였으며 독일에서 가장 오래 된 공과대학이다.

51) 영어로는 Georgia Augusta라고도 부르며, 하노버공이기도 한 영국왕 George 2세(1727~1760, 재위기간)가 그의 이름(George Augustus)을 따라서 영국의 Oxford와 Cambridge를 모형으로 삼아 만든 대학이다.

52) 1576년 창설되어 한 때 대단한 명성을 날렸으나 Göttingen 대학 등에 밀려 세를 잃었으며, 1810년 폐교되었다.

논문으로 22세(1799년)에 박사학위를 받는다. 학위를 마친 후에도 브룬스윅 공의 도움을 받고 있었던 그는 다른 직업을 찾을 필요 없이 브룬스윅에 머무르며 연구 활동에 전념할 수 있었는데, 24세(1801년)에 최소자승법을 고안하고, 그의 첫 번째 저술인 Disquisitiones Arithmeticae(Study of Arithmetic)를 발간한다(쉬어가기 그림 25). 이 책은 라틴어로 저술된 마지막 대작으로 꼽히고 있으며, 그는 이 책에서 정리, 증명, corollary, 예제 등의 순서로 기술하는 방법을 택하여 이후 수학적 저술의 전형을 세운 것으로 알려져 있다.

통일 국가로서 유럽의 강자로 군림하던 프랑스는 Louis 16세(1774년~1792년, 재위기간)의 치세가 되면 미국의 독립(1784년) 등에 영향을 받아 보다 민주적인 공화정을 갈구하게 되며, 이는 결국 프랑스 혁명(1789년)으로 이어져 1793년에는 Louis 16세가 처형을 당하기에 이른다.

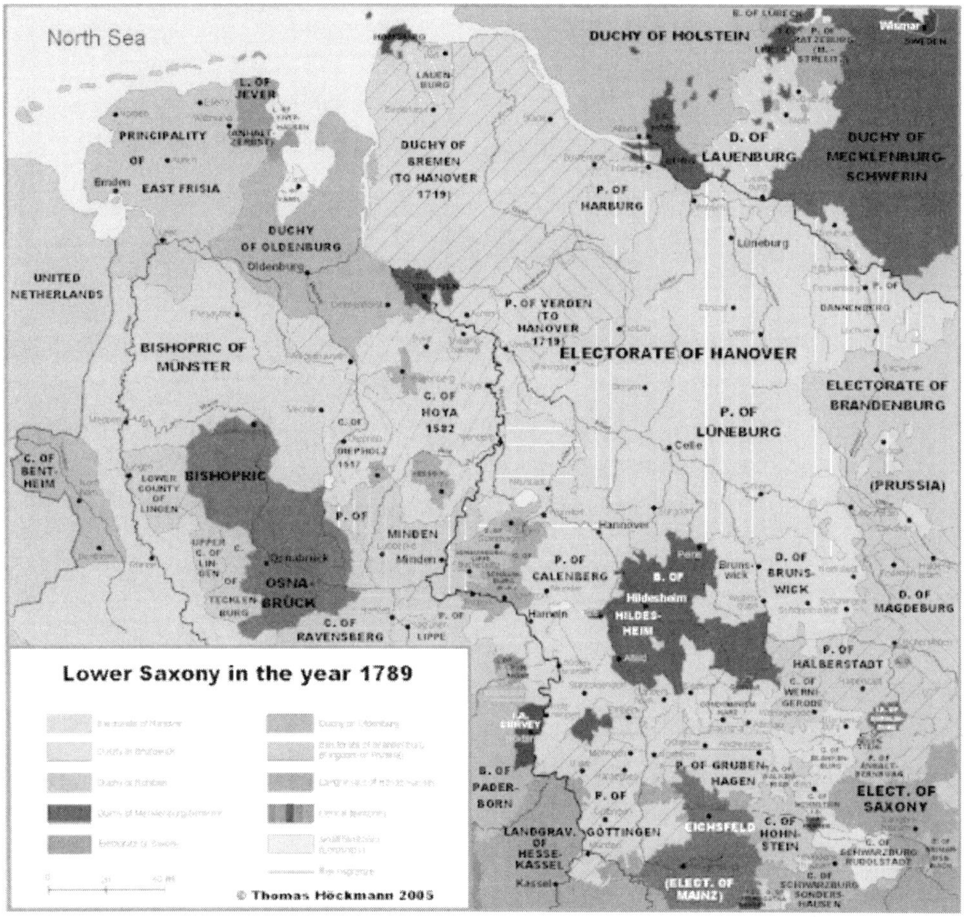

쉬어가기 그림 23 1789년 독일의 서북부

쉬어가기 그림 24 Gauss(독일 지폐)와 Cauchy

Cauchy의 아버지는 높지는 않지만 공직에 있던 사람으로 부르봉 왕가(House of Bourbon)에 대한 충성이 대단한 사람이었으며, Cauchy는 이러한 성향을 그대로 이어받았다. Louis 16세가 처형당한 1793년, Cauchy 일가는 잠시 시골로 피신해야할 정도였으며, 다시 파리로 돌아온 후, Cauchy의 아버지는 Lagrange, Laplace 등과의 친분을 이용하여 아들의 교육에 온 힘을 쏟는다. 특히 Lagrange는 Cauchy의 재능을 알아보고 수학 분야로 교육시키기 위해 먼저 라틴어와 그리스어 등의 언어 공부를 시키는 것이 좋겠다는 조언을 한 것으로 알려져 있으며, 이에 따라 Cauchy는 13세(1802년)에 École Centrale du Pantheon에 입학한다.

프랑스는 혁명이 아직 진행 중인 1794년, 2년제 대학예비교육기관인 École Polytechnique을 파리에 설립하여 영재들의 교육에 진력하고 있었는데, 이 학교는 지금도 프랑스 엘리트의 산실이며, 예를 들어 1805년에 입학한 졸업생은 X1805로 불리고, 일명 프랑스 마피아로도 알려져 있다. 오늘날 프랑스의 중학교는 4년제이며 Collège로 부르기 때문에 영미 계통의 대학교와 혼동하기 쉬우며, 고등학교는 3년제로 Lyceè로 부른다.

한편 프랑스의 대학은 완전히 분리된 두 개의 제도로, 대학교(university)와 그랑제콜(Grandes Écoles)이 운영되고 있다. 84개의 대학교는 다른 나라의 대학과 큰 차이가 없으나, 250개의 École로 구성된 그랑제콜은 프랑스의 독특한 제도로 엘리트 양성 기관이다. 학생 수는 4% 정도이나 예산은 30%를 배정하고 있으며, 그랑제콜에 입학하기 위해서는 고등학교 졸업 후 2년 정도의 준비 기간을 거쳐야 하므로 그랑제콜의 졸업생은 일반 대학교의

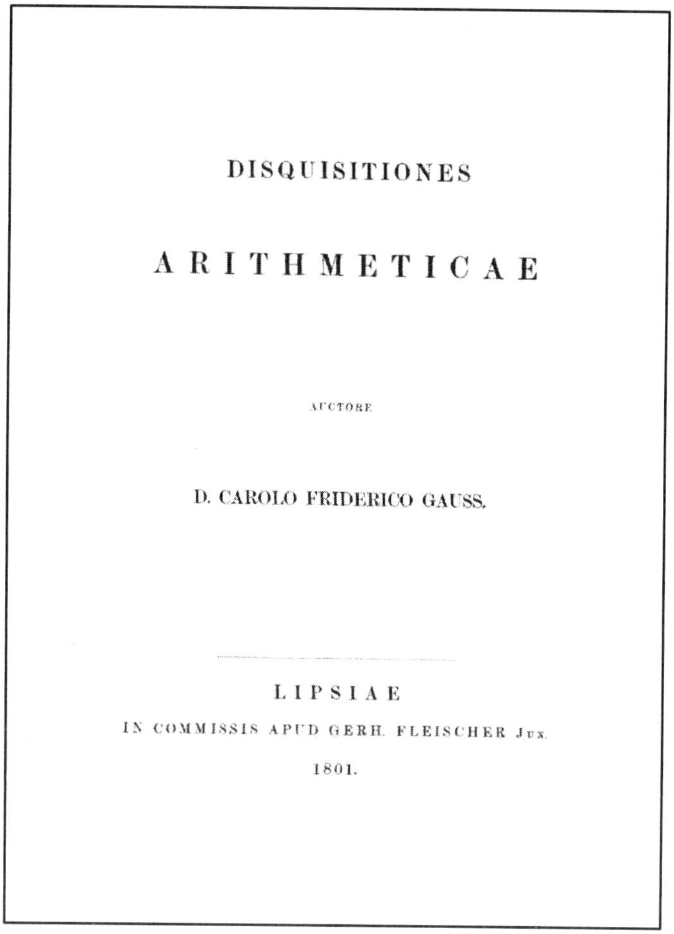
DISQUISITIONES

ARITHMETICAE

AUCTORE

D. CAROLO FRIDERICO GAUSS.

LIPSIAE

IN COMMISSIS APUD GERH. FLEISCHER Jun.

1801.

쉬어가기 그림 25 Study of Arithmetic(Gauss)

석사에 해당한다. École Polytechnique은 그랑제콜 중에서도 가장 명성이 높은 학교로 원래는 이곳을 졸업해야 다른 École로 진학할 수 있었지만 지금은 4년제 대학으로 탈바꿈하였다.

프랑스 혁명 당시 20세를 갓 넘긴 청년장교였던 Napoleon은 1796년의 이탈리아회전, 1798년의 이집트원정을 성공적으로 수행하여 국민들의 열광적인 지지를 받게 되는데, 1799년(30세) 쿠테타를 통해 제일통령(First Consul)에 취임한다. 행정제도, 고등교육기관, 세제, 중앙은행, 법령, 도로 및 하수도를 신설 및 정비하여 국가체제를 일신하고 국력 신장을 도모하던 그는 그러나 1804년 황제에 오름으로써 공화정을 열망하던 많은 사람들을 실망시킨다.

더구나 프랑스 혁명의 물결이 자국에 미치는 것을 두려워하던 대부분의 주변 국가들이 연합전선을 형성하여 프랑스를 압박하자 결국 Napoleon은 향후 11년 동안 유럽 전역에서 전쟁을 치르게 된다. 그는 특히 École Polytechnique에 관심을 보여 이 학교를 국방부 산하기관으로 만들었으며(1804년) 프랑스 엘리트의 산실로 거듭나게 하였다. 1805년 Trafalgar 해전에서는 영국의 Nelson제독에게 참패를 당하지만, 1806년 Prussia와의 전쟁에서는 완벽한 승리를 거두는데, 이 싸움에 Prussia군의 원수(Field Marshal)로 참전했던 Brunswick 공은 부상을 입어 결국 전사한다. 이어서 근 1000년(843~1806)의 역사를 자랑하던 신성로마제국도 결국 그 이름마저 없어지게 되는데, 한편 이러한 상황은 이후 독일이 통일국가로 나아가는데 한결 쉬운 조건을 만들어 주었다.

Brunswick 공의 전사에 따라 졸지에 재정적 지원자를 잃은 Gauss는 30세(1807년)에 Göttingen 대학의 천문대 소장 겸 천문학교수로 발령을 받아 고향을 떠나게 되며, 이 대학을 평생직장으로 삼게 된다. 30대에는 주로 천문학에 전념하는데, 32세에는 천체운동에 관한 저술을 발간하고, 무한급수, 초월기하함수(hypergeometric function), 근사적분, 최소자승법(least square method) 등의 통계적인 처리에 관해 주요한 논문들을 발표한다. 천문학과 관련하여 Bessel(1784~1846, Germany)[53]과는 1802년부터 편지로 의견을 교환하고 있었으며, Bessel의 뛰어난 재능을 알아 본 Gauss는 그가 적절한 직장을 가질 수 있도록 1810년 박사학위를 수여하며, Bessel과는 평생 돈독한 관계를 유지한다.

39세(1816년) 이후에는 측지학에 관심을 가지기 시작하여, 1818년 하노버 공국의 영지를 측량하는 일을 맡기 시작하면서 포텐셜이론이나 정규분포 등에 관한 논문을 포함하여 향후 10년 동안 이 분야에 대해 70편 이상의 논문을 발표하기에 이른다. 43세(1820년)에는 정규분포에 관한 논문을 발표하고, 45세(1822년)에는 Copenhagen 대학(University of Copenhagen)[54]의 Mapping(사상) 문제에 응모하여 대상을 받으며, 46세(1823년)에는 최소자승법에 대한 체계적인 논문을, 그리고 51세(1828년)에는 미분기하학의 Gaussian 곡률과 관련된 논문을 발표한다(쉬어가기 8b로 계속).

53) 그는 1817년 Kepler의 세-물체 운동(또는 삼체운동)과 관련하여 새로운 종류의 함수를 발견하여 사용하였는데, 이 함수는 오늘날 Bessel 함수로 불리고 있다.
54) 덴마크에서 가장 오래된 대학으로 1479년 창립되었다.

3.1 벡터와 벡터공간

앞에서 누차 언급한 바와 같이, 벡터를 좌표계가 주어진 상황에서 정의될 수 있는 개념으로 생각하는 것보다는, 벡터 자체는 정의하지 않은 채, 벡터공간을 정의하는 것이 여러 가지 측면에서 이로운 점이 많다. 특히 벡터를 좌표계와 무관한 양으로 생각함으로써 각종 물리 문제를 다룰 때 얻어지는 이점은 막대하며, 수학적으로 구조가 유사한 여러 문제를 동일한 개념으로 통일된 방법을 사용해 다룸으로써 얻어지는 이점 또한 막대하다.

선형벡터공간(LVS, Linear Vector Space, 혼동의 소지가 없을 경우에는 줄여서 벡터공간이라고 부르기로 한다)은 벡터라고 불리는 개체들의 집합과, 스칼라라고 불리는 개체들의 집합, 그리고 이들의 연산에 대한 몇 가지 요구조건으로 이루어진다. 여기서 벡터는 다음과 같은 **선형성**(linearity)을 만족해야 한다.

1) 벡터공간에 속하는 임의의 두 벡터 $\underline{x}$와 $\underline{y}$를 더한 결과로 얻어지는 벡터 $\underline{x}+\underline{y}=\underline{z}$, 또한 벡터공간에 속한다[55].

2) 벡터 $\underline{x}$에 스칼라 α를 숫자곱한 결과로 얻어지는 벡터 $\alpha\underline{x}$, 또한 벡터공간에 속한다.

따라서 벡터의 덧셈과 벡터와 스칼라의 숫자곱이 어떤 연산인지를 정의해야 하는데, 먼저 **벡터끼리의 덧셈**은 다음 성질을 만족해야 한다.

1) $$\underline{x}+\underline{y}=\underline{y}+\underline{x}\text{ ; 교환성(commutativity)} \tag{3.1.1}$$

2) $$(\underline{x}+\underline{y})+\underline{z}=\underline{x}+(\underline{y}+\underline{z})\text{ ; 결합성(associativity)} \tag{3.1.2}$$

3) 셈의 항등원, 즉 $\underline{x}+\underline{0}=\underline{x}$인, 0벡터 $\underline{0}$가 벡터집합에 속한다. (3.1.3)

또 **벡터와 스칼라의 숫자곱**은 다음 성질을 만족해야 한다.

1) $$\alpha(\beta\underline{x})=\beta(\alpha\underline{x})\text{ ; 교환성} \tag{3.1.4}$$

2) $$\alpha(\underline{x}+\underline{y})=\alpha\underline{x}+\alpha\underline{y}\text{ ; 분배성(distributivity, 벡터 덧셈에 대한)} \tag{3.1.5}$$

---

55) 이 책에서는 가능하면 벡터는 영어 소문자 밑에 줄을 그어 나타내고, 스칼라는 그리스 문자를 사용하여 나타내기로 한다.

3) $$(\alpha+\beta)\underline{x} = \alpha\underline{x} + \beta\underline{x}$$; 분배성(스칼라 덧셈에 대한) (3.1.6)

4) 숫자곱의 항등원, 즉 $1\underline{x} = \underline{x}$ 인, 스칼라 1이 스칼라집합에 속한다. (3.1.7)

위에서 언급한 선형성에 의해 벡터공간에 속하는 벡터(들)에 대해 덧셈과 숫자곱의 연산을 통해 벡터공간에 속하지 않는 벡터를 만들어 낼 수 없다는 점, 또 덧셈과 숫자곱이 만족해야 하는 성질은 우리가 통상 벡터라고 부르는 양을 다루면서 사용하는 연산들의 성질에 대한 통찰 끝에 얻어졌다는 점, 그리고 아직 벡터의 크기나 벡터 사이의 각도 등에 대해서는 아무런 언급이 없었다는 점에 유의하기 바란다. 앞 장에서도 언급했듯이 이 책에서는 스칼라로서 실수를 취한다.

벡터공간을 위와 같이 정의하면, 물리적 또는 실제적 필요에 의해 벡터를 표현해야(represent) 할 때, 우리가 생각하는 벡터공간의 크기에 따른 문제가 발생한다. 즉 2차원 평면 상의 벡터를 다룰 때와 3차원 공간 상의 벡터를 다룰 때의 차이점을 생각해 보면, 우리가 생각하는 벡터공간의 차원에 따라 벡터의 표시가 달라지는 것을 알 수 있다. 그런데 이와 같은 공간의 차원은 보다 근본적으로는 다음과 같이 정의되는 **선형독립**(linearly independent)이라는 성질에 따라 결정된다.

벡터공간에 속하는 벡터 $\underline{x}_i (i = 1, 2, ..., k)$와 스칼라 $\alpha_i (i = 1, 2, ..., k)$에 대해 다음 식이 모든 α_i가 0일 때만 성립하면, 벡터 $\underline{x}_i (i = 1, 2, ..., k)$는 선형독립이다.

$$\alpha_1\underline{x}_1 + \alpha_2\underline{x}_2 + ... + \alpha_k\underline{x}_k = \underline{0} \tag{3.1.8}$$

만약 $\underline{x}_i$가 선형독립이 아니면 **선형종속**(linearly dependent)이다.

이와 같은 선형독립의 정의는 선형종속일 경우를 생각해 보면 그 뜻이 더욱 확실해 진다. 만약 $\underline{x}_i$가 선형종속이라면 모두 0이 아닌 α_i에 의해 식 (8)이 만족된다는 뜻이므로, 예를 들어 $\alpha_1 \neq 0$이라면 다음과 같은 결과를 얻을 수 있음을 뜻한다.

$$\alpha_1\underline{x}_1 = -\alpha_2\underline{x}_2 - ... - \alpha_k\underline{x}_k \tag{3.1.9}$$

다시 말하면 $\underline{x}_1$을 나머지 벡터들의 **선형결합**(linear combination), 즉 덧셈과 숫자곱

의 연산에 의해 나타낼 수 있으며, 따라서 선형독립인 경우에는 $\underline{x}_i$ 중의 어떤 벡터도 나머지 다른 벡터의 선형결합으로 나타낼 수 없음을 알 수 있다.

위에서 정의한 바와 같은 선형독립이라는 개념을 가지게 되면, 우리가 생각하는 벡터공간의 **차원**(dimension)을 정의할 수 있다. 즉 벡터공간 R 상에서 $n(\geq 1)$개의 선형독립인 벡터는 찾을 수 있으나, $n+1$개의 선형독립인 벡터는 찾을 수 없을 때, 그 벡터공간의 차원 $\dim R = n$이 된다.

벡터공간의 차원이 결정되면, 그 벡터공간에 속하는 임의의 벡터를 적절한 방법으로 나타낼 수 있는 소위 **기저**(basis)를 정할 수 있다. 벡터공간의 차원이 유한하여 n이라고 할 때, 벡터공간 상의 임의의 n개의 선형독립인 벡터는 기저라고 부른다.

기저를 이용하면 벡터공간에 속한 임의의 벡터를 유일한 방법으로 나타낼 수 있으며, 이와 같은 유일성(uniqueness)은 선형독립의 성질로부터 얻어진다. 즉 다음과 같은 기저를 사용하여 어떤 벡터를 나타낼 때, 즉 $\{\underline{e}_1, \underline{e}_2, \ldots, \underline{e}_n\} = \{\underline{e}\}$일 때, 만약 하나의 벡터 $\underline{x}$에 대해 두 가지 표현을 얻었다고 하면, 두 표현은 각각 다음과 같다.

$$\underline{x} = \xi_1 \underline{e}_1 + \xi_2 \underline{e}_2 + \ldots + \xi_n \underline{e}_n, \quad \underline{x} = \xi_1' \underline{e}_1 + \xi_2' \underline{e}_2 + \ldots + \xi_n' \underline{e}_n \tag{3.1.10}$$

두 식을 등치하면 다음 결과를 얻는데,

$$(\xi_1 - \xi_1')\underline{e}_1 + (\xi_2 - \xi_2')\underline{e}_2 + \ldots + (\xi_n - \xi_n')\underline{e}_n = \underline{0} \tag{3.1.11}$$

$\underline{e}_1, \underline{e}_2, \ldots, \underline{e}_n$은 기저이므로 선형독립이다. 따라서 위 식은 $\xi_i = \xi_i' (i = 1, 2, \ldots, n)$일 때만 성립하며 벡터는 주어진 기저에 대해 유일한 방법으로 나타낼 수 있다. 여기서 $(\xi_1, \xi_2, \ldots, \xi_n)$은 기저 $\{\underline{e}\}$에 대한 벡터 $\underline{x}$의 **성분**(components of vector)이라고 부른다.

한편, 기저를 바꾸면 같은 벡터일지라도 당연히 그 표현이 다르게 될 것이며, 이들 표현 사이의 관계는 다음과 같이 구할 수 있다. 먼저 벡터공간의 차원이 n이면, 기저 $\underline{e}_1, \underline{e}_2, \ldots, \underline{e}_n$을 사용하여 벡터 $\underline{x}$를 나타내면 다음을 얻는다.

$$\underline{x} = \xi_1 \underline{e}_1 + \xi_2 \underline{e}_2 + \ldots + \xi_n \underline{e}_n = \sum_{i=1}^{n} \xi_i \underline{e}_i \tag{3.1.12}$$

기저 $\underline{e}_1', \underline{e}_2', \ldots, \underline{e}_n'$ 를 사용하여 $\underline{x}$ 를 나타내면 다음과 같다.

$$\underline{x} = \xi_1' \underline{e}_1' + \xi_2' \underline{e}_2' + \ldots + \xi_n' \underline{e}_n' = \sum_{j=1}^{n} \xi_j' \underline{e}_j' \tag{3.1.13}$$

한편, 기저 $\{\underline{e}'\}$에 속하는 벡터를 첫 번째 기저 $\{\underline{e}\}$를 사용하여 다음과 같이 나타낼 수 있는데,

$$\underline{e}_j' = a_{j1}\underline{e}_1 + a_{j2}\underline{e}_2 + \ldots + a_{jn}\underline{e}_n = \sum_{k=1}^{n} a_{jk}\underline{e}_k, \quad j = 1, 2, \ldots, n \tag{3.1.14}$$

여기서 a_{jk}는 $\underline{e}_j'$의 $\underline{e}_k$ 성분이다. 식 (14)를 식 (13)에 대입하고 식 (12)와 등치하면 다음을 얻는다.

$$\underline{x} = \sum_{i=1}^{n} \xi_i \underline{e}_i = \sum_{j=1}^{n} \xi_j' \left(\sum_{k=1}^{n} a_{jk} \underline{e}_k \right) = \sum_{k=1}^{n} \left(\sum_{j=1}^{n} a_{jk} \xi_j' \right) \underline{e}_k \tag{3.1.15}$$

따라서 기저를 이루는 벡터들의 선형독립성에 따라, 다음과 같이 한 벡터의 두 개의 다른 기저에 대한 성분들에 대해 **기저변환공식**(change-of-basis formula)을 얻는다.

$$\xi_k = \sum_{j=1}^{n} a_{jk} \xi_j', \quad k = 1, 2, \ldots, n \tag{3.1.16}$$

위에서 언급한 a_{ij}에서와 같이 이중하첨자를 사용하여 **정방배열**(square array)을 표현하는 방식은 Cauchy(1815)에 의해 처음 도입되었으며, i는 행(row), j는 열(column)을 나타낸다. 이와 같은 방식으로 벡터 및 텐서(3.3절에서 정의)를 표시하는 방법을 **지수표기법**(index notation)이라고 한다.

이 절뿐만 아니라 이 장에서 논의하는 선형벡터공간에 대한 주요한 개념들은 상당 부분이 Peano((1858~1932, Italy; 1888, 쉬어가기 11 참조)에 의해 주어졌으며, 그는 Grassmann(1844)과 Hamilton(1843)의 선구적인 작업의 진가를 깊이 인식하고 있었음을 밝히며 이 절을 마친다.

[예제 3.1]

벡터집합으로는 n개의 실수 $x_1, x_2, ..., x_n$으로 이루어진 다음과 같이 쓸 수 있는 모든 n-**열벡터**(n-column vector)의 집합을,

$$\underline{x} = \begin{pmatrix} x_1 \\ x_2 \\ \vdots \\ x_n \end{pmatrix} \qquad (\text{예}3.1.1)$$

그리고 스칼라집합으로는 모든 실수로 이루어진 집합에 대해 생각한다. 또한 임의의 두 벡터 $\underline{x}$, $\underline{y}$에 대해 덧셈은 다음과 같이 정의하고,

$$\underline{x} + \underline{y} = \begin{pmatrix} x_1 \\ x_2 \\ \vdots \\ x_n \end{pmatrix} + \begin{pmatrix} y_1 \\ y_2 \\ \vdots \\ y_n \end{pmatrix} = \begin{pmatrix} x_1 + y_1 \\ x_2 + y_2 \\ \vdots \\ x_n + y_n \end{pmatrix} \qquad (\text{예}3.1.2)$$

임의의 실수 α에 대해 숫자곱은 다음과 같이 정의하기로 한다.

$$\alpha \underline{x} = \begin{pmatrix} \alpha x_1 \\ \alpha x_2 \\ \vdots \\ \alpha x_n \end{pmatrix} \qquad (\text{예}3.1.3)$$

위와 같이 정의된 벡터의 덧셈과 숫자곱을 만족하는 벡터집합과 스칼라집합이 선형벡터공간을 구성함을 보이고, 이 벡터공간 A_n의 차원을 구하시오.

► 답

두 실수의 덧셈의 결과는 실수이므로, 식 (예2)의 두 벡터의 덧셈에 의해 얻어지는 결과 역시 n-열벡터이며, 두 실수의 곱셈의 결과 역시 실수이므로, 식 (예3)의 벡터와 실수의 숫자곱의 결과 역시 n-열벡터이다. 따라서 벡터공간의 선형성에 대한 조건은 모두 만족함을 알 수 있다. 한편 벡터의 덧셈이 만족해야 하는 다음과 같은 본문의 식 (1), (2), (3)을 생각한다.

1) $$\underline{x} + \underline{y} = \underline{y} + \underline{x} \qquad (3.1.1)$$

2) $$(\underline{x}+\underline{y})+\underline{z}=\underline{x}+(\underline{y}+\underline{z}) \tag{3.1.2}$$

3) 덧셈의 항등원, 즉 $\underline{x}+\underline{0}=\underline{x}$ 인, 0벡터 $\underline{0}$가 벡터집합에 속한다. (3.1.3)

식 (1)은 실수의 덧셈이 그 순서를 바꾸어도 결과에 변화가 없다는 사실로부터, 또 식 (2)는 세 실수의 덧셈이 그 중 어느 두 실수를 먼저 더하여도 결과에 변화가 없다는 사실로부터, 그리고 식 (3)은 $x_1=x_2=\ldots=x_n=0$ 인 벡터에 의해 주어지므로, 벡터의 덧셈 역시 요구되는 모든 조건을 만족함을 알 수 있다.

다음으로 벡터와 실수의 숫자곱이 만족해야 하는 다음과 같은 본문의 식 (4), (5), (6), (7)을 생각한다.

1) $$\alpha(\beta\underline{x})=\beta(\alpha\underline{x}) \tag{3.1.4}$$

2) $$\alpha(\underline{x}+\underline{y})=\alpha\underline{x}+\alpha\underline{y} \tag{3.1.5}$$

3) $$(\alpha+\beta)\underline{x}=\alpha\underline{x}+\beta\underline{x} \tag{3.1.6}$$

4) 숫자곱의 항등원, 즉 $1\underline{x}=\underline{x}$ 인, 스칼라 1이 스칼라집합에 속한다. (3.1.7)

식 (4)는 $\alpha\beta x_i=\beta\alpha x_i\,(i=1,2,\ldots,n)$로부터, 식 (5)는 $\alpha(x_i+y_i)=\alpha x_i+\alpha y_i\,(i=1,2,\ldots,n)$로부터, 식 (6)은 $(\alpha+\beta)x_i=\alpha x_i+\beta x_i\,(i=1,2,\ldots,n)$로부터, 그리고 식 (7)은 명백히 실수 1에 의해서 만족되므로, 숫자곱에 대한 요구조건이 모두 만족됨을 알 수 있다.

따라서 식 (예1)과 같이 정의되는 모든 n-열벡터로 이루어진 벡터집합과 모든 실수로 이루어진 스칼라집합에 대해 식 (예2)와 같이 두 벡터의 덧셈, 그리고 식 (예3)과 같이 숫자곱이 정의되면 이들은 선형벡터공간이 만족해야 하는 모든 조건을 만족함을 알 수 있다.

이 벡터공간의 차원을 구하기 위해서는 다음과 같은 n개의 n-열벡터, $\underline{x}_1,\underline{x}_2,\ldots,\underline{x}_n$를 생각한다.

$$\underline{x}_1=\begin{pmatrix}1\\0\\\vdots\\0\end{pmatrix},\ \underline{x}_2=\begin{pmatrix}0\\1\\\vdots\\0\end{pmatrix},\ \cdots,\ \underline{x}_n=\begin{pmatrix}0\\0\\\vdots\\1\end{pmatrix} \tag{예3.1.4}$$

이들 n개의 벡터를 사용하면 어떠한 n-열벡터도 0이 아닌 실수 $\alpha_1, \alpha_2, ..., \alpha_n$을 사용하여 다음과 같은 방법으로 나타낼 수 있으므로,

$$\underline{x} = \alpha_1 \underline{x}_1 + \alpha_2 \underline{x}_2 + ... + \alpha_n \underline{x}_n \qquad (예3.1.5)$$

일단 이 벡터공간의 차원은 $n+1$보다는 작아야 한다. 한편, $\underline{x}_1, \underline{x}_2, ..., \underline{x}_n$ 중의 어떤 한 벡터, 예를 들어 $\underline{x}_1$을 나머지 $n-1$개의 벡터들의 선형결합으로 나타낼 수 없으므로, 벡터공간의 차원은 $n-1$보다는 커야 한다. 따라서 위에서 고려한 벡터공간 A_n의 차원은 n, 즉 $\dim A_n = n$임을 알 수 있다. 위에서 고려한 벡터공간은 앞으로 혼동의 소지가 없는 한 A_n으로 표기하기로 한다.

[예제 3.2]

벡터집합으로는 유한한 자연수 n에 대해 $t \in [-1, 1]$에 대해 정의된 $n+1$개의 멱함수들 $1, t, t^2, ..., t^n$의 선형결합으로 주어지는 다음과 같은 **모든 다항식의 집합**을 생각한다.

$$\underline{x} = \alpha_0 + \alpha_1 t + \alpha_2 t^2 + \cdots + \alpha_n t^n \qquad (예3.1.6)$$

여기서 α_j, $j = 0, 1, \cdots, n$는 주어진 실수이다. 그리고 스칼라집합으로는 모든 실수로 이루어진 집합에 대해 생각한다. 또한 임의의 두 벡터 $\underline{x}$, $\underline{y}$에 대해 덧셈은 일반적인 두 다항식의 덧셈으로, 임의의 실수 α와 벡터의 숫자곱은 일반적인 실수와 다항식의 곱으로 정의한다.

이와 같이 정의된 벡터집합과 스칼라집합이 선형벡터공간을 구성함을 보이고, 이 벡터공간 B_n의 차원을 구하시오.

► 답

위의 식 (예6)으로 주어지는 다항식은 그 차수 N이 일반적으로 $N \leq n$인 다항식이며, $N = n$인 n차 다항식과 구분하기 위하여, n_L차 다항식으로 부르기로 한다. 그러면, 두 n_L차 다항식의 합은 역시 n_L차 다항식이며, n_L차 다항식에 실수를 곱하여도 역시 n_L차 다항식이므로, 벡터공간의 선형성에 대한 조건은 모두 만족함을 알 수 있다.

한편 벡터의 덧셈이 만족해야 하는 식 (1), (2), (3)에 대해서 고려하면, 먼저 두 n_L차

다항식의 합을 구하는데 순서를 바꾸어도 결과에 영향을 미치지 않으며, 또한 세 n_L차 다항식의 합을 구하는데도 어느 두 다항식을 먼저 더한다 해도 결과에 영향을 미치지 않으며, 마지막으로 명백히 실수 0이 0벡터에 상응하므로, 벡터의 덧셈이 만족해야 하는 조건을 모두 만족함을 알 수 있다.

또한 벡터와 실수의 숫자곱이 만족해야 하는 식 (4), (5), (6), (7)에 대해서 고려하면, 두 실수를 n_L차 다항식에 곱할 때, 그 순서를 바꾸어도 최종적인 결과가 바뀌지 않으며(교환성), 두 n_L차 다항식의 합에 실수를 곱한 결과와 그 실수를 두 n_L차 다항식에 따로 곱하여 더한 결과가 동일하고(벡터 덧셈에 대한 분배성), 두 실수의 합을 n_L차 다항식에 곱한 결과와, 두 실수를 따로 n_L차 다항식과 곱한 후, 더한 결과가 동일하며(스칼라 덧셈에 대한 분배성), 또 명백히 실수 1이 숫자곱의 항등원이므로, 벡터와 스칼라의 숫자곱이 만족해야 하는 조건을 모두 만족함을 알 수 있다.

따라서 식 (예6)과 같이 정의되는 모든 n_L차 다항식으로 이루어진 벡터집합과 모든 실수로 이루어진 스칼라집합에 대해 일반적인 두 n_L차 다항식의 덧셈과, n_L차 다항식과 실수의 숫자곱을 사용하기로 하면, 이들은 선형벡터공간이 만족해야 하는 모든 조건을 만족함을 알 수 있다.

이 벡터공간의 차원을 구하기 위해서는 다음과 같은 $n+1$개의 n_L차 다항식, $\underline{x}_0, \underline{x}_1, \underline{x}_2, \ldots, \underline{x}_n$을 생각한다.

$$\underline{x}_0 = 1\,,\ \underline{x}_1 = t\,,\ \underline{x}_2 = t^2\,,\ \cdots\,,\ \underline{x}_n = t^n \qquad \text{(예3.1.7)}$$

이들 $n+1$개의 벡터를 사용하면 어떠한 n_L차 다항식도 0이 아닌 실수 $\alpha_0, \alpha_1, \alpha_2, \ldots, \alpha_n$을 사용하여 식 (예6)과 같이 나타낼 수 있으므로, 일단 이 벡터공간의 차원은 $n+2$보다는 작아야 한다. 한편, $\underline{x}_0, \underline{x}_1, \underline{x}_2, \ldots, \underline{x}_n$ 중의 어떤 한 벡터, 예를 들어 $\underline{x}_0$을 나머지 n개의 벡터들의 선형결합으로 나타낼 수 없으므로, 벡터공간의 차원은 n보다는 커야 한다. 따라서 위에서 고려한 벡터공간 B_n의 차원은 $n+1$, 즉 $\dim B_n = n+1$임을 알 수 있다. 위에서 고려한 벡터공간은 앞으로 혼동의 소지가 없는 한 B_n으로 표기하기로 한다.

[예제 3.3] 기저변환공식

2차원 공간 상에서 기저 $\underline{e}_1', \underline{e}_2'$를 사용하면 다음과 같이 나타낼 수 있는 벡터 $\underline{x}$가 있다.

$$\underline{x} = \underline{e}_1^{'} + 2\underline{e}_2^{'} \qquad \text{(예3.1.8)}$$

a_{ij}가 다음과 같을 때, $\underline{x}$를 기저 $\underline{e}_1$, $\underline{e}_2$를 사용하여 나타내시오.

$$a_{11} = 1\,,\ a_{12} = 1\,,\ a_{21} = -1\,,\ a_{22} = 1 \qquad \text{(예3.1.9)}$$

► 답

본문의 식 (16)을 사용하면 다음을 얻으므로,

$$\xi_1 = \sum_{j=1}^{n} a_{j1}\xi_j^{'} = a_{11}\xi_1^{'} + a_{21}\xi_2^{'} = 1 - 2 = -1 \qquad \text{(예3.1.10)}$$

$$\xi_2 = \sum_{j=1}^{n} a_{j2}\xi_j^{'} = a_{12}\xi_1^{'} + a_{22}\xi_2^{'} = 1 + 2 = 3 \qquad \text{(예3.1.11)}$$

따라서 다음 결과를 얻는다.

$$\underline{x} = -\underline{e}_1 + 3\underline{e}_2 \qquad \text{(예3.1.12)}$$

위에서 본 바와 같이 $\underline{e}_1^{'}$, $\underline{e}_2^{'}$를 $\underline{e}_1$, $\underline{e}_2$를 사용하여 나타냄으로써 얻어지는 a_{ij}가 주어진 경우, 기저 $\{\underline{e}^{'}\}$에 대한 벡터의 성분, $\xi_i^{'}$을 알면 기저 $\{\underline{e}\}$에 대한 벡터의 성분 ξ_i를 식 (16)을 사용하여 구할 수 있지만, ξ_i가 주어진 경우 a_{ij}를 사용하여 $\xi_i^{'}$을 구할 수는 없다. 이와 같은 경우에는 $\underline{e}_1$, $\underline{e}_2$를 $\underline{e}_1^{'}$, $\underline{e}_2^{'}$를 사용하여 나타낸 또 다른 2×2개의 상수 b_{ij}를 알아야 한다. 3.3절에서 텐서를 정의한 후에 a_{ij}와 b_{ij}가 어떤 관계에 있는지 밝히기로 한다[식 (3.3.53), (3.3.54) 참조].

쉬어가기 8b

Gauss(1777~1855, Germany)와 Cauchy(1789~1857, France)

한편 Cauchy는 16세(1805년)에 **École Polytechnique**에 입학하여(X1805), 18세에 졸업하는데 재학 기간 중 Ampere는 그의 해석학 조교였다. 이어서 가장 오래 된 공과대학 중의 하나(1747년 설립)이며 당시 최고의 공과대학이었던 École Nationale des Ponts et Chaussées(**ENPC**, National School of Bridges and Roads)에 입학하여 21세(1810년)에 졸업한다.

졸업 후 엔지니어로서 그가 처음 맡게 된 일은 Napoleon의 영국 침공을 위한 항만공사였는데, 그는 임지로 떠나며 Laplace의 천체역학과 Lagrange의 함수론 두 권의 책을 가지고 갔다고 한다. 22세에는 다면체의 기하학적 성질을 주제로 첫 논문을 발표하며, 24세에는 모교인 ENPC에서 교수직을 얻고자 하였으나 실패하였고, 26세(1815년)까지 여러 곳에서 비슷한 실패를 겪은 후, 결국 모교인 École Polytechnique에서 해석학 교수로 발령을 받는다.

당시 프랑스는 1812년 Napoleon의 러시아 침공과 그 실패에 따른 실각, 유배(1814년)와 그 다음 해의 100일 천하로 이어지는 격변을 겪고 있었으며, 1814년부터는 다시금 부르봉 왕가의 Louis 18세(1814~1824, 재위기간), Charles 10세(1824~1830, 재위기간)의 왕정이 이어지게 되어 Cauchy에게는 오히려 도움이 되었다.

그는 27세(1816년)에 Paris 아카데미의 수면파에 관한 문제에 응모하여 대상(Grand Prix)을 받음과 동시에 아카데미의 회원이 되었으며, 28세에는 정적분과 무한급수의 수렴을 최초로 엄밀한 의미에서 정의하였고, 또한 Biot의 후임으로 **Collège de France**[56]의 교수가 된다.

한편 그는 수학 전반에 걸쳐 주요한 교재들을 저술하였는데, 32세(1821년)에는 École Polytechnique의 해석학 교재로 **Cours d'analyse**, 34세(1823년)에는 **Le Calcul infinitésimal**, 39세(1828년)에는 **La géométrie**를 각각 출간하였다(쉬어가기 그림 26). Cours d'analyse는 향후 해석학의 방향을 설정했다고 알려져 있을 정도로 주요한 저술이었으며, 함수의 연속 등 기본적이고도 주요한 내용들을 포함하고 있었다. 그는 또한 연속

56) 이 학교는 교육기관이 아닌 연구기관으로 원래 1530년 Francis 1세에 의해 세워졌으며, 처음에는 Collège Royal 등으로 불렸으나 1870년부터 Collège de France로 불리기 시작하였다.

체 내부의 내력과 관련하여 응력벡터(traction)와 응력의 개념에 대해 33세(1822년) 때 발표하였으며, 40세(1829년)에는 최초로 복소변수의 복소함수를 정의함으로써 새로운 학문분야를 열기도 하였다.

Gauss가 태어난 브룬스윅 공국과 Göttingen 대학이 속해 있는 하노버 공국은 원래 같은 집안이었지만, 하노버 공국이 따로 독립한 이래 본가보다 더 커진 경우이다. 특히 하노버 공이 1714년 영국 왕 George 1세가 되면서부터 하노버 공국은 영국 왕의 속령이 되었는데, Napoleon이 하노버를 침공할 당시에도 이는 여전히 유효하였으며, 따라서 영국 왕실은 Napoleon의 하노버 점거를 인정하지 않았다.

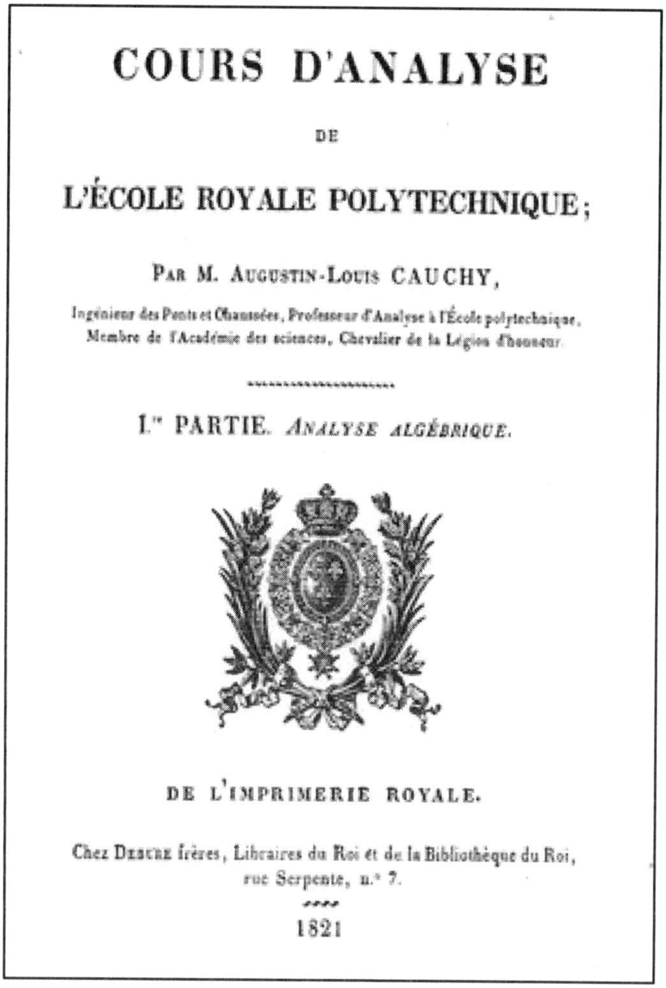

COURS D'ANALYSE

DE

L'ÉCOLE ROYALE POLYTECHNIQUE;

PAR M. AUGUSTIN-LOUIS CAUCHY,

Ingénieur des Ponts et Chaussées, Professeur d'Analyse à l'École polytechnique, Membre de l'Académie des sciences, Chevalier de la Légion d'honneur.

Iʳᵉ PARTIE. ANALYSE ALGÉBRIQUE.

DE L'IMPRIMERIE ROYALE.

Chez DEBURE frères, Libraires du Roi et de la Bibliothèque du Roi, rue Serpente, n.° 7.

1821

쉬어가기 그림 26 Cours d'analyse(Cauchy)

Napoleon이 1814년 실각당하면서 하노버 공국은 왕국(kingdom)으로 승격되어 영국왕의 속령이 되었고, 이러한 상황은 1837년 영국이 Queen Victoria(1837~1901, 재위기간)의 치세로 되면서 승계권에서 남성에게 상당한 우위를 인정하는 하노버의 관습에 따라 바뀌게 되었는데, Ernest Augustus 1세(1837~1851, 재위기간)가 하노버 왕에 오르며, 하노버 왕국은 차후 1866년 Prussia에 합병되어 1867년 탄생하는 북독일연방(North German Confederation)의 일부가 될 때까지 30년가량 지속된다.

한편 브룬스윅 공국은 Napoleon의 패퇴와 더불어 다시 독립을 인정받지만, 1830년 7월 혁명 때 궁정이 완전히 소실될 정도의 혼란을 겪고, 또 1848년 2월 혁명 때도 상당한 기간 동안 혁명의 와중에 휩싸이는데, 결국 1867년 북독일연방에 가입하고, 1871년 독일제국에 동참한다. 이와 같이 독일은 Napoleon의 패퇴 이후 혼란스럽기는 하지만 통일의 길로 나아가고 있었으며, 이러한 시대정신의 한 가운데서 Gauss는 살고 있었다.

특히 하노버 왕 Ernest Augustus 1세는 젊은 시절(1786년) Göttingen 대학에서 수학한 적이 있으며, 1737년에 개교한 하노버의 Göttingen 대학은 당시 프러시아의 Berlin 대학(University of Berlin)[57]과 경쟁 관계에 있었는데, Gauss도 한 때 Berlin 대학의 초청을 받았으나 고사하였다.

Gauss가 54세(1831년)이던 해, Weber(1804~1891, Germany)가 물리학 교수로 Göttingen 대학에 부임한다. 두 사람은 향후 6년 동안 지자기(terrestrial magnetism)에 관한 연구를 공동으로 수행하며 Kirchhoff의 법칙 발견, 지자기 지도 발간, 자기남극(magnetic South pole)의 결정 등 주요한 업적들을 남긴다.

1837년 하노버 왕국의 새로운 왕 Ernest Augustus 1세가 기존의 진보적인 헌법을 무시하는데 반발하여 Weber가 항의 서명에 참가함으로써 교수직을 박탈당하며, 1848년 2월 혁명 이후에야 복권된다. 이러한 와중에 Gauss는 60세(1837년)를 넘기며 서서히 일선에서 물러서게 되는데, 64세(1841년)에는 광학에 대한 기본적인 논문을 발표하며, 그리고 72세(1849년)에는 그의 모교인 Helmstedt 대학에서 학위수여 50주년을 기념하여 학위논문의 주제였던 대수학의 기본정리에 대한 증명에 대해 강연하였는데, 여기에는 Jacobi(1804~1851, Germany)와 Dirichlet(1805~1859, Germany)가 참석하고 있었다.

그의 마지막 박사과정 제자는 **cut**의 개념을 도입하여 무리수의 신비를 벗긴 Dedekind(1831~1916, Germany)였으며, 또한 1851년 마지막으로 승인한 박사논문은 **非유클리드기하학**(non-Euclidean geometry)으로 유명한 Riemann(1826~1866, Germany)의 논문이었고, 78세(1855년)로 그가 세상을 떠나자 천문대 소장직은 Weber와 Dirichlet가 공동으로 승계하였다. 그는 평생 **'few but ripe'**를 신조로 논문을 쓴 것으로 알려져 있으며, 그럼에도 불구하고 수많은 분야에 그의 이름을 딴 공식, 정리가 남아 있다.

한편 프랑스의 Charles 10세는 의회를 해산하는 등 복고적인 정책을 시도하다가 1830년 7월 혁명으로 인해 퇴위, 추방당하고 프랑스는 입헌군주국이 된다. 부르봉 왕가의 마지

57) 1810년 창립되었으며, 현재는 창설자인 Wilhelm von Humboldt(1767~1835, Germany)를 기념하기 위해 Humoldt University of Berlin으로 불린다.

막 왕인 Charles 10세의 뒤를 이어 Louis-Philippe(1830~1848, 재위기간)이 왕위에 오르는데, 그도 역시 사회주의적 성격을 띤 1848년 2월 혁명으로 퇴위, 프랑스는 제2공화국으로 재탄생한다. 그러나 대통령에 선출된 Napoleon의 조카가 다시 쿠테타를 통해 1852년 Napoleon 3세(1852~1870, 재위기간)로 황제에 오름으로써 제2제정으로 들어선다.

이와 같은 정치적 격변의 시대를 Cauchy는 살아가고 있었는데, 그가 41세(1830년)되던 해, 7월 혁명 이후 새로이 옹립된 왕에 대한 **충성서약**을 거부함에 따라 모든 공직에서 퇴출당하고, 9월 스위스로 이주한다. 그 다음 해에는 이탈리아의 토리노(영어로는 Turin)로 옮겨 Turin 대학(**University of Turin**)[58]에서 이론물리학 교수로 당분간 재직하며, 복소변수의 해석함수에 대한 멱급수전개를 얻는다.

44세(1833년)에는 3년 전에 퇴위, 추방당한 Charles 10세의 소환에 응하여 그의 손자를 가르치기 위해 프라하(Prague)로 거처를 옮긴다. 그는 49세(1838년)가 되어서야 파리로 돌아오지만, 과학아카데미 회원의 자격만 복원될 뿐, 교수직에서는 여전히 배제 당한다. 다음 해에는 프랑스의 해양력을 키울 목적으로 1795년 만들어진 Bureau des Longitudes에 지원하여 선출은 되지만 다시 한 번 충성서약 때문에 임명을 받지 못한다.

51세(1840년)부터 58세(1847년)까지 그는 미분방정식, 그리고 수리물리 분야에 주요한 공헌을 하며, 취직을 위해 수리천문학과 수리물리에 대한 교재를 저술하는데 이 교재들은 매우 주요한 저술로 평가받고 있다. 54세(1843년)에는 Collège de France의 교수직에 지원하지만 역시 실패하며, 56세(1845년)에는 군이론(gorup theory)의 기본정리인 Cauchy 정리를 증명하는데, 59세(1848년) 때 일어난 2월 혁명 이후에야 모든 공직에 복직된다.

마지막으로 63세(1852년)에는 Napoleon 3세의 즉위와 더불어 다시 한 번 충성서약에 대한 문제가 생기지만, 이번에는 황제의 용인에 따라 그에 대해서는 서약 면제가 적용되어 그대로 넘길 수 있었다. 68세(1857년)로 삶을 마감한 그는 평생 789편의 논문을 발표하고 수많은 교재를 저술하였으며, 근대수학의 새로운 출발을 가능하게 하였고, 또 수학의 역학 및 물리에 대한 응용에 대해서도 Fourier 변환, 응력, 행렬의 대각화, 행렬식, 복소적분 등 여러 분야에서 지대한 공헌을 하였다.

Gauss와 Cauchy가 거의 같은 시대에 살았으면서도 서로 만난 적이 없다는 사실을 현대의 우리로서는 이해하기 힘들지만, 혁명과 전란, 종교적 정치적 갈등, 그리고 격변의 시대를 살아간 그들이 좌절과 갈등을 극복하고 학문에 전념하여 개념, 정리와 공식을 통해 오늘도 교과서의 도처에서 우리와 만나고 있다는 사실에 더 주목하고자 한다.

58) 이탈리아 북부의 고등교육기관으로 Bologna 대학을 본떠 1404년 창립되었다.

3.2 벡터의 스칼라곱

앞 절에서는 벡터공간에 대해 차원을 정의하고, 벡터를 주어진 기저에 대해 표현하는 것에 대해 생각하였다. 이제부터 공간에 대해 기하학적인 성질을 부여하는 첫 걸음으로 이미 2.1절에서 고려한 바 있는 벡터와 벡터의 스칼라곱에 대해 생각하기로 한다. 벡터 $\underline{x}$와 벡터 $\underline{y}$의 **스칼라곱** $(\underline{x}, \underline{y})$는 다음과 같은 식들을 만족하는 **선형연산**(linear operation)으로 정의한 바 있다.

$$(\underline{x}, \underline{y}) = (\underline{y}, \underline{x})\text{; 교환성} \tag{3.2.1}$$

$$(\alpha\underline{x}, \underline{y}) = \alpha(\underline{x}, \underline{y})\text{; 분배성(숫자곱에 대한)} \tag{3.2.2}$$

$$(\underline{x}+\underline{y}, \underline{z}) = (\underline{x}, \underline{z}) + (\underline{y}, \underline{z})\text{;분배성(벡터 덧셈에 대한)} \tag{3.2.3}$$

$$(\underline{x}, \underline{x}) > 0\,,\ \ \underline{x} \neq \underline{0} \tag{3.2.4}$$

여기서 α는 임의의 스칼라이고, $\underline{z}$는 임의의 벡터이며, 식 (1), (2), (3), (4)를 만족하도록 스칼라곱이 정의된 선형벡터공간은 유클리드공간(RES, real Euclidean space)이라고 부르는데, 이와 같은 스칼라곱이 만족해야 하는 요구조건은 벡터공간의 성질에 대한 깊은 통찰 끝에 얻어진 것임을 다시 한 번 지적해 둔다.

RES에 대해서는 벡터 $\underline{x}$의 **크기** $|\underline{x}|$를 다음과 같이 정의할 수 있다.

$$|\underline{x}| = \sqrt{(\underline{x}, \underline{x})} \tag{3.2.5}$$

이 식 우변의 근호 안이 0보다 크기 위해서는 식 (4)로 주어지는 스칼라곱의 성질이 필수적이라는 점에 유의하기 바란다. 벡터의 크기와 두 벡터 사이의 각도는 벡터공간의 기하학적구조(geometric structure)를 생각하는데 반드시 필요한데, 위의 스칼라곱과 식 (5)로 주어지는 벡터의 크기를 이용하여 두 벡터 $\underline{x}$, $\underline{y}$ 사이의 **각도** θ는 다음과 같이 정의할 수 있다.

$$\cos\theta = \frac{(\underline{x}, \underline{y})}{|\underline{x}||\underline{y}|} \tag{3.2.6}$$

여기서 식 (6)의 우변은 그 절대값이 1보다 크지 않은 실수이어야 하는데, 이는 다음과 같은 **Schwarz**(1843~1921, Germany; 1885, 쉬어가기 10 참조) **부등식**에 의해 보장된다. 먼저 0벡터가 아닌 두 벡터 $\underline{x}$, $\underline{y}$에 대해 다음과 같은 스칼라 t의 함수 $F(t)$를 생각한다.

$$F(t) = |\underline{x} + t\underline{y}|^2, \quad -\infty < t < \infty \tag{3.2.7}$$

벡터의 크기에 대한 정의인 식 (5)에 의해 $F(t) \geqq 0$이므로, 다음 결과를 얻는다.

$$\begin{aligned} F(t) &= (\underline{x} + t\underline{y}, \underline{x} + t\underline{y}) = (\underline{x}, \underline{x}) + 2t(\underline{x}, \underline{y}) + t^2(\underline{y}, \underline{y}) \\ &= |\underline{x}|^2 + 2t(\underline{x}, \underline{y}) + t^2|\underline{y}|^2 \geqq 0 \end{aligned} \tag{3.2.8}$$

이 결과는 t에 대한 2차 방정식이므로, 따라서 $F(t)$의 판별식(discriminant)은 0보다 클 수 없다는 조건으로부터 다음 결과를 얻는다.

$$(\underline{x}, \underline{y})^2 - |\underline{x}|^2|\underline{y}|^2 \leqq 0 \tag{3.2.9}$$

이 식으로부터 결국 다음과 같은 Schwarz 부등식을 얻을 수 있다.

$$(\underline{x}, \underline{y})^2 \leqq |\underline{x}|^2|\underline{y}|^2 \tag{3.2.10}$$

이 식에 따르면 식 (6)의 우변의 절대값이 1보다 클 수 없다는 결과를 얻게 되어 식 (6)의 정의는 정당하다고 볼 수 있다.

[예제 3.4]

0벡터의 크기가 0임을 보이시오,

► 답

언뜻 생각하기에 별 의미가 없는 질문으로 생각할 수 있지만, 0벡터의 크기가 0인 것은 전적으로 0벡터의 정의와 스칼라곱의 정의에 기인하는 것임에 유의하라는 문제로 생각할 수 있다. 먼저 임의의 벡터 $\underline{x}$, $\underline{y}$에 대해 0벡터를 $\underline{z}$라고 하면 0벡터의 정의와 식 (3)으로부터 다음을 얻는다.

$$(\underline{x},\ \underline{y}) = (\underline{x}+\underline{z},\ \underline{y}) = (\underline{x},\ \underline{y}) + (\underline{z},\ \underline{y}) \qquad \text{(예3.2.1)}$$

따라서 임의의 벡터와 0벡터의 스칼라곱은 0이 됨을 알 수 있다. 또한 다음 식과,

$$(\underline{x},\ \underline{y}) = (\underline{x}+\underline{z},\ \underline{y}+\underline{z}) = (\underline{x},\ \underline{y}) + (\underline{x},\ \underline{z}) + (\underline{z},\ \underline{y}) + (\underline{z},\ \underline{z}) \qquad \text{(예3.2.2)}$$

위에서 얻은 결과 $(\underline{x},\ \underline{z}) = (\underline{z},\ \underline{y}) = 0$ 로부터 $(\underline{z},\ \underline{z}) = |\underline{z}|^2 = 0$, 즉 0벡터의 크기는 0임을 얻는다.

식 (4)의 정의에 따르면 0벡터가 아닌 벡터의 크기는 0보다 커야 하므로 어떤 벡터의 크기가 0이라는 것은 그 벡터가 0벡터임을 뜻한다.

0벡터가 아닌 두 벡터의 스칼라곱이 0인 경우에, 두 벡터는 서로 **직교**(orthogonal) 한다고 말한다. 따라서 서로 직교하는 두 벡터는 다음 관계를 만족하며,

$$(\underline{x},\ \underline{y}) = 0 \qquad (3.2.11)$$

이 때, 두 벡터 사이의 각도는 식 (6)에 의해 90°가 된다.

여기까지 벡터의 크기와 두 벡터 사이의 각도가 순전히 대수적인 관계에 의해 주어졌음을 다시 한 번 강조하며, 벡터공간의 기하학적 구조는 이와 같은 대수학적 관계와 등가임을 지적해 둔다.

RES에 대해서는 벡터를 표현하는데 있어 직교성을 이용하면 매우 편리하게 사용할 수 있는 기저를 정의할 수가 있다. n차원 RES의 기저를 이루는 벡터 $\underline{e}_1, \underline{e}_2, \ldots, \underline{e}_n$에 대해 다음이 만족된다고 하자.

$$(\underline{e}_i,\ \underline{e}_j) = 0,\ i \neq j \qquad (3.2.12)$$

이와 같은 관계를 만족하는 기저를 **직교기저**(orthogonal basis)라고 하는데, 그 중에서도 기저를 이루는 모든 벡터의 크기가 1인 기저를 **직교정규기저**(orthonormal basis)라고 한다. 따라서 직교정규기저를 이루는 벡터 $\hat{e}_1, \hat{e}_2, \ldots, \hat{e}_n$에 대해서는 다음이 성립한다.

$$(\hat{e}_i, \hat{e}_j) = \delta_{ij} \tag{3.2.13}$$

여기서 δ_{ij}는 **Kronecker의 델타**(Kronecker's delta)라고 하며, $i=j$이면 1의 값을 가지고, $i \neq j$이면 0의 값을 가진다. 직교정규기저 $\{\hat{e}\}$를 사용할 때, 벡터 $\underline{x}$의 성분이 $\xi_i(i=1,2,...,n)$라고 하면 다음과 같으므로,

$$\underline{x} = \xi_1\hat{e}_1 + \xi_2\hat{e}_2 + ... + \xi_n\hat{e}_n \tag{3.2.14}$$

이 식의 양변에 $\hat{e}_k$를 스칼라곱해 줌으로써 다음을 얻는다.

$$(\underline{x}, \hat{e}_k) = \xi_1(\hat{e}_1, \hat{e}_k) + \xi_2(\hat{e}_2, \hat{e}_k) + ... + \xi_n(\hat{e}_n, \hat{e}_k) = \xi_k \tag{3.2.15}$$

이 식을 식 (14)에 대입함으로써 다음 결과를 얻는다.

$$\underline{x} = \sum_{k=1}^{n} (\underline{x}, \hat{e}_k)\hat{e}_k \tag{3.2.16}$$

이 식은 일반적인 직각좌표계에 대해 사용하던 매우 익숙한 결과와 동일하다.

[예제 3.5]

직교하는 두 벡터 $\underline{x}$, $\underline{y}$는 선형독립임을 보이시오.

답

만약 직교하는 두 벡터 $\underline{x}$, $\underline{y}$가 선형독립이 아니라면 0이 아닌 스칼라 α에 대해 다음이 성립해야 한다.

$$\underline{x} = \alpha\underline{y} \tag{예3.2.3}$$

이 식의 양변에 벡터 $\underline{y}$를 스칼라곱하면 $\underline{x}$, $\underline{y}$가 직교함을 이용하여 다음을 얻는다.

$$(\underline{x},\ \underline{y}) = 0 = \alpha(\underline{y},\ \underline{y}) = \alpha|\underline{y}|^2 \qquad \text{(예3.2.4)}$$

$\underline{y}$는 0벡터가 아니므로 이 식이 성립하기 위해서는 $\alpha = 0$이 되어야 한다. 따라서 두 벡터 $\underline{x}$, $\underline{y}$가 선형독립이 아니라는 가정은 맞지 않으며, 결국 직교하는 두 벡터 $\underline{x}$, $\underline{y}$는 선형독립임을 알 수 있다.

[예제 3.6] 직교정규기저 구하기, Gram-Schmidt 직교화 과정

3.1절의 [예제 3.2]에서 고려하였던 다항식으로 이루어지는 벡터공간 B_n에 대해 생각하는데, $t \in [-1,\ 1]$ 구간에 대해서 생각하기로 한다. 이 공간에 속하는 두 벡터 $f(t)$, $g(t)$에 대해 스칼라곱을 다음과 같이 정의하기로 한다.

$$(f,\ g) = \int_{-1}^{1} fg\,dt \qquad \text{(예3.2.5)}$$

위와 같이 정의된 연산자가 스칼라곱이 만족해야 하는 모든 조건을 만족함을 보이고, $n = 2$일 때, 즉 B_2에 대한 직교정규기저를 구하시오.

답

식 (예5)의 정의가 스칼라곱이 되기 위해서는 식 (1), (2), (3), (4)로 주어진 조건을 만족해야 한다. 먼저 $(g,\ f) = \int_{-1}^{1} gf\,dt = (f,\ g)$이므로 교환성을 만족하며, 임의의 실수 α에 대해 $(\alpha f,\ g) = \int_{-1}^{1} \alpha fg\,dt = \alpha(f,\ g)$이므로 숫자곱에 대한 분배성을 만족하고, B_n에 속하는 임의의 벡터 $h(t)$에 대해 $(f+g,\ h) = \int_{-1}^{1} (f+g)h\,dt = (f,\ h) + (g,\ h)$를 만족하므로 벡터 덧셈에 대한 분배성도 만족한다. 또 $f \neq 0$이면 $(f,\ f) = \int_{-1}^{1} f^2\,dt > 0$이므로 식 (4)도 만족하므로 결국 식 (예5)는 스탈라곱으로 볼 수 있다.

B_2의 차원은 3이므로 B_2에 속하는 선형독립인 벡터의 수는 최대 3이며, 다음과 같은 3개의 선형독립인 벡터를 취하여 이들로부터 직교기저를 구하기로 한다.

$$f_1 = 1,\ f_2 = t,\ f_3 = t^2 \qquad \text{(예3.2.6)}$$

직교기저를 구하는데 사용되는 개념은 기본적으로 식 (16)에 의해 주어진다. 먼저 f_1으로부터 크기가 1인 $\hat{e}_1$을 얻기 위해 f_1의 크기를 구하면 다음과 같으므로,

$$(f_1, f_1) = \int_{-1}^{1} dt = 2 \qquad \text{(예3.2.7)}$$

f_1을 $\sqrt{2}$로 나누어 주어 다음 결과를 얻는다.

$$\hat{e}_1 = 1/\sqrt{2} \qquad \text{(예3.2.8)}$$

f_2로부터 $\hat{e}_2$를 얻기 위해서는 먼저 f_2의 $\hat{e}_1$성분을 알아야 하며, 식 (16)을 사용하기 위해 f_2와 $\hat{e}_1$의 스칼라곱을 구하여 다음을 얻는다.

$$(f_2, \hat{e}_1) = \frac{1}{\sqrt{2}} \int_{-1}^{1} t\, dt = 0 \qquad \text{(예3.2.9)}$$

따라서 f_2는 $\hat{e}_1$과 직교하며, f_2의 크기를 구하여 $\hat{e}_2$를 다음과 같이 얻는다.

$$(f_2, f_2) = \int_{-1}^{1} t^2\, dt = \frac{2}{3}, \quad \hat{e}_2 = \sqrt{\frac{3}{2}}\, t \qquad \text{(예3.2.10)}$$

f_3으로부터 $\hat{e}_3$을 얻기 위해 f_3와 $\hat{e}_1$, $\hat{e}_2$의 스칼라곱을 구하면 다음을 얻고,

$$(f_3, \hat{e}_1) = \frac{1}{\sqrt{2}} \int_{-1}^{1} t^2\, dt = \frac{\sqrt{2}}{3}, \quad (f_3, \hat{e}_2) = \sqrt{\frac{3}{2}} \int_{-1}^{1} t^3\, dt = 0 \qquad \text{(예3.2.11)}$$

따라서 f_3는 식 (16)을 사용하여 다음과 같이 쓸 수 있으므로,

$$f_3 = (f_3, \hat{e}_1)\hat{e}_1 + g_3 = \frac{1}{3} + \left(t^2 - \frac{1}{3}\right) \qquad \text{(예3.2.12)}$$

f_3로부터 $\hat{e}_1$, $\hat{e}_2$와 직교하는 벡터 g_3를 다음과 같이 얻는다.

$$g_3 = f_3 - (f_3, \hat{e}_1)\hat{e}_1 = t^2 - \frac{1}{3} \quad \text{(예3.2.13)}$$

따라서 g_3의 크기를 구하여 $\hat{e}_3$을 다음과 같이 얻는다.

$$(g_3, g_3) = \int_{-1}^{1} (t^2 - \frac{1}{3})^2 dt = \frac{8}{45}, \ |g_3| = \sqrt{8/45}, \ \hat{e}_3 = \sqrt{\frac{5}{8}}(3t^2 - 1) \quad \text{(예3.2.14)}$$

식 (예8), (예10), (예14)에서 구한 $\hat{e}_1$, $\hat{e}_2$, $\hat{e}_3$는 B_2에 대한 직교정규기저이다. 위의 과정에서 만약 f_1을 t^2으로 보고 $\hat{e}_1$을 구하였다면 위에서 얻은 것과는 다른 기저가 얻어졌을 것이므로, 위에서 얻은 기저가 B_2에 대한 유일한 직교정규기저는 아님을 알 수 있다. 위에서 얻은 기저는 Legendre 다항식(연습문제 3.1 참조)과 밀접한 관계를 가진다는 점을 지적해 둔다.

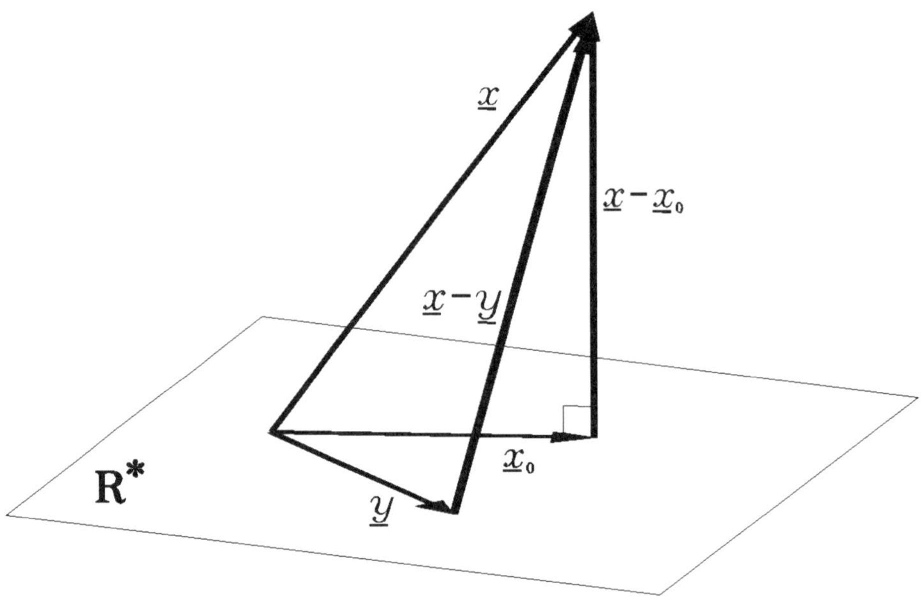

그림 3.2 아공간으로의 투영과 거리

또한 위에서 보인 과정은 일반적으로 **Gram-Schmidt 직교화 과정**(Gram-Schmidt orthogonalization process)이라고 불리며, 주어진 임의의 기저로부터 직교정규기저를 얻기 위해 사용한다.

벡터의 **근사**(approximation) 및 차후의 이론전개와 관련하여 매우 중요한 개념인 **아공간**(subspace)은, 주어진 벡터공간을 이루는 벡터의 부분집합(subset) 중에 그 스스로가 벡터공간의 조건을 만족하는 것으로 정의된다. 어떤 RES의 아공간 R^*의 차원이 n이라고 하고, $\{\hat{e}\}$가 R^*에 대한 직교정규기저라고 하면 다음과 같은 벡터 $\underline{x}_0$는 벡터 $\underline{x}$의 R^*에 대한 **투영**(projection)이라고 부르며,

$$\underline{x}_0 = \sum_{k=1}^{n} (\underline{x}, \hat{e}_k)\hat{e}_k \tag{3.2.17}$$

다음과 같이 정의되는 양 d는 벡터 $\underline{x}$로부터 R^*까지의 거리(distance)라고 부른다.

$$d = |\underline{x} - \underline{x}_0| \tag{3.2.18}$$

주어진 벡터의 어떤 아공간에 대한 투영은 벡터의 근사(함수의 근사를 포함하는 점에 유의하기 바란다)와 관련하여 매우 유용한 성질을 가진다.

벡터 $\underline{x} - \underline{x}_0$와 R^*에 속하는 임의의 벡터 $\underline{y}$의 스칼라곱을 고려하면 다음 결과를 얻는데,

$$(\underline{x} - \underline{x}_0, \underline{y}) = (\underline{x}, \underline{y}) - (\underline{x}_0, \underline{y}) = \left(\underline{x}, \sum_{j=1}^{n} (\underline{y}, \hat{e}_j)\hat{e}_j\right) - \left(\sum_{k=1}^{n} (\underline{x}, \hat{e}_k)\hat{e}_k, \sum_{j=1}^{n} (\underline{y}, \hat{e}_j)\hat{e}_j\right) =$$
$$\sum_{j=1}^{n} (\underline{y}, \hat{e}_j)(\underline{x}, \hat{e}_j) - \sum_{k=1}^{n}\sum_{j=1}^{n} (\underline{x}, \hat{e}_k)(\underline{y}, \hat{e}_j)\delta_{kj} = \sum_{j=1}^{n} (\underline{y}, \hat{e}_j)(\underline{x}, \hat{e}_j) - \sum_{j=1}^{n} (\underline{x}, \hat{e}_j)(\underline{y}, \hat{e}_j) = 0 \tag{3.2.19}$$

이 결과에 따르면 벡터 $\underline{x} - \underline{x}_0$와 R^*에 속하는 임의의 벡터 $\underline{y}$는 서로 직교하며, 따라서 투영 $\underline{x}_0$도 $\underline{x} - \underline{x}_0$와 서로 직교한다.

예를 들어, 원래 RES가 3차원 공간이고, R^*는 2차원 평면인 경우, R^*에 속하지 않는 벡터 $\underline{x}$에 대해 투영과 거리를 그림 3.2에 보였다. 한편 투영 $\underline{x}_0$는 R^*에 속한

벡터 중에는 원래의 벡터 $\underline{x}$와의 차이가 가장 작은 벡터, 다시 말하면 가장 가까운 근사이다. 이를 보이기 위해 먼저, R^*에 속한 임의의 벡터 $\underline{y}$에 대해 벡터 $\underline{x}$와의 차이인 $\underline{x}-\underline{y}$의 크기 제곱을 생각하면 다음과 같다.

$$|\underline{x}-\underline{y}|^2 = |\underline{x}-\underline{x}_0+\underline{x}_0-\underline{y}|^2 = |\underline{x}-\underline{x}_0|^2+|\underline{x}_0-\underline{y}|^2+2(\underline{x}-\underline{x}_0, \underline{x}_0-\underline{y}) \quad (3.2.20)$$

이 식 우변의 제일 마지막 항에 대해 $\underline{x}_0-\underline{y}$가 R^*에 속하는 벡터임을 고려하면 식 (19)로부터 다음 결과를 얻으므로,

$$(\underline{x}-\underline{x}_0, \underline{x}_0-\underline{y}) = 0 \quad (3.2.21)$$

결국 식 (20)은 다음과 같이 쓸 수 있는데,

$$|\underline{x}-\underline{y}|^2 = |\underline{x}-\underline{x}_0|^2+|\underline{x}_0-\underline{y}|^2 \quad (3.2.22)$$

$|\underline{x}_0-\underline{y}|$는 $\underline{y}=\underline{x}_0$인 경우에만 0이 되므로, 최종적으로 다음 결과를 얻는다.

$$|\underline{x}-\underline{y}|^2 \geq |\underline{x}-\underline{x}_0|^2 \quad (3.2.23)$$

따라서 $\underline{x}_0$는 R^*에 속하는 벡터 중에서는 원래 주어진 벡터 $\underline{x}$에 **가장 가까운 근사**(best approximation)를 주는 벡터임을 알 수 있으며, 식 (18)의 $|\underline{x}-\underline{x}_0|$를 거리라고 부르는 것이 타당한 것으로 생각할 수 있다. 한편 벡터 $\underline{y}$를 벡터 $\underline{x}$의 **근사**라고 보면 식 (23)의 좌변은 그와 같은 근사에 기인하는 **오차**(error)라고 부르며, 식 (23)에 따르면 오차는 거리보다 작을 수 없다는 것을 알 수 있다.

[예제 3.7] 벡터공간으로서의 함수공간의 예

구간 [-1, 1]에서 연속인 모든 함수로 이루어지는 벡터집합과 모든 실수로 이루어진 스칼라집합에 대해 통상적인 덧셈과 숫자곱을 사용하여 얻어지는 벡터공간 C_0이 선형벡터공간임을 보이시오. 또 3.1절의 [예제 3.2]에서 고려하였던 다항식으로 이루어지는 선형벡터공간 B_n은

C_0의 아공간임을 보이시오.

► 답

3.1절에서 기술한 선형벡터공간이 되기 위한 조건 중, 벡터집합의 선형성에 대해 먼저 생각하면, 연속인 두 함수의 합 또한 연속이며, 연속인 함수의 숫자곱 또한 연속이므로 선형성을 만족한다. 다음으로 덧셈에 관해서는 덧셈의 결과가 순서에 무관하므로 교환성을 가지며, 또한 명백히 결합성을 만족하고, 연속인 함수 0이 벡터집합에 속하므로 식 (3.1.1), (3.1.2), (3.1.3)을 모두 만족한다. 또 숫자곱에 대해서는 교환성을 만족하며, 벡터 덧셈과 스칼라 덧셈에 대해 분배성을 만족하며, 또한 연속인 함수 1이 벡터 집합에 속하므로 필요한 모든 성질을 만족한다. 따라서 C_0은 선형벡터공간임을 보였다.

한편 B_n에 속하는 모든 함수는 구간 [-1, 1]에서 연속이며, 그 자체가 선형벡터공간이므로 C_0의 아공간이다. 여기서 n은 유한하므로, 무한급수로 전개할 수 있는 연속인 함수가 모두 B_n에 속하지는 않는다는 점에 유의한다.

[예제 3.8]

선형벡터공간 C_0에 속하는 벡터 $\underline{x} = \sin\pi t$에 대해 아공간인 B_2로의 투영과 B_2까지의 거리를 구하시오, 단 스칼라곱으로는 두 벡터 $f(t)$, $g(t)$에 대해 식 (예5)에서 고려하였던 다음과 같은 스칼라곱을 사용하기로 한다.

$$(f, g) = \int_{-1}^{1} fg\,dt \qquad \text{(예3.2.5)}$$

답

투영의 정의인 식 (17)로부터 다음 식을 얻는다.

$$\underline{x}_0 = \sum_{k=1}^{3} (\underline{x}, \hat{e}_k)\hat{e}_k = \sum_{k=1}^{n} \xi_k \hat{e}_k \qquad \text{(예3.2.15)}$$

여기서 $\{\hat{e}\}$로는 [예제 3.6]에서 구한 직교정규기저를 사용한다. 한편, $\underline{x} = \sin\pi t$는 기함수인데, $\hat{e}_1$,$\hat{e}_3$은 우함수이므로 $\xi_1 = \xi_3 = 0$을 얻으며, $\hat{e}_2$는 기함수이므로 다음 결과를 얻는다.

$$\xi_2 = (\underline{x}, \hat{e}_2) = \sqrt{\frac{3}{2}} \int_{-1}^{1} t \sin \pi t \, dt = \sqrt{\frac{3}{2}} \frac{2}{\pi} \qquad (예3.2.16)$$

따라서 다음 결과를 얻는다.

$$\underline{x}_0 = \xi_2 \hat{e}_2 = \frac{3}{\pi} t \qquad (예3.2.17)$$

거리 d는 그 정의인 식 (18)로부터 다음과 같이 얻는다.

$$d = |\underline{x} - \underline{x}_0| = \left\{ \int_{-1}^{1} (\sin \pi t - \frac{3}{\pi} t)^2 dt \right\}^{1/2} = \left(1 - \frac{6}{\pi^2}\right)^{1/2} \simeq 0.6262 \qquad (예3.2.18)$$

위의 논의로부터 B_2에 속한 벡터, 다시 말하면 2차 다항식 $\underline{y}$로 $\underline{x} = \sin \pi t$를 근사하는 경우 식 (예5)와 같은 스칼라곱을 사용한다면, $\underline{x}_0 = \frac{3}{\pi} t$로 근사했을 때 얻어지는 거리 d보다 더 작은 오차 $|\underline{x} - \underline{y}|$를 가지는 근사는 없다는 것을 알 수 있다.

역학이나 물리학에서 많이 사용하고 있는 **3차원 유클리드공간**(three-dimensional Euclidean space) R_3 상의 두 벡터의 벡터곱에 대해 생각해 본다. 2.1절의 식 (2.1.18) 아래에서 언급한 대로, 식 (6)에서처럼 벡터 사이의 각도가 정의되면, 두 벡터 $\underline{x}$, $\underline{y}$에 대해 다음과 같이 **벡터곱**을 정의할 수 있다.

$$\underline{x} \times \underline{y} = |\underline{x}||\underline{y}| \sin\theta \, \hat{e}_n \qquad (3.2.24)$$

여기서 $\hat{e}_n$은 두 벡터 $\underline{x}$, $\underline{y}$에 의해 만들어지는 평면에 오른손법칙에 따른 수직방향으로의 단위벡터이며(그림 3.3), 또 벡터곱의 결과로 얻어지는 벡터의 크기는 두 벡터에 의해 이루어지는 평행사변형의 면적과 같다는 점에 유의한다.

한편, 벡터곱은 스칼라곱과는 달리 벡터곱을 하는 벡터의 순서를 바꾸면 부호가 바뀌는 성질을 가지고 있으므로, 다음과 같은 관계를 만족한다.

$$\underline{y} \times \underline{x} = -\underline{x} \times \underline{y} \qquad (3.2.25)$$

따라서 R_3에 대한 직교정규기저 $\hat{e}_1, \hat{e}_2, \hat{e}_3$를 통상적인 직각좌표계 x, y, z에 대한 단위벡터 $\hat{e}_x, \hat{e}_y, \hat{e}_z$와 각각 동일하도록 잡으면 다음과 같은 사실을 알 수 있는데,

$$\hat{e}_i \times \hat{e}_j = \sum_{k=1}^{3} \epsilon_{ijk} \hat{e}_k \tag{3.2.26}$$

여기서 ϵ_{ijk}는 **Eddington의 엡실론**(Eddington's epsilon)[59]으로 부르며, 다음과 같은 값을 가진다.

$$\epsilon_{ijk} = \begin{cases} 1, (i,j,k) = (1,2,3),\ (2,3,1),\ (3,1,2) \\ -1, (i,j,k) = (1,3,2),\ (2,1,3),\ (3,2,1) \\ 0, i=j,\ i=k,\ j=k,\ i=j=k \end{cases} \tag{3.2.27}$$

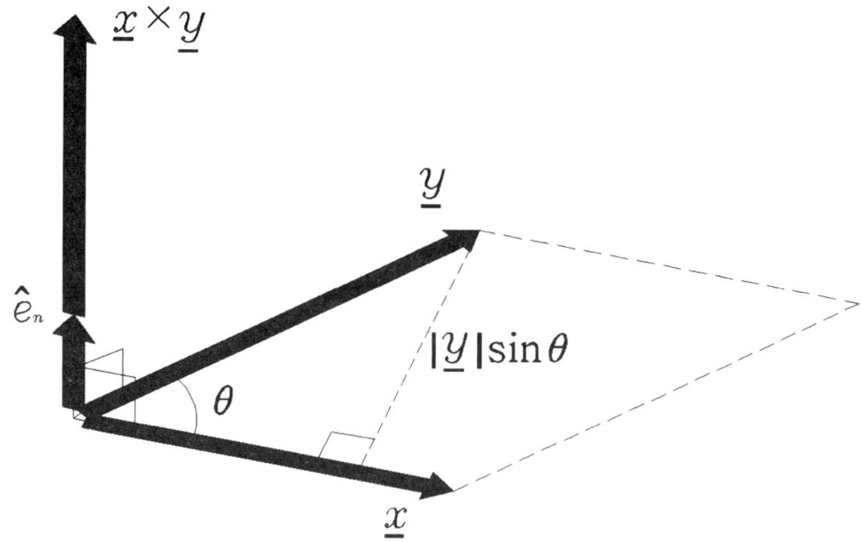

그림 3.3 두 벡터의 벡터곱

59) 보다 일반적인 형태로 정의할 수 있는 Levi-Civita의 기호(Levi-Civita's symbol)의 특별한 형태이다.

즉 ϵ_{ijk}는 i,j,k가 $(1,2,3)$의 우순열(even permutation)이면 1, 기순열(odd permutation)이면 -1, 그 외의 경우, 즉 두 하첨자 또는 하첨자 모두가 같으면 0의 값을 가진다[60]. 따라서 두 벡터 $\underline{x}$, $\underline{y}$의 기저 $\{\hat{e}\}$에 대한 표현이 각각 다음과 같으면,

$$\underline{x} = \xi_1\hat{e}_1 + \xi_2\hat{e}_2 + \xi_3\hat{e}_3, \ \underline{y} = \eta_1\hat{e}_1 + \eta_2\hat{e}_2 + \eta_3\hat{e}_3 \tag{3.2.28}$$

두 벡터의 벡터곱은 다음과 같이 나타낼 수 있다.

$$\underline{x}\times\underline{y} = \sum_{i=1}^{3}(\xi_i\hat{e}_i)\times\sum_{j=1}^{3}(\eta_j\hat{e}_j) = \sum_{i=1}^{3}\sum_{j=1}^{3}\xi_i\eta_j(\hat{e}_i\times\hat{e}_j) = \sum_{i=1}^{3}\sum_{j=1}^{3}\sum_{k=1}^{3}\xi_i\eta_j\epsilon_{ijk}\hat{e}_k \tag{3.2.29}$$

여기서 마지막 등호를 얻기 위해서는 식 (26)을 사용하였다. 3.5절에서 밝혀지겠지만, 식 (29)는 3×3 행렬에 관한 행렬식으로 볼 수 있으므로, 이 식은 행렬식으로 고쳐 쓸 수 있으며, 벡터곱의 결과를 두 벡터의 성분을 요소로 하는 행렬식으로 나타내는 다음과 같은 결과를 얻는다.

$$\underline{x}\times\underline{y} = \begin{vmatrix}\hat{e}_1 & \hat{e}_2 & \hat{e}_3\\ \xi_1 & \xi_2 & \xi_3\\ \eta_1 & \eta_2 & \eta_3\end{vmatrix} = (\xi_2\eta_3-\xi_3\eta_2)\hat{e}_1 + (\xi_3\eta_1-\xi_1\eta_3)\hat{e}_2 + (\xi_1\eta_2-\xi_2\eta_1)\hat{e}_3 \tag{3.2.30}$$

이 식을 두 벡터의 벡터곱의 정의로 소개하는 경우도 있지만, 위에서 보인 바와 같이 이 식은 식 (24)로 주어지는 벡터곱의 정의로부터 직각좌표계에 대해 벡터를 표현할 때 얻어지는 식으로 이해해야 하며, 특히 행렬식의 표현은 행렬식의 성분으로 벡터를 허용하고 있지 않으므로, 단지 편의상의 표현으로 이해해야 할 것이다.

위와 같이 정의된 벡터곱은 역학에서 힘에 의한 모멘트(moment)나 회전운동(rotational motion)에 기인하는 물체의 속도 등 주로 물체의 회전운동과 관련하여 사용한다. 예를 들어 어떤 점 O에 대한 힘 $\underline{F}$[61]에 의한 **모멘트** $\underline{M}$은 다음과 같이 정의된다.

$$\underline{M} = \underline{x}\times\underline{F} \tag{3.2.31}$$

---

60) 우(기)순열은 $(1,2,3)$으로부터 짝(홀)수 번의 교환에 의해 얻어진 순열을 뜻한다.
61) 힘과 모멘트는 역학에서의 관습에 따라 대문자이지만 벡터를 나타내는데 사용하기로 한다.

여기서 벡터 $\underline{x}$는 힘 $\underline{F}$가 작용하는 점의 점 O에 대한 위치벡터(position vector)이다(그림 3.4). 이와 같은 힘에 의한 모멘트의 개념은 Archimedes에 의해 지렛대와 관련하여 이미 사용된 바 있고, 정역학에서 물체의 평형과 관련하여서도 사용되었던 개념이다.

한편 회전운동의 **각속도**(angular velocity) $\underline{\omega}$[62]는 그 방향을 회전운동의 축과 동일하게 잡는데, 회전운동을 하고 있는 물체 내부의 점의 회전운동에 기인하는 속도 $\underline{u}$는 다음과 같이 정의된다.

$$\underline{u} = \underline{\omega} \times \underline{x} \tag{3.2.32}$$

여기서 벡터 $\underline{x}$는 속도를 고려하는 점의 회전운동 축 상에 있는 임의의 한 점 O에 대한 위치벡터이다(그림 3.5). 점 O를 회전운동 축 상의 임의의 점으로 잡을 수 있는 이유는 벡터곱의 정의에 따라 두 벡터의 벡터곱의 크기는 식 (24)에서처럼 두 벡터의 크기와 $\sin\theta$의 곱으로 주어지기 때문이다. 즉, $|\underline{x}|\sin\theta$의 값이 그림 3.5에 보인 바와 같이 점 O가 회전운동의 축 상에 있는 한 같기 때문이다.

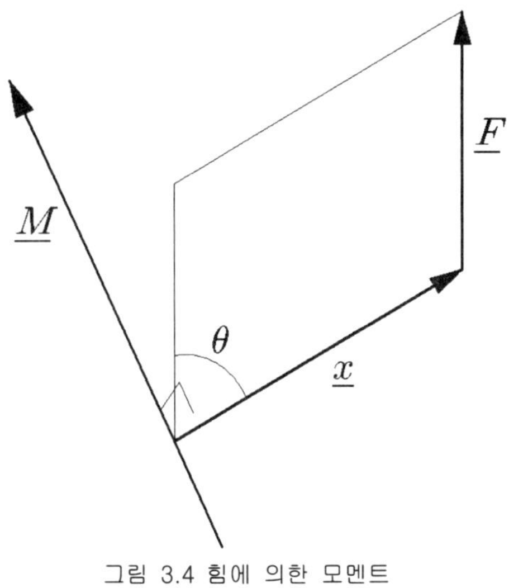

그림 3.4 힘에 의한 모멘트

62) 각속도 역시 역학에서의 관습에 따라 그리스 문자지만 벡터를 나타내는데 사용하기로 한다.

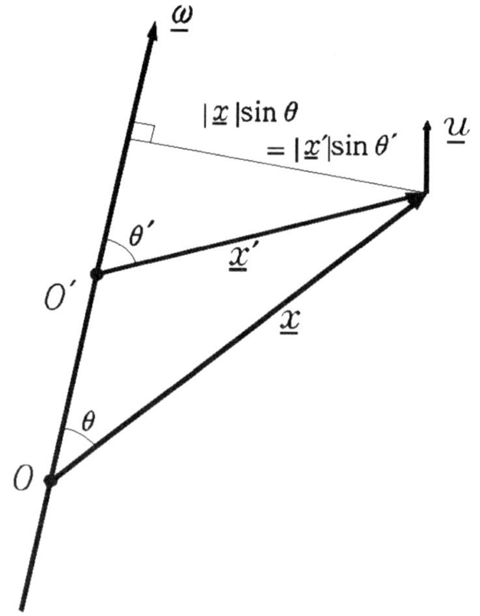

그림 3.5 각속도에 기인하는 속도

물체의 회전운동에 대한 운동법칙은 통상 생각하는 것과는 달리, Euler(1775)에 의해서 각운동량원리라는 형태로 최초로 주어졌다(이승준(2002)[11] 참조). Newton(1687)의 Principia로부터는 거의 90년이 지난 후의 일인데, 이는 질점의 개념을 도입할 수 있었던 물체의 병진운동(translational motion)과는 달리, 회전운동의 기술을 위해서는 강체, 질량관성모멘트 등의 많은 새로운 개념을 필요로 했기 때문이다. 보다 자세한 사항은 동역학에 대한 교재로 미루기로 하고, 여기서는 간단히 벡터곱을 사용하여 정의되는 양들만 위와 같이 소개하는 것으로 그치기로 한다.

[예제 3.9] 모멘트, 속도의 계산

물체에 작용하는 힘 $\underline{F} = (3,\, 4,\, 5)\, N$, 작용점의 위치벡터 $\underline{x} = (5,\, 4,\, 3)\, m$일 때 좌표계의 원점에 대한 힘의 모멘트 $\underline{M}$의 크기를 구하고, 힘과 위치벡터 사이의 각도를 구하시오. 또한 이 물체의 각속도 $\underline{\omega} = (1,\, 1,\, 1)\, rad/s$이면, 힘이 작용하는 점에서의 속도의 크기와 방향을 구하시오.

► 답

힘에 의한 모멘트는 본문의 식 (31)에 의해 주어지므로 다음과 같으며,

$$\underline{M}=\underline{x}\times\underline{F}=\begin{vmatrix}\hat{i}&\hat{j}&\hat{k}\\5&4&3\\3&4&5\end{vmatrix}=(8,\,-16,\,8)\,Nm \qquad (\text{예}3.2.19)$$

모멘트의 크기는 다음과 같다.

$$|\underline{M}|=8\sqrt{1+4+1}=8\sqrt{6} \qquad (\text{예}3.2.20)$$

한편 힘과 위치벡터 사이의 각도는 식 (24)를 이용하여 다음 식을 얻으므로,

$$|\underline{M}|=|\underline{x}||\underline{F}|\sin\theta \qquad (\text{예}3.2.21)$$

이 식에 식 (예20)과 $|\underline{x}|=|\underline{F}|=\sqrt{25+16+9}=5\sqrt{2}$ 를 대입하여 다음 결과를 얻는다.

$$\sin\theta=\frac{8\sqrt{6}}{50}=\frac{4\sqrt{6}}{25}=0.3919,\ \ \theta=0.4027\,rad=23.07^{\circ} \qquad (\text{예}3.2.22)$$

주어진 각속도에 상응하는 속도는 식 (32)에 의해 다음과 같이 얻는다.

$$\underline{u}=\underline{\omega}\times\underline{x}=\begin{vmatrix}\hat{i}&\hat{j}&\hat{k}\\1&1&1\\5&4&3\end{vmatrix}=(-1,\,2,\,-1)\,m/s \qquad (\text{예}3.2.23)$$

따라서 속도의 크기 $|\underline{u}|=\sqrt{6}$ 을 얻고, 그 방향은 경도(θ)와 위도(ϕ)로 표시하기로 하면 구좌표계에 대한 다음 결과를 이용하여(그림 예2.2 참조),

$$\underline{u}=|\underline{u}|(\sin\phi\cos\theta,\,\sin\phi\sin\theta,\,\cos\phi) \qquad (\text{예}3.2.24)$$

$\cos\phi=-1/\sqrt{6}$, $\tan\theta=-2$를 얻으므로, 다음 결과를 얻는다.

$$\phi = 1.738\,rad = 99.59^\circ,\ \theta = 2.034\,rad = 116.57^\circ \quad (예3.2.25)$$

[예제 3.10] 벡터삼중곱과 평행육면체의 체적

R_3에 속하는 벡터에 대해 통상적인 스칼라곱을 사용하는 경우에 대해 생각한다. 두 벡터 $\underline{y}$, $\underline{z}$의 벡터곱과 벡터 $\underline{x}$의 스칼라곱은 **벡터삼중곱**(vector triple product)으로 알려져 있는데, 이에 대해 다음을 증명하시오.

$$\underline{x} \cdot (\underline{y} \times \underline{z}) = V \quad (예3.2.26)$$

단 여기서 V는 세 벡터에 의해 생성되는 평행육면체(parallelepiped)의 체적이다.

답

벡터곱의 정의인 식 (24)와 스칼라곱에 관한 식 (6)으로부터 다음을 얻는다.

$$\underline{x} \cdot (\underline{y} \times \underline{z}) = \underline{x} \cdot (|\underline{y}||\underline{z}|\sin\theta\,\hat{e}_n) = A\,\underline{x} \cdot \hat{e}_n = Ah \quad (예3.2.27)$$

여기서 $A = |\underline{y}||\underline{z}|\sin\theta$로 평행육면체의 밑면의 면적, $h = \underline{x} \cdot \hat{e}_n$으로 평행육면체의 높이로 볼 수 있으므로, 원하는 결과를 얻는다.

쉬어가기 9

Sylvester(1814~1897, UK)와 Cayley(1821~1895, UK)

Sylvester는 Napoleon이 실각하던 해에, Cayley는 Cauchy의 **Cours d'analyse**[63]가 출간되던 해에 각각 태어났다. 두 사람은 일곱 살의 나이 차이는 있었지만 거의 같은 시대를 살았으며, 특히 19세기 후반의 영국은 Victoria 여왕(1837~1901, 재위기간)의 치세로 해가 지지 않는 나라의 강성함을 떨치고 있던 때였다.

그러나 Sylvester는 유태인으로 태어난 설움을 거의 평생 동안 느끼며 살아야 했고, Cayley는 모든 면에서 유복함을 누린 행운의 사나이였다. 그들이 성장하던 시대의 영국의 대학을 먼저 살펴보기로 하자. 11세기 말경 시작된 Oxford 대학(University of Oxford)과, 1209년 문을 연 Cambridge 대학은 굴지의 대학으로 이미 자리를 잡고 있었으나 주로 상류층 자제들의 교육기관으로 간주되고 있었으며, 특히 영국 국교회에 대한 서약이 졸업 인정에 필수적이었기 때문에 종교적인 배타성이 심한 곳이었다. 한편 오늘날 London 대학(University of London)에 속해있는 **UCL**(University College London)은 1826년에 설립되었고 1836년에야 졸업장을 줄 수 있는 자격을 가진 대학이 되었는데, 종교와 무관함을 기치로 내건 영국 최초의 대학이었다[64]. 또 19세기에는 Ireland가 UK의 일부분이었고, 또 Ireland인의 종교가 대부분 구교였으므로, 더블린의 Trinity College 또한 영국 국교회에 대한 서약을 강요하지 않았다. 이와 같은 Cambridge, Oxford 대학의 졸업 또는 교직 임용과 관련된 영국 국교회에 대한 서약은 1875년이 되어서야 폐지되었다.

Sylvester는 14세(1828년)에 UCL에 입학하였으나 유태인에 대한 심한 따돌림 때문에 곧 리버풀에 있는 Royal Institution으로 옮겼다가 17세(1831년)에 Cambridge 대학에 입학한다. 재학 도중 병으로 2년을 휴학하고, 23세(1837년)에 Green과 같이 졸업시험인 수학과 **tripos**에 응시, Sylvester는 2등(Green은 4등)으로 시험에는 통과하지만 위에서 설명한 서약 때문에 결국 졸업장을 받을 수 없었다. Cambridge 대학의 수학과 tripos는 영국

---

63) École Polytechnique의 교재로 사용된 이 책은 엄격한 관점에서 저술된 최초의 해석학 교재였다(쉬어가기 8b 참조).

64) 영국에서의 University College는 일반적으로 University보다 격이 낮은 대학을 칭하지만, UCL의 경우에는 스스로의 명칭을 오히려 명예로 여기고 있는 것으로 알려져 있다. 이 대학이 종교와 무관하였으므로 종교가 다른 외국인 유학생도 많았는데, Gandhi, 이토오 히로부미, 이노우에 가오루, 고이즈미 쥰이치로 등이 아시아 지역 출신 유학생들이었다.

의 쟁쟁한 과학자들을 배출해 온 산실이기 때문에 매년 최우등 졸업자(**senior wrangler**)에 대한 관심이 대단한데 Stokes(1841년), Cayley(1842년), Rayleigh(1865년) 등이 이 경우에 속하였으며, 2등(second wrangler)도 대단한 영예로 Kelvin(1845년), Maxwell(1854년) 등이 이 경우에 속한다. 또한 Cambridge 대학의 이론물리, 수학, 응용수학 전공 학생들에게 매년 수여하는 연구부문에 대한 상으로 **Smith** 상이 있는데, 이 부문에서 경쟁하는데도 역시 종교적인 문제가 걸림돌이 되었고, 뿐만 아니라 Cambridge 대학의 연구직과 교직도 마찬가지 상황에 있었으므로, Sylvester는 정든 학교를 떠나 다른 곳에서 스스로의 미래를 개척해야만 했다.

24세(1838년)부터 3년 동안 Sylvester는 UCL에서 자연철학(Natural Philosophy) 교수로 봉직하는데, 이 당시 자연철학은 물리학 또는 과학과 거의 동의어로 사용되었다. 물론 대학 졸업장이 없었던 그였지만 그의 실력은 충분히 인정되어 25세(1839년)에는 London 왕립학회의 Fellow가 되었다. 수학 교수로 일하고 싶어 했던 그는, 27세(1841년)에는 궁여지책으로 더블린의 Trinity College에서 졸업장을 받게 되며, 영국에서 그의 소망이 이루어질 가능성에 대해 절망하고 미국으로 눈을 돌려 같은 해에 **Virginia 대학**(University of Virginia)의 수학 교수로 임용된다. 이 대학 역시 미국에서는 최초로 종교와 무관함을 기치로 내걸고 제 3대 대통령(1801~1809, 재직기간)이었던 Thomas Jefferson의 주도 하에 1825년 첫 입학생을 받아들였으며, 미국 최초로 공과대학을 설치한 대학이었다. 그러나 영국인이고 유태인이었던 그는 불운하게도 학생들과 마찰을 일으켜 이곳에서도 자리를 잡지 못하고 결국 2년여의 방랑 끝에 29세(1843년)에 다시 영국으로 돌아온다.

쉬어가기 그림 27 Sylvester와 Cayley

Cayley는 사업가였던 아버지를 따라 Russia의 상트페테르부르크에서 어린 시절을 보냈으며, 수학에 대한 재능을 어려서부터 보여 17세(1838년)에 Cambridge 대학에 입학하였고, 21세(1842년)에 수학과 tripos에서 최우등, 게다가 Smith 상을 받는 영예까지 안고 졸업한다. 또한 25세(1846년)까지 4년 동안 Cambridge 대학에서 Fellowship을 받으며 연구에 몰두하여 28편의 논문을 발표한다. 이중에는 22세(1843년) 때 발표한 행렬식의 개념을 사용하여 고려한 n차원 공간의 기하학, 그리고 24세(1845년) 때 논술한 선형변환 이론에 대한 논문 등이 포함되어 있으며, 종교적인 서약과 관련하여 아무런 문제가 없었던 그는 여러 가지로 그의 능력을 최대한 발휘할 수 있는 환경을 갖추어 나갔는데, 이후에는 원하는 수학 분야의 연구를 하기 위해 변호사를 새로운 직업으로 택하여 법률 공부에 매진한다.

한편, 영국으로 돌아온 Sylvester는 보험회계사(actuary)가 되며 그 역시 변호사가 되기 위해 법률 공부를 하게 되는데, 두 사람은 Cambridge 대학의 선후배이면서 또 같은 시기에 변호사 지망생으로 공부를 한 인연으로 서로 친해져 결국 평생을 좋은 친구로 지내게 된다. 영국식 법학원인 **Lincoln's Inn**에서 두 사람은 행렬 및 행렬식 이론에 관한 토론을 벌이며 수학 연구에 대한 열의를 키워 나갔다. Sylvester는 36세(1850년)에 **행렬**(matrix)이라는 용어를 처음으로 사용하는 논문을 발표하였으며, 37세(1851년)에 3차 방정식의 판별식(discriminant)을 발견하여, 판별식이라는 용어를 수학에 도입하였고, 또 38세(1852년)에는 대수적불변량에 대한 이론을 확립한다. Cayley는 28세(1849년)에 변호사가 되어 14년 동안 변호사로 일하면서도 이 기간 동안 약 250편의 논문을 발표하는데, 행렬의 곱을 포함하는 행렬대수, 비유클리드기하학, n차원 기하학, 대수적불변량, 일반화된 기하학 등의 분야를 망라하고 있고, 특히 그는 33세(1854년)에 추상적군(abstract groups)에 대한 논문을 발표하고, 또 37세(1858년)에는 행렬을 추상적으로 정의하는 내용을 포함하는 **A Memoir on the Theory of Matrices**를 발표한다.

Sylvester는 여러 대학에 지원하나 실패를 거듭하다가 결국 40세(1854년)에 런던 근교의 Woolwich 소재 **왕립사관학교**(Royal Military Academy)에 수학 교수로 임용된다. 그가 어렸을 때 잠깐 다닌 적이 있는 UCL에서 수학 교수로 재직하며 그를 가르쳤던 **De Morgan**(1806~1871, UK)과는 평생 돈독한 관계를 유지하였는데, 52세(1866년)에는 De Morgan의 뒤를 이어 London Mathematical Society의 2대 회장이 되었다. 사관학교의 특성상, 교수 은퇴 연령이 55세이었으므로 Sylvester는 1869년 은퇴하여, 3년 정도 그야말로 야인의 생활을 즐기다가, 63세(1877년)까지 5년간은 기계적연동장치(mechanical linkages)에 대한 연구를 수행하며, 두 번째의 미국행을 결심한다. 이번에는 볼티모어에 있는 **Johns Hopkins 대학**(Johns Hopkins University)의 수학 교수로 발령을 받게 되는데, 그는 이 대학에서 6 년여 동안 그의 인생에서는 보기 드문 행복한 시절을 보낸다. 이 대학은 Johns Hopkins(1795~1873, USA)가 남긴 거의 1억불에 상당하는 유산으로 1876년 설립된 사립대학이며, 당시 세계의 대학교육을 선도하고 있던 독일 식 연구중심대학을 모형으로 하여 개교한 미국 최초의 연구중심 대학이었는데, 차후 미국의 대형 연구중심대학들, 특히 Chicago 대학(University of Chicago)[65]을 포함하는 여러 대학들이 이 대학을 모형으로 하여 설립된 것으로 알려져 있다. 여기서 9명의 박사를 배출한 그는 미국에 도착한 이듬 해, 미국 최초의 수학 논문집인 **American Journal of Mathematics**를 발간하기 시작하며, 69세(1883년)에 이르기까지 혼신의 힘을 기울여 교육, 연구에 매진하다가 스스로의 능력이 예전과 같지 않음을 느끼게 되자 교육 일선에서 물러나 런던으로 돌아온다.

Cayley는 42세(1863년)에 모교인 Cambridge 대학에 새롭게 창설된 수학석좌교수직인 **Sadleirian 교수**로 임용되는데, 변호사에 비하여 연봉은 형편없이 작아졌지만 수학 연구에 매진할 수 있는 것에 그는 크게 만족하였고, 곧 결혼하여 Cambridge 부근에 정착하며, 74세(1895년)로 삶을 마감할 때까지 32년 동안 이 자리를 지켰다. 이 기간 동안 600편 이상의 논문을 발표한 그는 평생 967편의 논문을 발표하였으며 지금까지 역사상 가장 많은 논문을 발표한 학자로 기록되어 있다. 55세(1875년)에는 Trinity College의 Fellow가 되어 경제적으로 약간 사정이 나아졌고, 56세(1876년)에는 그의 유일한 저서인 **Treatise on Elliptic Functions**를 저술하였으며, 61세(1882년)에는 Sylvester의 초청을 받아들여 Johns Hopkins 대학에 5개월 정도 체류하며 Abel 및 Theta함수에 대해 강의하였다. 62세(1883년)에는 영국과학진흥협회(BA, British Association for the Advancement of Science)의 회장이 되어 과학의 대중화에도 공헌하였고, 평생 행렬과 행렬식의 이론에 대한 연구를 멈추지 않았으며, 스스로의 논문총서 발간을 준비하다 삶을 마쳤는데, 그의 사후 석좌교수직은 Forsyth(1858~1942, UK)에 의해 계승되었다.

젊은 시절 Sylvester의 종교적인 이유에 기인하는 갈등과 절망에 대한 영국의 보상은 늦게나마 Oxford 대학의 임용으로 이루어졌다. Cambridge 대학의 Lucasian 교수에 상응하는 Oxford 대학의 석좌교수직인 **Savilian 교수**[66]로 69세(1883년)에 임용된 그는 83세(1897년)로 삶을 다할 때까지 14년 동안 재직하였으며, 78세(1892년)에는 부분적으로 시력을 잃기도 하였는데, 평생 독신으로 지낸 그는 Cayley의 유복함과 출중함에 대해 솔직히 부러움을 표시할 정도로 열린 자세로 살았으며 또한 격렬하게 살아간 사람으로 기억되고 있다.

---

65) 석유재벌로 유명한 Rockefeller(1839~1937, USA)에 의해 1890년 창립된 사립대학이다.

66) Savilian Professor는 1617년 Sir Henry Savile에 의해 만들어진 석좌교수직으로 기하학과 천문학 전공의 두 교수가 있는데, 여기서는 기하학 전공을 뜻하며, 초대 Briggs 이후, Wallis, Halley, Sylvester, Titchmarsh 등이 역임하였다.

3.3 선형변환 또는 텐서

지금까지는 벡터보다는 벡터공간을 위주로 설명을 진행해 왔는데, 이제 행렬과 관련하여서도 비슷한 논의를 진행하고자 한다. 행렬은 다음과 같은 일차연립방정식으로부터 자연스럽게 계수들의 숫자 배열 (a_{ij})로 정의될 수 있다.

$$\begin{aligned} a_{11}\xi_1 + a_{12}\xi_2 + \ldots + a_{1n}\xi_n &= \eta_1 \\ a_{21}\xi_1 + a_{22}\xi_2 + \ldots + a_{2n}\xi_n &= \eta_2 \\ &\ldots \\ a_{n1}\xi_1 + a_{n2}\xi_2 + \ldots + a_{nn}\xi_n &= \eta_n \end{aligned} \qquad (3.3.1)$$

이와 같은 숫자 배열에 대해서는 동양에서도 **九章算術**(중국 漢 나라 때인 기원전 2세기경에 저술된 것으로 보임) 등에 나타나고 있으므로 매우 일찍부터 다루어졌던 것으로 보인다. 그러나 행렬은 **선형변환**(linear transformation) 또는 **텐서**(tensor)를 주어진 벡터공간에 대해 일정한 기저를 잡아 표현하고자 할 때 얻어지는 양으로 간주하는 것이, 행렬과 관련된 여러 분야를 한꺼번에 동일한 개념과 통일된 방법으로 다룰 수 있게 되어 훨씬 효율적이다. 이하에서는 Sylvester(1850)와 Cayley(1853)에 의해 주창되고, Peano(1888)에 의해 확립된 이와 같은 관점에 대해 고찰한다.

먼저 주어진 벡터공간 R에 대해 입력이 R에 속하는 벡터이면 출력도 R에 속하는 벡터이며, 다음과 같은 선형성을 가진 연산자 $\underline{T}$를 생각한다.

$$\underline{T}(\underline{x}+\underline{y}) = \underline{T}(\underline{x}) + \underline{T}(\underline{y})\text{; 분배성(벡터 덧셈에 대한)} \qquad (3.3.2)$$

$$\underline{T}(\alpha\underline{x}) = \alpha\,\underline{T}(\underline{x})\text{; 분배성(숫자곱에 대한)} \qquad (3.3.3)$$

여기서 $\underline{x}$, $\underline{y}$는 R에 속하는 임의의 벡터이고 α는 임의의 스칼라이다. 이와 같은 성질을 가진 연산자 $\underline{T}$를 선형변환 또는 텐서라고 부른다[67]. 위의 식에서와 같이 벡터와 텐서를 하나의 객체로 표현하는 방법을 **텐서표기법**(tensor notation)이라고 부르기로 한다.

두 텐서 $\underline{A}$, $\underline{B}$가 R에 속하는 모든 벡터 $\underline{x}$에 대해 다음을 만족할 때[68],

67) 이하에서는 주로 텐서를 사용하기로 하고, 선형성이 강조되거나 특별한 경우에만 선형변환을 사용하기로 하며, 텐서는 영어의 대문자 아래에 줄을 그어 나타내기로 한다.
68) 텐서에 대한 입력은 그 표현이 복잡하면 괄호를 써서 나타내기로 하고, 벡터 하나로 표시할 수 있는

$$\underline{A}\underline{x} = \underline{B}\underline{x} \tag{3.3.4}$$

두 텐서는 동일하다고 하며, $\underline{A} = \underline{B}$로 표시하고, 또 R에 속하는 모든 벡터에 대해 다음이 성립하면,

$$\underline{A}\underline{x} = \underline{x} \tag{3.3.5}$$

$\underline{A} = \underline{1}$이라고 표시하고 $\underline{1}$은 항등텐서(identity tensor) 또는 **단위텐서**(unit tensor)라고 부른다.

위에서 정의한 개념들을 사용하면, 텐서끼리의 덧셈과 곱셈을 생각할 수 있다. 먼저 두 텐서 $\underline{A}$, $\underline{B}$에 대해 제 3의 텐서 $\underline{C}$가 R에 속하는 임의의 벡터 $\underline{x}$에 대해 다음 식을 만족하면,

$$\underline{C}\underline{x} = \underline{A}\underline{x} + \underline{B}\underline{x} \tag{3.3.6}$$

$\underline{C}$는 $\underline{A}$와 $\underline{B}$의 **합**이라고 하고, $\underline{C} = \underline{A} + \underline{B}$라고 표기한다. 또 다른 제 3의 텐서 $\underline{P}$가 다음을 만족하면,

$$\underline{P}\underline{x} = \underline{A}(\underline{B}\underline{x}) \tag{3.3.7}$$

$\underline{P}$는 $\underline{A}$와 $\underline{B}$의 **곱**이라고 하고, $\underline{P} = \underline{A}\underline{B}$라고 표기한다. 일반적으로 두 텐서의 곱은 순서를 바꾸면 같은 결과를 주지 않으므로, $\underline{A}\underline{B} \neq \underline{B}\underline{A}$임에 유의한다.

위와 같은 개념의 유효성을 보이기 위해 아래에서는 전혀 다른 내용을 가진 몇 개의 벡터공간과 그 벡터공간 상에 정의된 텐서에 대해 생각해 보기로 한다.

첫 번째 가장 간단한 예로는 2차원 평면 상의 위치벡터로 이루어지는 벡터공간 R_2에 대해 생각한다. 주어진 벡터를 고정된 각도 θ만큼 반시계방향으로 회전시키는 연산자를 생각하고 이를 $\underline{A}$라고 하면, $\underline{A}$는 텐서로서의 모든 조건을 만족하는 것을 알 수가 있다(그림 3.6).

경우에는 이와 같이 괄호를 쓰지 않고 나타내기로 한다.

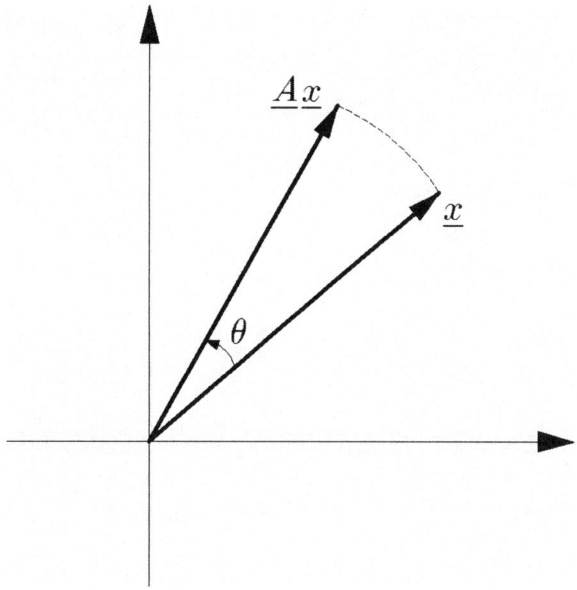

그림 3.6 2차원 평면 상에 정의된 텐서로서의 회전

두 번째 예로는 다음과 같은 2-열벡터로 이루어지는 벡터공간 A_2에 대해 생각한다. 먼저 벡터 $\underline{x}$는 다음과 같이 쓸 수 있고,

$$\underline{x} = \begin{pmatrix} x_1 \\ x_2 \end{pmatrix} \tag{3.3.8}$$

만약 두 텐서 $\underline{A}$, $\underline{B}$를 다음과 같이 정의하면,

$$\underline{A}\underline{x} = \begin{pmatrix} x_1 \\ x_1 + x_2 \end{pmatrix}, \ \underline{B}\underline{x} = \begin{pmatrix} x_2 \\ x_1 \end{pmatrix} \tag{3.3.9}$$

$\underline{A}\underline{B}\underline{x}$와 $\underline{B}\underline{A}\underline{x}$는 각각 다음과 같으므로,

$$\underline{A}\underline{B}\underline{x} = \underline{A}\begin{pmatrix} x_2 \\ x_1 \end{pmatrix} = \begin{pmatrix} x_2 \\ x_1 + x_2 \end{pmatrix}, \ \underline{B}\underline{A}\underline{x} = \underline{B}\begin{pmatrix} x_1 \\ x_1 + x_2 \end{pmatrix} = \begin{pmatrix} x_1 + x_2 \\ x_1 \end{pmatrix} \tag{3.3.10}$$

명백히 일반적으로 $\underline{A}\underline{B} \neq \underline{B}\underline{A}$이다.

세 번째 예로 차수가 n보다 크지 않은 실수계수의 모든 다항식으로 이루어지는 벡터공간 B_n에 대해 생각한다. 벡터 $\underline{x}$는 다음과 같이 쓸 수 있고,

$$\underline{x} = p(t) = a_0 + a_1 t + a_2 t^2 + \ldots + a_n t^n \tag{3.3.11}$$

연산자 $\underline{A}$를 다음과 같이 정의하면,

$$\underline{A}\,\underline{x} = \frac{1}{t}\int_0^t p(\tau)d\tau = a_0 + \frac{a_1}{2}t + \ldots + \frac{a_n}{n+1}t^n \tag{3.3.12}$$

$\underline{A}$는 텐서로서의 모든 조건을 만족하는 것을 알 수 있다. 또 연산자 $\underline{B}$를 다음과 같이 정의하면,

$$\underline{B}\,\underline{x} = \frac{d}{dt}p(t) \tag{3.3.13}$$

$\underline{B}$ 또한 텐서로서의 모든 조건을 만족하는 것을 알 수 있다. 이들을 사용하여 $\underline{A}\,\underline{B}\,\underline{x}$와 $\underline{B}\,\underline{A}\,\underline{x}$를 구하면 각각 다음과 같으므로,

$$\underline{A}\,\underline{B}\,\underline{x} = \underline{A}(a_1 + 2a_2 t + \ldots + n a_n t^{n-1}) = a_1 + a_2 t \ldots + a_n t^{n-1}, \tag{3.3.14}$$

$$\underline{B}\,\underline{A}\,\underline{x} = \underline{B}(a_0 + \frac{a_1}{2}t + \ldots + \frac{a_n}{n+1}t^n) = \frac{a_1}{2} + \frac{2a_2}{3}t + \ldots + \frac{n a_n}{n+1}t^{n-1} \tag{3.3.15}$$

$\underline{x} = a_0$, 즉 상수가 아니면 명백히 $\underline{A}\,\underline{B} \neq \underline{B}\,\underline{A}$임을 알 수 있다.

위의 예에서 알 수 있는 바와 같이 외견상으로는 전혀 달라 보이는 문제들을 벡터공간과 텐서라는 개념을 사용하여 동일한 방법으로 통일되게 다룰 수 있음을 알 수 있다.

[예제 3.11]

구간 $[0,1]$에 정의된 모든 연속인 함수로 이루어지는 벡터공간 C_0에 대해 정의되는 다음 연

산자는 텐서인가?

$$\underline{A}\,\underline{x} = \int_0^t f(\tau)d\tau, \;\; t \in [0,1] \qquad (예3.3.1)$$

여기서 $\underline{x} = f(t)$ 이다.

► 답

식 (예1)로 정의된 연산자 $\underline{A}$ 가 텐서이기 위해서는 먼저 식 (예1)의 결과로 얻어지는 함수가 주어진 구간에서 연속이어야 하는데 연속인 함수를 적분하면 연속인 함수를 얻는 것을 이미 미적분학에서 배워 알고 있으므로 이에 대해서는 문제가 없다.

다음으로는 분배성 즉 식 (2)와 (3)을 만족해야 한다. 연속인 두 함수의 합을 적분한 것과 각각의 적분의 합은 같으므로 식 (2)를 만족하며, 임의의 함수와 실수의 곱을 적분한 결과와 그 함수를 적분하여 실수를 곱하여 얻어지는 결과는 동일하므로 식 (3)도 만족하여, $\underline{A}$ 는 텐서라고 할 수 있다.

[예제 3.12]

구간 $[0,1]$ 에 정의된 모든 연속인 함수로 이루어지는 벡터공간 C_0에 대해 정의되는 다음 연산자는 텐서인가?

$$\underline{B}\,\underline{x} = \underline{B}f(t) = \int_0^t K(t,\tau)f(\tau)d\tau, \;\; t \in [0,1] \qquad (예3.3.2)$$

여기서 $K(t,\tau)$ 는 정의된 주어진 함수이고, 구간 $t \in [0,1]$, $\tau \in [0,1]$ 에서 연속이다.

► 답

식 (예2)로 정의된 연산자 $\underline{B}$ 가 텐서이기 위해서는 먼저 식 (예2)의 결과로 얻어지는 함수가 주어진 구간에서 연속이어야 하는데, 연속인 함수와 연속인 함수의 곱 또한 연속이므로 식 (예2)의 결과는 연속이며, 따라서 입력과 출력이 같은 벡터공간에 속한다.

다음으로는 분배성을 만족해야 한다. 연속인 두 함수의 합을 $K(t,\tau)$ 와 곱하여 적분한 것과 각각을 $K(t,\tau)$ 와 곱하여 적분한 결과의 합은 같으므로 식 (2)를 만족한다. 또 임의의 함수와 실수의 곱을 $K(t,\tau)$ 와 곱하여 적분한 결과와 그 함수와 $K(t,\tau)$ 를 곱하여 적분한 결과에 실수를 곱하여 얻어지는 결과는 동일하므로 식 (3)도 만족하므로, $\underline{B}$는 텐서이다.

$g(t)$가 주어진 경우, $\underline{B}f(t) = g(t)$를 만족하는 $f(t)$를 구하는 문제는 핵함수(kernel function)가 $K(t,\tau)$인 적분방정식(integral equation)이다.

다음으로는 **역텐서**(inverse tensor)에 대해 생각한다. 벡터공간 R 상에 정의된 텐서 $\underline{A}$와, 임의의 벡터 $\underline{x}$에 대해 다음이 성립할 때,

$$\underline{A}\,\underline{x} = \underline{y} \tag{3.3.16}$$

이와 같이 얻어지는 벡터 $\underline{y}$에 대해 위의 식이 성립하는 벡터는 $\underline{x}$가 유일한 경우, 다시 말하면 $\underline{A}$에 의해 관련되는 입력과 출력이 1:1로 대응하는 경우, $\underline{A}$는 **비특이텐서**(non-singular tensor)라고 하며, 비특이가 아닌 텐서는 **특이텐서**(singular tensor)라고 부른다.

식 (7) 아래에서 고려한 첫 번째 벡터공간 R_2에 대해 벡터의 회전으로 정의된 텐서 $\underline{A}$는 명백히 비특이텐서이다.

두 번째 벡터공간 A_2에 대해 정의된 텐서 $\underline{B}$에 대해 생각하자.

$$\underline{B}\,\underline{x} = \begin{pmatrix} x_2 \\ x_1 \end{pmatrix} = \underline{y} = \begin{pmatrix} y_1 \\ y_2 \end{pmatrix} \tag{3.3.17}$$

이 식에서 얻어진 $\underline{y}$에 대해 위의 식을 만족하는 $\underline{x}$는 원래 입력으로 사용한 $\underline{x}$ 이외에는 없으므로, $\underline{B}$는 명백히 비특이텐서이다.

벡터공간 R 상에 정의된 텐서 $\underline{A}$의 입력과 출력이 1:1로 대응한다는 것은, 주어진 벡터 $\underline{y}$에 대해 $\underline{A}\,\underline{x} = \underline{y}$를 만족하는 벡터 $\underline{x}$가 유일하다는 뜻이며, 이런 경우 $\underline{x}(\underline{y})$는 $\underline{A}$에 대한 $\underline{y}$의 **원상**(pre-image)이라고 부른다. 이제 텐서 $\underline{A}$의 입력과 출력이 1:1로 대응(one-to-one correspondence)하면, 다음과 같은 관계가 성립하는 유일한 텐서 $\underline{B}$가 존재함을 보인다.

$$\underline{A}\,\underline{B} = \underline{B}\,\underline{A} = \underline{1} \tag{3.3.18}$$

이 식이 성립하기 위해서는 우선 $\underline{B}$가 임의의 벡터 $\underline{x}$에 대해 $\underline{A}\,\underline{x} = \underline{y}$에 의해 얻

어진 벡터 $\underline{y}$를, $\underline{A}$에 대한 원상 $\underline{x}(\underline{y})$로 보내는 변환을 의미해야하므로, $\underline{B}\underline{y} = \underline{x}(\underline{y})$로 정의하고, 이러한 변환이 텐서임을 보이기 위해서는 먼저 식 (2)와 (3)으로 주어지는 선형성을 증명하자. 벡터공간 R에 속한 임의의 두 벡터 $\underline{u}$, $\underline{v}$에 대해 다음이 성립하므로,

$$\underline{A}(\underline{x}(\underline{u}) + \underline{x}(\underline{v})) = \underline{A}\,\underline{x}(\underline{u}) + \underline{A}\,\underline{x}(\underline{v}) = \underline{u} + \underline{v} = \underline{A}\,\underline{x}(\underline{u} + \underline{v}) \qquad (3.3.19)$$

즉 $\underline{x}(\underline{u}) + \underline{x}(\underline{v}) = \underline{x}(\underline{u} + \underline{v})$이므로, 식 (2)가 만족된다. 또 스칼라 α에 대해 다음이 성립하므로,

$$\underline{A}(\underline{x}(\alpha\underline{u})) = \alpha\underline{u} = \alpha\underline{A}(\underline{x}(\underline{u})) = \underline{A}(\alpha\underline{x}(\underline{u})) \qquad (3.3.20)$$

$\underline{x}(\alpha\underline{u}) = \alpha\underline{x}(\underline{u})$이며, 따라서 식 (3)이 만족된다. 그러므로 $\underline{B}\underline{y} = \underline{x}(\underline{y})$로 정의한 연산자 $\underline{B}$는 텐서이다. 또 임의의 벡터 $\underline{y}$에 대해 다음이 성립하고,

$$\underline{A}\,\underline{B}\underline{y} = \underline{A}\,\underline{x} = \underline{y} \qquad (3.3.21)$$

마찬가지 방법으로 임의의 벡터 $\underline{x}$에 대해 다음이 성립하므로,

$$\underline{B}\underline{A}\,\underline{x} = \underline{B}\underline{y} = \underline{x} \qquad (3.3.22)$$

식 (18)도 만족된다. 마지막으로 텐서 $\underline{B}$의 유일성을 증명하기 위해 $\underline{B}$와 같은 성질을 가진 제 2의 텐서 $\underline{C}$가 존재한다고 가정하면, $\underline{A}\,\underline{C} = \underline{C}\underline{A} = \underline{1}$이 성립하므로 다음을 보일 수 있다.

$$\underline{C} = \underline{B}\underline{A}\,\underline{C} = \underline{B} \qquad (3.3.23)$$

즉 위와 같은 성질을 가지는 텐서 $\underline{B}$는 유일하다는 것을 알 수 있다.

위에서 얻은 텐서 $\underline{B}$는 텐서 $\underline{A}$의 역이라고 하며, $\underline{A}^{-1}$로 표기한다. 따라서 '텐서 $\underline{A}$의 입력과 출력이 1:1로 대응한다', 또는 '$\underline{A}$는 비특이텐서다', 그리고 '텐서 $\underline{A}$의 역인 $\underline{A}^{-1}$가 존재한다'라는 표현은 모두 같은 뜻이다.

위의 개념을 적용하는 몇 개의 예를 생각한다. 먼저 n-열벡터로 이루어지는 벡터공간 A_n에 속하는 임의의 벡터 $\underline{x}$는 다음과 같고,

$$\underline{x} = \begin{pmatrix} x_1 \\ x_2 \\ \dots \\ x_n \end{pmatrix} \tag{3.3.24}$$

A_n에 대해 다음과 같이 정의되는 텐서 $\underline{A}$에 대해 생각하자.

$$\underline{A}\,\underline{x} = \begin{pmatrix} \sum_{j=1}^{n} a_{1j} x_j \\ \sum_{j=1}^{n} a_{2j} x_j \\ \dots \\ \sum_{j=1}^{n} a_{nj} x_j \end{pmatrix} \tag{3.3.25}$$

여기서 a_{ij}, $i = 1,2,\dots,n$, $j = 1,2,\dots,n$은 n^2개의 실수이며 주어진 상수들이다. A_n에 속하는 어떤 벡터 $\underline{y}$에 대해 원상 $\underline{x}(\underline{y})$를 구하기 위해서는, 3.5절에서 알게 될 바와 같이, $|a_{ij}|$로 표시되는 행렬식이 0이 아니어야 한다. 이와 같이 숫자의 정방 배열에 두 개의 수직선을 그어 행렬식으로 표시하는 것은 Cayley(1841)에 의해 처음으로 도입되었으며, 일차연립방정식의 해와 관련하여 행렬식의 개념을 도입한 Cramer(1750)와는 상당한 시간적 차이가 있다.

두 번째 예로 위에서 고려한 바 있는 차수가 n보다 크지 않은 실수계수의 모든 다항식으로 이루어지는 벡터공간 B_n에 대해 생각하자. 아래에 다시 보인 바와 같이 임의의 벡터 $\underline{x} = p(t)$는 식 (11)과 같이 쓸 수 있고, 텐서 $\underline{A}$는 식 (12)와 같을 때,

$$\underline{x} = p(t) = a_0 + a_1 t + a_2 t^2 + \dots + a_n t^n \tag{3.3.11}$$

$$\underline{A}\,\underline{x} = \frac{1}{t}\int_0^t p(\tau)d\tau = a_0 + \frac{a_1}{2}t + \dots + \frac{a_n}{n+1}t^n \tag{3.3.12}$$

텐서 $\underline{B}$는 다음과 같다고 하자.

$$\underline{B}\underline{x} = \frac{d}{dt}[tp(t)] = a_0 + 2a_1 t + ... + (n+1)a_n t^n \tag{3.3.26}$$

그러면 실제 계산에 의해 $\underline{A}\,\underline{B}\,\underline{x} = \underline{B}\,\underline{A}\,\underline{x} = \underline{x}$ 임을 보일 수 있으므로, $\underline{B} = \underline{A}^{-1}$를 얻는다.

[예제 3.13] 미분의 역

차수가 n보다 크지 않은 실수계수의 모든 다항식 $\underline{x} = p(t)$로 이루어지는 벡터공간 B_n에 대해 식 (13)으로 정의된 텐서 $\underline{B}\underline{x} = \frac{d}{dt}p(t)$는 특이텐서임을 보이시오.

► 답

$\underline{B}^{-1} = \underline{A}$가 존재하기 위해서는 1:1 대응이 이루어져야 하는데, 식 (11)로 주어지는 $\underline{x}$에 대해 $\underline{B}\underline{x}$는 다음과 같으므로,

$$\underline{B}\underline{x} = \frac{d}{dt}p(t) = a_1 + ... + na_n t^{n-1} \tag{예3.3.3}$$

무한히 많은 a_0에 대해 동일한 결과를 얻는다. 따라서 1:1 대응이 이루어 지지 않으며, $\underline{B}$는 특이텐서이다.

통상적으로 미분과 적분은 역연산이라고 하지만 위에서 본 바와 같이 엄밀한 의미에서 그렇다는 것은 아니며 단지 개념적으로 그러하다는 뜻일 뿐이다.

[예제 3.14] 투영의 역

3.2절에서 정의한 바 있는 투영에 대해 생각한다. 어떤 RES R의 아공간 R^*의 차원이 n이라고 하고, $\{\hat{e}\}$가 R^*에 대한 직교정규기저라고 하면 다음과 같이 R에 속하는 벡터 $\underline{x}$에 대해 정의되는 연산자 $\underline{P}$는 텐서임을 보이시오. 단 $\dim R > n$임을 가정한다.

$$\underline{P}\underline{x} = \sum_{k=1}^{n} (\underline{x}, \hat{e}_k)\hat{e}_k \qquad \text{(예3.3.4)}$$

또 텐서 $\underline{P}$는 특이텐서임을 보이시오.

► 답

식 (예4)로 정의된 연산자 $\underline{P}$가 텐서이기 위해서는 먼저 식 (예4)의 결과로 얻어지는 함수가 RES R에 속해야 하는데, 식 (예4)로 주어지는 벡터는 아공간 R^*에 속하므로 명백히 R에 속함을 알 수 있다.

다음으로는 분배성, 식 (2)와 (3)을 만족해야 한다. R에 속하는 임의의 두 벡터 $\underline{x}$, $\underline{y}$에 대해 스칼라곱의 벡터 덧셈에 대한 분배성을 이용하여 다음을 보일 수 있고,

$$\begin{aligned}\underline{P}(\underline{x}+\underline{y}) &= \sum_{k=1}^{n}(\underline{x}+\underline{y}, \hat{e}_k)\hat{e}_k = \sum_{k=1}^{n}\{(\underline{x}, \hat{e}_k)+(\underline{y}, \hat{e}_k)\}\hat{e}_k \\ &= \sum_{k=1}^{n}(\underline{x}, \hat{e}_k)\hat{e}_k + \sum_{k=1}^{n}(\underline{y}, \hat{e}_k)\hat{e}_k = \underline{P}(\underline{x}) + \underline{P}(\underline{y})\end{aligned} \qquad \text{(예3.3.5)}$$

또한 스칼라곱의 숫자곱에 대한 분배성을 이용하여 다음 관계가 성립하는 것을 보일 수 있으므로,

$$\underline{P}(\alpha\underline{x}) = \sum_{k=1}^{n}(\alpha\underline{x}, \hat{e}_k)\hat{e}_k = \sum_{k=1}^{n}\alpha(\underline{x}, \hat{e}_k)\hat{e}_k = \alpha\underline{P}(\underline{x}) \qquad \text{(예3.3.6)}$$

$\underline{P}$는 텐서임이 명백하다.

텐서 $\underline{P}$가 특이텐서임을 보이기 위해 다음을 생각한다. 임의의 벡터 $\underline{x}$에 대해 투영 $\underline{x}_0 = \underline{P}\underline{x}$을 얻고, 두 벡터의 차이를 다음과 같이 정의하면,

$$\underline{d} = \underline{x} - \underline{x}_0 \qquad \text{(예3.3.7)}$$

벡터 $\underline{d}$의 투영은 명백히 $\underline{0}$이다. 임의의 실수 $\alpha(\neq 1)$에 대해 $\underline{y} = \underline{x}_0 + \alpha\underline{d}$로 정의하면 텐서 $\underline{P}$의 성질을 이용하여 다음을 보일 수 있으므로,

$$\underline{P}\,\underline{y} = \underline{P}\left(\underline{x}_0 + \alpha \underline{d}\right) = \underline{P}\,\underline{x}_0 + \alpha \underline{P}\,\underline{d} = \underline{x}_0 \qquad (예3.3.8)$$

두 개의 서로 다른 벡터 $\underline{x}$, $\underline{y}$에 대해 동일한 투영을 얻는다. 그러므로 $\underline{P}$는 1:1 대응의 텐서가 아님을 알 수 있으며, 따라서 $\underline{P}$는 특이텐서이다.

이제부터는 벡터공간의 차원이 유한하다는 가정 아래, 기저가 주어졌을 때에 대해 **텐서의 표현**이 어떻게 주어지는가에 대해 살펴본다. 먼저 R은 n차원 벡터공간이며, 텐서 $\underline{A}$는 R 상에 정의되어 있고, $\underline{e}_1, \underline{e}_2, \ldots, \underline{e}_n$은 R에 대한 기저라고 할 때, 벡터 $\underline{e}_j$를 텐서 $\underline{A}$에 입력하면 출력 벡터는 다음과 같이 쓸 수 있다.

$$\underline{A}\,\underline{e}_j = \sum_{i=1}^{n} a_{ij}\,\underline{e}_i, \; j = 1, 2, \ldots, n \qquad (3.3.27)$$

여기서 n^2개의 스칼라 a_{ij}, $i = 1, 2, \ldots, n$, $j = 1, 2, \ldots, n$는 기저 $\{\underline{e}\}$를 사용했을 때의 텐서 $\underline{A}$의 성분(components of tensor)이라고 부른다. 또한 이와 같은 스칼라의 정방 배열에 의해 얻어지는 행렬은 $\underline{A}^{\underline{e}}$와 같이 표시하며, 따라서 다음과 같이 쓸 수 있다.

$$\underline{A}^{\underline{e}} = \begin{pmatrix} a_{11} \; a_{12} \ldots a_{1n} \\ a_{21} \; a_{22} \ldots a_{2n} \\ \ldots \\ a_{n1} \; a_{n2} \ldots a_{nn} \end{pmatrix} = (a_{ij}) \qquad (3.3.28)$$

여기서 얻어진 행렬 $\underline{A}^{\underline{e}}$는 주어진 텐서 $\underline{A}$에 대해 기저 $\{\underline{e}\}$가 주어지면 유일하게 결정되는 양이며, 성분 a_{ij}는 이런 의미에서 $\underline{A}$의 특성을 나타내고 있다. a_{ij}는 $\underline{A}\,\underline{e}_j$의 $\{\underline{e}\}$에 대한 성분이므로, $\underline{A}\,\underline{e}_j$의 성분들이 j 번째 열에 위치한 행렬인 점에 유의하고, 또 한 가지 주의할 점은 동일한 텐서에 대해서도 다른 기저를 취하면, 그 때 얻어지는 행렬은 달라질 것이라는 점이다.

식 (28)에 따르면 n차원 벡터공간에 정의된 텐서는 하나의 기저에 대해 반드시 하나의 행렬에 대응하므로, 행렬에 대한 연산은 사실 텐서에 대한 연산으로부터 얻어질 수 있다는 점이다. 예를 들어 임의의 실수 α에 대해 $(\alpha \underline{A})^{\underline{e}}$에 대한 고려로부터 다음 관계를 얻는다([예제 3.15] 참조).

$$(\alpha \underline{A})^{\underline{e}} = \alpha \underline{A}^{\underline{e}} = (\alpha a_{ij}) \tag{3.3.29}$$

또한 R 상에 정의된 두 텐서 $\underline{A}$, $\underline{B}$의 합에 대한 고려로부터 다음을 얻는다([예제 3.16] 참조).

$$(\underline{A} + \underline{B})^{\underline{e}} = \underline{A}^{\underline{e}} + \underline{B}^{\underline{e}} = (a_{ij} + b_{ij}) \tag{3.3.30}$$

여기서 (b_{ij})는 기저 $\{\underline{e}\}$를 사용했을 때의 텐서 $\underline{B}$의 성분이다. 한편 두 텐서 $\underline{A}$, $\underline{B}$의 곱에 대한 고려로부터 다음을 얻는다([예제 3.17] 참조).

$$(\underline{A}\,\underline{B})^{\underline{e}} = \underline{A}^{\underline{e}} \underline{B}^{\underline{e}} = (a_{ik})(b_{kj}) \tag{3.3.31}$$

다시 말하면 $\underline{C} = \underline{A}\,\underline{B}$일 때, $\underline{C}^{\underline{e}} = \underline{A}^{\underline{e}} \underline{B}^{\underline{e}}$이고, 텐서 $\underline{C}$의 성분 또는 행렬 $\underline{C}^{\underline{e}}$의 요소(elements of matrix) c_{ij}는 다음과 같이 주어진다.

$$c_{ij} = \sum_{k=1}^{n} a_{ik} b_{kj} \tag{3.3.32}$$

한편, R에 속한 임의의 벡터 $\underline{x}$가 기저 $\{\underline{e}\}$를 사용했을 때 다음과 같이 주어진다면,

$$\underline{x} = \xi_1 \underline{e}_1 + \xi_2 \underline{e}_2 + \ldots + \xi_n \underline{e}_n = \sum_{j=1}^{n} \xi_j \underline{e}_j \tag{3.3.33}$$

$\underline{A}\,\underline{x}$에 대해 다음 결과를 얻는다.

$$\underline{A}\,\underline{x} = \sum_{j=1}^{n} \xi_j \underline{A}\,\underline{e}_j = \sum_{j=1}^{n} \xi_j \sum_{i=1}^{n} a_{ij} \underline{e}_i = \sum_{i=1}^{n} \left(\sum_{j=1}^{n} a_{ij} \xi_j \right) \underline{e}_i \tag{3.3.34}$$

그러므로 만약 다음 관계가 성립한다면,

$$\underline{A}\underline{x} = \underline{y} = \sum_{i=1}^{n} \eta_i \underline{e}_i \tag{3.3.35}$$

식 (34)와 (35)를 비교하여 다음 결과를 얻는다.

$$\sum_{j=1}^{n} a_{ij}\xi_j = \eta_i, \ i = 1, 2, \dots, n \tag{3.3.36}$$

이 식은 식 (1)의 일차연립방정식과 동일한 형태로 텐서가 어떻게 일차연립방정식과 관련되는지를 보여주는 결과이다. 식 (36)으로 주어지는 일차연립방정식의 해는 소위 Cramer(1750)의 해법에 의해 주어지는데, 그의 결과는 텐서와는 전혀 상관없이 행렬식에 대한 고려로부터 얻어질 수 있으며, 3.5절에서 소개한다.

한편 식 (23) 아래서 논의한 텐서 $\underline{A}$의 역 $\underline{A}^{-1}$에 대해 벡터공간의 차원이 유한하다고 가정하여 $(\underline{A}^{-1})^{\underline{e}}$는 어떻게 주어지는가에 대해 고려해보자. 식 (17) 아래서 논의한 바와 같이 $\underline{A}^{-1}$는 주어진 벡터 $\underline{y}$에 대해 $\underline{A}\underline{x} = \underline{y}$를 만족하는 벡터 $\underline{x}$가 유일한 경우에만 존재할 수 있으므로, $\underline{A}^{-1}$는 식 (36)의 해가 유일한 경우에만 존재할 수 있다. 3.5절의 Cramer의 해법에 따르면 식 (36)의 해는 행렬식 $D = |a_{ij}|$가 0이 아닌 경우에만 유일하게 결정할 수 있으므로, $\underline{A}^{-1}$ 또는 $(\underline{A}^{-1})^{\underline{e}}$는 $D \neq 0$인 경우에만 존재한다. 여기서 한 가지 명백한 사실은, 만약 어떤 하나의 기저에 대해 얻은 행렬에 대해 계산한 행렬식이 0이라면, 다른 어떤 기저에 대해 얻은 행렬에 대해 계산한 행렬식도 0이어야 한다는 점이다. 왜냐하면 행렬식이 0이라는 성질은 텐서 자체의 성질이기 때문에 기저에 상관없이 성립해야 하기 때문이다. 이와 같이 기저에 상관없이 성립하는 텐서의 성질은 텐서의 불변량(invariant)과 관계가 있으며, 바로 이런 성질과 관련하여 텐서의 개념을 사용하면, 관련된 행렬의 성질에 대해 훨씬 간결한 설명을 얻을 수 있다.

한편 $\underline{A}^{-1}$가 존재하면 식 (35)로부터 다음을 얻고,

$$\underline{x} = \underline{A}^{-1}\underline{y} \tag{3.3.37}$$

또 3.5절의 Cramer의 해법으로부터 식 (36)의 해는 다음과 같이 얻어지므로,

$$\xi_i = \sum_{j=1}^{n} b_{ij}\eta_j, \ i = 1, 2, \ldots, n \tag{3.3.38}$$

결국 다음 식을 얻는다.

$$(\underline{A}^{-1})^{\underline{e}} = (b_{ij}) \tag{3.3.39}$$

여기서 3.5절로부터 b_{ij}는 다음과 같이 주어지며,

$$b_{ij} = (-1)^{i+j}\frac{M_{ji}}{D}, \ i = 1, 2, \ldots, n, \ j = 1, 2, \ldots, n \tag{3.3.40}$$

M_{ji}는 행렬 $\underline{A}^{\underline{e}}$로부터 j 번째 행과 i 번째 열을 제거하여 얻은 소행렬의 행렬식으로 소행렬식(minor)이라고 부른다. 또한 앞의 부호까지 포함하여 여인수(cofactor)를 다음과 같이 정의한다.

$$C_{ji} = (-1)^{i+j}M_{ji} \tag{3.3.41}$$

여인수를 사용하여 역 텐서의 성분을 나타내면 다음과 같다.

$$b_{ij} = \frac{C_{ji}}{D} \tag{3.3.42}$$

식 (39)는 역텐서 $\underline{A}^{-1}$ 에 대해 기저 $\{\underline{e}\}$를 사용했을 때의 표현(representation)이다. 3.5절에서 정의하는 역행렬의 개념을 사용하면, 위에서 얻은 행렬 (b_{ij})는 행렬 $\underline{A}^{\underline{e}}$의 역행렬 $(\underline{A}^{\underline{e}})^{-1}$이 되도록 정의되었다. 따라서 다음 관계를 얻는다.

$$(\underline{A}^{-1})^{\underline{e}} = (\underline{A}^{\underline{e}})^{-1} \tag{3.3.43}$$

역행렬의 개념은 Cayley(1853)에 의해 처음 도입되었는데, Cramer(1750)의 해법이 알려지고도 100년도 더 지난 후의 일이니, 이러한 사실만 보더라도 개념의 추상화는

대단히 어려운 작업이라는 점을 알 수 있다. 일차연립방정식을 풀기 위해 n^2개의 스칼라와 씨름을 한 연구자들은 그 이전에도 무수히 많았지만, 이들 스칼라를 하나의 객체로 생각하여 행렬이라고 부른 Sylvester(1850) 이전에는 역행렬의 개념에 도달할 수가 없었다. 또한 행렬식에 대해서 상당히 많은 사실들이 알려진 이후에야 행렬에 대한 개념이 도입되었으므로, 행렬은 그 개념이 도입되었을 때 이미 행렬 자체에 대해서 상당히 많은 성질들이 알려져 있었다고 볼 수 있다. 따라서 행렬에 대해서는 차후의 발전이 연산의 관점에서보다는 텐서의 관점에서 이루어지게 되었는지도 모른다.

[예제 3.15] 스칼라와 행렬의 숫자곱

식 (27)을 사용하여, 식 (29)를 증명하시오.

► 답

$\underline{B}=\alpha\underline{A}$라고 하면 텐서의 숫자곱에 대한 분배성을 이용하여 R에 속한 임의의 벡터 $\underline{x}$에 대해 다음을 얻으므로

$$\underline{B}\,\underline{x}=(\alpha\underline{A})\underline{x}=\underline{A}(\alpha\underline{x})=\alpha(\underline{A}\,\underline{x}) \tag{예3.3.9}$$

$\underline{B}^{\underline{e}}=\alpha\underline{A}^{\underline{e}}$를 얻는다. 또 $\underline{x}$가 기저 $\{\underline{e}\}$를 사용했을 때 식 (33)으로 주어진다면, 텐서의 숫자곱에 대한 분배성과 식 (27)을 사용하여 $\underline{B}\,\underline{x}=(\alpha\underline{A})\underline{x}$에 대해 다음 결과를 얻는다.

$$\begin{aligned}(\alpha\underline{A})\underline{x}=\underline{A}(\alpha\underline{x})=\underline{A}\left(\alpha\sum_{j=1}^{n}\xi_j\underline{e}_j\right)=\alpha\sum_{j=1}^{n}\xi_j\underline{A}\,\underline{e}_j=\alpha\sum_{j=1}^{n}\xi_j\sum_{i=1}^{n}a_{ij}\underline{e}_i\\ =\alpha\sum_{i=1}^{n}\left(\sum_{j=1}^{n}a_{ij}\xi_j\right)\underline{e}_i=\sum_{i=1}^{n}\left(\sum_{j=1}^{n}\alpha a_{ij}\xi_j\right)\underline{e}_i\end{aligned} \tag{예3.3.10}$$

한편 $\underline{B}^{\underline{e}}=(b_{ij})$라고 하면, $\underline{B}\,\underline{x}$에 대해 다음을 얻는다.

$$\underline{B}\,\underline{x}=\sum_{j=1}^{n}\xi_j\underline{B}\,\underline{e}_j=\sum_{j=1}^{n}\xi_j\left(\sum_{i=1}^{n}b_{ij}\underline{e}_i\right)=\sum_{i=1}^{n}\left(\sum_{i=1}^{n}b_{ij}\xi_j\right)\underline{e}_i \tag{예3.3.11}$$

식 (예10)과 (예11)의 마지막 항을 등치하면 $b_{ij}=\alpha a_{ij}$를 얻으며, 따라서 원하는 결과 식

(29)를 얻는다.

[예제 3.16] 행렬의 덧셈

식 (27)을 사용하여, 식 (30)을 증명하시오.

► 답

$\underline{C}=\underline{A}+\underline{B}$라고 하면 식 (6)의 정의에 따라 임의의 벡터 $\underline{x}$에 대해 다음이 성립하므로

$$\underline{C}\,\underline{x}=(\underline{A}+\underline{B})\underline{x}=\underline{A}\,\underline{x}+\underline{B}\underline{x} \tag{예3.3.12}$$

$\underline{C}^{e}=\underline{A}^{e}+\underline{B}^{e}$를 얻는다. 또 $\underline{x}$가 기저 $\{\underline{e}\}$를 사용했을 때 식 (33)으로 주어진다면, 식 (27)을 사용하여 $\underline{C}\,\underline{x}=(\underline{A}+\underline{B})\underline{x}$에 대해 다음 결과를 얻는다.

$$\begin{aligned}(\underline{A}+\underline{B})\underline{x} &= \sum_{j=1}^{n}\xi_j(\underline{A}+\underline{B})\underline{e}_j=\sum_{j=1}^{n}\xi_j(\underline{A}\,\underline{e}_j+\underline{B}\underline{e}_j)\\ &=\sum_{j=1}^{n}\xi_j\sum_{i=1}^{n}(a_{ij}+b_{ij})\underline{e}_i=\sum_{i=1}^{n}\left(\sum_{j=1}^{n}(a_{ij}+b_{ij})\xi_j\right)\underline{e}_i\end{aligned} \tag{예3.3.13}$$

한편 $\underline{C}^{e}=(c_{ij})$라고 하면, $\underline{C}\,\underline{x}$에 대해 다음을 얻는다.

$$\underline{C}\,\underline{x}=\sum_{j=1}^{n}\xi_j\underline{C}\underline{e}_j=\sum_{j=1}^{n}\xi_j\left(\sum_{i=1}^{n}c_{ij}\underline{e}_i\right)=\sum_{i=1}^{n}\left(\sum_{i=1}^{n}c_{ij}\xi_j\right)\underline{e}_i \tag{예3.3.14}$$

식 (예13)과 (예14)의 마지막 항을 등치하면 $c_{ij}=a_{ij}+b_{ij}$를 얻으며, 따라서 원하는 결과 식 (30)을 얻는다.

[예제 3.17] 행렬의 곱셈

식 (27)을 사용하여, 식 (31), (32)를 증명하시오.

► 답

$\underline{C} = \underline{A}\,\underline{B}$, $\underline{y} = \underline{A}\,\underline{x}$ 라고 하면 식 (7)의 정의에 따라 임의의 벡터 $\underline{x}$ 에 대해 다음이 성립하므로

$$\underline{C}\,\underline{x} = \underline{A}(\underline{B}\,\underline{x}) = \underline{A}\,\underline{y} \tag{예3.3.15}$$

$\underline{C}^{\underline{e}} = \underline{A}^{\underline{e}}\underline{B}^{\underline{e}}$ 를 얻는다. 또 $\underline{x}$ 가 기저 $\{\underline{e}\}$ 를 사용했을 때 식 (33)으로 주어진다면, 식 (27)을 사용하여 $\underline{C}\,\underline{x} = \underline{A}(\underline{B}\,\underline{x})$ 에 대해 다음 결과를 얻는다.

$$\begin{aligned}\underline{A}(\underline{B}\underline{x}) &= \underline{A}\sum_{j=1}^{n}\xi_j\underline{B}\underline{e}_j = \underline{A}\sum_{j=1}^{n}\xi_j\sum_{k=1}^{n}b_{kj}\underline{e}_k = \sum_{j=1}^{n}\xi_j\sum_{k=1}^{n}b_{kj}\underline{A}\,\underline{e}_k \\ &= \sum_{j=1}^{n}\xi_j\sum_{k=1}^{n}b_{kj}\sum_{i=1}^{n}a_{ik}\underline{e}_i = \sum_{i=1}^{n}\left(\sum_{j=1}^{n}\sum_{k=1}^{n}a_{ik}b_{kj}\xi_j\right)\underline{e}_i\end{aligned} \tag{예3.3.16}$$

한편 $\underline{C}^{\underline{e}} = (c_{ij})$ 라고 하면, $\underline{C}\,\underline{x}$ 에 대해 다음을 얻는다.

$$\underline{C}\,\underline{x} = \sum_{j=1}^{n}\xi_j\underline{C}\underline{e}_j = \sum_{j=1}^{n}\xi_j\sum_{i=1}^{n}c_{ij}\underline{e}_i = \sum_{i=1}^{n}\left(\sum_{j=1}^{n}c_{ij}\xi_j\right)\underline{e}_i \tag{예3.3.17}$$

식 (예16)과 (예17)의 마지막 항을 등치하면 식 (32) $c_{ij} = \sum_{k=1}^{n}a_{ik}b_{kj}$ 를 얻으며, 따라서 원하는 결과 식 (31)을 얻는다.

다음으로는 벡터에 대해서와 마찬가지로, 제 2의 기저를 사용하여 텐서를 나타내면 그 때 얻어지는 $\underline{A}$ 의 성분은 어떻게 변화하는가에 대해 생각한다. n 차원 벡터공간 R_n 에 대해 두 개의 기저 $\{\underline{e}\} = \{\underline{e}_1, \underline{e}_2, \ldots, \underline{e}_n\}$ 와 $\{\underline{e}'\} = \{\underline{e}_1', \underline{e}_2' \ldots, \underline{e}_n'\}$ 이 주어졌다고 하자. 먼저 식 (3.1.14)에서와 같이 $\{\underline{e}'\}$ 에 속하는 벡터를 $\{\underline{e}\}$ 를 사용하여 다음과 같이 나타낼 수 있는데,

$$\underline{e}_j' = r_{1j}\underline{e}_1 + r_{2j}\underline{e}_2 + \ldots + r_{nj}\underline{e}_n = \sum_{i=1}^{n}r_{ij}\underline{e}_i, \quad j = 1, 2, \ldots, n \tag{3.3.44}$$

여기서 r_{ij}는 $\underline{e}_j^{'}$의 $\underline{e}_i$ 성분이다. 한편 식 (44)로부터 n^2개의 스칼라 r_{ij}를 얻을 수 있는데, 이들은 기저 $\{\underline{e}\}$를 사용해서 나타낸 어떤 텐서의 성분에 상응하는 것으로 볼 수 있으며, 이 텐서를 $\underline{R}$이라고 부르기로 하면, 식 (44)는 다음과 같이 바꾸어 쓸 수 있다.

$$\underline{e}_j^{'} = \underline{R}\underline{e}_j, \ j = 1, 2, \ldots, n \tag{3.3.45}$$

텐서의 성분을 정의한 다음의 식 (27)과

$$\underline{A}\underline{e}_j = \sum_{i=1}^{n} a_{ij}\underline{e}_i, \ j = 1, 2, \ldots, n \tag{3.3.27}$$

식 (44), (45)를 비교하면 $(r_{ij}) = \underline{R}^e$임을 알 수 있다. 이렇게 정의된 텐서 $\underline{R}$은 비특이텐서 임을 보일 수 있으므로([예제 3.18] 참조), 그 역텐서가 존재하며, 따라서 $\underline{R}^e$의 역행렬도 존재해야 한다. 이제 R_n 상에 정의된 텐서 $\underline{A}$에 대해서 고려하자. 먼저 $\underline{A}$에 각 기저에 속하는 벡터를 입력으로 하면, 다음 관계를 얻는다.

$$\underline{A}\underline{e}_j = \sum_{i=1}^{n} a_{ij}\underline{e}_i, \ j = 1, 2, \ldots, n \tag{3.3.27}$$

$$\underline{A}\underline{e}_j^{'} = \sum_{k=1}^{n} a_{kj}^{'}\underline{e}_k^{'} = \sum_{k=1}^{n} a_{kj}^{'}\sum_{i=1}^{n} r_{ik}\underline{e}_i, \ j = 1, 2, \ldots, n \tag{3.3.46}$$

여기서 식 (46)의 두 번째 등호를 얻기 위해서는 식 (44)를 사용하였다. 한편 $\{\underline{e}^{'}\}$를 입력으로 하는 경우에는 다음 관계도 성립한다.

$$\underline{A}\underline{e}_j^{'} = \underline{A}\sum_{k=1}^{n} r_{kj}\underline{e}_k = \sum_{k=1}^{n} r_{kj}\underline{A}\underline{e}_k = \sum_{k=1}^{n} r_{kj}\sum_{i=1}^{n} a_{ik}\underline{e}_i, \ j = 1, 2, \ldots, n \tag{3.3.47}$$

여기서 세 번째 등호를 얻기 위해서는 식 (27)을 사용하였다. 이제 식 (46)과 (47)을 등치하고, 기저를 구성하는 벡터들의 선형독립성을 이용하면 다음과 같이 n^2개의 방

정식을 얻는데,

$$\sum_{k=1}^{n} r_{ik}a'_{kj} = \sum_{k=1}^{n} a_{ik}r_{kj}, \ i=1,2,...,n, \ j=1,2,...,n \tag{3.3.48}$$

이 식을 두 텐서의 곱의 성분에 대한 다음 식 (32)와 비교하면

$$c_{ij} = \sum_{k=1}^{n} a_{ik}b_{kj} \tag{3.3.32}$$

다음 결과를 얻는다.

$$\underline{R}^{\underline{e}}\underline{A}^{\underline{e}'} = \underline{A}^{\underline{e}}\underline{R}^{\underline{e}} \tag{3.3.49}$$

식 (45) 아래에서 언급한 바와 같이 $\underline{R}^{\underline{e}}$의 역행렬이 존재함을 알고 있으므로, 결국 다음과 같은 텐서에 대한 기저변환공식을 얻는다.

$$\underline{A}^{\underline{e}'} = (\underline{R}^{\underline{e}})^{-1}\underline{A}^{\underline{e}}\underline{R}^{\underline{e}} \tag{3.3.50}$$

이 식을 성분을 사용하여 나타내면 다음과 같다.

$$a'_{ij} = \sum_{l=1}^{n}\sum_{k=1}^{n} s_{il}a_{lk}r_{kj}, \ i=1,2,...,n, \ j=1,2,...,n \tag{3.3.51}$$

여기서 s_{il}은 역행렬 $(\underline{R}^{\underline{e}})^{-1}$의 요소, 또는 역텐서 $\underline{R}^{-1}$에 대해 기저 $\{\underline{e}\}$를 사용해서 나타낸 성분이다[식 (43) 참조]. 식 (50)은 행렬이론에서는 상사변환(similarity transformation)으로 알려져 있는 관계이지만, 여기서는 텐서의 기저변환공식으로 주어진 점에 유의하기 바란다.

한편 위에서 얻은 텐서 $\underline{R}$을 이용하여 벡터에 대한 기저변환공식도 얻을 수 있다. 식 (3.1.14)와 식 (44)를 비교하면 $r_{ij} = a_{ji}$임을 알 수 있으므로, 식 (3.1.16)으로 주어지는 벡터의 성분에 대한 기저변환공식은 다음과 같이 쓸 수도 있다.

$$\xi_k = \sum_{j=1}^{n} r_{kj}\xi_j', \quad k = 1, 2, ..., n \tag{3.3.52}$$

이 식을 행렬을 사용하여 나타내면 다음과 같이 쓸 수 있으므로,

$$\underline{x}^{\underline{e}} = \underline{R}^{\underline{e}}\, \underline{x}^{\underline{e}'} \tag{3.3.53}$$

$(\underline{R}^{\underline{e}})^{-1}$를 사용하여 다음 식을 얻을 수 있다.

$$\underline{x}^{\underline{e}'} = (\underline{R}^{\underline{e}})^{-1}\, \underline{x}^{\underline{e}} \tag{3.3.54}$$

위의 식 (53)과 (54)를 사용하면 벡터 $\underline{x}$의 기저 $\{\underline{e}\}$, $\{\underline{e}'\}$에 대한 성분들을 둘 중의 하나를 알 때 다른 하나를 쉽게 구할 수 있다.

이상에서는 벡터공간에 대해 정의된 텐서와 그 역에 대해서 살펴보았고, 또 n차원 벡터공간에 대한 텐서의 표현이 행렬로 주어지며, 텐서의 표현이 기저가 변화할 때 어떻게 변환되는지에 대해 살펴보았다. 다음 절에서는 스칼라곱의 개념을 갖춘 RES에 대해 정의된 텐서의 또 다른 특성들에 대해 살펴보기로 한다.

[예제 3.18]

식 (44)에서 정의한 $\underline{R}$이 비특이텐서임을 증명하시오.

► 답

만약 $\underline{R}$이 특이텐서라면 서로 다른 두 벡터 $\underline{x}$, $\underline{y}$에 대해 $\underline{R}\,\underline{x} = \underline{R}\,\underline{y}$가 성립할 수 있다. 그와 같은 두 벡터 $\underline{x}$, $\underline{y}$에 대해 $\underline{x} = \sum_{j=1}^{n}\xi_j\underline{e}_j$, $\underline{y} = \sum_{j=1}^{n}\eta_j\underline{e}_j$라고 하면 다음 결과를 얻는다.

$$\underline{0} = \underline{R}\,\underline{x} - \underline{R}\,\underline{y} = \underline{R}(\underline{x} - \underline{y}) = \underline{R}\sum_{j=1}^{n}(\xi_j - \eta_j)\underline{e}_j = \sum_{j=1}^{n}(\xi_j - \eta_j)\underline{R}\,\underline{e}_j = \sum_{j=1}^{n}(\xi_j - \eta_j)\underline{e}_j' \tag{예3.3.18}$$

$\{\underline{e}'\}$은 기저이므로 $\underline{e}_j'$은 서로 선형독립이고 따라서 위 식으로부터 $\xi_j = \eta_j$, $j = 1, 2, \ldots, n$, 즉 $\underline{x} = \underline{y}$을 얻는다. 그러므로 $\underline{R}\,\underline{x} = \underline{R}\,\underline{y}$는 서로 다른 벡터 $\underline{x}$, $\underline{y}$에 대해 성립할 수 없으며, 따라서 $\underline{R}$은 비특이텐서이다.

[예제 3.19] 텐서에 대한 기저변환공식

식 (50)을 사용하여, $\underline{A}^{e'}$을 구하시오. 단 $\underline{A}^{e}$는 다음과 같고,

$$\underline{A}^{e} = \begin{pmatrix} 1 & 2 \\ 2 & 1 \end{pmatrix} \qquad (예3.3.19)$$

새로운 기저는 다음과 같다.

$$\underline{e}_1' = \frac{1}{\sqrt{2}}\underline{e}_1 + \frac{1}{\sqrt{2}}\underline{e}_2,\ \ \underline{e}_2' = \underline{e}_2 \qquad (예3.3.20)$$

► 답

식 (44)로 정의된 $\underline{R}$을 구하기 위해 식 (예20)과 식 (43)을 비교하여 $\underline{R}^{e} = (r_{ij})$에 대해 다음을 얻는다.

$$\underline{R}^{e} = \begin{pmatrix} \frac{1}{\sqrt{2}} & 0 \\ \frac{1}{\sqrt{2}} & 1 \end{pmatrix} \qquad (예3.3.21)$$

식 (50)을 사용하기 위해서는 $(\underline{R}^{e})^{-1}$를 알아야 하며, $(\underline{R}^{e})^{-1} = (s_{ij})$를 식 (42)를 사용하여 구하기 위해 $\underline{R}^{e}$의 행렬식 D와 여인수 C_{ij}를 구하면 다음을 얻는다.

$$D = \frac{1}{\sqrt{2}}, C_{11} = M_{11} = 1, C_{12} = -M_{12} = -\frac{1}{\sqrt{2}}, C_{21} = -M_{21} = 0, C_{22} = M_{22} = \frac{1}{\sqrt{2}} \qquad (예3.3.22)$$

그러므로 식 (42)로부터 다음을 얻는다.

$$(\underline{R}^{\underline{e}})^{-1} = (\underline{R}^{-1})^{\underline{e}} = \sqrt{2}\begin{pmatrix} 1 & 0 \\ -\frac{1}{\sqrt{2}} & \frac{1}{\sqrt{2}} \end{pmatrix} = \begin{pmatrix} \sqrt{2} & 0 \\ -1 & 1 \end{pmatrix} \qquad (예3.3.23)$$

결국 식 (예21), (예19), (예23)을 식 (50)에 대입하여 다음을 얻는다.

$$\underline{A}^{\underline{e}'} = (\underline{R}^{\underline{e}})^{-1}\underline{A}^{\underline{e}}\underline{R}^{\underline{e}} = \begin{pmatrix} \sqrt{2} & 0 \\ -1 & 1 \end{pmatrix}\begin{pmatrix} 1 & 2 \\ 2 & 1 \end{pmatrix}\begin{pmatrix} 1/\sqrt{2} & 0 \\ 1/\sqrt{2} & 1 \end{pmatrix} = \begin{pmatrix} 3 & 2\sqrt{2} \\ 0 & -1 \end{pmatrix} \qquad (예3.3.24)$$

✤ [예제 3.20] 벡터에 대한 기저변환공식

식 (54)를 사용하여, $\underline{x}^{\underline{e}'}$ 을 구하시오. 단 $\underline{x}^{\underline{e}}$ 는 다음과 같고,

$$\underline{x}^{\underline{e}} = \begin{pmatrix} 1 \\ 2 \end{pmatrix} \qquad (예3.3.25)$$

새로운 기저는 위의 [예제 3.19]의 식 (예20)과 같다.

► 답

위의 예제에서 $(\underline{R}^{\underline{e}})^{-1}$ 를 식 (예23)으로 이미 구한 바 있으므로, 이를 사용하여 다음 결과를 얻는다.

$$\underline{x}^{\underline{e}'} = (\underline{R}^{\underline{e}})^{-1}\underline{x}^{\underline{e}} = \begin{pmatrix} \sqrt{2} & 0 \\ -1 & 1 \end{pmatrix}\begin{pmatrix} 1 \\ 2 \end{pmatrix} = \begin{pmatrix} \sqrt{2} \\ 1 \end{pmatrix} \qquad (예3.3.26)$$

3.4 대칭텐서와 직교텐서

복소수를 두 실수의 순서쌍으로 파악하는 개념이 Hamilton(1843)에 의해 알려진 이후, 이와 같은 개념은 사람들이 복소수에 대해 가지고 있던 거부감을 없애는데 큰 역할을 했는데, 그렇다 하더라도 복소수를 대수적으로 순서쌍 $z=(x,y)$로 파악하는 것보다는, $z=re^{i\theta}$로 이해하는 것이 경우에 따라 훨씬 편리한 것을 경험에 의해서 알고 있다. 이와 같은 극형식(polar form)은 복소수의 크기는 r로, 실수축으로부터의 회전 각도는 $e^{i\theta}$ 또는 θ로 나타내, 복소수가 가지고 있는 기하학적 구조를 전달하고 있기 때문이다.

텐서에 대한 이론은 복소수에 대한 이론과 유사한 측면이 많이 있는데, 텐서를 단순히 숫자들의 배열이라고 보기보다는 선형변환이라고 하는 하나의 객체(object)로 간주할 때, 텐서의 대수적인 성질보다는 기하학적인 성질을 표현하는 방법을 생각할 수 있다. 이것은 복소수에 대해 극형식을 사용하는 것과 비슷한데, 3.8절에서 실제로 텐서의 **극형분해**(polar decomposition)에 대해 고찰할 것이다.

이 절에서는 텐서를 극형분해하기 위해 필요한 개념들, 즉 **대칭텐서**(symmetric tensor)와 **직교텐서**(orthogonal tensor)에 대해 고려할 것이며, 3.8절에서 소개할 바와 같이 유한차원의 RES 상에 정의된 텐서에 대해, 대칭텐서는 텐서의 크기를, 직교텐서는 텐서의 회전성에 관한 정보를 전달하는 개념이므로, 앞으로는 그와 같은 관점에서 이들에 대해 유의해 보아 주기 바란다.

대칭행렬의 개념은 Cayley(1858)에 의해, 직교행렬의 개념은 Frobenius(1849~1917, Germany; 1878, 쉬어가기 10 참조)에 의해 최초로 도입되었다. 대칭행렬은 많은 역학 문제에서 나타나는데, 특히 3.6절에서 다룰 고유값과 고유벡터와 관련하여서는 이차방형, 주축(principal axes)문제, 진동공학의 정규모드(normal mode) 등의 많은 분야에서 다루게 된다. 또한 직교행렬은 직교좌표계의 변환 또는 벡터의 회전과 관련하여 다루어지는 양이므로 대칭행렬이나 직교행렬은 모두 역학 문제에서 그 기원을 찾을 수 있지만, 이러한 개념들을 더욱 일반화하여 이들 문제를 통일된 방법으로 다루는 체계를 고안해 내는 것은 또한 차후 수학자들의 몫이었다.

RES R 상에 정의된 텐서 $\underline{A}$를 생각할 때, R에 속한 어떠한 벡터 $\underline{x}$, $\underline{y}$에 대해서도 다음 관계가 성립하면 $\underline{A}$는 **대칭텐서**라고 부른다.

$$(\underline{A}\,\underline{x},\underline{y})=(\underline{x},\underline{A}\,\underline{y}) \tag{3.4.1}$$

예를 들어 2-열벡터로 이루어지는 RES A_2를 생각하면, A_2에 속하는 두 벡터 $\underline{x}$, $\underline{y}$는 다음과 같고,

$$\underline{x} = \begin{pmatrix} x_1 \\ x_2 \end{pmatrix}, \quad \underline{y} = \begin{pmatrix} y_1 \\ y_2 \end{pmatrix} \tag{3.4.2}$$

스칼라곱은 다음과 같으며,

$$(\underline{x}, \underline{y}) = x_1 y_1 + x_2 y_2 \tag{3.4.3}$$

텐서 $\underline{A}$는 다음과 같이 주어진다고 하자.

$$\underline{A}\,\underline{x} = \begin{pmatrix} a_{11}x_1 + a_{12}x_2 \\ a_{21}x_1 + a_{22}x_2 \end{pmatrix} \tag{3.4.4}$$

여기서 a_{11}, a_{12}, a_{21}, a_{22}는 주어진 실수이다. 이제 $\underline{A}$가 대칭텐서이기 위한 조건을 생각하기 위해 식 (1)로부터 다음을 고려한다.

$$(\underline{x}, \underline{A}\,\underline{y}) - (\underline{A}\,\underline{x}, \underline{y}) = (a_{12} - a_{21})(x_1 y_2 - x_2 y_1) \tag{3.4.5}$$

임의의 두 벡터에 대해 식 (5)의 우변이 0이 되기 위해서는 $a_{12} = a_{21}$을 얻으며, 따라서 $\underline{A}$가 대칭이기 위해서는 $a_{12} = a_{21}$가 성립해야 하며, 또 $a_{12} = a_{21}$가 성립하면 $\underline{A}$는 대칭임을 알 수 있다. 앞으로 특별한 언급이 없는 한 n-열벡터로 이루어지는 RES A_n에 대한 스칼라곱은 위의 식 (3)과 같은 형태로 정의하기로 한다.

또 다른 예로, 구간 [0, 1]에서 연속인 모든 함수를 벡터로 취하는 RES C_0를 생각하자. C_0에 속한 임의의 두 함수 f, g에 대해 스칼라곱은 다음과 같이 정의된다.

$$(f, g) = \int_0^1 f(t)g(t)\,dt \tag{3.4.6}$$

이와 같은 C_0 상에 정의된 텐서 $\underline{A}$가 다음과 같다고 하자.

$$\underline{A}f(t) = \int_0^1 K(t,\tau) f(\tau)\, d\tau,\ t \in [0,\ 1] \tag{3.4.7}$$

여기서 $K(t,\tau)$는 $t \in [0,\ 1]$, $\tau \in [0,\ 1]$에서 정의되어 있고 연속인 함수이다. 위와 같이 정의된 텐서 $\underline{A}$가 대칭이기 위한 조건을 생각해 보자. 식 (5)에서와 같이 두 스칼라곱의 차이를 생각하여 다음을 얻는다.

$$\begin{aligned}(g, \underline{A}f) - (\underline{A}g, f) &= \int_0^1 g(t) \left\{ \int_0^1 K(t,\tau) f(\tau)\, d\tau \right\} dt - \int_0^1 \left\{ \int_0^1 K(t,\tau) g(\tau)\, d\tau \right\} f(t)\, dt \\ &= \int_0^1 \int_0^1 K(t,\tau) f(\tau) g(t)\, d\tau dt - \int_0^1 \int_0^1 K(t,\tau) g(\tau) f(t)\, d\tau dt \end{aligned} \tag{3.4.8}$$

따라서 결국 다음을 얻으므로,

$$(g, \underline{A}f) - (\underline{A}g, f) = \int_0^1 \int_0^1 \{K(t,\tau) - K(\tau,t)\} g(t) f(\tau)\, d\tau dt \tag{3.4.9}$$

임의의 두 함수에 대해 식 (9)의 우변이 0이 되기 위해서는 $K(t,\tau) = K(\tau,t)$, $t \in [0,\ 1]$, $\tau \in [0,\ 1]$을 얻으며, 따라서 $\underline{A}$가 대칭이기 위해서는 $K(t,\tau) = K(\tau,t)$가 성립해야 하며, 또 $K(t,\tau) = K(\tau,t)$가 성립하면 $\underline{A}$는 대칭임을 알 수 있다.

대칭텐서와 관련하여 주어진 텐서의 **전치텐서**(transpose tensor)를 생각할 수 있다. RES R 상에 정의된 텐서 $\underline{A}$를 생각할 때, R에 속한 어떠한 벡터 $\underline{x}$, $\underline{y}$에 대해서도 다음 관계가 성립하는 텐서 $\underline{B}$가 존재하면 $\underline{B}$는 $\underline{A}$의 전치텐서라고 부른다[69].

$$(\underline{A}\underline{x}, \underline{y}) = (\underline{x}, \underline{B}\underline{y}) \tag{3.4.10}$$

식 (10)과 같은 성질을 만족하는 텐서가 존재한다면 그 텐서는 유일한 것임을 증명하기 위해 다음을 생각한다. 먼저 식 (10)을 만족하는 두 개의 텐서 $\underline{B}_1$, $\underline{B}_2$가 존재한다고 가정하면, 전치텐서의 정의인 식 (10)으로부터 다음을 얻고,

69) 고려 중인 RES R의 차원이 유한할 경우에 대해서는 선형함수의 개념을 사용하여 전치텐서의 존재성을 증명할 수 있으며, 이에 대해서는 연습문제 3.7을 참조하기 바란다.

$$(\underline{A}\underline{x},\underline{y})=(\underline{x},\underline{B}_1\underline{y})=(\underline{x},\underline{B}_2\underline{y}) \tag{3.4.11}$$

이 식 마지막 우변을 이항하여 다음을 얻는다.

$$(\underline{x},\underline{B}_1\underline{y}-\underline{B}_2\underline{y})=0 \tag{3.4.12}$$

여기서 $\underline{C}=\underline{B}_1-\underline{B}_2$로 정의하면 다음을 얻는데,

$$(\underline{x},\underline{C}\underline{y})=0 \tag{3.4.13}$$

이 식은 R에 속한 어떠한 벡터 $\underline{x}$, $\underline{y}$에 대해서도 성립해야 한다. 먼저 임시로 고정된 $\underline{y}$를 가정하면, 어떤 $\underline{x}$에 대해서도 식 (13)이 성립하기 위해서는 $\underline{C}\underline{y}=\underline{0}$를 얻으며, 다시 이 식이 어떤 $\underline{y}$에 대해서도 성립해야 하므로 결국 $\underline{C}=\underline{0}$, 즉 $\underline{B}_1=\underline{B}_2$를 얻어 유일성을 증명할 수 있다. 이와 같이 유일한 전치텐서가 존재하는 경우에는, $\underline{B}=\underline{A}^T$로 표기하기로 하며, 대칭텐서의 정의에 의해 대칭텐서 $\underline{A}$에 대해서는 $\underline{A}=\underline{A}^T$가 성립한다.

또한 두 텐서의 곱 $\underline{A}\underline{B}$에 대한 전치에 대해서는 다음과 같은 결과를 얻을 수 있다. RES 상에 정의된 텐서 $\underline{A}$와 $\underline{B}$, 또 이들의 전치인 $\underline{A}^T$와 $\underline{B}^T$에 대해 다음을 알고 있으며,

$$(\underline{A}\underline{x},\underline{y})=(\underline{x},\underline{A}^T\underline{y}) \tag{3.4.14}$$

$$(\underline{B}\underline{x},\underline{y})=(\underline{x},\underline{B}^T\underline{y}) \tag{3.4.15}$$

이들을 사용하여 다음 관계를 얻을 수 있다.

$$(\underline{A}\underline{B}\underline{x},\underline{y})=(\underline{B}\underline{x},\underline{A}^T\underline{y})=(\underline{x},\underline{B}^T\underline{A}^T\underline{y}) \tag{3.4.16}$$

여기서 첫 번째 등호는 식 (14)로부터, 두 번째 등호는 식 (15)로부터 얻었다. 따라서

결국 다음과 같은 결과를 얻는다.

$$(\underline{A}\underline{B})^T = \underline{B}^T \underline{A}^T \tag{3.4.17}$$

한편 주어진 행렬에 대한 전치행렬은 하첨자의 순서를 바꾸어 얻어진다. 즉 행렬 (a_{ij})에 대해 전치행렬 $(a_{ij})^T = (a_{ji})$로 주어진다.

이와 관련하여 유한차원의 RES R_n 상에 정의된 어떤 텐서 $\underline{A}$의 전치텐서 $\underline{A}^T$를 주어진 기저 $\{\underline{e}\}$를 사용하여 표현하였을 때 얻어지는 행렬 $(\underline{A}^T)^{\underline{e}}$와, $\underline{A}$를 표현하였을 때 얻어지는 행렬 $\underline{A}^{\underline{e}}$의 전치행렬 $(\underline{A}^{\underline{e}})^T$가 어떤 경우에 같을 것인가에 대해 생각해보자. 이 문제에 대해서는 어떤 기저를 잡느냐가 매우 중요한데, 기저로 직교정규기저 $\{\underline{e}\}$를 택하면 다음과 같은 방법으로 $(\underline{A}^T)^{\underline{e}} = (\underline{A}^{\underline{e}})^T$임을 보일 수 있다. 먼저 성분의 정의에 의해 다음을 얻고,

$$\underline{A}\,\underline{e}_i = \sum_{k=1}^{n} a_{ki}\,\underline{e}_k, \quad i = 1, 2, \ldots, n \tag{3.4.18}$$

$\{\underline{e}\}$의 직교정규성을 이용하여 다음을 얻는다.

$$(\underline{A}\,\underline{e}_i, \underline{e}_j) = \sum_{k=1}^{n} a_{ki}(\underline{e}_k, \underline{e}_j) = a_{ji}, \quad i = 1, 2, \ldots, n, \quad j = 1, 2, \ldots, n \tag{3.4.19}$$

$(\underline{A}^T)^{\underline{e}} = (b_{ij})$라고 하면, 성분의 정의에 의해 다음을 얻고,

$$\underline{A}^T \underline{e}_j = \sum_{k=1}^{n} b_{kj}\,\underline{e}_k, \quad j = 1, 2, \ldots, n \tag{3.4.20}$$

따라서 다음을 얻는다.

$$(\underline{e}_i, \underline{A}^T \underline{e}_j) = \sum_{k=1}^{n} b_{kj}(\underline{e}_i, \underline{e}_k) = b_{ij}, \quad i = 1, 2, \ldots, n, \quad j = 1, 2, \ldots, n \tag{3.4.21}$$

한편 전치텐서 $\underline{A}^T$의 정의에 의해 다음이 성립해야 하는데,

$$(\underline{A}\,\underline{e}_i, \underline{e}_j) = (\underline{e}_i, \underline{A}^T\underline{e}_j) \tag{3.4.22}$$

이 식의 좌변은 식 (19)에 의해 a_{ji}와 같고, 우변은 식 (21)에 의해 b_{ij}와 같으므로 결국 다음 결과를 얻는다.

$$b_{ij} = a_{ji} \tag{3.4.23}$$

따라서 $\underline{A} = \underline{A}^T$인 대칭텐서는, 직교정규기저를 택하는 경우에 다음 관계가 성립해야 하며,

$$a_{ij} = a_{ji} \tag{3.4.24}$$

또 역으로 차원이 유한한 n차원 RES 상에 정의된 텐서에 대해 이 식이 성립하면 그 텐서는 대칭이어야 한다.

한편 RES R 상에 정의된 텐서 $\underline{Q}$에 대해, R에 속한 어떠한 벡터 $\underline{x}$에 대해서도 다음 관계가 성립하면 $\underline{Q}$는 **직교텐서**라고 부른다.

$$|\underline{Q}\underline{x}| = |\underline{x}| \tag{3.4.25}$$

다시 말하면 직교변환 하에서 벡터의 길이는 불변량이다. 그런데 직교변환 하에서는 사실 벡터의 길이뿐만 아니라 두 벡터 사이의 각도 또한 유지된다. 이를 보이기 위해서 다음을 생각하자. R에 속하는 임의의 두 벡터 $\underline{x}$, $\underline{y}$에 다음을 얻을 수 있고,

$$|\underline{x} - \underline{y}|^2 = (\underline{x} - \underline{y}, \underline{x} - \underline{y}) = |\underline{x}|^2 + |\underline{y}|^2 - 2(\underline{x}, \underline{y}) \tag{3.4.26}$$

한편 $\underline{Q}\underline{x}$, $\underline{Q}\underline{y}$에 대해서는 다음을 얻는데,

$$|\underline{Q}\underline{x} - \underline{Q}\underline{y}|^2 = (\underline{Q}\underline{x} - \underline{Q}\underline{y}, \underline{Q}\underline{x} - \underline{Q}\underline{y}) = |\underline{Q}\underline{x}|^2 + |\underline{Q}\underline{y}|^2 - 2(\underline{Q}\underline{x}, \underline{Q}\underline{y}) \tag{3.4.27}$$

직교텐서의 정의에 의해 다음을 얻으므로,

$$|\underset{\sim}{Q}\underset{\sim}{x} - \underset{\sim}{Q}\underset{\sim}{y}|^2 = |\underset{\sim}{Q}(\underset{\sim}{x} - \underset{\sim}{y})|^2 = |\underset{\sim}{x} - \underset{\sim}{y}|^2 \qquad (3.4.28)$$

식 (26)과 (27)을 등치하고, 식 (25)를 사용하면, 결국 다음 결과를 얻는다.

$$(\underset{\sim}{x}, \underset{\sim}{y}) = (\underset{\sim}{Q}\underset{\sim}{x}, \underset{\sim}{Q}\underset{\sim}{y}) \qquad (3.4.29)$$

다시 말하면 두 벡터 $\underset{\sim}{x}$, $\underset{\sim}{y}$의 스칼라곱과 두 벡터 $\underset{\sim}{Q}\underset{\sim}{x}$, $\underset{\sim}{Q}\underset{\sim}{y}$의 스칼라곱이 같고, 또한 직교텐서의 정의에 의해 벡터의 길이 또한 변화하지 않으므로, 결국 두 벡터 사이의 각도 또한 변화하지 않음을 알 수 있다.

예를 들어 2-열벡터로 이루어지는 RES A_2를 생각하면, A_2에 속하는 벡터는 식 (2), 또 스칼라곱은 식 (3)와 같이 주어지고, 텐서 $\underset{\sim}{Q}$는 다음과 같다고 하자.

$$\underset{\sim}{Q}\underset{\sim}{x} = \begin{pmatrix} x_1\cos\theta - x_2\sin\theta \\ x_1\sin\theta + x_2\cos\theta \end{pmatrix} \qquad (3.4.30)$$

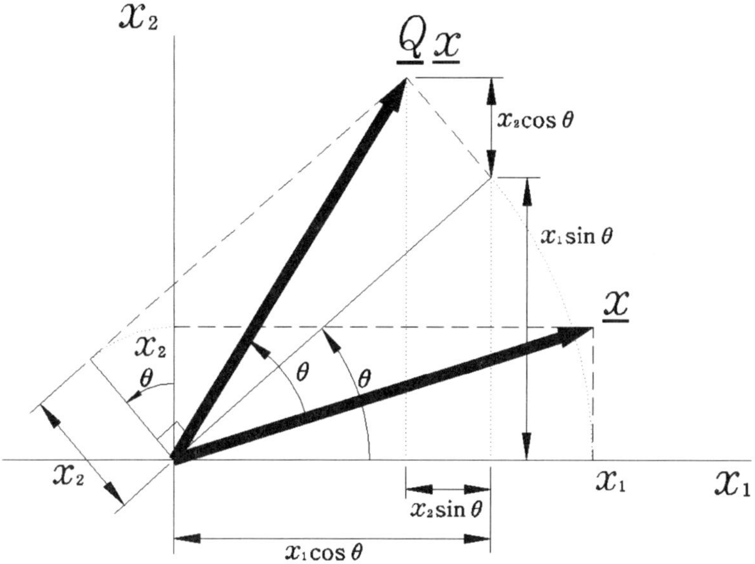

그림 3.7 직교텐서와 벡터의 회전

여기서 θ는 주어진 각도이다. 이제 다음을 생각하면,

$$|\underline{Q}\underline{x}|^2 = (x_1\cos\theta - x_2\sin\theta)^2 + (x_1\sin\theta + x_2\cos\theta)^2 = x_1^2 + x_2^2 = |\underline{x}|^2 \tag{3.4.31}$$

식 (30)으로 주어진 텐서 $\underline{Q}$는 직교텐서임을 알 수 있다. x_1x_2-평면에서 생각하면, 식 (30)으로 주어지는 텐서는 주어진 벡터를 반시계방향으로 주어진 각도 θ만큼 회전시키는 역할을 하는 것을 알 수 있다(그림 3.7 참조) .

유한차원의 RES R_n 상에 정의된 직교텐서는 다음과 같은 중요한 성질을 가진다. 즉 **직교텐서는 비특이텐서이며, 직교텐서의 역은 전치와 같다**. 다시 말하면 다음과 같은데,

$$\underline{Q}^{-1} = \underline{Q}^T \tag{3.4.32}$$

이를 증명하기 위해 모순법을 쓰기로 하고 직교텐서 $\underline{Q}$가 특이텐서라고 가정한다. 그런 경우에는 원상이 하나가 아닌 최소한 하나의 벡터 $\underline{y}$가 존재한다. 벡터 $\underline{y}$의 원상 중 서로 다른 두 벡터를 $\underline{x}$, $\underline{z}$라고 하면 다음이 성립하므로,

$$\underline{Q}\underline{x} = \underline{y},\ \ \underline{Q}\underline{z} = \underline{y} \tag{3.4.33}$$

이 식으로부터 다음을 얻으며,

$$\underline{Q}(\underline{x} - \underline{z}) = \underline{0} \tag{3.4.34}$$

직교텐서의 정의에 따르면 식 (34)는 $|\underline{x} - \underline{z}| = 0$임을 의미하고, 즉 $\underline{x} = \underline{z}$임을 뜻하므로, 원래의 가정에 위배되어 결국 $\underline{Q}$는 비특이텐서이어야 한다. 한편, 유한차원의 RES R_n 상에 정의된 텐서는 식 (13) 아래에서 논의한 바와 같이 유일하게 주어지는 전치텐서를 가지므로 $\underline{Q}^T$가 존재하며, 식 (29)에서 보인 바와 같이 직교텐서는 스칼라곱 또한 변화시키지 않으므로, R_n에 속하는 임의의 두 벡터 $\underline{x}$, $\underline{y}$에 대해 다음을 얻는다.

$$(\underline{x}, \underline{y}) = (\underline{Q}\underline{x}, \underline{Q}\underline{y}) = (\underline{x}, \underline{Q}^T\underline{Q}\underline{y}) \tag{3.4.35}$$

이 식으로부터 다음 결과를 얻는데,

$$(\underline{x}, \underline{Q}^T\underline{Q}\underline{y} - \underline{y}) = 0 \tag{3.4.36}$$

새로운 텐서 $\underline{C} = \underline{Q}^T\underline{Q} - \underline{1}$를 정의하면, 식 (36)에 의해 $\underline{C} = \underline{0}$이어야 하므로 결국 $\underline{Q}^T\underline{Q} = \underline{1}$을 얻는다. 비슷한 방법으로 $\underline{Q}\underline{Q}^T = \underline{1}$을 얻을 수 있으므로 다음을 얻고,

$$\underline{Q}^T\underline{Q} = \underline{Q}\underline{Q}^T = \underline{1} \tag{3.4.37}$$

따라서 결국 식 (32)를 증명하였다.

한편 직교정규기저 $\{\underline{e}\}$를 사용하여 $\underline{Q}$를 표현하여 행렬 $\underline{Q}^{\underline{e}}$을 얻었다고 하면, 행렬의 요소들이 만족하는 다음과 같은 중요한 성질을 보일 수 있다. 먼저 $\underline{Q}^{\underline{e}}$가 다음과 같다고 하면,

$$\underline{Q}^{\underline{e}} = (q_{ij}) \tag{3.4.38}$$

식 (23)으로부터 다음 관계를 얻으며,

$$(\underline{Q}^T)^{\underline{e}} = (q_{ji}) \tag{3.4.39}$$

식 (37)을 직교정규기저 $\{\underline{e}\}$를 사용하여 표현한 결과에 식 (38), (39)를 대입하여 다음 결과를 얻는다.

$$(\underline{Q}^T)^{\underline{e}}\underline{Q}^{\underline{e}} = (\sum_{k=1}^{n} q_{kj}q_{ki}) = \underline{Q}^{\underline{e}}(\underline{Q}^T)^{\underline{e}} = (\sum_{k=1}^{n} q_{ik}q_{jk}) = (\delta_{ij}) \tag{3.4.40}$$

이 식의 마지막 등호는 식 (37)을 이용하여 얻는다. 이 결과에 따르면, 직교텐서 $\underline{Q}$를 직교정규기저 $\{\underline{e}\}$를 사용하여 표현할 때 얻어지는 행렬 $\underline{Q}^{\underline{e}}$의 요소들은, 같은 행(열)이 아닌 요소들에 대해 같은 열(행)에 있는 요소들끼리 곱하여 모두 더한 결과는 0, 반면에 같은 행(열)에 위치한 요소들의 제곱의 합은 1이라는 것을 뜻한다.

한편, 위의 증명을 역순으로 진행해 나가면, 즉 어떤 텐서 Q를 직교정규기저 $\{\underline{e}\}$를 사용하여 표현할 때 얻어지는 성분이 q_{ij}일 때, 다음이 성립하는 경우,

$$\sum_{k=1}^{n} q_{kj}q_{ki} = \sum_{k=1}^{n} q_{ik}q_{jk} = \delta_{ij}\,,\ i=1,2,\ldots,n\,,\ j=1,2,\ldots,n \qquad (3.4.41)$$

텐서 Q는 직교텐서임을 증명할 수 있으므로, 식 (41)은 Q가 직교텐서이기 위한 필요충분조건이다.

[예제 3.20]

정규가 아닌 직교기저를 사용하여 텐서를 나타내면 대칭텐서의 성분 $(\underline{A})^{\underline{e}} = (a_{ij})$와 그 전치텐서의 성분 $(\underline{A}^T)^{\underline{e}} = (b_{ij})$에 대해, $b_{ij} = a_{ji}$가 성립하지 않음을 보이시오.

► 답

먼저 본문 중의 식 (22)는 임의의 기저에 대해 성립하므로 다음 식이 성립해야 한다.

$$(\underline{A}\,\underline{e}_i, \underline{e}_j) = (\underline{e}_i, \underline{A}^T\underline{e}_j) \qquad (3.4.22)$$

한편 성분의 정의인 식 (18)도 성립하므로 위 식의 좌변에 대해 다음을 얻는다.

$$(\underline{A}\,\underline{e}_i, \underline{e}_j) = \sum_{k=1}^{n} a_{ki}(\underline{e}_k, \underline{e}_j) = a_{ji}|\underline{e}_j|^2\,,\ i=1,2,\ldots,n\,,\ j=1,2,\ldots,n \qquad (\text{예}3.4.1)$$

$(\underline{A}^T)^{\underline{e}} = (b_{ij})$라고 하면, 성분의 정의에 의해 식 (20)이 성립하므로 다음을 얻는다.

$$(\underline{e}_i, \underline{A}^T\underline{e}_j) = \sum_{k=1}^{n} b_{kj}(\underline{e}_i, \underline{e}_k) = b_{ij}|\underline{e}_i|^2\,,\ i=1,2,\ldots,n\,,\ j=1,2,\ldots,n \qquad (\text{예}3.4.2)$$

식 (예1)과 (예2)를 식 (22)에 대입하면 결국 다음을 얻으므로,

$$b_{ij}|\underline{e}_i|^2 = a_{ji}|\underline{e}_j|^2\,,\ i=1,2,\ldots,n\,,\ j=1,2,\ldots,n \qquad (\text{예}3.4.3)$$

기저의 정규성이 보장되지 않으면 따라서 $b_{ij} = a_{ji}$는 일반적으로 성립하지 않는다.

[예제 3.21]

2-열벡터로 이루어지는 RES R_2에 대해 $\underline{e}_1 = \begin{pmatrix}1\\0\end{pmatrix}$, $\underline{e}_2 = \begin{pmatrix}0\\1\end{pmatrix}$의 직교정규기저를 사용하여 얻어진 $\underline{Q}^{\underline{e}}$가 다음과 같을 때, $(\underline{Q}^{-1})^{\underline{e}}$를 구하시오. 단 스칼라곱은 식 (3)으로 정의된다.

$$\underline{Q}^{\underline{e}} = \begin{pmatrix} \frac{1}{\sqrt{2}} & \frac{1}{\sqrt{2}} \\ \frac{1}{\sqrt{2}} & -\frac{1}{\sqrt{2}} \end{pmatrix} \qquad (\text{예}3.4.4)$$

► 답

$\underline{Q}^{\underline{e}} = (q_{ij})$라고 하면, 본문 중의 식 (32)로부터 $\underline{Q}^{-1} = \underline{Q}^T$이므로 $(\underline{Q}^{-1})^{\underline{e}} = (\underline{Q}^T)^{\underline{e}}$이고, 여기에 식 (39)를 대입하여 다음 관계를 얻는다.

$$(\underline{Q}^{-1})^{\underline{e}} = (q_{ji}) \qquad (\text{예}3.4.5)$$

식 (예4)에서 $q_{12} = q_{21}$이므로 결국 $(\underline{Q}^{-1})^{\underline{e}} = (\underline{Q})^{\underline{e}}$를 얻는다.

이 결과는 식 (예4)로 주어진 직교텐서 $\underline{Q}$가 본문 중의 식 (30)으로 주어진 회전텐서 $\underline{R}$, 즉 벡터를 반시계방향으로 주어진 각도 θ만큼 회전시키는 역할을 하는 텐서가 아님을 보여준다. 회전텐서의 역이 자신과 같기 위해서는 $\theta = \pi$인 경우밖에 없는데 식 (30)으로 주어진 텐서 $\underline{R}$은 다음과 같이 쓸 수 있다.

$$\underline{R}^{\underline{e}} = \begin{pmatrix} \cos\theta & -\sin\theta \\ \sin\theta & \cos\theta \end{pmatrix} \qquad (\text{예}3.4.6)$$

이 식과 식 (예4)를 비교하면 $q_{11} \neq q_{22}$이므로 $\underline{Q}$는 회전텐서가 아님을 알 수 있다.

식 (예4)로 주어진 $\underline{Q}$는 식 (41)을 만족하고 있으므로 분명히 직교텐서이며, 실제로 $\underline{Q}$에 의해 기저가 어떻게 변환되는지를 구하면 다음을 얻는데(그림 예3.1 참조),

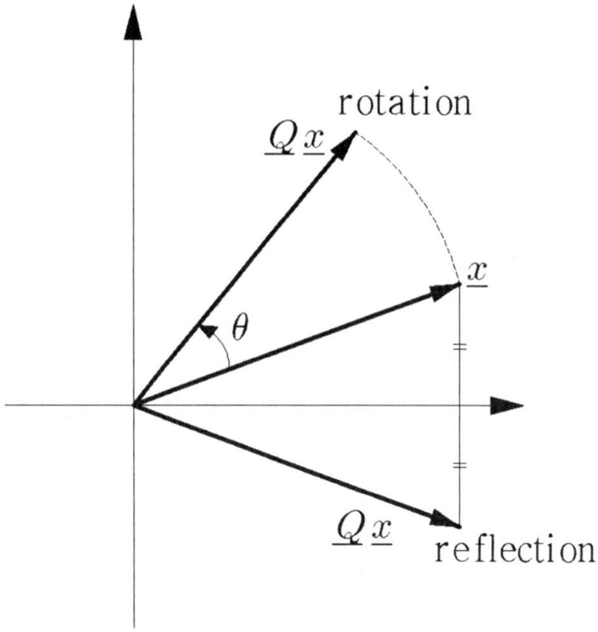

그림 예3.1 반사와 회전

$$\underline{Q}\underline{e}_1 = \begin{pmatrix} \frac{1}{\sqrt{2}} \\ \frac{1}{\sqrt{2}} \end{pmatrix}, \ \underline{Q}\underline{e}_2 = \begin{pmatrix} \frac{1}{\sqrt{2}} \\ -\frac{1}{\sqrt{2}} \end{pmatrix} \qquad (\text{예}3.4.7)$$

이에 따르면 $\underline{e}_1$, $\underline{e}_2$는 x_1x_2-평면에서 우수계를 이루고 있는데 반해, $\underline{Q}\underline{e}_1$, $\underline{Q}\underline{e}_2$는 좌수계를 이루고 있다. 그러므로 $\underline{Q}$는 먼저 주어진 벡터의 $\underline{e}_2$ 성분의 부호를 바꾼 후에 회전시키는 역할을 하고 있다고 볼 수 있다. 이와 같이 한 성분의 부호를 바꾸어 기저의 방향성을 변화시키는 연산은 통상 반사(reflection)라고 불린다.

반사에 의해 기저의 방향성이 바뀌는 경우에는 식 (예4)에서 보는 바와 같이 $\underline{Q}^e$의 행렬식이 음의 부호를 가진다. 다음 절에서 보이는 바와 같이 직교텐서 $\underline{Q}^e$의 행렬식은 절대값이 1이어야 하므로 1 또는 -1일 수밖에 없으며, 따라서 R_2 상에서 정의된 $\underline{Q}$는 $\underline{Q}^e$의 행렬식이 1이면 회전, -1이면 반사에 상응하는 텐서이다[3.5절 식 (3.5.32) 참조].

쉬어가기 10

Schwarz(1843~1921, Germany)와 Frobenius(1849~1917, Germany)

1815년 Napoleon이 Waterloo에서 패배한 이래 유럽에서는 민족국가의 수립을 위한 노력이 도처에서 진행된다. 특히 독일에서는 프러시아가 중심이 되어 통일의 길을 걸어갔는데, 프러시아는 원래 러시아에 가까운 발트해에 연한 지역의 명칭이었다(쉬어가기 그림 28). 현재의 독일 영토와는 상당한 거리를 두고 떨어져 있는데, 13세기 전반에 튜톤기사단(Teutonic Knights)[70]이 이 지역을 장악한 이래 이차대전 때까지 독일과 관련을 맺어왔고, 독일이 자랑하는 철학자인 Kant의 고향, 쾨니히스베르그(Königsberg)가 이 지역에 속해 있다. 지금은 러시아에 속해 있는 이 지역의 명칭이 아직도 독일을 대표하는 근검, 절약, 강건함을 나타내는 상징으로 사용되고 있어 항상 많은 점을 생각하게 한다.

이 지역은 15, 16세기에 걸쳐 일어난 수많은 전쟁 끝에 폴란드의 지배권을 인정하는 봉토의 일부로서 프러시아 공국으로 자리 매김이 되었는데, 1618년 통치자인 튜톤기사단의 수장이 죽은 후 그 사위였던 브란덴부르그(Brandenburg)의 John Sigmund가 상속하면서 서서히 상황이 달라져갔다. 브란덴부르그는 베를린을 포함하는 지역이 주요 영지로 그 통치자는 신성로마제국의 황제를 선출할 수 있는 선거권을 가진 선거후(Elector)였다.

브란덴부르그-프러시아(Brandenburg- Prussia)로 불리기 시작한 이 공국은 1701년, 프러시아가 신성로마제국의 영토 바깥에 위치하는 것을 이용하여 프러시아 왕국으로 탈바꿈을 하는데, 첫 번째 왕은 Frederick 1세(1701~1713, 재위기간)로 King of Prussia가 아닌 King in Prussia로 불렸고 그 수도는 베를린이 되었다. 이와 같이 탄생된 프러시아 왕국은 Frederick 대왕(1740~1786, 재위기간, 쉬어가기 6 참조)에 이르러 유럽의 열강 대열에 참여하며, 프러시아는 1795년까지 세 차례에 걸친 폴란드 분할을 통해 브란덴부르그와 프러시아를 연결하는데 성공한다(쉬어가기 그림 29 참조). 그러나 서쪽에서 불어 닥친 Napoleon의 열풍에 프러시아도 1815년까지 혹독한 시련을 당한다. 하지만 이 와중에 신성로마제국이 1806년 멸망하며, 이는 프러시아의 입장에서는 독일 통일을 위한 큰 장애물이 사라진 셈이 되어, 이후 프러시아는 독일 통일을 보다 용이하게 주도할 수 있게 되었다. 1815년의 독일연합(German Confederation), 1834년의 독일관세동맹(German

70) 여기서 튜톤은 민족명으로 German과 동일어로 볼 수 있으며, 튜톤기사단은 십자군전쟁 중에 형성된 기사단 중의 하나로 독일계 기사들에 의해 조직되었다.

쉬어가기 그림 28 1619년의 프러시아와 주변국

Customs Union), 그리고 명재상 Bismarck(1862~1890, 재임기간)의 작품인 1871년의 독일제국(German Empire)의 중심에 항상 프러시아가 있었으며, 제국 성립 이후 약 20년은 프러시아의 절정기였다. 프러시아 왕인 William 1세는 독일황제(German Emperor)였으며, Bismarck는 프러시아의 수상이자 독일 제국의 재상이었다. 1890년, William 2세에 의해 Bismarck가 해임되는데, 이때부터 프러시아는 내리막길을 걷기 시작하였고, 일차세계대전(1914~1918)에서의 패전은 바로 독일제국의 멸망으로 이어졌으며, 1919년 바이마르공화국의 성립 이후, 프러시아는 더 이상 독일을 대표하는 독립체가 아니었다.

Schwarz와 Frobenius는 19세기 후반과 20세기 초반을 살아간 독일 학자들이었으므로, 바로 위에서 기술한 바와 같이 프러시아가 독일을 통일하고 전 세계를 내려다보며 최강대국, 최선진국의 역할을 다하다가, 결국은 바이마르공화국의 한 주가 되어 역사의 뒤로 사라지는 바로 그 시대를 목격하며 살았다. 어느 나라든지 강대국이 되기 위해서는 우수한 교육제도를 확립해야 한다. 19세기 후반을 통하여 독일 수학계 내지는 세계 수학계를 주도해간 두 대학은 1734년 George 2세에 의해 세워진 Göttingen 대학과, 1810년 Humboldt에 의해 개교한 Berlin 대학이었다. Gauss(쉬어가기 6 참조) 이래의 전통과, 그를 계승한 Dirichlet(1805~1859), Riemann(1826~1866), Dedekind(1831~1916), Klein (1849~1925), Hilbert(1862~1943) 등으로 이어지는 수학자들이 이 시대의 Göttingen 대학을 대표하고 있었으며, Berlin 대학은 현대수학의 아버지로 불리는 Weierstrass(1815~1897), 그리고 Kummer(1810~1893), Kronecker(1823~1891)와 이들을 계승한 Schwarz (1843~1921), Fuchs(1833~1902), Frobenius(1849~1917) 등이 이끌고 있었다.

Berlin 대학은 이후 독일뿐만 아니라 세계 많은 나라 대학의 모형이 되었는데, 개교 후 약 50년이 채 안 되는 사이에 이 대학이 이룩한 업적은 실로 괄목할 만하다. 위에서 언급한 Dirichlet 같은 학자는 소년기에는 독일 대학의 수학 수준이 낮아 어쩔 수 없이 프랑스에 유학한 경우인데, 귀국 후 Berlin 대학에 재직하다가 1855년 Gauss의 사후 그를 승계하여 Göttingen 대학으로 옮겼다. Dirichlet를 승계하여 Berlin 대학에 부임한 사람이 Kummer였고, Kummer는 곧 Weierstrass와 Kronecker를 Berlin 대학으로 초치하였으며, 이들 세 사람의 공동 노력으로 Berlin 대학의 황금기가 시작되었다.

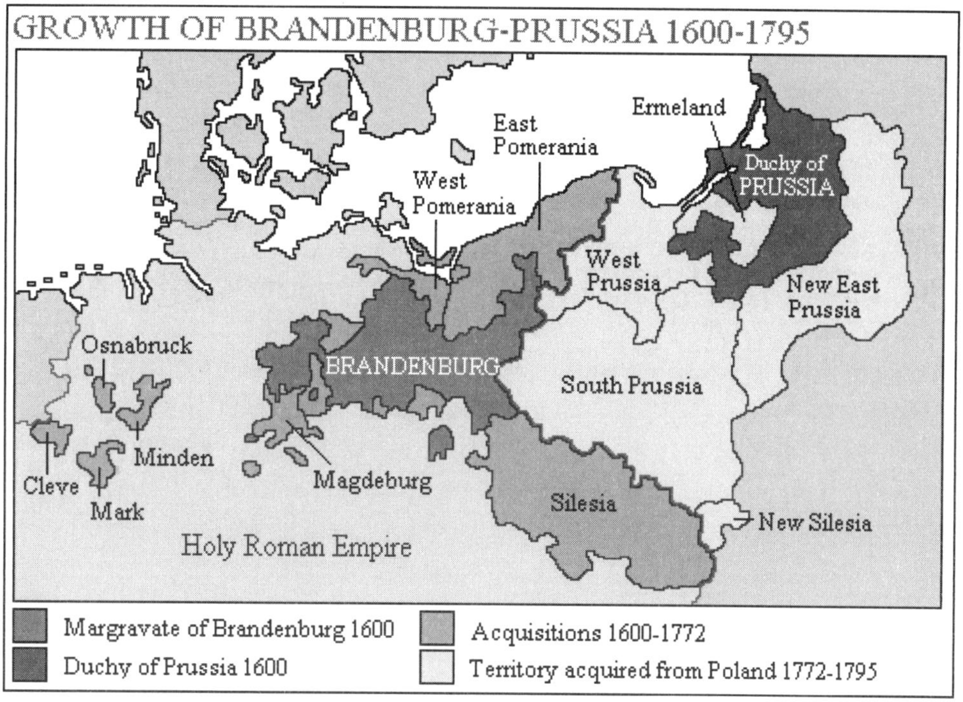

쉬어가기 그림 29 17~18세기 프러시아 왕국의 팽창

Schwarz는 처음에는 화학에 흥미를 보였으나 곧 수학을 전공으로 삼게 되었고, 18세(1861년)에 Berlin 대학에 입학하여 Weierstrass의 강의에 매료되었으며, 21세(1864년)에 Weierstrass의 지도로 박사를 끝낸다. 독일의 특별한 제도에 따라 대학교수가 되기 위해서는 박사취득 후에 Habilitation을 위한 논문을 또 써야 하는데, 그는 24세(1867년)에 이를 끝내고 Halle 대학의 Privatdozent가 되었다. Privatdozent 또한 독일의 특수한 제도이며 Habilitation 논문이 통과된 후, 어떤 대학의 학과에서 강의를 통해 강사 자격을 인정받은 사람을 뜻하는데, 박사학위논문을 지도할 수는 있지만, 제공하는 강의에 대한 강사료만 지급될 뿐 정식으로 급료를 받지 못해 경제적으로 매우 곤란한 직책이었다. 26세(1869년)에는 ETHZ(Eidgenössische Technische Hochschule Zürich, 통상 쮜리히 공과대학으로 부르며 영어로는 Swiss Federal Institute of Technology라고 부른다)[71)]의 교수로 임용되었으며, 그 다음 해에 등각 사상에 대한 중요한 결과를 발표하였다. 32세(1875년)에는 Göttingen 대학으로 자리를 옮기는데, 42세(1885년) 때, 은사 Weierstrass의 70세 생신을 기념하는 자리에서 적분에 대한 Schwarz 부등식을 포함하는 최소곡면(minimal surface)에 대한 논문을 발표하였다. 그는 Göttingen 대학에 17년을 근무하였는데, 이 동안만 하여도 Berlin 대학의 성가는 하늘을 찌를 듯 높았으며, 49세(1892년)에 Weierstrass가 은퇴하자 그를 승계하여 Berlin 대학으로 자리를 옮겼다.

Frobenius 또한 18세(1867년)에 gymnasium을 졸업하고 Göttingen 대학으로 진학하였지만 1년도 되지 않아 Berlin 대학에 다시 입학하며, 21세(1870년)에 역시 Weierstrass로부터 박사학위를 받았다. 25세(1874년)에는 Berlin 대학 수학과의 예비교수(Extraordinary Professor)로 임용되는데, 예비교수 제도 또한 독일의 독특한 제도로 Chair를 가지지 않은 채 일반적으로 교수(Ordinary Professor)에 종속되는 신분이었다. 예비교수로 임용되는데도 보통은 Habilitation을 필해야 하였으나, 그는 Weierstrass의 강력한 추천에 의해 이를 면제받을 수 있었다. 26세(1875년)에 Schwarz의 자리를 승계하여 ETHZ로 자리를 옮겼고, Frobenius는 이 대학에서 17년을 근무하며 왕성한 연구 활동을 펼친다. 그는 43세(1892년)에 Prussia 과학아카데미의 회원으로 선출되는데, 이 때 그를 지지한 Weierstrass와 Fuchs의 추천서에 따르면 Frobenius는 수학의 15개 분야에서 현격한 업적을 쌓고 있는 것으로 인정받고 있다. 15개 분야에는 해석함수의 급수전개, 선형미분방정식의 급수해, 타원함수와 Jacobi함수, 세 변수의 Jacobi함수 등이 포함되어 있었다. 한편 Fuchs 또한 1858년 Berlin 대학을 졸업하였으며, Weierstrass로부터 박사학위를 받았는데, 1884년(51세) Kummer의 은퇴에 따라 그를 승계하여 Berlin 대학으로 와 있었다.

---

71) 1849년 연방국가로 태어난 스위스의 국립대학(federal institute)으로 1854년 개교하였으며, 1833년 개교한 Zürich 대학(University of Zürich)과는 다른 대학이다. Eidgenössische는 독일어로 스위스를 뜻하며, Technische Hochschule(TH)는 공학교육기관을 대학(university)으로 인정하지 않던 시대에 독일 계통의 나라에서 공과대학의 명칭으로 사용되었고, 이 제도가 19세기 후반 미국으로 수입되어 Institute of Technology라는 이름으로 불렸다. 1970년대 이후에는 대부분 명칭을 Technical University로 바꾸었으나 아직도 ETHZ를 포함한 몇 대학은 TH라는 명칭을 고수하고 있다.

쉬어가기 그림 30 Schwarz와 Frobenius

Frobenius는 35세(1884년)에 추상적군에 대한 Sylow 정리의 증명을 포함하는 유한군(finite group)에 대한 논문을 발표하며, 이 연구는 그가 Berlin 대학으로 옮긴 후에도 계속된다. 1891년 Kronecker가 세상을 뜨자, Weierstrass는 Frobenius를 Berlin 대학으로 데려오기 위해 노력을 아끼지 않으며, 결국 Frobenius는 43세(1892년)에 Kronecker를 승계한다.

이렇게 하여 Berlin 대학 수학과의 제 2세대는 모두 자기 대학의 동일한 교수 제자들로 짜여 졌는데, 아무리 개인적으로 우수하다 하더라도 이러한 현상은 바람직하지 못한 것임을 곧 보여주게 된다. Frobenius는 Berlin 대학으로 옮긴 후에도 지속적으로 주요한 업적들을 발표하고 있었으며, 47세(1896년)에는 군특성(group characters), 그 다음 해에는 군의 표현정리(representation theorem), 49세(1898년)에는 Frobenius의 가역정리(reciprocity theorem), 51세(1900년)에는 Frobenius 군의 특성이론 등에 대한 논문을 발표하였고, 61세(1910년)에도 양행렬과 비음행렬의 특성에 대한 연구를 진행하고 있었다. 반면 Schwarz와 Fuchs는 Berlin 대학으로 옮길 때 이미 50세에 가까운 나이였으며, 옮긴 이후 연구의 생산성이 급격히 저하하여 학생들의 큰 관심을 끌 수 없었고, 또한 경쟁 상대인 Göttingen 대학은 순수수학과 더불어 응용수학에 커다란 관심을 보이고 있었는데 반해, Frobenius의 고집에 가까운 주장에 의해 순수수학 분야에만 치중하는 바람에 결국 경쟁에서 점차 밀리게 된다. 뒤늦게 1902년 Fuchs의 사후, Göttingen 대학의 Hilbert를 그 후계자로 초청해 보지만, Hilbert의 거절로 두 대학의 우열은 자연스럽게 판가름 나게 되었다.

20세기 초엽, Göttingen 대학의 수학, 물리, 유체역학 분야는 세계적인 권위를 자랑하고 있었고, 전 세계의 유학생들로 들끓고 있었다. 바로, Hilbert, Klein, Prandtl이 있었기 때문인데, 대학의 성쇠는 핵심적인 교수들의 역할도 중요하지만 주변의 교수들과 학생들이 절대적인 영향을 미친다는 것을 Göttingen 대학 또한 머지않아 보여주게 된다. Nazi 정권이 들어서면서 1933년 유태인에 대한 차별이 극심해지자 많은 학자와 학생들이 미국 대학으로 옮기게 되며, 결국 Hilbert가 Göttingen 대학에 무슨 수학과가 있느냐고 반문할 정도로 피폐하게 된다. 20세기 전반, 미국의 많은 대학들이 연구에 정진하여 중요한 결과를 엄청나게 얻기 시작하는 데는 많은 다른 이유가 있겠지만, 위에서 언급한 바와 같은 이유에 따른 인재 유입에 의한 요인이 가장 중요하다고 보인다. 한 나라의 정치, 경제가 좋아지면 그 나라의 대학에 여러 나라의 인재가 모일 수 있는데, 이런 경우 이에 대한 적극적인 정책을 시행하면 국가 발전에 엄청난 도움을 받을 수 있다는 것을 알 수 있으며, 이런 관점에서는 현재(2007년) 우리나라의 입장 또한 생각할 점이 많은 것으로 보인다.

3.5 행렬, 행렬식과 Cramer의 해법

3.3절에서 식 (3.3.28)을 통해 유한차원의 벡터공간에 대해 정의된 텐서의 표현은 행렬로 얻어진다는 것을 보였다. 따라서 실제 계산을 진행하는 경우 행렬과 행렬식에 대한 연산을 자주 하게 되는데, 이 절에서는 이들에 대해 보다 집중적으로 살펴보고자 한다.

3장의 서론에서 밝힌 바와 같이 행렬식에 대한 연구가 행렬에 대한 연구보다 일찍 진행되었는데. 이는 아마도 일차연립방정식의 풀이와 관련하여 행렬 자체의 성질보다는 행렬식을 구하는 것이 필요하였기 때문이었을 것이다. **Cramer(1750)의 해법**(Cramer's rule)은 일차연립방정식의 해를 구하는데 있어 행렬식을 구하는 것을 포함하고 있는데, 이 절에서는 먼저 일차연립방정식과 관련하여 행렬의 성질을 살펴보고, 또 선형변환의 성질로부터 주어지는 행렬의 특징에 대해 고찰한 후, 행렬식 자체의 성질에 대해 알아보고자 한다.

다음과 같은 일차연립방정식에 대해 생각해 보자.

$$\begin{aligned} a_{11}\xi_1 + a_{12}\xi_2 + \ldots + a_{1n}\xi_n &= \eta_1 \\ a_{21}\xi_1 + a_{22}\xi_2 + \ldots + a_{2n}\xi_n &= \eta_2 \\ &\ldots \\ a_{n1}\xi_1 + a_{n2}\xi_2 + \ldots + a_{nn}\xi_n &= \eta_n \end{aligned} \tag{3.5.1}$$

여기서 계수 a_{ij}, $i=1,2,\ldots,n$, $j=1,2,\ldots,n$와 우변을 이루는 η_i, $i=1,2,\ldots,n$은 실수(real number)로 주어진 상수이며, ξ_i, $i=1,2,\ldots,n$은 구하고자 하는 실수의 미지수(unknown)이다. 이 식을 행렬을 사용하여 나타내면 다음과 같다.

$$\begin{pmatrix} a_{11}\ a_{12} \ldots a_{1n} \\ a_{21}\ a_{22} \ldots a_{2n} \\ \ldots \\ a_{n1}\ a_{n2} \ldots a_{nn} \end{pmatrix} \begin{pmatrix} \xi_1 \\ \xi_2 \\ \vdots \\ \xi_n \end{pmatrix} = \begin{pmatrix} \eta_1 \\ \eta_2 \\ \vdots \\ \eta_n \end{pmatrix} \tag{3.5.2}$$

여기서 a_{ij}로 이루어지는 부분은 $n \times n$의 **정방행렬**(square matrix) A[72], 또는 (a_{ij})로 나타내며, ξ_i와 η_i로 이루어지는 부분은 $n \times 1$의 행렬 또는 n-열벡터(n-column vector)라고 부른다. 식 (2)에 나타난 행렬을 구성하는 실수 a_{ij}, ξ_i, η_i는 각각 해당

72) 여기서 행렬은 영어 대문자를 사용하여 나타내기로 한다.

행렬의 요소(elements of matrix)라고 부르며, 식 (2)는 행렬표기법(matrix notation)을 사용하여 다음과 같이 나타낼 수도 있다.

$$Ax = y \tag{3.5.3}$$

여기서 x는 ξ_i로 이루어진 n-열벡터, y는 η_i로 이루어진 n-열벡터를 나타낸다. 물론 이러한 표기는 앞 절에서 사용한 벡터를 나타내는 방법과 다르므로 혼동의 소지가 있으나, 이와 같은 표기법의 장점 또한 있으므로 충분한 설명을 곁들여 혼동의 여지를 최소화하며 쓰기로 한다.

식 (2)와 같은 표기가 가능하기 위해서는 식 (2)에서 사용한 행렬의 곱에 있어서 앞의 행렬의 열의 수와 뒤의 행렬의 행의 수가 반드시 같아야 함을 알 수 있다. 이와 같은 사실은 식 (2)를 하첨자를 사용하여 나타내는, 즉 지수표기법으로 나타낸 다음 식에서 더욱 확연히 드러난다.

$$\sum_{j=1}^{n} a_{ij}\xi_j = \eta_i\,,\ i = 1, 2, \ldots, n \tag{3.5.4}$$

행렬의 숫자곱, 덧셈, 곱셈 등은 3.3절에서 식 (3.3.29), (3.3.30), (3.3.31)을 통해 각각 설명한 바 있는데, 그 식들에 의해 주어지는 관계는 텐서의 성질에 따른 결과였음을 상기하기 바란다.

행렬의 경우에도 **전치행렬**(transpose matrix)을 정의할 수 있는데, 행렬 $A = (a_{ij})$의 전치행렬 A^T는 행과 열을 바꾸어 다음과 같이 정의한다.

$$A^T = (a_{ji}) \tag{3.5.5}$$

두 행렬 A, B의 곱으로 얻어지는 행렬의 전치행렬은 다음과 같이 주어진다.

$$(AB)^T = B^T A^T \tag{3.5.6}$$

$B = (b_{ij})$라고 하면, 두 행렬 A, B의 곱으로 얻어지는 행렬 $C = (c_{ij})$의 요소를 지수표기법으로 나타내면 식 (3.3.32)에 의해 다음과 같고,

$$c_{ij} = \sum_{k=}^{n} a_{ik} b_{kj} \tag{3.5.7}$$

또 식 (5)에 따르면 $C^T = (c_{ij}^T) = (c_{ji})$ 이므로 식 (7)로부터 다음을 얻는다.

$$c_{ij}^T = \sum_{k=1}^{n} a_{jk} b_{ki} \tag{3.5.8}$$

다시 한 번 식 (5)를 A, B에 사용하면 $A^T = (a_{ij}^T) = (a_{ji})$, $B^T = (b_{ij}^T) = (b_{ji})$를 얻는데, 이를 식 (8)에 대입하여 다음을 얻는다.

$$c_{ij}^T = \sum_{k=1}^{n} b_{ik}^T a_{kj}^T \tag{3.5.9}$$

이 식을 행렬표기법으로 다시 쓰면 식 (6)을 얻는다.

[예제 3.22] 행렬의 숫자곱

3.3절의 식 (3.3.29)를 행렬에 대해 다시 쓰면 다음과 같이 쓸 수 있다.

$$\alpha A = (\alpha a_{ij}) \qquad (\text{예}3.5.1)$$

이를 이용하여 다음을 보이시오.

$$\begin{pmatrix} 1 & 1 \\ -1 & 1 \end{pmatrix} = \sqrt{2} \begin{pmatrix} \frac{1}{\sqrt{2}} & \frac{1}{\sqrt{2}} \\ -\frac{1}{\sqrt{2}} & \frac{1}{\sqrt{2}} \end{pmatrix} \qquad (\text{예}3.5.2)$$

► 답

주어진 식 (예2)의 우변을 식 (예1)에 대입하면 쉽게 얻을 수 있는 결과이다. 여기서 지적하고자 하는 점은 텐서와 관계없이 행렬에 대해서만 고려하는 경우에는 식 (예1)은 숫자와 행렬의 곱에 대한 정의로 주어지지만, 식 (예1)은 텐서에 대한 고려로부터 유도되었다는 점이다.

[예제 3.23] 행렬의 덧셈

3.3절의 식 (3.3.30)을 행렬에 대해 다시 쓰면 다음과 같이 쓸 수 있다.

$$A + B = (a_{ij} + b_{ij}) \tag{예3.5.3}$$

이를 이용하여 다음을 보이시오.

$$\begin{pmatrix} 1 & 1 \\ -1 & 1 \end{pmatrix} + \begin{pmatrix} 1 & 1 \\ 1 & -1 \end{pmatrix} = \begin{pmatrix} 2 & 2 \\ 0 & 0 \end{pmatrix} \tag{예3.5.4}$$

► 답

주어진 식 (예4)의 좌변을 식 (예3)에 대입하면 쉽게 얻을 수 있는 결과이다. 주의할 것은 위의 예제에서 이미 논의한 바와 같이 텐서에 대한 고려로부터 식 (예3)을 유도하였다는 점이다.

[예제 3.24] 행렬의 곱셈

3.3절의 식 (3.3.31)을 행렬에 대해 다시 쓰면 다음과 같이 쓸 수 있다.

$$AB = \left(\sum_{k=1}^{n} a_{ik} b_{kj}\right) \tag{예3.5.5}$$

이를 이용하여 다음을 보이시오.

$$\begin{pmatrix} 1 & 1 \\ -1 & 1 \end{pmatrix} \begin{pmatrix} 1 & 1 \\ 1 & -1 \end{pmatrix} = \begin{pmatrix} 2 & 0 \\ 0 & -2 \end{pmatrix} \tag{예3.5.6}$$

► 답

주어진 식 (예6)의 좌변을 식 (예5)에 대입하면 쉽게 얻을 수 있다. [예제 3.23]에서 이미 논의한 바와 같이 중요한 점은 텐서에 대한 고려로부터 식 (예5)를 유도하였다는 점이다.

행렬식은 앞에서도 언급한 바와 같이 식 (1)과 같은 일차연립방정식의 해를 구하는 과정에서 나타난다. 그러나 여기서는 먼저 행렬식을 정의하고, 차후에 Cramer의 해법에 대해 고찰하면서 **행렬식**의 성질 및 정의에 대해 다시 생각해 보기로 한다. 식 (2) 또는 (3)에 주어진 정방행렬의 행렬식 $\det A = D$는 다음과 같이 **Laplace(1772)의 전개**(Laplace's expansion)를 사용하여 정의할 수 있다.

$$\det A = D = \sum_{k=1}^{n} a_{ik} C_{ik} = \sum_{k=1}^{n} a_{ki} C_{ki} \tag{3.5.10}$$

이 식의 첫 번째 합은 i 번째 행을 기준으로, 또 두 번째 합은 i 번째 열을 기준으로 하는 행렬식의 전개를 나타낸 것이다. 여기서 C_{ik}는 3.3절에서 다음과 같은 식 (3.3.41)로 정의한 여인수(cofactor)이며,

$$C_{ik} = (-1)^{i+k} M_{ik} \tag{3.3.41}$$

M_{ik}는 행렬 A로부터 i 번째 행과 k 번째 열을 제거하여 얻은 소행렬의 행렬식으로 **소행렬식**(minor)이라고 부른다.

식 (10)을 사용하여 $n\times n$ 행렬의 행렬식을 구할 경우, n 개의 $(n-1)\times(n-1)$ 행렬의 행렬식을 구해야 하며, 계산을 계속 진행하면 최종적으로 1×1 행렬의 행렬식까지 다루어야 할 것이고, 1×1 행렬의 행렬식은 그 요소 자체의 값으로 정의한다.

식 (10)과 같이 정의된 D는 어떤 행 또는 어떤 열을 기준으로 구하여도 같은 값을 주며, 이하에서는 이에 대해 고찰하기로 한다. 예를 들어 2×2 행렬의 행렬식 D를 첫 번째 행을 기준으로 나타내면 다음과 같다.

$$D = a_{11}C_{11} + a_{12}C_{12} = a_{11}a_{22} - a_{12}a_{21} \tag{3.5.11}$$

한편 첫 번째 열을 기준으로 나타내면 다음을 얻는데

$$D = a_{11}C_{11} + a_{21}C_{21} = a_{11}a_{22} - a_{21}a_{12} \tag{3.5.12}$$

이 식은 식 (11)과 동일함을 확인할 수 있다.

다음으로 3×3 행렬의 행렬식에 대해 생각해 보자. 식 (10)의 정의를 이용하여 행렬식 D를 첫 번째 행을 기준으로 나타내면 다음과 같다.

$$D = a_{11}C_{11} + a_{12}C_{12} + a_{13}C_{13}$$
$$= a_{11}(a_{22}a_{33} - a_{23}a_{32}) - a_{12}(a_{21}a_{33} - a_{23}a_{31}) + a_{13}(a_{21}a_{32} - a_{22}a_{31}) \quad (3.5.13)$$

이 식의 두 번째 등호를 얻기 위해서는 식 (11)을 사용하였다. 식 (13)의 마지막 우변은 모두 6 개의 항으로 구성되어 있는데, 각 항은 행의 번호는 모두 $1, 2, 3$의 순서이고, 열의 번호가 $1, 2, 3$의 우순열이면 양, 기순열이면 음의 부호를 가짐을 알 수 있다. 식 (13)의 마지막 우변을 이루고 있는 항들의 부호에 대한 성질을 이용하여 3.2절의 식 (3.2.27)에서 도입한 Eddington의 엡실론을 사용하여 식 (13)을 다음과 같이 쓸 수 있다.

$$D = \sum_{i=1}^{3}\sum_{j=1}^{3}\sum_{k=1}^{3} a_{1i}a_{2j}a_{3k}\epsilon_{ijk} \quad (3.5.14)$$

위의 $n=2$, $n=3$에 대한 예로부터 Laplace의 전개를 사용하여 행렬식을 구할 경우, $n=2$일 때는 두 개, $n=3$일 때는 여섯 개, 일반적으로는 $n!$ 개의 항으로 이루어짐을 알 수 있다. 또 식 (11)과 (12) 우변의 각 항은 두 개 요소의 곱으로, 식 (13) 또는 (14)의 각 항은 세 개 요소의 곱으로 주어진 사실로부터, 일반적인 경우에는 각 항이 n 개 요소의 곱으로 구성됨을 알 수 있다. 뿐만 아니라 각 항은 각 행 또는 각 열에서 하나의 요소만을 포함하고 있음을 확인할 수 있다. 이와 같이 각 행과 각 열에서 하나만의 요소를 택해 만들 수 있는 n 개 요소의 곱으로 이루어지는 항의 수는 통계학에서 배운 바와 같이 $n!$이다. 또 각 항의 부호는 행(열)을 기준으로 삼았을 때는 열(행)의 번호가 우순열의 경우에는 양, 기순열의 경우에는 음이 되도록 정의된 것을 위의 식 (11), (12), (13), (14)에서 확인할 수 있다. 따라서 식 (10)에서 어떤 행 또는 어떤 열을 기준으로 삼는다고 하더라도 같은 결과를 얻을 것임을 알 수 있다.

식 (10)으로 주어진 행렬식의 정의를 사용하여 다음과 같은 행렬식의 많은 성질을 증명할 수 있다.

D1) 한 행의 요소가 모두 0이면 행렬식도 0이다. 그 행을 기준으로 하여 행렬식을 전개하면, 식 (10)의 정의로부터 쉽게 증명된다.

D2) 행렬의 두 행을 바꾸면 행렬식의 부호가 바뀐다. 이것을 증명하기 위해서는 수학적 귀납법을 사용하는데, 먼저 $n=2$인 경우에 대해 식 (11)로부터 첫 번째 하첨자의 1은 2로 또 2는 1로 바꾸면 행렬식의 부호가 바뀌는 것을 쉽게 알 수

있다. 다음에는 $n-1$인 경우에 대해 부호가 바뀐다는 사실을 전제하고 n인 경우에 대해 부호가 바뀜을 증명한다. n인 경우에 대해 두 행을 바꾼 후, 두 행이 아닌 다른 행, 즉 i행을 기준으로 행렬식을 전개하면 다음을 얻는다.

$$D^* = \sum_{k=1}^{n} (-1)^{i+k} a_{ik} M_{ik}^* \tag{3.5.15}$$

이 식의 M_{ik}^*는 원래의 M_{ik}와 마찬가지로 $(n-1)\times(n-1)$의 행렬식이지만, 두 행이 바뀌어 있으므로 가정에 의해 부호가 다르고, 따라서 $M_{ik}^* = -M_{ik}$를 얻으며, 결국 $D^* = -D$를 얻어 원하는 결과를 얻는다.

D3) 행렬의 두 행이 동일하면 행렬식은 0이다. 동일한 두 행을 바꾸어 주면 행렬의 모양은 변화하지 않으므로 행렬식도 변화가 없지만, 두 행을 바꾸었으므로 D2에 의해 부호가 바뀌어야 한다. 부호가 반대인 두 양이 같기 위해서는 0이 되는 수밖에 없으므로 원하는 결과를 얻는다.

D4) 한 행의 상수 α배를 다른 행에 더해 주어도 행렬식은 변하지 않는다. 더해진 행을 기준으로 행렬식 D^*를 전개하면 다음을 얻는데,

$$D^* = D + \alpha D^r \tag{3.5.16}$$

여기서 D는 원래 행렬의 행렬식이고, D^r은 두 행이 동일한 행렬의 행렬식이므로, D3에 의해 $D^r = 0$을 얻어 역시 원하는 결과를 얻는다.

D5) 한 행에 상수 α를 곱해주면 행렬식도 α를 곱해준 만큼 변화한다. D4에서 이미 보인 바와 같이 곱해진 행을 기준으로 행렬식을 전개하면 그대로 원하는 결과를 얻는다.

D6) 한 행이 다른 행의 상수 배이면 행렬식은 0이다. 두 행 중의 한 행에 상수를 곱하여 두 행을 같게 할 수 있는데, D5에 의해 행렬식은 상수배 만큼 변화하나, 두 행이 동일하므로 D3에 의해 행렬식이 0이 되어 원하는 결과를 얻는다.

D7) 위의 D1, D2, D3, D4, D5, D6에서 행을 열로 바꾸어도 그대로 성립한다. 이것은 식 (10)에 따른 행렬식의 정의가 행을 열로 바꾸어도 동일하게 만족되고 있으므로 위에서와 같은 방법으로 증명할 수 있다.

D8) 전치에 의해 행렬의 행렬식은 변화하지 않는다. 이것도 마찬가지로 식 (10)의 정의에 따라 그대로 보일 수 있다. 행렬 A의 전치행렬을 A^T라고 하면 따라서 다음을 얻는다.

$$D = \det A = \det A^T \tag{3.5.17}$$

3.2절에서 논의한 두 벡터의 벡터곱과 관련하여 식 (3.2.30)에 사용되었던 3×3 행렬의 행렬식에 대해 생각해 보자. 식 (14)의 a_{1i}는 ξ_i, a_{2j}는 η_j, a_{3k}는 $\hat{e}_k$에 상응하는 것으로 간주하면 식 (3.2.29)를 얻는데, 식 (3.2.30)을 얻기 위해서는 위에서 논의한 행렬식의 성질 D2에 따라 두 행의 위치를 바꾸면 부호가 바뀌는 것을 이용한다. 첫 번째 행과 세 번째 행을 바꾸고, 또 두 번째 행과 세 번째 행을 바꾸면 행 바꿈을 두 번 하였으므로 부호가 두 번 바뀌어 원래와 변함이 없다. 이와 같은 행 바꿈의 결과로 식 (3.2.30)을 얻는다. 물론 행렬의 요소로 벡터를 허용한 적이 없으므로 식 (3.2.30)은 여기서 우리가 정의하고 사용하는 행렬이라고 볼 수 없지만, 단지 연산을 위한 편의성이라는 측면에서 사용하는 것으로 이해해야 한다.

[예제 3.25] 행렬식의 계산($n=3$), Laplace 전개의 유일성

3×3 행렬의 행렬식에 대해 첫 번째 열을 기준으로 전개한 식을 구하여 본문 중의 식 (13)과 같은 결과를 얻음을 보이시오.

► 답

식 (10)의 정의를 이용하여 행렬식 D를 첫 번째 열을 기준으로 나타내면 다음과 같다.

$$\begin{aligned} D &= a_{11}C_{11} + a_{21}C_{21} + a_{31}C_{31} \\ &= a_{11}(a_{22}a_{33} - a_{32}a_{23}) - a_{21}(a_{12}a_{33} - a_{32}a_{13}) + a_{31}(a_{12}a_{23} - a_{22}a_{13}) \end{aligned} \tag{예3.5.7}$$

이 식의 두 번째 등호를 얻기 위해서는 식 (12)를 사용하였다. 이 식 마지막 우변의 각 항을 살펴보면, 열의 번호는 모두 $1, 2, 3$의 순서이고, 행의 번호가 $1, 2, 3$의 우순열이면 양, 기순열이면 음의 부호를 가짐을 알 수 있다. 식 (13)과 비교하면 각 항은 같은 요소로 이루어져 있으나 소괄호 안의 두 번째 항들이 순서만 다르게 나타나고 있음을 확인할 수 있으며, 이 차이는 식 (11)과 (12)의 차이에 기인한다.

위에서 얻은 행렬식의 성질을 이용하여 **Cramer의 해법**을 유도해 보자. Cramer의 해법에서는 식 (1)이 유일한 해를 가지기 위해서 계수행렬의 행렬식 D가 0이 아님을 가정한다. 식 (1)의 양변에 차례로 C_{1k}, C_{2k}, ... , C_{nk}를 곱한 후 모두 더하면 다음을 얻는다. 여기서 k는 $1, 2, \ldots, n$ 중의 임의의 값이다.

$$\begin{aligned} C_{1k}(a_{11}\xi_1 + a_{12}\xi_2 + \ldots + a_{1n}\xi_n) + \ldots + C_{nk}(a_{n1}\xi_1 + a_{n2}\xi_2 + \ldots + a_{nn}\xi_n) \\ = \eta_1 C_{1k} + \ldots + \eta_n C_{nk} \end{aligned} \quad (3.5.18)$$

이 식의 좌변을 같은 ξ_i, $i = 1, 2, \ldots, n$에 대해 정리하면 다음을 얻는데,

$$\begin{aligned} \xi_1(a_{11}C_{1k} + a_{21}C_{2k} \ldots + a_{n1}C_{nk}) + \ldots + \xi_n(a_{1n}C_{1k} + a_{2n}C_{2k} + \ldots + a_{nn}C_{nk}) \\ = \eta_1 C_{1k} + \ldots + \eta_n C_{nk} \end{aligned} \quad (3.5.19)$$

행렬식의 성질 D3에 의해 두 행이 동일하면 행렬식이 0이 되어야 하므로, 다음을 얻고,

$$a_{1m}C_{1k} + a_{2m}C_{2k} \ldots + a_{nm}C_{nk} = 0, \; m \neq k \quad (3.5.20)$$

따라서 식 (19)의 좌변에서 ξ_k에 대한 항만 0이 아닌 값을 가지며, 그 값은 행렬식의 정의에 의해 D이므로, 결국 다음 결과를 얻는다.

$$\xi_k = \frac{\eta_1 C_{1k} + \eta_2 C_{2k} + \ldots + \eta_n C_{nk}}{D}, \; k = 1, 2, \ldots, n \quad (3.5.21)$$

여기서 우변의 분자는 계수행렬의 k 번째 열을 식 (1)의 우변으로 대치한 행렬의 행렬식을 k 번째 열을 기준으로 전개한 식이므로 이를 D_k라고 하면, 최종적으로 다음을 얻는다.

$$\xi_k = \frac{D_k}{D}, \; k = 1, 2, \ldots, n \quad (3.5.22)$$

식 (21)에 의해 얻어지는 해는 유일하며, 따라서 계수행렬의 행렬식 $D \neq 0$이면 유일한 해를 가지는 것을 보였다. 한편 $D \neq 0$인 경우에만 유일한 해를 가지는 것을 보이

기 위해서는 유일한 해를 가지면 $D \neq 0$임도 보여야 하는데, 3.6절 고유값 또는 3.8절 소거법과 관련하여 보이는 것이 편리하므로 그때까지 미루기로 하자.

한편 식 (1)의 우변이 모두 0인 소위 **제차방정식**(homogeneous equation)인 경우에는 식 (21)에 따르면 모든 $\xi_k = 0$, $k = 1, 2, ..., n$이 되어 소위 **무용한 해**(trivial solution)가 된다. 따라서 **유용한 해**(non-trivial solution)를 얻기 위해서는 식 (21) 우변의 분모를 이루고 있는 계수행렬(coefficient matrix)의 행렬식 또한 0이 되어야 한다.

[예제 3.26] Cramer의 해법($n = 3$)

다음과 같은 일차연립방정식의 해를 Cramer의 해법을 이용하여 구하시오.

$$\begin{aligned} \xi_1 + \xi_2 + \xi_3 &= 0 \\ \xi_1 + 2\xi_2 - \xi_3 &= 2 \\ \xi_1 + 3\xi_2 - 2\xi_3 &= 3 \end{aligned} \qquad \text{(예3.5.8)}$$

► 답

본문 중의 식 (22)를 사용하려면 먼저 D를 구해야 하며, 식 (13)을 사용하여 구하면 다음과 같다.

$$\begin{aligned} D &= a_{11}(a_{22}a_{33} - a_{23}a_{32}) - a_{12}(a_{21}a_{33} - a_{23}a_{31}) + a_{13}(a_{21}a_{32} - a_{22}a_{31}) \\ &= (-4+3) - (-2+1) + (3-2) = -1+1+1 = 1 \end{aligned} \qquad \text{(예3.5.9)}$$

또 D_k를 구하는 데는 k 번째 열을 기준으로 전개하는 식을 사용하여 다음을 얻는다.

$$\begin{aligned} D_1 &= \eta_1 M_{11} - \eta_2 M_{21} + \eta_3 M_{31} = 0(-1) - 2(-5) + 3(-3) = 1 \\ D_2 &= -\eta_1 M_{12} + \eta_2 M_{22} - \eta_3 M_{32} = -0(-1) + 2(-3) - 3(-2) = 0 \\ D_3 &= \eta_1 M_{13} - \eta_2 M_{23} + \eta_3 M_{33} = 0(\ 1) - 2(\ 2) + 3(\ 1) = -1 \end{aligned} \qquad \text{(예3.5.10)}$$

여기서 M_{ij}는 소괄호 안에 표시하였다. 식 (예9)와 (예10)을 식 (22)에 대입하여 다음의 해를 얻는다.

$$\xi_1 = 1, \ \xi_2 = 0, \ \xi_3 = -1 \qquad \text{(예3.5.11)}$$

이제 Cramer의 해법을 사용하여 얻어진 결과를 이용하여 **역행렬**(inverse matrix)을 구해 보자. 주어진 행렬 $A=(a_{ij})$에 대해 역행렬 A^{-1}는 다음과 같은 성질을 가진다.

$$AA^{-1}=A^{-1}A=I \tag{3.5.23}$$

여기서 I는 주대각선 상의 요소가 1이고, 그 외의 요소는 모두 0인 **단위행렬**(unit matrix)이다. 따라서 I는 다음과 같이 나타낼 수도 있다.

$$I=(\delta_{ij}) \tag{3.5.24}$$

물론 여기서 δ_{ij}는 식 (3.2.13)에서 정의한 Kronecker의 델타이며, 단위행렬의 행렬식은 1임을 쉽게 알 수 있다.

주어진 행렬에 대한 역행렬이 존재하기 위해서는 일정한 조건이 필요하나 일단 역행렬이 존재한다고 가정하자. 그러면 식 (3)의 양변에 A^{-1}를 앞에서 곱해주어 (pre-multiply) 다음을 얻는다.

$$A^{-1}Ax=Ix=x=A^{-1}y \tag{3.5.25}$$

이 식의 마지막 등호로 얻어지는 등식을 지수표기법으로 나타내면 다음을 얻는데,

$$\xi_k=\sum_{j=1}^{n}b_{kj}\eta_j,\ \ k=1,2,\dots,n \tag{3.5.26}$$

여기서 b_{kj}는 A^{-1}의 요소이다. 이 식과 Cramer의 해법에서 얻었던 식 (21)을 비교하여 다음을 얻는다.

$$b_{kj}=\frac{C_{jk}}{D},\ \ k=1,2,\dots,n,j=1,2,\dots,n \tag{3.5.27}$$

이 식에 따르면 역행렬이 존재하기 위한 조건은 결국 $D\neq 0$임을 알 수 있으며, 이는 Cramer의 해법에 대한 조건이기도 하였다. $D\neq 0$인 행렬은 **비특이행렬**(non-singular matrix), $D=0$인 행렬은 **특이행렬**(singular matrix)이라고 부른다. 한편 식 (27)은 식 (3.3.40) 또는 (3.3.42)에서 사용된 바 있다.

[예제 3.27] 역행렬

위의 [예제 3.26]에서 고려하였던 일차연립방정식인 식 (예8)에 대한 행렬의 역행렬을 구하시오.

► 답

본문 중의 식 (27)을 사용하려면 D와 C_{ij}를 알아야 하는데, D는 식 (예9)에서 구한 바 있으며, C_{ij}는 $C_{ij}=(-)^{i+j}M_{ij}$ [식 (3.3.41)]를 사용하고 식 (10)의 결과를 이용하여 구하면 다음과 같다.

$$\begin{aligned} &C_{11}=M_{11}=-1,\ C_{12}=-M_{12}=1,\ C_{13}=M_{13}=1 \\ &C_{21}=-M_{21}=5,\ C_{22}=M_{22}=-3,\ C_{23}=-M_{23}=-2 \\ &C_{31}=M_{31}=-3,\ C_{32}=-M_{32}=2,\ C_{33}=M_{33}=1 \end{aligned} \quad (\text{예}3.5.12)$$

이 결과를 식 (27)에 대입하여 다음과 같이 역행렬을 얻는다.

$$A^{-1}=\begin{pmatrix} -1 & 5 & -3 \\ 1 & -3 & 2 \\ 1 & -2 & 1 \end{pmatrix} \quad (\text{예}3.5.13)$$

이 행렬과 식 (예8)의 우변으로 구성되는 열벡터의 곱으로 해가 얻어지는 과정을 생각하면 Cramer의 해법에서 D_k를 정의하고, 해를 식 (21) 또는 (22)로 구하는 과정과 동일함을 알 수 있다.

다음으로는 **두 행렬의 곱**으로 주어지는 행렬의 행렬식에 대해 생각해보자. 두 행렬 A, B에 대해 결과부터 보면 다음과 같은데,

$$\det(AB)=\det A \det B \quad (3.5.28)$$

이 결과를 증명하는 방법은 여러 가지가 있으나 조금 복잡하므로, 위 식의 증명은 Meyer(2000)[15] 등을 참고하기 바란다. 식 (28)을 사용하면 행렬식과 관련된 다음과

같은 몇 가지 결과를 얻을 수 있다.

E1) 역행렬의 행렬식은 주어진 행렬의 행렬식의 역수이다. 다시 말하면 다음과 같은데,

$$\det(A^{-1}) = \frac{1}{\det A} \tag{3.5.29}$$

이 식의 증명을 위해서는, 식 (23)의 양변에 대해 행렬식을 취하고, 식 (28)을 사용하면 다음을 얻어 소기의 목적을 달성한다.

$$\det(A^{-1})\det A = \det I = 1 \tag{3.5.30}$$

E2) 기저를 변화한다고 하더라도 텐서의 표현으로 얻어진 행렬의 행렬식에는 변화가 없다. 이를 보이기 위해 3.3절에서 얻은 기저변환공식인 식 (3.3.50)를 생각한다.

$$\underline{A}^{\underline{e}'} = (\underline{R}^{\underline{e}})^{-1}\underline{A}^{\underline{e}}\underline{R}^{\underline{e}} \tag{3.3.50}$$

이 식의 양변에 행렬식을 취하고, 식 (28)을 사용하면 다음 결과를 얻는다.

$$\det\underline{A}^{\underline{e}'} = \det(R^{-1})\det\underline{A}^{\underline{e}}\det R = \det\underline{A}^{\underline{e}} \tag{3.5.31}$$

여기서 $R = \underline{R}^{\underline{e}}$이며, 이 식의 마지막 등호는 식 (30)을 사용하여 얻는다. 이 결과는 기저의 직교성이나 정규성에 상관없이 적용되며, 행렬식이 0이 되는 경우에 대한 식 (3.3.37) 위의 언급은 **E2**의 특별한 경우임을 알 수 있다.

한편 직교텐서는 3.4절 식 (3.4.40)에서 보인 바와 같은 성질을 가지므로 식 (3.4.40)의 양변에 행렬식을 취하고 식 (28)을 사용하면 다음을 얻는다.

$$\det(Q^T Q) = \det Q^T \det Q = (\det Q)^2 = \det I = 1 \tag{3.5.32}$$

여기서 $Q = \underline{Q}^{\underline{e}}$이다. 위의 결과는 직교정규기저에 대해 얻어졌지만. 행렬식은 위에서 보인 바와 같이 기저에 관계없는 성질이므로, 결국 직교텐서를 임의의 기저를 사용하

여 나타냈을 때 얻어지는 행렬 Q의 행렬식, 다시 말하면 직교텐서 $\underline{Q}$의 행렬식은 다음과 같다.

$$\det \underline{Q} = \pm 1 \tag{3.5.33}$$

여기서 양의 부호는 기저를 이루는 벡터들이 우수계를 형성하는 **정직교텐서**(proper orthogonal tensor), 음의 부호는 좌수계를 형성하는 **부직교텐서**(improper orthogonal tensor)에 상응하며, 직교텐서 $\underline{Q}$의 행렬식의 절대값이 1인 점은 3.4절 [예제 3.21]에서 이미 지적한 바 있다.

[예제 3.28] 역행렬의 행렬식

식 (예13)에서 얻은 행렬 B의 행렬식을 구하고, 얻어진 결과가 본문 중의 식 (29)와 일치함을 확인하시오.

► 답

식 (예13)에서 얻은 행렬은 식 (예8)로 주어진 문제로부터 얻어지는 행렬 A의 역행렬이므로 식 (예9)의 결과, $\det A = 1$임과 식 (29)를 고려하면 $\det B = 1$을 얻어야 한다. Laplace의 전개, 식 (13)을 사용하여 $D = \det B$를 구하면 다음을 얻으므로,

$$\begin{aligned} D &= b_{11}(b_{22}b_{33} - b_{23}b_{32}) - b_{12}(b_{21}b_{33} - b_{23}b_{31}) + b_{13}(b_{21}b_{32} - b_{22}b_{31}) \\ &= -1(-3+4) - 5(1-2) - 3(-2+3) = -1+5-3 = 1 \end{aligned} \tag{예3.5.14}$$

소기의 목적을 달성한다.

[예제 3.29] 텐서에 대한 표현의 행렬식의 불변성

3.3절의 [예제 3.19]에서 기저 $\{\underline{e}\}$에 대한 텐서의 표현 $\underline{A}^{e}$와 기저 $\{\underline{e}'\}$에 대한 표현 $\underline{A}^{e'}$, 또 기저변환에 사용한 $\underline{R}^{e}$와 $(\underline{R}^{e})^{-1}$를 각각 다음과 같이 얻었다. 기저변환에 따라 행렬식이 변하지 않음과 또 식 (29)가 만족됨을 확인하시오.

$$\underline{A}^{\underline{e}}=\begin{pmatrix}1 & 2\\ 2 & 1\end{pmatrix},\ \underline{A}^{\underline{e}'}=\begin{pmatrix}3 & 2\sqrt{2}\\ 0 & -1\end{pmatrix},\ \underline{R}^{\underline{e}}=\begin{pmatrix}\frac{1}{\sqrt{2}} & 0\\ \frac{1}{\sqrt{2}} & 1\end{pmatrix},\ (\underline{R}^{\underline{e}})^{-1}=\begin{pmatrix}\sqrt{2} & 0\\ -1 & 1\end{pmatrix} \quad (\text{예}3.5.15)$$

► 답

$\underline{A}^{\underline{e}}=A$, $\underline{A}^{\underline{e}'}=B$, $\underline{R}^{\underline{e}}=R$, $(\underline{R}^{\underline{e}})^{-1}=Q$라고 하면 2×2 행렬의 행렬식에 대한 식 (11)을 사용하여 다음을 얻는다.

$$\det A=-3,\ \det B=-3,\ \det R=1/\sqrt{2},\ \det Q=\sqrt{2} \qquad (\text{예}3.5.16)$$

따라서 기저변환에 따른 행렬식의 불변성과 역행렬의 행렬식은 원래 행렬의 행렬식의 역수임을 확인할 수 있다.

3.6 고유값과 고유벡터

앞 절에서는 행렬과 행렬식에 대해 주로 고려하였는데, 이제 다시 벡터공간의 관점으로 돌아가자. 벡터공간의 관점을 취할 때 얻어지는 가장 큰 이점 중의 하나가 소위 **불변아공간**(ISS, invariant subspace)에 대한 개념이다. 고유값과 고유벡터를 공부하는데 많은 시간을 들이고도 정작 이들이 가지는 물리적 개념이나 관련된 물리량들 사이의 확실한 관계를 이해하지 못하는 경우가 많다. 그러나 불변아공간의 개념을 이용하면 고유값과 고유벡터와 관련된 기하학적 개념을 쉽게 이해할 수 있다.

3.2절 [예제 3.6] 아래에서 언급한 바와 같이, 아공간은 주어진 벡터공간을 이루는 벡터의 부분집합 중에 그 스스로가 벡터공간의 조건을 만족하는 것으로 정의한다. 벡터공간 R 상에 정의된 텐서 $\underline{A}$에 대해 ISS R_1은 다음과 같이 정의된다. 벡터공간 R의 아공간 R_1에 속하는 벡터 $\underline{x}$를 $\underline{A}$에 입력하였을 때, 출력되는 벡터가 역시 R_1에 속하면 아공간 R_1은 $\underline{A}$에 대해 ISS라고 부른다.

예를 들어 3차원 공간을 벡터공간 R로 취하고, 텐서 $\underline{A}$를 어떤 축을 중심으로 벡터를 회전시키는 연산자로 정의하자. 그러면 회전축 상에 있는 모든 벡터로 이루어지는 1차원 아공간은 $\underline{A}$의 1차원 ISS이며, 이 축에 수직하며 원점을 포함하는 평면에 있는 모든 벡터로 이루어지는 2차원 아공간은 $\underline{A}$의 2차원 ISS이다.

또 다른 예로 차수가 n보다 크지 않은 모든 다항식(polynomial) $p(t)$의 집합을 벡터공간 R로 취하고, 텐서 $\underline{A}$를 다음과 같이 정의하자.

$$\underline{A}\,p = \frac{d}{dt}p(t) \tag{3.6.1}$$

이와 같이 정의된 $\underline{A}$에 대해서 차수가 $k \leq n$보다 크지 않은 모든 다항식으로 이루어지는 아공간은 $\underline{A}$의 ISS이다.

이하에서 우리는 ISS 중에서도 특히 **1차원 ISS**에 관심을 가질 것이다. 만약 벡터공간 R 상에 정의된 텐서 $\underline{A}$에 대해 R_1이 1차원 ISS라면 R_1에 속하는 임의의 벡터 $\underline{x}$는 어떤 스칼라 λ에 대해 다음 관계를 만족할 것이다.

$$\underline{A}\,\underline{x} = \lambda\,\underline{x} \tag{3.6.2}$$

한편, $\underline{0}$가 아닌 벡터 $\underline{x}$가 어떤 스칼라 λ에 대해 식 (2)를 만족한다면 그와 같은 벡터 $\underline{x}$의 모든 숫자곱으로 이루어지는 아공간 R_1은 $\underline{A}$의 1차원 ISS이다. 따라서 식

(2)는 아공간 R_1 이 $\underline{A}$ 의 1차원 ISS이기 위한 필요충분조건이다. 이런 경우, 스칼라 λ 는 $\underline{A}$ 의 **고유값**(eigenvalue)[73]이라고 하고, 상응하는 벡터 $\underline{x}$ 는 **고유벡터**(eigenvector)라고 한다. $\underline{A}$ 가 가지는 모든 고유값의 집합을 **스펙트럼**(spectrum)이라고 부른다. 여기서 스칼라는 실수로 취하고 있음을 다시 한번 강조한다.

위와 같이 정의된 고유값과 고유벡터에 대해 살펴보면, 먼저 $\underline{A}$ 는 물론 고유값을 전혀 가지지 않을 수도 있다. 또한 하나의 고유값에 대해 둘 또는 그 이상의 선형독립인 벡터들이 식 (2)를 만족할 수도 있다. 만약 k 개의 선형독립인 그와 같은 벡터 $\underline{x}_1, \underline{x}_2, \ldots, \underline{x}_k$ 가 존재하는 경우에는 다음과 같은 형태로 나타낼 수 있는 모든 벡터의 집합을 R_k 라고 하면,

$$\alpha_1 \underline{x}_1 + \alpha_2 \underline{x}_2 + \ldots + \alpha_k \underline{x}_k \tag{3.6.3}$$

R_k 는 R 의 아공간이다. 이와 같은 벡터에 대해서는 동시에 다음을 보일 수 있으므로,

$$\underline{A}(\alpha_1 \underline{x}_1 + \alpha_2 \underline{x}_2 + \ldots + \alpha_k \underline{x}_k) = \lambda(\alpha_1 \underline{x}_1 + \alpha_2 \underline{x}_2 + \ldots + \alpha_k \underline{x}_k) \tag{3.6.4}$$

R_k 는 $\underline{A}$ 의 k **차원 ISS**이다. 한편, 식 (2)를 사용해서 항상 고차원의 ISS를 찾을 수 있는 것은 아니다. 고유값이 0인 경우는 약간 특수한 경우로 다음 관계를 만족하는데,

$$\underline{A}\,\underline{x} = \underline{0}, \ \underline{x} \neq \underline{0} \tag{3.6.5}$$

이와 같이 고유값 0에 상응하는 모든 벡터도 역시 $\underline{A}$ 의 ISS를 구성하며, 이와 같은 아공간을 0-공간(null-space)이라고 부르며 $N(\underline{A})$ 로 표기한다.

이해를 돕기 위해 다음 예를 생각하자. 벡터공간 R 로 모든 2-열벡터의 집합으로 이루어지는 벡터공간 A_2 를 취하고, 텐서 $\underline{A}$ 를 다음과 같이 정의하자.

$$\underline{A}\,\underline{x} = \begin{pmatrix} 3x_1 - x_2 \\ -x_1 + 3x_2 \end{pmatrix}, \ \underline{x} = \begin{pmatrix} x_1 \\ x_2 \end{pmatrix} \in A_2 \tag{3.6.6}$$

---

73) eigen은 독일어로 독일 수학계가 이차대전 후 미국에 상당한 영향력을 끼치면서 수입된 용어인데, 영어로는 이 대신 characteristic을 사용하기도 한다. 그러나 이 단어는 다른 부분에서도 많이 사용하고 있어, 텐서이론에서는 대체적으로 eigen이라는 용어를 택하고 있다.

이와 같이 정의된 $\underline{A}$에 대해서 1차원 ISS를 찾기 위해 식 (2)로부터 다음을 얻는다.

$$\begin{aligned}(3-\lambda)x_1 - x_2 \qquad &= 0 \\ -x_1 + (3-\lambda)x_2 &= 0\end{aligned} \tag{3.6.7}$$

3.5절 식 (3.5.21) 아래에서 논의한 바와 같이 식 (7)처럼 우변이 모두 0인 경우, 유용한 해가 존재하기 위해서는 계수행렬의 행렬식이 0이 되어야 하므로 다음을 얻고,

$$(3-\lambda)^2 - 1 = 0 \tag{3.6.8}$$

결국 $\lambda_1 = 2$, $\lambda_2 = 4$의 두 고유값을 얻으며, 이에 상응하는 고유벡터를 구하기 위해 먼저 $\lambda_1 = 2$인 경우를 먼저 생각하면, 식 (7)에 $\lambda_1 = 2$를 대입하여 다음을 얻으므로,

$$x_1 - x_2 = 0\,,\ 즉\ x_1 = x_2 \tag{3.6.9}$$

고유벡터 $\underline{z}_1$는 다음과 같이 얻는다.

$$\underline{z}_1 = \alpha\begin{pmatrix}1\\1\end{pmatrix} \tag{3.6.10}$$

여기서 α는 임의의 스칼라이다. $R_1^{(1)}$을 $\begin{pmatrix}1\\1\end{pmatrix}$의 모든 숫자곱으로 이루어진 아공간이라고 하면 $R_1^{(1)}$은 $\underline{A}$의 1차원 ISS이다. 또 $\lambda_2 = 4$인 경우에 대해서는, 식 (7)에 $\lambda_2 = 4$를 대입하여 다음을 얻으므로,

$$-x_1 - x_2 = 0\,,\ 즉\ x_1 = -x_2 \tag{3.6.11}$$

고유벡터 $\underline{z}_2$는 다음과 같이 얻는다.

$$\underline{z}_2 = \begin{pmatrix}1\\-1\end{pmatrix} \tag{3.6.12}$$

$R_1^{(2)}$를 $\begin{pmatrix}1\\-1\end{pmatrix}$의 모든 숫자곱으로 이루어진 아공간이라고 하면 $R_1^{(2)}$은 $\underline{A}$의 1차원

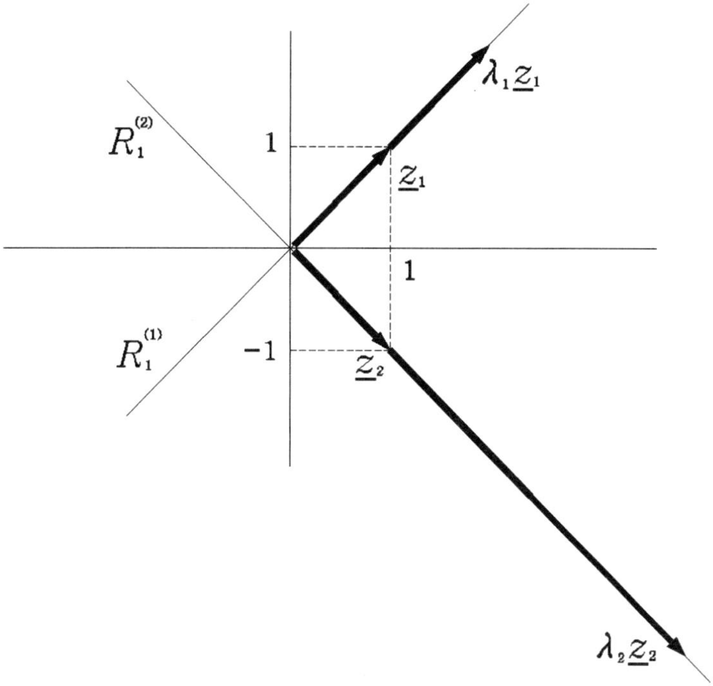

그림 3.8 1차원 ISS

ISS이다. 그림 3.8에 위에서 구한 ISS를 보였다.

또 다른 예로 위에서 고려한 바와 동일한 벡터공간 A_2 상에 정의된 다음과 같은 텐서 $\underline{A}$ 에 대해 생각하자.

$$\underline{A}\,\underline{x} = \begin{pmatrix} x_1 - x_2 \\ x_1 + x_2 \end{pmatrix} \tag{3.6.13}$$

1차원 ISS를 찾기 위해 식 (2)로부터 다음을 얻으며,

$$\begin{aligned} (1-\lambda)x_1 - x_2 \qquad &= 0 \\ x_1 + (1-\lambda)x_2 &= 0 \end{aligned} \tag{3.6.14}$$

앞에서와 같이 유용한 해가 존재하기 위해서는 계수행렬의 행렬식이 0이 되어야 하므로 다음을 얻는다.

$$(1-\lambda)^2+1=0 \tag{3.6.15}$$

이 식을 만족하는 실수인 스칼라 λ는 존재하지 않으므로, 결국 식 (13)으로 주어지는 텐서 $\underline{A}$에 대한 고유값은 없으며, 또한 1차원 ISS도 존재하지 않는다.

다음으로, n차원 RES R 상에 정의된 텐서 $\underline{A}$가 가지는 성질들에 대해 생각하기로 한다.

A1) 텐서 $\underline{A}$는 하나의 1차원 ISS 또는 하나의 2차원 ISS를 가진다. 물론 둘 다 가질 수도 있다.

이를 증명하기 위해 다음을 생각한다. 먼저 직교정규기저 $\{\hat{e}\}=\{\hat{e}_1,\hat{e}_2,\ldots,\hat{e}_n\}$를 잡고, 식 (2)를 만족하는 λ와 $\underline{x}$를 구함으로써 1차원 ISS를 구한다. $\underline{x}$를 기저 $\{\hat{e}\}$를 사용하여 나타내면 다음과 같고,

$$\underline{x}=\sum_{j=1}^{n}\xi_j\hat{e}_j \tag{3.6.16}$$

이 식을 식 (2)에 대입하면 다음을 얻는다.

$$\underline{A}\underline{x}=\sum_{j=1}^{n}\xi_j\underline{A}\hat{e}_j=\sum_{j=1}^{n}\xi_j\sum_{k=1}^{n}a_{kj}\hat{e}_k=\sum_{k=1}^{n}(\sum_{j=1}^{n}a_{kj}\xi_j)\hat{e}_i=\lambda\sum_{k=1}^{n}\xi_k\hat{e}_k \tag{3.6.17}$$

따라서 다음 식을 얻는데,

$$\sum_{j=1}^{n}a_{kj}\xi_j=\lambda\xi_k=\sum_{j=1}^{n}\lambda\delta_{kj}\xi_j,\ \ k=1,2,\ldots,n \tag{3.6.18}$$

이 식을 정리하면 결국 다음을 얻는다.

$$\sum_{j=1}^{n}\{a_{kj}-\lambda\delta_{kj}\}\xi_j=0,\ \ k=1,2,\ldots,n \tag{3.6.19}$$

이 식은 우변이 모두 0인 제차방정식이므로, 계수행렬의 행렬식이 0인 경우에만 유용한 해를 얻을 수 있으며, 따라서 최종적으로 다음 결과를 얻는다.

$$F_{\hat{e}}(\lambda) = \begin{vmatrix} a_{11}-\lambda & a_{12} & \dots & a_{1n} \\ a_{21} & a_{22}-\lambda & \dots & a_{2n} \\ & & \dots & \\ a_{n1} & a_{n2} & \dots & a_{nn}-\lambda \end{vmatrix} = \det(A-\lambda I) = 0 \qquad (3.6.20)$$

여기서 $A = \underline{A}^{\hat{e}} = (a_{kj})$인 행렬이다. 식 (20)은 $\underline{A}$의 **특성방정식**(characteristic equation)이라고 부르는데, 아래의 [예제 3.30]에서 보인 바와 같이 이 식의 좌변은 기저에 대해 독립이므로, 앞으로는 $F_{\hat{e}}(\lambda)$ 대신에 $F(\lambda)$라고 표기하고 통상 특성다항식(characteristic polynomial)이라고 부른다.

이 특성다항식은 λ에 대한 실수계수의 n차 다항식인데, 만약 이 다항식이 m개의 서로 다른 실근(real root)을 가진다면 이들은 고유값 $\lambda_1, \lambda_2, \dots, \lambda_m\ (m \leq n)$이 되며, 이들로부터 m개의 1차원 ISS를 얻을 수 있다.

한편, 특성방정식의 근이 복소수일 때, 이 복소근(complex root)을 다음과 같이 나타낸다.

$$\lambda = \mu + i\nu \qquad (3.6.21)$$

여기서 μ, ν는 실수이다. 따라서 이 경우에는 식 (21)을 식 (19)에 대입하여 얻은 고유벡터의 성분 $\xi_j,\ j = 1, 2, \dots, n$이 일반적으로 복소수일 것이며, 이들을 다음과 같이 표기한다.

$$\xi_j = \eta_j + i\zeta_j,\ j = 1, 2, \dots, n \qquad (3.6.22)$$

여기서 $\eta_j, \zeta_j,\ j = 1, 2, \dots, n$는 실수이다. 식 (21)과 (22)를 (19)에 대입하면 다음을 얻는데,

$$\sum_{j=1}^{n} \{a_{kj} - (\mu + i\nu)\delta_{kj}\}(\eta_j + i\zeta_j) = 0,\ k = 1, 2, \dots, n \qquad (3.6.23)$$

이 식에서 실수부와 허수부를 따로 정리하면 다음을 얻는다.

$$\sum_{j=1}^{n} a_{kj}\eta_j = \mu\eta_k - \nu\zeta_k\,,\ \ k=1,2,\ldots,n \tag{3.6.24}$$

$$\sum_{j=1}^{n} a_{kj}\zeta_j = \mu\zeta_k + \nu\eta_k\,,\ \ k=1,2,\ldots,n \tag{3.6.25}$$

여기서 $\eta_k, \zeta_k,\ k=1,2,\ldots,n$를 성분으로 하는 벡터 $\underline{y}$, $\underline{z}$를 다음과 같이 정의하고,

$$\underline{y} = \sum_{k=1}^{n}\eta_k\hat{e}_k\,,\ \ \underline{z} = \sum_{k=1}^{n}\zeta_k\hat{e}_k \tag{3.6.26}$$

식 (24), (25)를 텐서의 형태로 바꾸어 쓰면 다음을 얻는다.

$$\underline{A}\,\underline{y} = \mu\underline{y} - \nu\underline{z}\,,\ \ \underline{A}\,\underline{z} = \mu\underline{z} + \nu\underline{y} \tag{3.6.27}$$

이 식에 따르면 $\underline{y}$와 $\underline{z}$의 선형결합으로 주어지는 모든 벡터의 집합은 따라서 $\underline{A}$의 ISS이다. 여기서 이 ISS의 차원은 $\underline{y}$와 $\underline{z}$의 선형독립성에 따라 결정된다. 이 두 벡터는 아래의 [예제 3.31]에서 보이는 바와 같이, 선형독립이며 따라서 특성방정식의 복소근에 상응하는 ISS는 2차원이다.

대수학의 기본정리(fundamental theorem of algebra)에 따르면 실수계수를 가지는 n차 다항식은 n개의 복소근을 가진다. 그러므로 식 (20)의 특성방정식은 n개의 복소근을 가지며, 그 중에는 실근도 있을 수 있으므로, 실근에 상응하는 ISS는 1차원, 복소근에 상응하는 ISS는 2차원이며, 따라서 원하는 결과를 얻었다.

위의 결과에 따르면, R의 차원이 홀수일 때, $\underline{A}$는 최소한 하나의 1차원 ISS를 가진다.

[예제 3.30] 특성다항식의 기저 독립성

식 (20)과 같이 주어지는 특성방정식이 어떤 기저를 사용하여도 형태가 같다는 성질, 즉 기저에 독립임을 증명하시오.

► 답

어떤 기저 $\{\underline{e}\}$를 사용하여 텐서 $\underline{A}$를 표현하면 $\underline{A}^e$를 얻고, 이와는 다른 기저 $\{\underline{f}\}$를 사용하여 $\underline{A}^f$를 얻었다고 하면 $\underline{A}^e = A$와 $\underline{A}^f = B$는 기저변환공식, 식 (3.3.50)에 의해 다음과 같은 관계를 가진다.

$$B = R^{-1}AR \tag{예3.6.1}$$

여기서 $R = \underline{R}^e$는 기저 $\{\underline{f}\}$에 속하는 벡터 $\underline{f}_j$를 기저 $\{\underline{e}\}$를 사용하여 나타냈을 때 얻어지는 성분들이 j 번째 열에 배열되는 행렬로 식 (3.3.45)와 같이 정의되는 텐서의 표현이다. 기저 $\{\underline{e}\}$와 기저 $\{\underline{f}\}$를 사용했을 때 얻어지는 특성방정식은 각각 다음과 같은데,

$$F_{\underline{e}}(\lambda) = \det(A - \lambda I) = 0\,, \quad F_{\underline{f}}(\lambda) = \det(B - \lambda I) = 0 \tag{예3.6.2}$$

두 번째 식에 식 (예1)을 대입하여 다음 결과를 얻으므로,

$$\begin{aligned} F_{\underline{f}}(\lambda) &= \det(R^{-1}AR - \lambda I) = \det[R^{-1}(A - \lambda I)R] \\ &= \det(R^{-1})\det(A - \lambda I)\det R = F_{\underline{e}}(\lambda) \end{aligned} \tag{예3.6.3}$$

특성다항식은 기저에 독립임을 알 수 있다. 여기서 마지막 등호를 얻는 데는 3.5절의 **E1**, 즉 식 (3.5.30)을 사용하였다.

✽ [예제 3.31] 복소근에 상응하는 ISS의 차원

본문 중의 식 (26)에서 정의된 벡터 $\underline{y}$와 $\underline{z}$는 선형독립임을 보이시오.

► 답

모순법을 사용하기로 하고, 벡터 $\underline{y}$와 $\underline{z}$가 선형독립이 아니라고 가정하면 다음과 같은 식을 만족하는 모두 0이 아닌 실수 α, β가 존재해야 한다.

$$\alpha\underline{y} + \beta\underline{z} = \underline{0} \tag{예3.6.4}$$

따라서 다음 결과를 얻을 수 있으며

$$\begin{aligned}\underline{A}(\alpha\underline{y}+\beta\underline{z}) &= \alpha(\mu\underline{y}-\nu\underline{z})+\beta(\mu\underline{z}+\nu\underline{y}) \\ &= \mu(\alpha\underline{y}+\beta\underline{z})-\nu(\alpha\underline{z}-\beta\underline{y}) = -\nu(\alpha\underline{z}-\beta\underline{y}) = \underline{0}\end{aligned} \qquad (예3.6.5)$$

이 식이 성립하기 위해서는 $\nu=0$이거나 $\alpha\underline{z}=\beta\underline{y}$가 성립해야 하는데, $\nu=0$이면 λ가 실수가 되어 가정에 어긋난다. 또 $\alpha\underline{z}=\beta\underline{y}$이면 $\alpha\neq 0$로 가정하여도 일반성을 잃지 않으므로 $\underline{z}=(\beta/\alpha)\underline{y}$를 식 (예4)에 대입하고 정리하면 다음을 얻는데,

$$(\alpha^2+\beta^2)\underline{y}=\underline{0} \qquad (예3.6.6)$$

α, β가 모두 0은 아니므로 결국 $\underline{y}=\underline{0}$가 되어 모순이 된다. 따라서 벡터 $\underline{y}$와 $\underline{z}$는 선형독립이어야 한다.

[예제 3.32] 고유값과 고유벡터($n=3$)

벡터공간으로 모든 3-열벡터의 집합으로 이루어지는 RES A_3을 취하고, 텐서 $\underline{A}$는 다음과 같이 정의한다.

$$\underline{A}\,\underline{x}=\begin{pmatrix}x_1+x_2+x_3\\ x_1+2x_2-x_3\\ x_1+3x_2-2x_3\end{pmatrix},\quad \underline{x}=\begin{pmatrix}x_1\\ x_2\\ x_3\end{pmatrix}\in R \qquad (예3.6.7)$$

텐서 $\underline{A}$의 1차원 ISS를 구하시오.

답

식 (20)을 사용하여 다음과 같은 특성다항식을 얻는다.

$$\begin{aligned}F(\lambda) &= \det(A-\lambda I) \\ &= \begin{vmatrix}1-\lambda & 1 & 1\\ 1 & 2-\lambda & -1\\ 1 & 3 & -2-\lambda\end{vmatrix} \\ &= (1-\lambda)\{(\lambda-2)(\lambda+2)+3\}-(-1-\lambda)+(1+\lambda) \\ &= (1-\lambda)(\lambda^2-1)+2(1+\lambda) = (\lambda+1)\{-(\lambda-1)^2+2\} \\ &= -(\lambda+1)\{(\lambda-1)^2-2\} = -(\lambda+1)(\lambda-1+\sqrt{2})(\lambda-1-\sqrt{2})\end{aligned} \qquad (예3.6.8)$$

그러므로 특성방정식에 대해 $\lambda_1 = -1$, $\lambda_2 = 1 - \sqrt{2}$, $\lambda_3 = 1 + \sqrt{2}$ 로 주어지는 세 개의 서로 다른 실근을 얻으며 각각의 고유값에 상응하는 세 개의 고유벡터, 또는 세 개의 1차원 ISS가 존재한다. $\lambda_1 = -1$에 상응하는 고유벡터는 식 (예7)로부터 얻어지는 다음 두 식으로부터 얻는다.

$$\begin{aligned} 2x_1 + x_2 + x_3 &= 0 \\ x_1 + 3x_2 - x_3 &= 0 \end{aligned} \tag{예3.6.9}$$

두 개의 식으로 세 개의 미지수를 정해야 하므로, 세 개의 미지수 중 하나는 자유로이 정할 수 있는 점을 이용하여 $x_1 = 1$로 놓으면 다음 식을 얻는다.

$$\begin{aligned} x_2 + x_3 &= -2 \\ 3x_2 - x_3 &= -1 \end{aligned} \tag{예3.6.10}$$

이 두 식을 더하여 x_3를 소거하면 $x_2 = -3/4$를 얻고, 이를 첫 번째 식에 대입하여 $x_3 = -5/4$를 얻으므로 결국 $\lambda_1 = -1$에 상응하는 고유벡터는 다음과 같이 얻는다.

$$\underline{z}_1 = \begin{pmatrix} 1 \\ -3/4 \\ -5/4 \end{pmatrix} \tag{예3.6.11}$$

$\lambda_2 = 1 - \sqrt{2}$에 상응하는 고유벡터는 식 (예7)로부터 얻어지는 다음 식으로부터 얻는다.

$$\begin{aligned} \sqrt{2}x_1 + x_2 + x_3 &= 0 \\ x_1 + (1+\sqrt{2})x_2 - x_3 &= 0 \\ x_1 + 3x_2 - (3-\sqrt{2})x_3 &= 0 \end{aligned} \tag{예3.6.12}$$

먼저 x_1을 소거하면 다음과 같은 하나의 식을 얻으므로,

$$x_2 - x_3 = 0, \; x_2 = x_3 \tag{예3.6.13}$$

$x_2 = x_3 = 1$로 놓고, 이를 첫 번째 식에 대입하여 $x_1 = -\sqrt{2}$를 얻으며 결국 λ_2에 상응하

는 고유벡터는 다음과 같이 얻는다.

$$\underline{z}_2 = \begin{pmatrix} -\sqrt{2} \\ 1 \\ 1 \end{pmatrix} \qquad (예3.6.14)$$

$\lambda_3 = 1 + \sqrt{2}$ 에 상응하는 고유벡터도 같은 방법으로 식 (예7)로부터 다음 식을 얻는다.

$$\begin{aligned} -\sqrt{2}x_1 + \quad x_2 + \quad x_3 &= 0 \\ x_1 + (1-\sqrt{2})x_2 - \quad x_3 &= 0 \\ x_1 + \quad 3x_2 - (3+\sqrt{2})x_3 &= 0 \end{aligned} \qquad (예3.6.15)$$

여기서 x_1 을 소거하면 또 식 (예13)을 얻으므로, $x_2 = x_3 = 1$ 로 놓고, 이를 첫 번째 식에 대입하여 $x_1 = \sqrt{2}$ 를 얻어 결국 λ_3 에 상응하는 고유벡터는 다음과 같이 얻는다.

$$\underline{z}_3 = \begin{pmatrix} \sqrt{2} \\ 1 \\ 1 \end{pmatrix} \qquad (예3.6.16)$$

위에서 알 수 있는 바와 같이 n 이 증가함에 따라 고유값과 고유벡터를 구하는데 필요한 계산량은 급격히 증가하며, 실제 문제를 다루는 경우에는 대부분 컴퓨터를 사용하여 구하고 있다.

이하에서는 n 차원 RES R 상에 정의된 **대칭텐서** $\underline{A}$ 에 대해 생각하기로 한다.

S1) 대칭텐서 $\underline{A}$ 에 대한 특성방정식 $F(\lambda) = 0$ 의 근은 모두 **실수**이며, 따라서 $\underline{A}$ 는 최소한 하나의 1차원 ISS를 가진다.

만약 $F(\lambda) = 0$ 가 복소근을 가진다면 앞에서 고려한 바와 같이 식 (27)이 성립할 것이다. 식 (27)의 첫 번째 식과 벡터 $\underline{z}$ 의 스칼라곱을 구하고, 두 번째 식과 벡터 $\underline{y}$ 의 스칼라곱을 구한 뒤, $\underline{A}$ 의 대칭성을 고려하여 두 결과를 등치하여 다음 결과를 얻으므로,

$$(\underline{z}, \underline{A}\,\underline{y}) = \mu(\underline{z}, \underline{y}) - \nu(\underline{z}, \underline{z}) = (\underline{A}\,\underline{z}, \underline{y}) = \mu(\underline{z}, \underline{y}) + \nu(\underline{y}, \underline{y}) \qquad (3.6.28)$$

이 식을 정리하여 다음 관계를 얻는다.

$$\nu(|\underline{z}|^2+|\underline{y}|^2)=0 \tag{3.6.29}$$

소괄호 안은 0이 될 수 없으므로, ν가 0이 되어야 하며, 따라서 대칭텐서 $\underline{A}$의 고유값은 모두 실수라는 결과를 얻는다.

S2) 대칭텐서 $\underline{A}$는 n개의 실수 고유값 $\lambda_1, \lambda_2, \ldots, \lambda_n$과 그에 상응하는 모두 서로 직교하는 n 개의 단위고유벡터 $\hat{e}_1, \hat{e}_2, \ldots, \hat{e}_n$을 가진다. 이 때, 고유값은 반드시 서로 다를 필요는 없다. 이들을 식으로 표시하면 다음과 같으며,

$$\underline{A}\hat{e}_i=\lambda_i\hat{e}_i,\ i=1,2,\ldots,n \tag{3.6.30}$$

따라서 $\underline{A}$는 서로 직교하는 n개의 1차원 ISS를 가진다.

위의 사항을 증명하기 위해서는 **S1**의 성질을 이용하는데, 먼저 $\underline{A}$에 대해 최소한 하나의 1차원 ISS가 존재하므로, 다음을 얻을 수 있다.

$$\underline{A}\hat{e}_1=\lambda_1\hat{e}_1,\ F(\lambda_1)=0 \tag{3.6.31}$$

여기서 λ_1은 실수이다. 원래의 RES R에 속하는 벡터들 중에서 다음을 만족하는 모든 벡터의 집합을 R_1이라고 하면,

$$(\underline{x},\hat{e}_1)=0 \tag{3.6.32}$$

R_1은 차원이 $n-1$인 R의 아공간이다. 한편, R_1 또한 RES이고, $\underline{A}$는 R_1 상에서도 대칭텐서이므로, 다시 한 번 위의 성질 **S1**을 적용할 수 있으며, 따라서 다음을 얻는다.

$$\underline{A}\hat{e}_2=\lambda_2\hat{e}_2,\ F(\lambda_2)=0,\ (\hat{e}_1,\hat{e}_2)=0 \tag{3.6.33}$$

마찬가지 방법으로 R_2, R_3, ... , R_{n-1}까지 진행할 수 있으므로, 결국 원하는 결과를 얻는다.

S3) 대칭텐서 $\underline{A}$에 대해서는 그 표현이 **대각행렬**(diagonal matrix)이 되는 직교정

규기저가 존재한다.
여기서 대각행렬은 주대각선 상에만 0이 아닌 값들이 위치하고, 주대각선 상에 있지 않는 요소는 모두 0인 행렬을 뜻한다. 위의 성질은 대칭텐서에 대한 **주기저정리** (principal basis theorem)로 알려져 있으며, 그 응용의 범위가 매우 넓으므로 대단히 중요하다.

위와 같은 기저의 존재를 증명하기 위해서는 위의 성질 S2를 이용하는데, S2에서 얻은 모두 서로 직교하는 n개의 단위고유벡터 $\hat{e}_1, \hat{e}_2, \ldots, \hat{e}_n$을 직교정규기저로 삼으면, 식 (30)으로부터 다음 관계가 성립하므로,

$$\underline{A}\hat{e}_i = \lambda_i \hat{e}_i = \sum_{k=1}^{n} a_{ki}\hat{e}_k, \ i = 1, 2, \ldots, n \tag{3.6.34}$$

따라서 다음을 얻는다.

$$a_{ki} = \lambda_k \delta_{ki}, \ k = 1, 2, \ldots, n, \ i = 1, 2, \ldots, n \tag{3.6.35}$$

이 식을 행렬의 형태로 쓰면 다음을 얻으며,

$$\underline{A}^{\hat{e}} = (a_{ki}) = (\lambda_k \delta_{ki}) = \begin{pmatrix} \lambda_1 & 0 & \ldots & 0 \\ 0 & \lambda_2 & \ldots & 0 \\ & & \ldots & \\ 0 & 0 & \ldots & \lambda_n \end{pmatrix} \tag{3.6.36}$$

따라서 원하는 결과를 얻었다. 여기서 사용한 기저는 대칭텐서 $\underline{A}$에 대한 **주기저** (principal basis)라고 부르며, 그 응용의 범위가 대단히 넓다. 한편, 위의 유도과정에서 알 수 있는 바와 같이 주기저가 반드시 유일하지는 않다.

주기저정리와 관련하여 가장 먼저 생각할 수 있는 문제는, 기저에 독립인 **대칭텐서 $\underline{A}$의 행렬식** $D = \det \underline{A}$에 관한 사항이다. 식 (36)에서 알 수 있는 바와 같이 D는 다음과 같이 주어지므로,

$$D = \lambda_1 \lambda_2 \ldots \lambda_n \tag{3.6.37}$$

n차원 RES R 상에 정의된 대칭텐서 $\underline{A}$의 행렬식은 n개의 고유값들의 곱으로 주어진다. 만약 고유값들 중의 하나라도 0인 경우에는 당연히 $D=0$이 되고, 텐서 $\underline{A}$는 0(empty set)이 아닌 0-공간 $N(\underline{A})$를 가진다.

주기저정리를 일차연립방정식과 관련하여 살펴보자. 3.5절에서 식 (3.5.1)과 같이 주어진 일차연립방정식은 계수행렬이 대칭행렬인 경우, 이 문제를 직교정규기저를 사용하여 나타낸 대칭텐서 $\underline{A}$를 포함하는 문제로 간주할 수 있다. 따라서 주기저정리를 적용하면, 주기저를 사용하여 나타낸 연립방정식은 식 (36)과 같이 주대각선 상에만 0이 아닌 요소들을 가진 대각행렬에 의해 주어지므로, n 개의 방정식이 연성되어 있지 않은(uncoupled) 문제가 되어, 주어진 $\eta'_i,\ i=1,2,\ldots,n$에 대해 $\xi'_i,\ i=1,2,\ldots,n$의 값을 따로따로 구할 수 있다. 여기서 η'_i와 ξ'_i는 주기저를 사용하여 나타낸 벡터 $\underline{y}$와 $\underline{x}$의 성분이다. 다시 말하면 식 (3.5.1)로 주어진 문제를 주기저를 사용하면 다음과 같이 다시 쓸 수 있는데,

$$\lambda_i \xi'_i = \eta'_i,\ i=1,2,\ldots,n \tag{3.6.38}$$

만약 모든 고유값 λ_i가 0이 아니라면, 이 식은 유일한 해를 가진다. 한편 위의 식이 유일한 해를 가진다면 어떤 고유값도 0이 아니고, 따라서 식 (37)로부터 계수행렬의 행렬식이 0이 아니다. 다시 말하면, 3.5절의 식 (3.5.22) 아래에서 언급한 바와 같이, 식 (3.5.1)로 주어진 문제가 유일한 해를 가지면 $D\neq 0$임을 다시 한 번 보일 수 있다. 단 위의 내용은 대칭텐서에 대한 것이므로, 일반적인 내용이라고 보기는 힘들다고 생각할 수 있으나, 3.8절에서 보이는 바와 같이 임의의 텐서는 대칭텐서와 직교텐서의 곱으로 나타낼 수 있는데, 이미 3.5절의 식 (3.5.33)에서 보인 바와 같이 직교텐서의 행렬식은 절대값이 1이므로, 임의의 텐서의 행렬식이 0인가 아닌가는 대칭텐서에 따라 결정된다는 점을 고려하면, 위의 결과는 충분히 일반적인 결과로 볼 수 있다.

한편 식 (38)에서 고유값 중의 하나인 λ_k가 0이라면 두 가지 경우가 발생한다. 만약 η'_k도 0인 경우에는 ξ'_k가 어떤 실수 값도 가질 수 있어 무한히 많은 해가 존재할 수 있지만, η'_k이 0이 아닌 경우에는 ξ'_k가 어떤 실수 값을 가진다 하더라도 그 방정식을 만족할 수 없으므로 해가 존재하지 않는다.

따라서 일차연립방정식의 해의 존재, 유일성 등과 관련하여서도 주기저정리는 대단히 중요한 역할을 하고 있음을 알 수 있다.

[예제 3.33] 주기저

벡터공간으로 모든 2-열벡터의 집합으로 이루어지는 A_2를 취하고, 직교텐서 $\underline{A}$를 다음과 같이 식 (6)으로 정의하자.

$$\underline{A}\,\underline{x} = \begin{pmatrix} 3x_1 - x_2 \\ -x_1 + 3x_2 \end{pmatrix},\ \ \underline{x} = \begin{pmatrix} x_1 \\ x_2 \end{pmatrix} \in R \tag{3.6.6}$$

본문에서 얻은 내용을 주기저정리의 관점에서 논의하시오.

► 답

식 (8)로부터 $\lambda_1 = 2$, $\lambda_2 = 4$의 두 실수 고유값을 얻었으며, 이에 상응하는 고유벡터를 각각 다음과 같이 얻을 수 있다.

$$\underline{z}_1 = \begin{pmatrix} 1 \\ 1 \end{pmatrix},\ \ \underline{z}_2 = \begin{pmatrix} -1 \\ 1 \end{pmatrix} \tag{예3.6.17}$$

$(\underline{z}_1, \underline{z}_2) = 0$이므로 이들은 서로 직교하며, 또 이 벡터들의 크기는 모두 $\sqrt{2}$이므로 다음과 같은 직교정규기저 즉 주기저를 얻는다.

$$\hat{e}_1 = \frac{1}{\sqrt{2}}\begin{pmatrix} 1 \\ 1 \end{pmatrix},\ \ \hat{e}_2 = \frac{1}{\sqrt{2}}\begin{pmatrix} -1 \\ 1 \end{pmatrix} \tag{예3.6.17}$$

[예제 3.34] 일차연립방정식과 주기저($n = 3$)

다음과 같은 3원 일차연립방정식과 관련하여 정의되는 대칭텐서 $\underline{A}$의 주기저를 구하고 방정식의 해를 구하시오.

$$\begin{aligned} \xi_1 + \xi_2 + \xi_3 &= 2 \\ \xi_1 + 2\xi_2 - \xi_3 &= 0 \\ \xi_1 - \xi_2 + 2\xi_3 &= 3 \end{aligned} \tag{예3.6.18}$$

► 답

식 (예18)로 주어진 일차연립방정식을 $\underline{A}\,\underline{x} = \underline{y}$의 형태로 쓰기 위해, RES A_3에 대해 정의

된 다음과 같은 대칭텐서 $\underline{A}$, 벡터 $\underline{y}$를 생각한다.

$$\underline{A}\,\underline{x} = \begin{pmatrix} x_1 + \ x_2 + \ x_3 \\ x_1 + 2x_2 - \ x_3 \\ x_1 - \ x_2 + 2x_3 \end{pmatrix},\ \underline{y} = \begin{pmatrix} 2 \\ 0 \\ 3 \end{pmatrix} \tag{예3.6.19}$$

벡터공간 A_3의 기저 $\{\hat{e}\}$로 다음과 같은 단위벡터들을 취하면 대칭텐서 $\underline{A}$의 $\{\hat{e}\}$에 대한 표현 $\underline{A}^{\hat{e}} = A$를 다음과 같이 쓸 수 있다.

$$\hat{e}_1 = \begin{pmatrix} 1 \\ 0 \\ 0 \end{pmatrix},\ \hat{e}_2 = \begin{pmatrix} 0 \\ 1 \\ 0 \end{pmatrix},\ \hat{e}_3 = \begin{pmatrix} 0 \\ 0 \\ 1 \end{pmatrix},\ A = \begin{pmatrix} 1 & 1 & 1 \\ 1 & 2 & -1 \\ 1 & -1 & 2 \end{pmatrix} \tag{예3.6.20}$$

미지의 벡터 $\underline{x}$를 구하기 위해서는 물론 여러 가지 방법이 있으며, 여기서는 문제에서 요구한 대로 대칭텐서 $\underline{A}$의 주기저를 이용하는 방법을 사용하기로 한다. 식 (20)을 이용하여 대칭텐서 $\underline{A}$의 특성다항식을 다음과 같이 얻는다.

$$\begin{aligned} F(\lambda) &= \det(A - \lambda I) \\ &= \begin{vmatrix} 1-\lambda & 1 & 1 \\ 1 & 2-\lambda & -1 \\ 1 & -1 & 2-\lambda \end{vmatrix} \\ &= (1-\lambda)\{(\lambda-2)^2 - 1\} - (3-\lambda) + (-3+\lambda) \\ &= (1-\lambda)(\lambda-3)(\lambda-1) + 2(\lambda-3) = (\lambda-3)\{-(\lambda-1)^2 + 2\} \\ &= -(\lambda-3)\{(\lambda-1)^2 - 2\} = -(\lambda-3)(\lambda-1+\sqrt{2})(\lambda-1-\sqrt{2}) \end{aligned} \tag{예3.6.21}$$

즉 특성방정식에 대해 $\lambda_1 = 3$, $\lambda_2 = 1 - \sqrt{2}$, $\lambda_3 = 1 + \sqrt{2}$로 주어지는 세 개의 서로 다른 실근을 얻었다. $\lambda_1 = 3$에 상응하는 고유벡터는 $\underline{A}\,\underline{x} = 3\underline{x}$에 식 (예19)를 사용하여 다음과 같이 두 개의 식을 얻으며,

$$\begin{aligned} -2x_1 + x_2 + x_3 &= 0 \\ x_1 - x_2 - x_3 &= 0 \end{aligned} \tag{예3.6.22}$$

두 식을 더하여 $x_1 = 0$을 얻으므로 $x_2 + x_3 = 0$이 되어 결국 $\lambda_1 = 3$에 상응하는 단위 고유

벡터는 다음과 같이 얻는다.

$$\hat{z}_1 = \frac{1}{\sqrt{2}}\begin{pmatrix} 0 \\ 1 \\ -1 \end{pmatrix} \tag{예3.6.23}$$

$\lambda_2 = 1 - \sqrt{2}$ 에 상응하는 고유벡터를 구하기 위해 $\underline{A}\,\underline{x} = (1-\sqrt{2})\underline{x}$에 식 (예19)를 사용하여 다음을 얻는다.

$$\begin{aligned} \sqrt{2}\,x_1 + \quad & x_2 + & x_3 &= 0 \\ x_1 + (1+\sqrt{2})& x_2 - & x_3 &= 0 \\ x_1 - \quad & x_2 + (1+\sqrt{2}) & x_3 &= 0 \end{aligned} \tag{예3.6.24}$$

x_1을 소거하면 $x_2 - x_3 = 0$를 얻으므로, $x_2 = x_3 = 1$이라고 하면, 결국 λ_2에 상응하는 단위 고유벡터를 다음과 같이 얻는다.

$$\hat{z}_2 = \frac{1}{2}\begin{pmatrix} -\sqrt{2} \\ 1 \\ 1 \end{pmatrix} \tag{예3.6.25}$$

$\lambda_3 = 1 + \sqrt{2}$ 에 상응하는 고유벡터도 같은 방법으로 구할 수 있으며, 식 (예19)로부터 다음 식을 얻는다.

$$\begin{aligned} -\sqrt{2}\,x_1 + \quad & x_2 + & x_3 &= 0 \\ x_1 + (1-\sqrt{2})& x_2 - & x_3 &= 0 \\ x_1 - \quad & x_2 + (1-\sqrt{2}) & x_3 &= 0 \end{aligned} \tag{예3.6.26}$$

여기서 x_1을 소거하면 또 $x_2 - x_3 = 0$을 얻으므로, $x_2 = x_3 = 1$로 놓고, 이를 첫 번째 식에 대입하여 $x_1 = \sqrt{2}$ 를 얻어 결국 λ_3에 상응하는 단위 고유벡터를 다음과 같이 얻는다.

$$\hat{z}_3 = \frac{1}{2}\begin{pmatrix} \sqrt{2} \\ 1 \\ 1 \end{pmatrix} \tag{예3.6.27}$$

위에서 얻은 세 개의 단위 고유벡터는 서로 직교함을 쉽게 확인할 수 있으며, 따라서 이들을 주기저로 택할 수 있다. 주기저 $\{\hat{z}\}$을 사용하여 $\underline{A}\,\underline{x}=\underline{y}$를 표현하기 위해서는 $\underline{R}^{\hat{e}}=(r_{ij})$를 구해야 하는데 이는 식 (23), (25), (27)로부터 각각의 고유벡터를 차례대로 각 열에 배열하여 다음과 같이 얻는다.

$$\underline{R}^{\hat{e}}=\begin{pmatrix} 0 & -1/\sqrt{2} & 1/\sqrt{2} \\ 1/\sqrt{2} & 1/2 & 1/2 \\ -1/\sqrt{2} & 1/2 & 1/2 \end{pmatrix} \qquad \text{(예3.6.28)}$$

기저변환공식을 사용하기 위해서는 $(\underline{R}^{\hat{e}})^{-1}$를 알아야 하는데, 주기저를 이루는 벡터들이 서로 직교하고 또 단위벡터이므로 $\sum_{k=1}^{3} r_{ik}r_{jk}=\delta_{ij}$임을 알 수 있으며, 따라서 $\underline{R}$은 직교텐서이다. 그러므로 식 (3.4.32), 즉 $(\underline{R}^{\hat{e}})^{-1}=(\underline{R}^{\hat{e}})^{T}$를 이용하여 다음과 같이 구할 수 있고,

$$(\underline{R}^{\hat{e}})^{-1}=\begin{pmatrix} 0 & 1/\sqrt{2} & -1/\sqrt{2} \\ -1/\sqrt{2} & 1/2 & 1/2 \\ 1/\sqrt{2} & 1/2 & 1/2 \end{pmatrix} \qquad \text{(예3.6.29)}$$

기저변환공식 식 (3.3.50) $\underline{A}^{\hat{z}}=(\underline{R}^{\hat{e}})^{-1}\underline{A}^{\hat{e}}\underline{R}^{\hat{e}}$을 사용하여 다음 결과를 얻는다.

$$\begin{aligned}
\underline{A}^{\hat{z}} &= (\underline{R}^{\hat{e}})^{-1}\underline{A}^{\hat{e}}\underline{R}^{\hat{e}} \\
&= \begin{pmatrix} 0 & 1/\sqrt{2} & -1/\sqrt{2} \\ -1/\sqrt{2} & 1/2 & 1/2 \\ 1/\sqrt{2} & 1/2 & 1/2 \end{pmatrix}\begin{pmatrix} 1 & 1 & 1 \\ 1 & 2 & -1 \\ 1 & -1 & 2 \end{pmatrix}\begin{pmatrix} 0 & -1/\sqrt{2} & 1/\sqrt{2} \\ 1/\sqrt{2} & 1/2 & 1/2 \\ -1/\sqrt{2} & 1/2 & 1/2 \end{pmatrix} \\
&= \begin{pmatrix} 0 & 3/\sqrt{2} & -3/\sqrt{2} \\ 1-1/\sqrt{2} & 1/2-1/\sqrt{2} & 1/2-1/\sqrt{2} \\ 1+1/\sqrt{2} & 1/2+1/\sqrt{2} & 1/2+1/\sqrt{2} \end{pmatrix}\begin{pmatrix} 0 & -1/\sqrt{2} & 1/\sqrt{2} \\ 1/\sqrt{2} & 1/2 & 1/2 \\ -1/\sqrt{2} & 1/2 & 1/2 \end{pmatrix} \\
&= \begin{pmatrix} 3 & 0 & 0 \\ 0 & 1-\sqrt{2} & 0 \\ 0 & 0 & 1+\sqrt{2} \end{pmatrix}
\end{aligned} \qquad \text{(예3.6.30)}$$

식 (35)에서 이미 알고 있는 바와 같이 이 행렬의 주대각선 상에는 대칭텐서 $\underline{A}$의 고유값이 위치하고 있는 것을 확인할 수 있다. 이제 벡터 $\underline{y}$를 주기저로 나타내기 위해서는 주기저의 직교정규성을 이용할 수 있으며 식 (3.2.16)을 사용하여 다음과 같이 얻는다.

$$\underline{y} = \sum_{k=1}^{n} (\underline{y}, \hat{z}_k)\hat{z}_k = -\frac{3}{\sqrt{2}}\hat{z}_1 + (\frac{3}{2} - \sqrt{2})\hat{z}_2 + (\frac{3}{2} + \sqrt{2})\hat{z}_3 \quad \text{(예3.6.31)}$$

그러므로 주기저를 사용하여 $\underline{A}\,\underline{x} = \underline{y}$를 나타내면 식 (예30), (예31)로부터 다음을 얻는다.

$$3x_1 = -\frac{3}{\sqrt{2}},\ (1-\sqrt{2})x_2 = \frac{3}{2} - \sqrt{2},\ (1+\sqrt{2})x_3 = \frac{3}{2} + \sqrt{2} \quad \text{(예3.6.32)}$$

다시 말하면 주기저를 사용할 경우 미지변수는 모두 연성되어 있지 않으므로 해를 직접 간단한 나눗셈에 의해 구할 수 있다. 따라서 벡터 $\underline{x}$의 주기저 성분을 다음과 같이 얻으며,

$$x_1 = -\frac{1}{\sqrt{2}},\ x_2 = \frac{1-\sqrt{2}}{2},\ x_3 = \frac{1+\sqrt{2}}{2} \quad \text{(예3.6.33)}$$

벡터 $\underline{x}$의 기저 $\{\hat{e}\}$를 사용했을 때의 성분, ξ_1, ξ_2, ξ_3을 다음과 같이 얻는다.

$$\begin{aligned}\underline{x} &= x_1\hat{z}_1 + x_2\hat{z}_2 + x_3\hat{z}_3 = \xi_1\hat{e}_1 + \xi_2\hat{e}_2 + \xi_3\hat{e}_3 \\ &= -\frac{1}{2}\begin{pmatrix}0\\1\\-1\end{pmatrix} + \frac{1-\sqrt{2}}{4}\begin{pmatrix}-\sqrt{2}\\1\\1\end{pmatrix} + \frac{1+\sqrt{2}}{4}\begin{pmatrix}\sqrt{2}\\1\\1\end{pmatrix} = \begin{pmatrix}1\\0\\1\end{pmatrix}\end{aligned} \quad \text{(예3.6.34)}$$

즉 $\xi_1 = 1$, $\xi_2 = 0$, $\xi_3 = 1$을 얻는다. 식 (예18)로 주어진 문제만을 풀 때는 여기서 사용한 방법이 조금 복잡하여 큰 이점이 없지만, 예를 들어 식 (예18)과 좌변은 동일하나 우변만 다른 문제를 많이 풀어야 하는 경우에는 위에서 사용한 방법을 쓰는 것이 훨씬 경제적이다.

다음으로는 역학 또는 물리학 전반에서 나타나는 문제에 대한 주기저정리의 응용에 대해 간략히 살펴보기로 한다.

이차방형(quadratic form) f는, n차원 RES R 상에 정의된 대칭텐서 $\underline{A}$에 대해, 실수의 값을 가지는 함수로 R에 속하는 벡터 $\underline{x}$를 독립변수로 하며, 다음과 같이 정의된다.

$$f(\underline{x}) = (\underline{x}, \underline{A}\,\underline{x}) \quad (3.6.39)$$

일반적인 정규기저 $\hat{e}_1, \hat{e}_2, \ldots, \hat{e}_n$을 잡아 벡터 $\underline{x}$와 대칭텐서 $\underline{A}$를 다음과 같이 나타내고,

$$\underline{x} = \sum_{k=1}^{n} \xi_k \hat{e}_k \tag{3.6.40}$$

$$\underline{A}\hat{e}_i = \sum_{k=1}^{n} a_{ki} \hat{e}_k \tag{3.6.41}$$

이를 식 (39)에 대입하면 다음을 얻는다.

$$\begin{aligned} f(\underline{x}) &= (\underline{x}, \underline{A}\,\underline{x}) = \left(\sum_{j=1}^{n} \xi_j \hat{e}_j, \sum_{i=1}^{n} \xi_i \sum_{k=1}^{n} a_{ki} \hat{e}_k\right) \\ &= \sum_{i=1}^{n}\sum_{j=1}^{n}\sum_{k=1}^{n} \xi_i \xi_j a_{ki} (\hat{e}_j, \hat{e}_k) = \sum_{i=1}^{n}\sum_{j=1}^{n} a_{ji} \xi_i \xi_j \end{aligned} \tag{3.6.42}$$

따라서 최종적으로 다음 결과를 얻는다.

$$\begin{aligned} f(\underline{x}) &= \sum_{i=1}^{n}\sum_{j=1}^{n} a_{ji} \xi_i \xi_j \\ &= a_{11}\xi_1^2 + a_{22}\xi_2^2 + \ldots + a_{nn}\xi_n^2 + 2(a_{12}\xi_1\xi_2 + a_{13}\xi_1\xi_3 + \ldots + a_{(n-1)n}\xi_{n-1}\xi_n) \end{aligned} \tag{3.6.43}$$

이차방형 $f(\underline{x})$는, 만약 $\underline{0}$가 아닌 모든 벡터 $\underline{x}$에 대해 $f(\underline{x}) > 0$이 성립하면 **양특정**(positive definite), $f(\underline{x}) < 0$이 성립하면 **음특정**(negative definite)이라고 부른다.

주기저정리를 사용하면 이차방형이 양특정일 경우, 대칭텐서 $\underline{A}$의 모든 고유값이 0보다 커야 함을 알 수 있다. 왜냐하면 주기저를 사용하면, $\underline{A}$의 성분에 대해 식 (35)를 가정할 수 있으므로, $f(\underline{x})$는 다음과 같이 쓸 수 있는데,

$$f(\underline{x}) = \lambda_1\xi_1^2 + \lambda_2\xi_2^2 + \ldots + \lambda_n\xi_n^2 \tag{3.6.44}$$

만약 고유값 중의 하나라도 음의 부호를 가지는 것이 있다면 그 고유값을 λ_1으로 잡

고, $\underline{x} = \hat{e}_1$으로 취하면, $f(\underline{x}) = \lambda_1 < 0$이 되어 양특정이라는 가정에 어긋난다. 따라서 모든 고유값이 0보다 커야 한다는 조건을 얻는다. 만약 모든 고유값이 0보다 크다면 식 (44)로부터 $f(\underline{x})$는 양특정임을 보일 수 있으므로, 결국 모든 고유값이 0보다 커야 한다는 조건은 $f(\underline{x})$가 양특정이기 위한 필요충분조건이다.

이차방형에 대해 RES R이 3차원인 경우에 대해서는 물리학 전반에서 그 예가 보이며, 이 때 이차방형을 식 (44)에서와 같이 제곱 항만 남도록 하는 좌표축은 **주축**(principal axes)으로 부른다. 또한 물체의 회전운동에 대한 **질량관성모멘트텐서**(mass moment of inertia tensor) 역시 3×3 대칭행렬로 주어지는데, 이 행렬을 식 (36)과 같은 대각행렬로 변환시키는 좌표축도 역시 주축으로 알려져 있다. 이와 같은 주축문제에 대해서도 주기저정리를 사용하면 매우 쉽게 원하는 결과를 얻거나 가정할 수 있어 주기저정리의 효용성을 알 수 있다. 이러한 문제들과 관련하여 주축문제는 Euler(1752), Cauchy(1826) 등에 의해서 이미 18~19세기에도 다루어진 바 있으나, 위에서 설명한 바와 같은 벡터공간에 대한 일반적인 형태의 주기저정리는 20세기에 들어 와서야 얻어졌다.

한편 **Rayleigh의 비**(Rayleigh's quotient) $\rho(\underline{x})$는 n차원 RES R 상에 정의된 대칭텐서 $\underline{A}$에 대해, 실수의 값을 가지는 함수로 R에 속하는 벡터 $\underline{x}$를 독립변수로 하며, 다음과 같이 정의된다.

$$\rho(\underline{x}) = \frac{(\underline{x}, \underline{A}\,\underline{x})}{(\underline{x}, \underline{x})}, \quad \underline{x} \neq \underline{0} \tag{3.6.45}$$

주기저정리를 사용하면 $\rho(\underline{x})$의 최소값은 가장 작은 고유값 λ_1임을 쉽게 알 수 있다. 한편 주기저에 속하는 벡터 중 λ_1에 상응하는 벡터를 $\hat{e}_1$이라고 하면, $\hat{e}_1$과 직교하는 모든 벡터들에 대해 $\rho(\underline{x})$의 최소값은 λ_1 다음으로 가장 작은 고유값 λ_2가 된다. 이러한 과정은 가장 큰 고유값 λ_n에 이르기까지 지속될 수 있다. 이상과 같은 내용은 **Rayleigh의 원리**(Rayleigh's principle)로 알려져 있다.

[예제 3.35] 주축

어떤 물체의 질량관성모멘트텐서 $\underline{I}_B$가 직각좌표계 x_1, x_2, x_3에 대해 다음과 같이 주어졌다. 이 물체에 대한 주축을 구하시오.

$$\underline{I}_B = \begin{pmatrix} 2 & 1 & 1 \\ 1 & 2 & 1 \\ 1 & 1 & 2 \end{pmatrix} \qquad (예3.6.35)$$

► 답

$\underline{I}_B$는 대칭텐서이므로 주기저를 가지며 이를 구하기 위해 식 (20)을 이용하여 특성다항식을 구하면 다음과 같다.

$$\begin{aligned} F(\lambda) &= \det(I_B - \lambda I) \\ &= \begin{vmatrix} 2-\lambda & 1 & 1 \\ 1 & 2-\lambda & 1 \\ 1 & 1 & 2-\lambda \end{vmatrix} \\ &= (2-\lambda)\{(\lambda-2)^2-1\}-(1-\lambda)+(-1+\lambda) \\ &= (2-\lambda)(\lambda-3)(\lambda-1)+2(\lambda-1) = (\lambda-1)\{-(\lambda-2)(\lambda-3)+2\} \\ &= -(\lambda-1)\{\lambda^2-5\lambda+6-2\} = -(\lambda-1)(\lambda-1)(\lambda-4) \end{aligned} \qquad (예3.6.36)$$

즉 특성방정식에 대해 $\lambda_1 = \lambda_2 = 1$, $\lambda_3 = 4$,로 주어지는, 하나의 중근(double root)과 하나의 실근을 얻었다. $\lambda_3 = 4$에 상응하는 고유벡터는 $\underline{I}_B \underline{x} = 4\underline{x}$에 식 (예35)를 사용하여 다음 식을 얻으며,

$$\begin{aligned} -2x_1 + x_2 + x_3 &= 0 \\ x_1 - 2x_2 + x_3 &= 0 \\ x_1 + x_2 - 2x_3 &= 0 \end{aligned} \qquad (예3.6.37)$$

첫 번째 식과 두 번째 식으로부터 x_3를 소거하면 $x_1 - x_2 = 0$를 얻고, 두 번째 식과 세 번째 식에서 x_3를 소거하여도 같은 식을 얻으므로, $x_1 = x_2 = 1$이라고 하면, 위의 식에 대입하여 $x_3 = 1$을 얻으므로, 결국 λ_3에 상응하는 단위 고유벡터를 다음과 같이 얻는다.

$$\hat{e}_3 = \frac{1}{\sqrt{3}} \begin{pmatrix} 1 \\ 1 \\ 1 \end{pmatrix} \qquad (예3.6.38)$$

$\lambda_1 = \lambda_2 = 1$에 상응하는 고유벡터를 구하기 위해 $\underline{I}_B \underline{x} = \underline{x}$에 식 (예35)를 사용하면 결국 다음과 같은 하나의 식만을 얻는다.

$$x_1 + x_2 + x_3 = 0 \tag{예3.6.39}$$

$(x_1, x_2, x_3) = (x, y, z)$로 치환하여 보면 위의 식은 $x+y+z=0$인 평면의 식이며, λ_3에 상응하는 단위 고유벡터 $\hat{e}_3$은 이 평면에 수직인 것을 알 수 있다. 다시 말하면 $\lambda_1 = \lambda_2 = 1$에 상응하는 고유벡터로는 $x+y+z=0$인 평면 상의 어떤 벡터도 취할 수 있다. 편의상 $x_1 = 0$, $x_2 = 1$, $x_3 = -1$로 주어지는 벡터로부터 단위 고유벡터를 하나 취하기로 하면 $\hat{e}_1$을 다음과 같이 얻는다.

$$\hat{e}_1 = \frac{1}{\sqrt{2}}\begin{pmatrix} 0 \\ 1 \\ -1 \end{pmatrix} \tag{예3.6.40}$$

마지막으로 벡터 $\hat{e}_2$는 $x+y+z=0$인 평면 상에 있으며 $\hat{e}_1$과는 직교해야 하므로 $(\hat{e}_1, \hat{e}_2) = 0$, 즉 $x_2 - x_3 = 0$를 만족해야 한다. 따라서 $\hat{e}_2$를 다음과 같이 얻는다.

$$\hat{e}_2 = \frac{1}{\sqrt{6}}\begin{pmatrix} -2 \\ 1 \\ 1 \end{pmatrix} \tag{예3.6.41}$$

위의 식 (예38), (예40), (예41)에서 얻은 주기저를 주축의 방향으로 취하고 질량관성모멘트 텐서 $\underline{I}_B$를 주기저 $\{\hat{e}\}$에 대해 나타내면 그 고유값이 주대각선 상에 배열되는 다음과 같은 대각행렬이 될 것임을 주기저정리에 의해 알 수 있다.

$$\underline{I}_B^{\hat{e}} = \begin{pmatrix} 1 & 0 & 0 \\ 0 & 1 & 0 \\ 0 & 0 & 4 \end{pmatrix} \tag{예3.6.42}$$

[예제 3.36] 이차방형

RES A_3 상에 정의된 다음과 같은 대칭텐서 $\underline{A}$와 관련된 이차방형이 양특정임을 보이시오.

$$\underline{A}\underline{x} = \begin{pmatrix} 2x_1 + x_2 + x_3 \\ x_1 + 2x_2 + x_3 \\ x_1 + x_2 + 2x_3 \end{pmatrix} \tag{예3.6.43}$$

► 답

$\underline{A}$는 대칭텐서이며 [예제 3.35]에서 다루었던 텐서이므로 고유값을 이미 알고 있다. 위에서 구한 고유값, $\lambda_1 = \lambda_2 = 1$, $\lambda_3 = 4$가 모두 0보다 크므로 이들에 상응하는 주기저를 사용하면 $\underline{A}$에 대한 이차방형은 다음과 같이 나타낼 수 있고

$$(\underline{x}, \underline{A}\,\underline{x}) = \xi_1^2 + \xi_2^2 + 4\xi_3^2 \tag{예3.6.44}$$

따라서 명백히 양특정임을 알 수 있다.

[예제 3.37] Rayleigh의 원리

식 (예43)으로 정의된 대칭텐서 $\underline{A}$에 대해 정의된 Rayleigh의 비 $\rho(\underline{x})$의 최소값을 구하시오.

► 답

[예제 3.35]에서 구한 고유값, $\lambda_1 = \lambda_2 = 1$, $\lambda_3 = 4$ 중 최소값은 1이므로 예를 들어 $x + y + z = 0$인 평면 상의 어떤 벡터를 취하더라도 $\rho(\underline{x}) = 1$을 얻으며 이는 $\rho(\underline{x})$의 최소값임을 알 수 있다.

이하에서는 n차원 RES R 상에 정의된 직교텐서 $\underline{Q}$에 대해 고찰하기로 한다.

Q1) 직교텐서 $\underline{Q}$의 고유값은 ± 1이다.

양의 부호는 고유벡터가 변화되지 않는 경우에 상응하며, 음의 부호는 고유벡터가 원래 벡터의 반사(reflection)인 경우에 상응한다.

위의 내용을 보이기 위해 벡터 $\underline{x}$가 고유벡터라고 하면, 다음을 얻는데,

$$\underline{Q}\underline{x} = \lambda \underline{x} \tag{3.6.46}$$

직교텐서의 정의에 의해 다음을 얻으므로,

$$|\underline{Q}\underline{x}| = |\underline{x}| \tag{3.6.47}$$

고유값 λ의 절대값은 1이 되어야 하며 얻고자 하는 결과를 얻는다.

Q2) $\lambda=+1$에 상응하는 ISS를 R_+, $\lambda=-1$에 상응하는 ISS를 R_-라고 할 때, R_+에 속하는 임의의 벡터 $\underline{x}$와 R_-에 속하는 임의의 벡터 $\underline{y}$는 서로 직교한다.

먼저 주어진 조건에 의해 다음이 성립하며,

$$\underline{Q}\underline{x}=\underline{x},\ \underline{Q}\underline{y}=-\underline{y} \tag{3.6.48}$$

이 식으로부터 다음을 얻는데,

$$(\underline{Q}\underline{x},\underline{Q}\underline{y})=(\underline{x},-\underline{y})=-(\underline{x},\underline{y}) \tag{3.6.49}$$

식 (3.4.29)에 보인 바와 같이 직교텐서는 두 벡터의 스칼라곱도 변화시키지 않으므로 다음을 얻을 수 있고,

$$(\underline{Q}\underline{x},\underline{Q}\underline{y})=(\underline{x},\underline{y}) \tag{3.6.50}$$

이 식과 식 (49)를 비교하면 결국 다음을 얻어,

$$(\underline{x},\underline{y})=-(\underline{x},\underline{y})=0 \tag{3.6.51}$$

원하는 결과를 얻었다.
이 결과에 따르면 ISS R_+에 대한 직교정규기저 $\{\hat{e}\}=\{\hat{e}_1,\hat{e}_2,\ldots,\hat{e}_j\}(j\leq n)$와 ISS R_-에 대한 직교정규기저 $\{\hat{f}\}=\{\hat{f}_1,\hat{f}_2,\ldots,\hat{f}_k\}(k\leq n-j)$는 모두 서로 직교한다. 여기서 j는 R_+의 차원이고, k는 R_-의 차원이다. 물론 일반적으로는 $j+k\leq n$이므로, $\hat{e}_1,\hat{e}_2,\ldots,\hat{e}_j,\hat{f}_1,\hat{f}_2,\ldots,\hat{f}_k$의 선형결합으로 R에 속하는 모든 벡터를 나타낼 수는 없다.

Q3) R^*를 $\{\hat{e}\}$와 $\{\hat{f}\}$에 직교하는 모든 벡터로 이루어진 아공간이라고 하면, R^*는 $\underline{Q}$의 ISS이며, R^*의 차원이 m이라고 하면, $m+j+k=n$이고, 또 $m\neq 0$면 R^*는 최소한 하나의 2차원 ISS를 포함한다.

R^*에 속하는 벡터 $\underline{x}$에 대해서는 다음이 성립하는데,

$$(\underline{x},\hat{e}_l)=(\underline{x},\hat{f}_l)=0 \tag{3.6.52}$$

위에서 주어진 조건에 의해 다음도 성립하므로,

$$(Q\underline{x},\hat{e}_l)=(Q\underline{x},Q\hat{e}_l)=(\underline{x},\hat{e}_l)=0,\ (Q\underline{x},\hat{f}_l)=(Q\underline{x},-Q\hat{f}_l)=-(\underline{x},\hat{f}_l)=0 \tag{3.6.53}$$

따라서 $Q\underline{x}$ 도 R^* 에 속하는 벡터이며, 그러므로 R^* 는 Q 의 ISS이다.

한편 식 (15) 아래에서 논의한 성질 **A1**, 즉 차원이 유한한 RES 상에 정의된 텐서는 최소한 하나의 1차원 또는 2차원 ISS를 가진다는 성질에 의해 $m \neq 0$ 면 R^* 상에 정의된 텐서 Q 역시 최소한 하나의 1차원 또는 2차원 ISS를 가져야 하는데, 1차원 ISS는 이미 다 고려되었으므로, 결국 최소한 하나의 2차원 ISS를 가져야 한다. 같은 방법에 의해 최종적으로 R^* 에서 남은 아공간의 차원이 0이 될 때까지 2차원 ISS를 찾을 수 있으므로, m 은 2의 배수이고, $m=2p$ 로 놓으면, $j+k+2p=n$ 임을 보일 수 있다.

Q4) 텐서의 성질 **A1**은 모든 텐서에 적용되며, 2차원 ISS와 관련하여 식 (27)을 얻었는데, 텐서 $\underline{A}$ 를 직교텐서 Q 로 대치하여 다음을 얻는다.

$$Q\underline{y}=\mu\underline{y}-\nu\underline{z},\ Q\underline{z}=\mu\underline{z}+\nu\underline{y} \tag{3.6.54}$$

여기서 두 벡터 $\underline{y}$, $\underline{z}$ 는 Q 의 특성방정식이 가지는 복소근 $\lambda=\mu+i\nu$ 에 상응하여 얻어졌으며, $\nu>0$ 을 가정할 수 있다. 위의 식과 관련하여 직교텐서 Q 에 대해서는 다음 사실이 만족된다.

$$\mu^2+\nu^2=1,\ |\underline{y}|=|\underline{z}|,\ (\underline{y},\underline{z})=0 \tag{3.6.55}$$

위 식을 증명하기 위해 다음을 생각한다. 직교텐서의 정의와 식 (54)로부터 다음을 얻으며,

$$|\underline{y}|^2=|Q\underline{y}|^2=\mu^2|\underline{y}|^2+\nu^2|\underline{z}|^2-2\mu\nu(\underline{y},\underline{z}) \tag{3.6.56}$$

$$|\underline{z}|^2=|Q\underline{z}|^2=\mu^2|\underline{z}|^2+\nu^2|\underline{y}|^2+2\mu\nu(\underline{y},\underline{z}) \tag{3.6.57}$$

한편 식 (3.4.29)에 보인 바와 같이 직교텐서는 두 벡터의 스칼라곱을 변화시키지 않는 점과 식 (54)를 이용하여 다음을 얻는다.

$$(\underline{y},\underline{z})=(\underline{Q}\underline{y},\underline{Q}\underline{z})=\mu\nu(|\underline{y}|^2-|\underline{z}|^2)+(\mu^2-\nu^2)(\underline{y},\underline{z}) \tag{3.6.58}$$

위에서 얻은 식 (56), (57), (58)은 $|\underline{y}|^2$, $|\underline{z}|^2$, $(\underline{y},\underline{z})$의 세 미지수에 대한 세 개의 방정식으로 볼 수 있는데, 먼저 식 (56)과 (57)을 더하여 다음을 얻는다.

$$(\mu^2+\nu^2-1)(|\underline{y}|^2+|\underline{z}|^2)=0 \tag{3.6.59}$$

따라서 식 (55)의 첫 번째 식은 증명되었다. 한편, 식 (56)에서 (57)을 빼줌으로써 다음을 얻는다.

$$(\mu^2-\nu^2-1)(|\underline{y}|^2-|\underline{z}|^2)-4\mu\nu(\underline{y},\underline{z})=0 \tag{3.6.60}$$

식 (58)과 (60)은 $|\underline{y}|^2-|\underline{z}|^2$, $(\underline{y},\underline{z})$의 두 미지수에 대한 두 개의 방정식으로 볼 수 있는데, 위에서 증명한 식 (55)의 첫 번째 식을 사용하여 μ^2을 소거하고, $\nu>0$이므로 두 식을 ν로 나누어 정리하면 다음 결과를 얻는다.

$$\mu(|\underline{y}|^2-|\underline{z}|^2)-2\nu(\underline{y},\underline{z})=0 \tag{3.6.61}$$

$$\nu(|\underline{y}|^2-|\underline{z}|^2)+2\mu(\underline{y},\underline{z})=0 \tag{3.6.62}$$

우변이 모두 0인 제차방정식이며 따라서 계수행렬의 행렬식 D의 값이 0인지 아닌지에 따라 결과가 달라지므로, 먼저 그 값을 구해보면 다음을 얻는다.

$$D=2(\mu^2+\nu^2)=2 \tag{3.6.63}$$

그러므로 $|\underline{y}|^2-|\underline{z}|^2$과 $(\underline{y},\underline{z})$는 각각 0이 되어야 하며, 식 (55)의 두 번째, 세 번째 식을 얻는다.

식 (55)에 의하면, 복소근 λ의 크기는 1이며, 두 벡터 $\underline{y}$와 $\underline{z}$의 크기는 같고, 또

서로 직교한다. 그러므로, 직교텐서 Q의 고유값은 λ의 복소평면 상에서 모두 단위원(unit circle)의 원주 위에 위치하는 것을 알 수 있으며(그림 3.9 참조), μ와 ν를 다음과 같이 취하여도 무방하다.

$$\mu = \cos\theta,\ \nu = \sin\theta \tag{3.6.64}$$

또한 2차원 ISS를 구성하는 벡터 $\underline{y}$와 $\underline{z}$는 직교하며, $\underline{y}$와 $\underline{z}$의 크기는 같아야 하므로 이하에서는 다음과 같이 생각해도 문제가 없을 것이다.

$$|\underline{y}| = |\underline{z}| = 1 \tag{3.6.65}$$

이들 두 벡터는 Q3에서 고려한 R^*에 속하므로, 당연히 $\{\hat{e}\}$, $\{\hat{f}\}$와 직교한다.

한편, 위에서 고려한 사항은 R^*에 속하는 모든 2차원 ISS에 대해 똑같이 성립하므로, 그들에 대한 벡터의 집합 $\{\hat{y}\} = \{\hat{y}_1, \hat{y}_2, ..., \hat{y}_l\}$와 $\{\hat{z}\} = \{\hat{z}_1, \hat{z}_2, ..., \hat{z}_l\}$는 R^*에 대한 직교정규기저이다. 따라서 $\{\hat{e}\}$와 $\{\hat{f}\}$, $\{\hat{y}\}$와 $\{\hat{z}\}$는 R에 대한 직교정규기저를 구성한다.

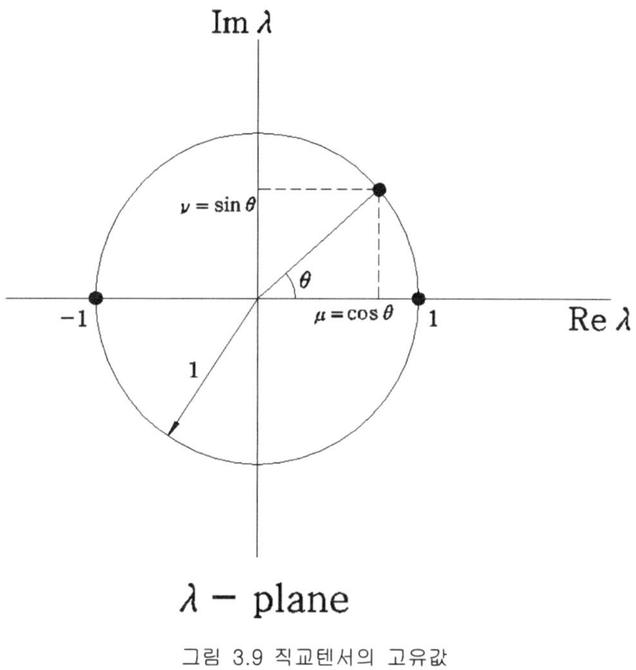

그림 3.9 직교텐서의 고유값

Q5) 직교텐서 $\underline{Q}$에 대해서 그 표현이 다음과 같은 **준대각행렬**(quasi-diagonal matrix)[74] $Q^{\hat{g}}$로 주어지는 직교정규기저 $\{\hat{g}\}$가 존재한다.

$$Q^{\hat{g}} = \begin{pmatrix} Q_+ & 0 & 0 \\ 0 & Q_- & 0 \\ 0 & 0 & Q^* \end{pmatrix} \tag{3.6.66}$$

여기서 0은 상응하는 위치의 요소들이 모두 0이라는 사실을 나타내고 있으며, Q_+는 $j\times j$의 단위행렬, Q_-는 $k\times k$의 주대각선 상에 -1이 위치한 대각행렬, Q^*는 $2p\times 2p$의 준대각행렬로 다음과 같은 행렬이다.

$$Q^* = \begin{pmatrix} \cos\theta_1 & -\sin\theta_1 & & \\ \sin\theta_1 & \cos\theta_1 & & \\ & \dots & \dots & \\ & & \cos\theta_p & -\sin\theta_p \\ & & \sin\theta_p & \cos\theta_p \end{pmatrix} \tag{3.6.67}$$

직교텐서 $\underline{Q}$가 식 (66)과 같은 형태의 행렬로 표현되는 직교정규기저 $\{\hat{g}\}$는 Q4에서 고려한 바와 같은 $\{\hat{e}\}$, $\{\hat{f}\}$, $\{\hat{y}\}$, $\{\hat{z}\}$에 의해 주어진다. Q_+는 $\{\hat{e}\}$, Q_-는 $\{\hat{f}\}$, Q^*는 $\{\hat{y}\}$, $\{\hat{z}\}$에 각각 상응하는 부분이다.

식 (66)은 일반적인 경우를 상정하고 있으므로, 물론 Q_+, Q_-, Q^* 중 어떤 하나, 또는 둘이 없을 수도 있다. 여기서 Q_+는 **항등변환**(identity transformation)을 나타내고 있으며, Q_-는 **반사**(reflection)를 뜻하고, Q^*는 2차원 공간에서의 회전을 의미한다.

만약 k가 짝수이면 $\underline{Q}$는 정직교텐서, 홀수이면 부직교텐서이다. 그리고 $\underline{Q}$의 특성 다항식은 다음과 같은 형태를 가진다.

$$\begin{aligned} F(\lambda) &= \det(\underline{Q} - \lambda \underline{I}) \\ &= (1-\lambda)^j (1+\lambda)^k \{(\cos\theta_1 - \lambda)^2 + \sin^2\theta_1\} \dots \{(\cos\theta_p - \lambda)^2 + \sin^2\theta_p\} \end{aligned} \tag{3.6.68}$$

74) 준대각행렬은 주대각선의 바로 좌우에 위치한 요소들까지만 0이 아니고 다른 요소들은 모두 0인 행렬을 뜻한다.

한편 $n=2$인 경우에는, 직교텐서 Q의 표현으로 얻어지는 행렬 Q는 다음과 같은 두 가지 형태로밖에 존재하지 않음을 알 수 있다.

$$Q=\begin{pmatrix}\cos\theta & -\sin\theta \\ \sin\theta & \cos\theta\end{pmatrix},\ Q=\begin{pmatrix}1 & 0 \\ 0 & -1\end{pmatrix} \tag{3.6.69}$$

여기서 첫 번째 표현은 $\theta=0$일 때 단위행렬이 되고, $\theta=\pi$일 때 대각선에 -1이 위치한 대각행렬이 되며, 두 번째 표현은 반사를 나타낸다.

[예제 3.38] 직교텐서

2차원 RES R_2 상에 정의된 직교텐서 중 회전에 해당하는 Q의 표현으로 얻어지는 행렬은 식 (69)에 보인 바와 같이 $Q(\theta)$로 쓸 수 있다. 연달아 두 차례 회전시키는 텐서에 대한 행렬에 대해 $Q(\theta_2)\,Q(\theta_1)=Q(\theta_1+\theta_2)$임을 보이시오.

► 답

행렬의 곱셈에 의해 다음을 얻으므로,

$$\begin{aligned}Q(\theta_2)\,Q(\theta_1)&=\begin{pmatrix}\cos\theta_2 & -\sin\theta_2 \\ \sin\theta_2 & \cos\theta_2\end{pmatrix}\begin{pmatrix}\cos\theta_1 & -\sin\theta_1 \\ \sin\theta_1 & \cos\theta_1\end{pmatrix}\\ &=\begin{pmatrix}\cos\theta_2\cos\theta_1-\sin\theta_2\sin\theta_1 & -\cos\theta_2\sin\theta_1-\sin\theta_2\cos\theta_1 \\ \sin\theta_2\cos\theta_1+\cos\theta_2\sin\theta_1 & -\sin\theta_2\sin\theta_1+\cos\theta_2\cos\theta_1\end{pmatrix}\\ &=\begin{pmatrix}\cos(\theta_1+\theta_2) & -\sin(\theta_1+\theta_2) \\ \sin(\theta_1+\theta_2) & \cos(\theta_1+\theta_2)\end{pmatrix}=Q(\theta_1+\theta_2)\end{aligned} \tag{예3.6.45}$$

쉽게 원하는 결과를 얻었다.

[예제 3.39] 3차원에서 가능한 직교텐서의 모든 표현 형태

3차원 RES R_3 상에 정의된 직교텐서 Q의 표현으로 얻어지는 행렬 Q의 가능한 모든 형태를 구하시오.

► 답

Q는 식 (66)에서 보인 바와 같이 준대각행렬로 나타낼 수 있는데, $\det Q=1$인 경우와 $\det Q=-1$인 경우로 나누어 생각할 수 있다. 먼저 $\det Q=1$인 경우에는 식 (66)에서 $j=1$, $k=0$, $p=1$인 회전을 나타내는 다음과 같은 행렬밖에 존재할 수 없다.

$$Q=\begin{pmatrix}1 & 0 & 0\\ 0 & \cos\theta & -\sin\theta\\ 0 & \sin\theta & \cos\theta\end{pmatrix} \tag{예3.6.46}$$

여기서 $\theta=0$일 때는 $j=3$인 항등텐서, $\theta=\pi$일 때는 $j=1$, $k=2$인 정직교텐서에 상응한다. 한편, $\det Q=-1$인 경우에도 $j=0$, $k=1$, $p=1$인 반사 및 회전을 나타내는 다음과 같은 행렬밖에 존재할 수 없다.

$$Q=\begin{pmatrix}-1 & 0 & 0\\ 0 & \cos\theta & -\sin\theta\\ 0 & \sin\theta & \cos\theta\end{pmatrix} \tag{예3.6.47}$$

여기서 $\theta=0$일 때는 $j=2$, $k=1$인 부직교텐서, $\theta=\pi$일 때는 $k=3$인 부직교텐서에 상응한다. 따라서 식 (예46)과 (예47)과 같은 두 가지 형태의 행렬만 가능한 것을 알 수 있다.

Cramer(1750)는 일차연립방정식의 해법을 밝혔으며, Cauchy(1826)는 이차방형과 관련하여 특성다항식의 좌표변환에 대한 불변성, 대칭행렬에 대한 고유값은 실수라는 점 등을 밝혀 행렬이론의 근거를 닦았다. 그러나 행렬을 하나의 객체로 보고 일반적인 이론을 전개한 것은 Cayley(1858)였으며, 그의 선형변환에 대한 불변량, 대칭행렬, 특성방정식, 고유값과 고유벡터등에 관한 연구가 차후 Peano(1888)에 의한 선형벡터공간에 대한 일반적인 이론 전개의 초석이 되었다. 이 절에서는 고유값과 고유벡터라는 개념을 사용하여 기저에 따라 변화하지 않는 텐서의 성질을 밝힘에 있어 대칭텐서와 직교텐서를 중심으로 고찰하였다. 이들 두 텐서에 대해 집중적으로 고찰한 이유는 바로 다음 절에서 명백해질 것이다.

쉬어가기 11

Ricci(1853~1925, Italy)와 Peano(1858~1932, Italy)

유럽의 19세기는 프랑스를 비롯하여 많은 나라들이 절대왕정으로부터 민주공화정으로 바뀌면서 민족단위의 국가를 세워 나갔던 시기로 볼 수 있다. 프러시아가 독일 통일을 주도하는 세력이었다면 이탈리아에서는 사보이가문(House of Savoy)이 비슷한 역할을 맡았다. 사보이가문의 영지는 토리노(영어로는 Turin)를 수도로 하는 이탈리아의 북서부에 있는 조그만 공국이었지만, 1720년 지중해에서 두 번째로 큰 섬인 사르데냐(Sardinia)까지 통치하게 되면서 사르데냐왕국으로 다시 태어난다(쉬어가기 그림 31 참조). 1789년에 시작된 프랑스 대혁명, 1799년부터 1814년까지의 Napoleon의 치세, 1830년의 7월 혁명, 1848년의 2월 혁명은 유럽 전역을 독립과 공화정에 대한 열망으로 가득 차게 한다. 1848년 오스트리아를 상대로 한 일차독립전쟁을 시작으로 사르데냐는 이탈리아 통일을 위한 장정에 나선다.

오스트리아에 강점되어 있던 이탈리아의 북부 탈환이 통일을 위한 주요 목표였는데, 1859년에는 이차독립전쟁에서 프랑스와 연합하여 밀라노를 중심으로 하는 롬바르디지역을 탈환함으로써 국내 다른 소규모 국가들과의 통합을 촉진한다. 또 나폴리와 시칠리 지방의 반란을 적절히 이용하여 흡수함으로써, 1861년에는 국명을 이탈리아왕국(Kingdom of Italy)으로 바꿀 수 있게 되었다. 1868년 삼차독립전쟁에서는 프러시아와 연합하여 다시 한 번 오스트리아와 결전을 벌린 끝에, 베니스 지역을 돌려받는다. 로마교황청은 오랜 세월 동안 통일의 커다란 장애였는데 교황청 최후의 후견인 Napoleon 3세가 프러시아에 패퇴하던 1870년, 로마를 탈환하여 이탈리아의 수도로 삼을 수 있게 됨으로써 통일대업을 완수한다. 독일의 경우와 유사하게, 통일된 이탈리아 역시 왕국이 됨으로써 민주공화정을 요구하는 시민세력과 차후 지속적인 갈등을 겪게 된다. 1915년~1918년의 일차세계대전 후, 1922년~1943년까지 Mussolini의 파시즘(Fascism) 정권을 묵시적으로 용인함으로써 왕권의 지속을 도모하였다는 비난에 직면한 왕정은 이차세계대전 종료 후, 국민투표를 거쳐 1946년 결국 공화정으로 대체된다. 통일 대업을 완수하고 국왕으로 존경받던 Savoy 가문의 남자는 이때부터 이탈리아 입국이 금지되었으며, 이 조항은 2002년이 되어서야 철회되었다.

Ricci[75)]와 Peano는 이탈리아 통일을 위한 독립전쟁을 그들의 유년기에 겪었고, 거의

75) 그의 원래 성은 Ricci-Curbastro이지만, 그가 발표한 주요한 논문 저자명으로 Ricci를 사용한 바 있어 통상 Ricci로 불린다.

쉬어가기 그림 31　19세기 이탈리아의 통일

평생을 정국이 안정되었다고 보기에는 힘든 나라에서 살아야 했다. Ricci는 교황령인 라벤나(Ravenna) 부근에서 태어나 대학에 진학하기 전까지는 가정교육으로 기초를 쌓았으며, 16세(1869년)에 Rome 대학에 진학하여 수학과 철학을 전공하고자 하였다. 그러나 1870년 사르데냐의 로마 탈환에 따른 정국의 불안 때문에 고향으로 내려가 2년 정도 쉬어야 했으며, 19세(1872년)에는 Bologna 대학에 진학하여 1년 동안 학업을 계속하였으나, 결국 피사의 **Scuola Normale**(영어로는 Normal School)로 진학하여 수학을 공부하게 되었다. Scuola Normale는 1810년 Napoleon의 이탈리아 점령 시, ENS Paris(École Normale Superieure in Paris)를 본떠 만들어진 대학으로 당대 이탈리아 수학 연구의 중심이었으며, 당시의 교수로는 Betti(1823~1892), Dini(1845~1918)가 있었고, Volterra(1860~

1940), Fermi(1901~1954, 1938년 노벨물리학상 수상) 등이 이 학교의 졸업생이다. Ricci는 22세(1875년)에 박사학위를 받으며, 다음 해에는 교수자격을 위한 논문을 제출하고, 24세(1877년)에는 장학금을 받아 독일의 뮌헨 공과대학(Technische Hochshule)에 1년 동안 유학하게 되는데, 이 때 뮌헨 공과대학에는 Klein이 물리학 교수로 재직하고 있었다(쉬어가기 10 참조). 26세(1879년)에 피사로 돌아온 그는 Dini의 조수로 발령을 받았다가, 27세(1880년)에 **Padua 대학**의 교수로 임용되어 72세(1925년)로 세상을 떠날 때까지 45년 동안 이 학교에 재직한다.

Ricci는 학생 시절부터 Riemann, Fuchs 등 독일 수학자들의 논문을 탐독하고 그들의 작업을 재해석하곤 하였으나, 35세(1888년)에 Bologna 대학의 창립 800주년을 기념하는 자리에서 이차미분방형(quadratic differential form)의 불변성(invariance)에 대한 논문을 발표함으로써 독창적인 연구를 시작하며, 이와 같은 연구는 결국 **텐서해석**(tensor analysis)으로 발전하여 차후 Einstein의 일반상대성이론 연구에 도움을 주게 된다. 1900년 이후의 연구는 그의 학생이었던 Levi-Civita(1873~1941)와 공저로 발표되는데 총 61편의 논문을 발표하였으며, 텐서해석의 아버지로 불리고 있다.

Peano는 이탈리아 통일의 주체였던 사보이가문의 원래 영지였던 피에몽테(Piedmont)에서 농부의 아들로 태어났으며, 일찍부터 남다른 수학적 재능을 보여 15세(1873)에 토리노로 옮겨 **Liceo Cavour**[76]에 입학, 18세(1876년)에 졸업과 동시에 Turin 대학에 진학하여 수학을 전공한다. 22세(1880년)에 박사학위를 끝내고 조수로 발령을 받아 **Turin 대학**의 교직에 몸담게 된 그는 26세(1884년)에 교수자격을 얻으며, 32세(1890년)에 예비교수, 37세(1895년)에 정교수로 임용되어 74세(1932년)로 유명을 달리할 때까지 장장 52년을 이 학교에 재직한다.

Peano는 28세(1886년)에 일차미분방정식의 해의 존재성에 대한 증명, 32세(1890년)에는 해의 비 유일성에 대한 증명을 발표하며, 또 그 다음 해에는 연립선형미분방정식의 해에 대한 축차근사(successive approximation)에 관해 발표하여 Picard(1856~1941, France, 1890) 반복법에 의한 증명을 거의 동시에 발견하였다. 또한 30세(1888년)에는 그의 주요저술 중의 하나인 **Geometrical Calculus**를 발간하는데, 이 책의 첫 번째 장에서는 수학적논리에 대해 고찰하였으며, 교집합과 합집합에 대한 기호를 최초로 사용하였고, **Grassmann**(1809~1877, Germany)의 개념들을 사용하여 벡터공간을 최초로 정의하였다. 수학적 논리와 집합론은 그가 평생 동안 관심을 가진 주요한 연구 분야였으며, 33세(1891년)에는 수학적 논리와 기초(logic and foundations)에 대한 학술논문집을 창간하였다. 34세(1892년)에는 **Formulario Mathematico**의 발간을 준비하기 시작하는데, 그는 이 책에서 그때까지 알려진 수학의 모든 공식과 정리를 통일된 기호를 사용하여 일관되게 증명, 정리하고자 하였다. 이 작업은 50세(1908년)에야 완료되었으나, 수학의 발전은 그의 생각보다 훨씬 빨라 16년이나 걸린 대작업이었지만 다른 사람들에 의해 거의 사용되지 않았다. 설

76) 이탈리아의 Liceo는 대학 진학을 위한 예비학교이며, Cavour 백작은 프러시아의 비스마르크에 상응하는 사르데냐의 수상으로 통일이탈리아의 초대 재상이었다.

상가상으로 그는 수학적 언어의 명료성을 위해 국제적 보조언어를 사용할 것을 제안하여 실제로 45세(1903년)에는 **Latino sine flexione**(LSF, Latin without flexion)라는 언어를 창안하였는데, Formulario의 마지막 호는 이 언어를 사용하여 저술되었으므로 다른 사람들이 이 책을 읽는 것을 기대하기는 거의 불가능에 가까웠다. 단 1900년, 파리에서 열렸던 일차 International Congress of Philosophy에서 만난 **Bertrand Russell**(1872~1970, UK)은 Peano의 논리 및 기호 체제의 독창성과 명료함에 매료되어 Formulario를 탐독하였다고 알려져 있다. 이 회의에 이어 파리에서 열렸던 이차 International Congress of Mathematicians에서는 저 유명한 **Hilbert**(1862~1943, Germany)의 **23문제**가 발표되어 차후 수학 발전의 지평을 제시하였는데, Peano는 특히 제 2문제인 산수공리의 일관성(consistency of arithmetic axioms)에 대해 큰 관심을 가지고 있었다. 1900년을 기점으로 그의 창의적 생산성은 상당히 감소하였는데, 이는 그가 Formulario나 LSF를 위한 작업에 과도하게 몰두한 것에 기인하는 것으로 여겨지고 있다. 그는 52세(1910년) 이후에는 수학사전, 중학교수학교재 등의 저술, 그리고 국제보조언어운동에 더욱 많은 시간을 할애하였으며, 튜린 대학에서의 강의는 죽기 하루 전까지 계속하였다.

이탈리아 통일에 즈음하여 태어난 두 사람은 그들의 조국, 통일왕국이 50년 이상의 불안한 정국을 보낸 뒤, 결국 파시즘의 손에 넘어가, 더욱 혼란스러운 시대를 향해 달려갈 때, 각각 유명을 달리 하였다. 그들이 남긴 학문적 유산은 시대를 뛰어 넘어 오늘날 거의 모든 공과대학의 학생들이 배우는 내용에 포함되어 있다.

쉬어가기 그림 32 Ricci와 Peano

3.7 텐서의 극형분해와 택일정리

앞에서 누차 언급한 바와 같이 n차원 RES R 상에 정의된 임의의 텐서는 대칭텐서와 직교텐서의 곱으로 나타낼 수 있다. 이와 같이 임의의 텐서를 대칭텐서와 직교텐서의 곱의 꼴로 나타내는 것을 **극형분해**(polar decomposition)라고 부르는데, 이는 복소수의 극형식(polar form)과 상당한 유사성을 가지고 있기 때문이다.

앞 절에서 보인 바와 같이 n차원 RES R 상에 정의된 대칭텐서는 주기저를 사용하면 항상 대각행렬로 표현할 수 있는데, 이 행렬의 주대각선 상에 위치하는 실수는 대칭텐서의 고유값이다. 이들은 각각 1차원 ISS에 상응하며, 따라서 대칭텐서는 주기저를 구성하고 있는 고유벡터에 대해서는 그 방향으로 단순히 벡터의 크기만을 변화시키는 역할을 한다. 따라서 이와 같은 측면에서 대칭텐서는 복소수의 크기(modulus)처럼 텐서의 크기를 나타내는 역할을 한다고 볼 수 있다.

한편, n차원 RES R 상에 정의된 직교텐서는 비특이텐서이고, 입력과 출력 벡터의 크기를 동일하게 유지하며, 1차원 및 2차원 ISS에 속하는 단위벡터들로 구성된 기저를 사용하면 항등, 반사 및 회전에 상응하는 부분행렬(partial matrix)들로 이루어진 준대각행렬로 표현할 수 있다. 따라서 직교텐서는 복소수의 회전성을 나타내는 부분처럼 텐서가 벡터를 어떻게 회전(및 반사)시키는가 하는 성질을 나타낸다고 볼 수 있다.

보다 근본적인 관점에서 생각하면, n차원 RES R 상에 정의된 텐서는 벡터에 선형연산을 가하여 다른 벡터를 얻어내는 연산자이므로, 입력되는 벡터에 대해 텐서가 할 수 있는 일은 벡터의 크기와 방향을 변화시키는 것 이외에는 생각하기 힘들다. 여기서 크기를 변화시키는 부분은 대칭텐서, 방향을 변화시키는 부분은 직교텐서에 의해 각각 주어진다는 점에 다시 한 번 유의한다.

극형분해정리를 논의하기 전에, n차원 RES R 상에 정의된 대칭텐서와 관련하여 텐서의 제곱근(square root)을 정의할 필요가 있다. 먼저 대칭텐서에 대한 이차방형이 음의 값을 가지지 않을 때, 즉 텐서의 고유값이 모두 0보다 작지 않을 때, 그와 같은 대칭텐서는 **비음특정**(non-negative definite)이라고 부르는데, 비음특정대칭텐서 $\underline{A}$를 주기저 $\{\hat{e}\} = \{\hat{e}_1, \hat{e}_2, \ldots, \hat{e}_n\}$을 사용하여 표현하면 식 (3.6.36)으로부터 다음과 같은 행렬 $\underline{A}^{\hat{e}}$로 나타낼 수 있다.

$$\underline{A}^{\hat{e}} = \begin{pmatrix} \lambda_1 & 0 & \ldots & 0 \\ 0 & \lambda_2 & \ldots & 0 \\ & & \ldots & \\ 0 & 0 & \ldots & \lambda_n \end{pmatrix} \tag{3.7.1}$$

여기서 λ_i, $i=1,2,...,n$는 음수가 아닌 실수로 $\underline{A}$의 고유값이다. 식 (1)로 주어진 행렬의 주대각선 상에 있는 항들의 제곱근을 취하여, 다음과 같이 행렬 $\underline{A}^{\hat{e}}$의 제곱근 $\sqrt{\underline{A}^{\hat{e}}}$로 표기할 수 있는 대칭행렬 $\underline{Z}^{\hat{e}}$를 얻는다.

$$\sqrt{\underline{A}^{\hat{e}}} = \underline{Z}^{\hat{e}} = \begin{pmatrix} \sqrt{\lambda_1} & 0 & \dots & 0 \\ 0 & \sqrt{\lambda_2} & \dots & 0 \\ & & \dots & \\ 0 & 0 & \dots & \sqrt{\lambda_n} \end{pmatrix} \tag{3.7.2}$$

이와 같이 얻어진 $\underline{Z}^{\hat{e}}$는 주기저 $\{\hat{e}\}$를 사용하여 나타낸 어떤 대칭텐서의 표현으로 볼 수 있으며, 우리가 원하는 것은 그 텐서를 $\underline{A}$의 제곱근인 $\sqrt{\underline{A}}=\underline{Z}$로 정의하는 것이다. 그러기 위해서는 임의의 제 2의 기저$\{\underline{e}'\}=\{\underline{e}'_1,\underline{e}'_2,...,\underline{e}'_n\}$를 사용할 경우에도 $\left(\underline{Z}^{\underline{e}'}\right)^2=\underline{A}^{\underline{e}'}$가 성립함을 보여야 한다. 기저 $\{\underline{e}'\}$가 주기저와 다음과 같은 관계를 가진다면,

$$\underline{e}'_i = \underline{R}\hat{e}_i,\ i=1,2,...,n \tag{3.7.3}$$

식 (3.3.51)에 보인 기저변환공식을 사용하면 다음을 얻는다.

$$\underline{Z}^{\underline{e}'} = (\underline{R}^{\hat{e}})^{-1}\underline{Z}^{\hat{e}}\underline{R}^{\hat{e}} \tag{3.7.4}$$

$$\left(\underline{Z}^{\underline{e}'}\right)^2 = (\underline{R}^{\hat{e}})^{-1}\left(\underline{Z}^{\hat{e}}\right)^2\underline{R}^{\hat{e}} = \underline{A}^{\underline{e}'} \tag{3.7.5}$$

따라서 원하는 결과를 얻을 수 있으며, 앞으로는 위와 같은 방법으로 정의된 행렬 $\underline{Z}^{\hat{e}}$를 대칭텐서 $\underline{A}$의 제곱근인 $\sqrt{\underline{A}}=\underline{Z}$에 대해 주기저를 사용했을 때 얻어진 표현으로 보기로 한다.

극형분해정리는 다음과 같은 형태로 주어진다.

n차원 RES R 상에 정의된 텐서 $\underline{A}$에 대해, 비음특정대칭텐서 $\underline{U}$, $\underline{V}$와 직교텐서 $\underline{Q}$, $\underline{R}$은 다음과 같은 관계를 만족한다.

$$\underline{A} = \underline{Q}\,\underline{U} = \underline{V}\,\underline{R} \tag{3.7.6}$$

여기서 $\underline{U}$, $\underline{V}$는 유일하게 결정된다. 만약 $\underline{A}$가 비특이텐서면, $\underline{Q}$, $\underline{R}$은 유일하게 결정되며, 다음 관계를 만족하는데,

$$\underline{Q} = \underline{R}, \ \underline{V} = \underline{Q}\,\underline{U}\,\underline{Q}^T \tag{3.7.7}$$

$\underline{A}$가 특이텐서면, $\underline{Q}$, $\underline{R}$은 유일하지 않다. 식 (6)에서 직교텐서가 왼 쪽에 있는 첫 번째 분해 형태는 **좌극형분해**(left polar decomposition), 오른 쪽에 있는 두 번째 형태는 **우극형분해**(right polar decomposition)라고 부른다.

이하에서는 $\underline{A}$가 비특이텐서일 경우에 대해서만 증명하고, 특이텐서인 경우에 대해서는 연습문제로 남긴다. 먼저 주어진 텐서 $\underline{A}$에 대해 $\underline{A}^T\underline{A}$는 비음특정대칭텐서임을 보인다. 3.4절의 식 (3.4.13) 아래에서 논의한 바와 같이 텐서 $\underline{C}$에 대해 $\underline{C}^T = \underline{C}$가 만족되면 $\underline{C}$는 대칭텐서이며, 또 식 (3.4.17)에서 보인 바와 같이 두 텐서 $\underline{B}$, $\underline{C}$에 대해 $(\underline{B}\,\underline{C})^T = \underline{C}^T\underline{B}^T$이 성립하므로 다음 관계로부터 $\underline{A}^T\underline{A}$는 대칭임을 알 수 있고,

$$(\underline{A}^T\underline{A})^T = \underline{A}^T\underline{A} \tag{3.7.8}$$

또 R에 속하는 임의의 벡터 $\underline{x}$에 대해 다음과 같은 스칼라곱의 성질을 고려하면,

$$(\underline{x}, \underline{A}^T\underline{A}\,\underline{x}) = (\underline{A}\,\underline{x}, \underline{A}\,\underline{x}) \geq 0 \tag{3.7.9}$$

식 (1)의 위에서 정의한 바와 같이 $\underline{A}^T\underline{A}$의 이차방형이 0보다 작지 않으므로, $\underline{A}^T\underline{A}$는 비음특정대칭텐서임을 알 수 있다.

따라서 위에서 보인 바와 같이 텐서 $\underline{A}^T\underline{A}$의 제곱근을 정의할 수 있으며, 다음과 같이 $\underline{U}$를 정의한다.

$$\underline{U} = \sqrt{\underline{A}^T\underline{A}} \tag{3.7.10}$$

$\underline{A}$가 비특이텐서인 점을 고려하면 다음 결과를 얻으므로,

$$\det \underline{U}^2 = \det \underline{A}^T \underline{A} = (\det \underline{U})^2 = (\det \underline{A})^2 \neq 0 \tag{3.7.11}$$

$\underline{U}$의 역텐서인 $\underline{U}^{-1}$이 존재함을 알 수 있고, 또 $\underline{U}^{-1}$ 또한 대칭텐서이어야 한다. 그러므로 다음과 같은 새로운 텐서 $\underline{Q}$를 정의할 수 있는데,

$$\underline{Q} = \underline{A}\,\underline{U}^{-1} \tag{3.7.12}$$

이와 같이 정의된 $\underline{Q}$가 직교텐서임을 보이기 위해 다음을 고려하면,

$$\underline{Q}^T \underline{Q} = (\underline{U}^{-1})^T \underline{A}^T \underline{A}\,\underline{U}^{-1} = \underline{U}^{-1} \underline{U}^2 \underline{U}^{-1} = \underline{1} \tag{3.7.13}$$

식 (3.4.32)로부터 $\underline{Q}^{-1} = \underline{Q}^T$이면 $\underline{Q}$는 직교텐서이므로, 원하는 결과를 얻을 수 있으며, $\underline{Q}$는 일의적으로 정의되었으므로 유일함을 알 수 있다.

식 (12)에 $\underline{U}$를 뒤에서 곱해줌(post-multiply)으로써 식 (6)의 첫 번째 식을 얻는다. 두 번째 식인 우극형분해를 위해서는 먼저 $\underline{A}\,\underline{A}^T$가 비음특정대칭텐서임을 보이고, $\underline{V}$를 다음과 같이 정의한 뒤,

$$\underline{V} = \sqrt{\underline{A}\,\underline{A}^T} \tag{3.7.14}$$

새로운 텐서 $\underline{R}$을 다음과 같이 정의한다.

$$\underline{R} = \underline{V}^{-1} \underline{A} \tag{3.7.15}$$

이렇게 얻어진 $\underline{R}$이 직교텐서임을 보이고, 식 (15)에 $\underline{V}$를 앞에서 곱해줌으로써 식 (6)의 두 번째 식을 얻는다. 증명의 자세한 과정은 좌극형분해와 동일하므로 여기서는 생략하기로 한다.

일단 식 (6)의 증명이 끝나면 식 (6)을 이용하여 식 (7)을 다음과 같이 얻을 수 있다. 식 (6)으로부터 $\underline{Q}$가 직교텐서임을 이용하여 다음을 얻으며,

$$\underline{Q}\,\underline{U} = \left(\underline{Q}\,\underline{U}\,\underline{Q}^T\right)\underline{Q} = \underline{V}\,\underline{R} \tag{3.7.16}$$

극형분해의 형태가 유일한 성질로부터 결국 식 (7)을 얻을 수 있다.

[예제 3.41] 좌극형분해

RES A_2를 취하고, 그 기저 $\{\hat{e}\}$로 다음과 같은 단위벡터들을 취하면 텐서 $\underline{A}$의 $\{\hat{e}\}$에 대한 표현 $\underline{A}^{\hat{e}}=A$를 다음과 같이 쓸 수 있다.

$$\hat{e}_1=\begin{pmatrix}1\\0\end{pmatrix},\ \hat{e}_2=\begin{pmatrix}0\\1\end{pmatrix},\ A=\begin{pmatrix}1 & \frac{8}{3}\\ 0 & 1\end{pmatrix} \qquad (예3.7.1)$$

위와 같은 텐서 $\underline{A}$의 좌극형분해를 구하시오.

► 답

좌극형분해를 구하기 위해서는 본문 중의 식 (6)으로부터 $\underline{A}=\underline{Q}\,\underline{U}$을 구해야 하는데 여기서 대칭텐서 $\underline{U}$는 식 (10), $\underline{U}=\sqrt{\underline{A}^T\underline{A}}$과 같이 정의되므로, $\underline{U}^2=\underline{A}^T\underline{A}$, 즉 $(\underline{U}^{\hat{e}})^2=(\underline{A}^{\hat{e}})^T\underline{A}^{\hat{e}}$을 이용하여 다음을 얻는다.

$$(\underline{U}^{\hat{e}})^2=(\underline{A}^{\hat{e}})^T\underline{A}^{\hat{e}}=\begin{pmatrix}1 & 0\\ \frac{8}{3} & 1\end{pmatrix}\begin{pmatrix}1 & \frac{8}{3}\\ 0 & 1\end{pmatrix}=\begin{pmatrix}1 & \frac{8}{3}\\ \frac{8}{3} & \frac{73}{9}\end{pmatrix} \qquad (예3.7.2)$$

이 식으로부터 $\underline{U}$를 얻기 위해서는 식 (2)로 주어지는 텐서의 고유값과 주기저를 알아야 한다. 특성다항식으로부터 다음과 같이 고유값을 얻고,

$$\begin{aligned}F(\lambda)&=\det(\underline{U}^2-\lambda I)\\&=\begin{vmatrix}1-\lambda & \frac{8}{3}\\ \frac{8}{3} & \frac{73}{9}-\lambda\end{vmatrix}=(1-\lambda)(\frac{73}{9}-\lambda)-\frac{64}{9}\\&=(\lambda^2-\frac{82}{9}\lambda+\frac{73}{9})-\frac{64}{9}=\lambda^2-\frac{82}{9}\lambda+1\end{aligned}$$

$$= (\lambda - \frac{1}{9})(\lambda - 9) \tag{예3.7.3}$$

$\lambda_1 = 9$에 상응하는 고유벡터는 식 (예2)로부터 다음을 얻으므로

$$-8x_1 + \frac{8}{3}x_2 = 0,\ \frac{8}{3}x_1 - \frac{8}{9}x_2 = 0 \tag{예3.7.4}$$

$x_1 = 1$로 취하면 $x_2 = 3$을 얻으므로 다음과 같은 고유벡터를 얻으며,

$$\hat{z}_1 = \frac{1}{\sqrt{10}}\begin{pmatrix}1\\3\end{pmatrix} \tag{예3.7.5}$$

$\lambda_2 = \dfrac{1}{9}$에 상응하는 고유벡터는 식 (예2)로부터 다음을 얻으므로

$$\frac{8}{9}x_1 + \frac{8}{3}x_2 = 0,\ \frac{8}{3}x_1 + \frac{72}{9}x_2 = 0 \tag{예3.7.6}$$

$x_2 = 1$로 취하면 $x_1 = -3$을 얻어 다음과 같은 고유벡터를 얻는다.

$$\hat{z}_2 = \frac{1}{\sqrt{10}}\begin{pmatrix}-3\\1\end{pmatrix} \tag{예3.7.7}$$

위의 식 (예5), (예7)에서 얻은 고유벡터는 $\underline{U}^2$과 $\underline{U}$에 대한 주기저로 사용될 수 있으며, 따라서 다음을 얻는다.

$$\underline{U}^{\hat{z}} = \begin{pmatrix}3 & 0\\0 & \frac{1}{3}\end{pmatrix} \tag{예3.7.8}$$

이 결과로부터 $\underline{U}^{\hat{e}}$를 얻기 위해서는 기저변환공식인 식 (3.3.50) $\underline{U}^{\hat{z}} = (\underline{R}^{\hat{e}})^{-1}\underline{U}^{\hat{e}}\underline{R}^{\hat{e}}$로부터 $\underline{U}^{\hat{e}} = \underline{R}^{\hat{e}}\underline{U}^{\hat{z}}(\underline{R}^{\hat{e}})^{-1} = \underline{R}^{\hat{e}}\underline{U}^{\hat{z}}(\underline{R}^{\hat{e}})^{T}$을 얻으므로 이를 사용하여 다음을 얻는다.

$$\underline{U}^{\hat{e}} = \underline{R}^{\hat{e}}\,\underline{U}^{\hat{z}}\,(\underline{R}^{\hat{e}})^T = \frac{1}{10}\begin{pmatrix}1 & -3\\ 3 & 1\end{pmatrix}\begin{pmatrix}3 & 0\\ 0 & \frac{1}{3}\end{pmatrix}\begin{pmatrix}1 & 3\\ -3 & 1\end{pmatrix}$$

$$= \frac{1}{10}\begin{pmatrix}3 & -1\\ 9 & \frac{1}{3}\end{pmatrix}\begin{pmatrix}1 & 3\\ -3 & 1\end{pmatrix} = \begin{pmatrix}\frac{3}{5} & \frac{4}{5}\\ \frac{4}{5} & \frac{41}{15}\end{pmatrix} \qquad (예3.7.9)$$

이 식을 $\underline{A} = Q\underline{U}$ 즉 $Q = \underline{A}\,\underline{U}^{-1}$에 대입하여 $Q^{\hat{e}} = Q$를 구하기 위해 $(\underline{U}^{\hat{e}})^{-1}$를 먼저 구하면 다음과 같고,

$$(\underline{U}^{\hat{e}})^{-1} = \begin{pmatrix}\frac{41}{15} & -\frac{4}{5}\\ -\frac{4}{5} & \frac{3}{5}\end{pmatrix} \qquad (예3.7.10)$$

결국 $Q^{\hat{e}} = Q$를 다음과 같이 얻는다.

$$Q^{\hat{e}} = \underline{A}^{\hat{e}}\,(\underline{U}^{\hat{e}})^{-1} = \begin{pmatrix}1 & \frac{8}{3}\\ 0 & 1\end{pmatrix}\begin{pmatrix}\frac{41}{15} & -\frac{4}{5}\\ -\frac{4}{5} & \frac{3}{5}\end{pmatrix} = \begin{pmatrix}\frac{3}{5} & \frac{4}{5}\\ -\frac{4}{5} & \frac{3}{5}\end{pmatrix} \qquad (예3.7.11)$$

위에서 얻은 결과 식 (예9)와 (예11)로부터 좌극형분해를 다음과 같이 얻는다.

$$\underline{A}^{\hat{e}} = Q^{\hat{e}}\,\underline{U}^{\hat{e}} = \begin{pmatrix}\frac{3}{5} & \frac{4}{5}\\ -\frac{4}{5} & \frac{3}{5}\end{pmatrix}\begin{pmatrix}\frac{3}{5} & \frac{4}{5}\\ \frac{4}{5} & \frac{41}{15}\end{pmatrix} \qquad (예3.7.12)$$

[예제 3.42] 극형분해에 대한 기하학적 이해

위의 [예제 3.41]에서 얻은 좌극형분해와 관련하여 반경이 1인 단위원의 원주 상에 있던 벡터들이 어떤 방식으로 텐서 $\underline{A}$에 의해 변환되는지에 대해 설명하시오.

► 답

$\underline{A}\underline{x} = \underline{Q}\underline{U}\underline{x} = \underline{Q}\underline{u} = \underline{y}$로 놓고 $\underline{U}\underline{x} = \underline{u}$를 먼저 생각하기로 하면, $\underline{U}$는 고유값이 3, $\frac{1}{3}$이며, 이에 상응하는 고유벡터 $\hat{z}_1$, $\hat{z}_2$가 식 (예5), (예7)에 의해 각각 주어지므로, 단위원의 원주 상에 있던 벡터들은 그림 예3.2에 보인 바와 같이 $\hat{z}_1$ 방향의 장반경이 3, $\hat{z}_2$ 방향의 단반경이 $\frac{1}{3}$인 타원으로 변환된다. 이를 보이기 위해 다음을 생각한다.

주기저를 사용하여 $\underline{x} = \xi_1 \hat{z}_1 + \xi_2 \hat{z}_2$, $\underline{u} = u_1 \hat{z}_1 + u_2 \hat{z}_2$를 얻었다고 하면, $\underline{U}\underline{x} = \underline{u}$로부터 다음 관계를 얻는다.

$$\xi_1 = \frac{1}{3} u_1, \ \xi_2 = 3u_2 \qquad \text{(예3.7.13)}$$

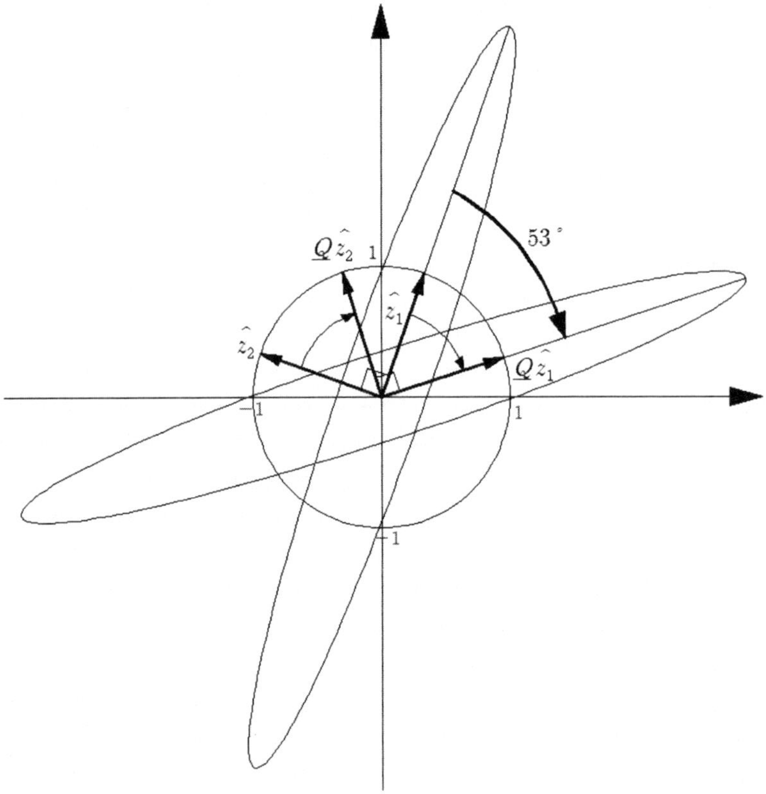

그림 예3.2 극형분해에 대한 기하학적 이해

$$\underline{x}^{\hat{e}} = \underline{R}^{e}\,\underline{x}^{\hat{z}} = \frac{1}{\sqrt{10}}\begin{pmatrix}1 & -3\\3 & 1\end{pmatrix}\begin{pmatrix}\xi_1\\\xi_2\end{pmatrix},\ \text{즉}\ x_1 = \frac{1}{\sqrt{10}}(\xi_1 - 3\xi_2),\ x_2 = \frac{1}{\sqrt{10}}(3\xi_1 + \xi_2) \qquad \text{(예3.7.14)}$$

단위원의 원주 상에 있는 벡터에 대해서는 $x_1^2 + x_2^2 = 1$이 만족되므로, 여기에 식 (예14)를 대입하면 다음을 얻고,

$$\frac{1}{10}\left\{(\xi_1 - 3\xi_2)^2 + (3\xi_1 + \xi_2)^2\right\} = 1 \qquad \text{(예3.7.15)}$$

이 식에 식 (예13)을 대입하면 다음 결과를 얻는다.

$$\frac{1}{10}\left\{(\frac{1}{3}u_1 - 9u_2)^2 + (u_1 + 3u_2)^2\right\} = \left(\frac{u_1^2}{3^2} + \frac{u_2^2}{(\frac{1}{3})^2}\right) = 1 \qquad \text{(예3.7.16)}$$

이 식은 위에서 언급한 대로 $\hat{z}_1$ 방향의 장반경이 3, $\hat{z}_2$ 방향의 단반경이 $\frac{1}{3}$인 타원의 방정식이다.

한편, 직교텐서 $\underline{Q}$는 식 (예11)로 정의되는데, 회전의 기본형인 식 (3.6.69)와 비교하면 $\theta = -\tan^{-1}\frac{4}{3} \approx -53^\circ$를 얻으므로, 시계방향으로 약 53° 회전시키는 역할을 하고 있음을 알 수 있다.

위에서 얻은 극형분해정리의 한 응용으로 일차연립방정식과 관련하여 다음과 같은 **Fredholm**(1866~1927, Sweden; 1900, 쉬어가기 12 참조)**의 택일정리**(Fredholm's alternative theorem)에 대해 생각해 보기로 한다. 원래의 Fredholm의 정리는 적분방정식과 관련하여 주어졌지만, 일차연립방정식과 밀접한 연관이 있고, 그의 이와 같은 연구는 Hilbert(1862~1943, Germany)의 차원이 무한한 공간, 즉 무한차원의 Hilbert 공간(infinite dimensional Hilbert space)에 대한 연구로 이어졌다.

n차원 RES R 상에 정의된 텐서 $\underline{A}$에 대해, 다음과 같은 방정식을 생각하자.

$$\underline{A}\,\underline{x} = \underline{b} \qquad (3.7.17)$$

여기서 $\underline{b}$는 R에 속하는 주어진 벡터이고, $\underline{x}$는 우리가 구하고자 하는 벡터이다. 극

형분해정리에 따라 식 (6)으로부터 우극형분해를 $\underline{A}=\underline{V}\underline{Q}$의 형태로 사용하기로 하자. 여기서 $\underline{V}$는 유일하게 결정할 수 있고, $\underline{Q}$는 유일하지 않지만, 하나를 정하여 고정시키면, 식 (17)은 다음과 같이 바꾸어 쓸 수 있다.

$$\underline{V}\underline{z}=\underline{b} \tag{3.7.18}$$

여기서 $\underline{z}$는 $\underline{Q}\underline{x}=\underline{z}$에 의해 결정되는데, 직교텐서인 $\underline{Q}$는 비특이텐서이므로 $\underline{Q}^{-1}$가 존재한다. 식 (18)을 만족하는 $\underline{z}$를 구하면, 따라서 $\underline{x}=\underline{Q}^{-1}\underline{z}$에 의해 식 (17)의 해를 구할 수 있다.

식 (18)의 해를 구하기 위해 대칭텐서인 $\underline{V}$에 대한 주기저 $\{\hat{e}\}=\{\hat{e}_1,\hat{e}_2,\ldots,\hat{e}_n\}$를 사용하기로 하면, 주기저를 사용할 때의 벡터 $\underline{b}$와 $\underline{z}$가 다음과 같이 주어진다고 하면,

$$\underline{b}=\sum_{k=1}^{n}\beta_k\hat{e}_k,\ \ \underline{z}=\sum_{k=1}^{n}\zeta_k\hat{e}_k \tag{3.7.19}$$

주기저정리에 의해 식 (3.6.36)을 사용하여 식 (18)은 다음과 같이 쓸 수 있다.

$$\underline{V}\sum_{k=1}^{n}\zeta_k\hat{e}_k=\sum_{k=1}^{n}\lambda_k\zeta_k\hat{e}_k=\sum_{k=1}^{n}\beta_k\hat{e}_k \tag{3.7.20}$$

여기서 $\lambda_k,\ k=1,2,\ldots,n$는 대칭텐서 $\underline{V}$의 고유값이다. 결국 이 식으로부터 다음을 얻는데,

$$\lambda_k\zeta_k=\beta_k,\ \ k=1,2,\ldots,n \tag{3.7.21}$$

λ_k의 값에 따라 다음과 같은 두 가지 경우가 발생한다.

첫 번째는 대칭텐서 $\underline{V}$가 비특이텐서, 즉 주어진 텐서 $\underline{A}$가 비특이텐서인 경우인데, 이 경우에는 $\underline{V}$의 어떤 고유값도 0이 아니므로, 결국 식 (17)은 주어진 어떤 $\underline{b}$에 대해서도 다음 식에 의해 결정되는 유일한 해를 가진다.

$$\zeta_k = \frac{\beta_k}{\lambda_k}, \quad k = 1, 2, \ldots, n \tag{3.7.22}$$

두 번째는 대칭텐서 $\underline{V}$가 특이텐서, 즉 주어진 텐서 $\underline{A}$가 특이텐서인 경우인데, 이 때는 $\underline{V}$의 고유값 중에 최소한 하나 이상이 0의 값을 가지며, $\lambda_1, \lambda_2, \ldots, \lambda_m$ $(m \leqq n)$이 고유값 0에 해당한다고 하면, 식 (21)은 다음과 같다.

$$0 = \beta_j, \quad j = 1, 2, \ldots, m \tag{3.7.23}$$

$$\lambda_k \zeta_k = \beta_k, \quad k = m+1, m+2, \ldots, n \tag{3.7.24}$$

그러므로 두 가지 경우를 생각할 수 있는데, 첫 번째는 만약 β_j, $j = 1, 2, \ldots, m$이 0이 아니면 해가 존재할 수 없다. 두 번째는 β_j, $j = 1, 2, \ldots, m$가 0이면, ζ_j, $j = 1, 2, \ldots, m$은 어떤 값을 가진다 하더라도 식 (23)이 만족되어 다음과 같이 표현할 수 있는 무한히 많은 해가 존재한다.

$$\underline{z} = \sum_{j=1}^{m} \zeta_j \hat{e}_j + \sum_{k=m+1}^{n} \frac{\beta_k}{\lambda_k} \hat{e}_k \tag{3.7.25}$$

여기서 ζ_j, $j = 1, 2, \ldots, m$은 어떤 실수값을 취해도 무방하다. 따라서 이 경우에 해가 존재할 수 있기 위해서는 β_j, $j = 1, 2, \ldots, m$가 0이 되어야 한다. 한편, 대칭텐서 $\underline{V}$의 0-공간 $N(\underline{V})$은 고유값이 0인 고유벡터들의 선형결합으로 이루어지는 아공간이므로, 만약 벡터 $\underline{b}$에 대해 β_j, $j = 1, 2, \ldots, m$가 0이라면 $\underline{b}$는 대칭텐서 $\underline{V}$의 0-공간 $N(\underline{V})$에 속하지 않는다. 그런데 $N(\underline{V})$에 속하는 임의의 벡터 $\underline{y}$에 대해서는 $\underline{V}\underline{y} = \underline{0}$가 성립하므로, 다음 식도 성립하며,

$$\underline{Q}^T \underline{V}\underline{y} = (\underline{V}\underline{Q})^T \underline{y} = \underline{A}^T \underline{y} = \underline{0} \tag{3.7.26}$$

따라서 벡터 $\underline{y}$는 $\underline{A}^T$의 0-공간, 즉 $N(\underline{A}^T)$에 속한다. 또한 벡터 $\underline{y}$가 $\underline{A}^T$의 0-공간에 속하면, 위의 과정을 역으로 밟아 $\underline{V}$의 0-공간에 속함을 보일 수 있다. 그러므로, $N(\underline{V})$와 $N(\underline{A}^T)$는 동일한 아공간이며, 결국 벡터 $\underline{b}$가 $N(\underline{A}^T)$에 속하지 않아야

해가 존재함을 알 수 있다.

한편, 첫 번째 경우인 $\underline{A}$가 비특이텐서인 경우에 대해서는 $N(\underline{A}^T)$가 공집합(empty set)이므로, 결국 어떤 경우라도 식 (17) 우변의 벡터 $\underline{b}$가 $N(\underline{A}^T)$에 속하지 않아야 해가 존재함을 알 수 있다. $N^*(\underline{A}^T)$를 $N(\underline{A}^T)$의 직교보집합(orthogonal complement)77)이라고 하면, 위로부터 식 (17) 우변의 벡터 $\underline{b}$가 $N^*(\underline{A}^T)$에 속해야 해가 존재한다는 결과를 얻는다.

따라서 **Fredholm의 택일정리**는 다음과 같이 기술할 수 있다.
식 (17) 우변의 벡터 $\underline{b}$가 $N^*(\underline{A}^T)$에 속하면 해가 존재하며, 속하지 않으면 해는 존재하지 않는다.

[예제 3.43] 택일정리의 응용

다음과 같은 일차연립방정식에 대해 Fredholm의 택일정리를 사용하여 해의 유무 가능성에 대해 논하시오.

$$\begin{aligned} 2\xi_1 + \xi_2 + \xi_3 &= 0 \\ \xi_1 \qquad + \xi_3 &= 2 \\ \xi_2 - \xi_3 &= 3 \end{aligned} \tag{예3.7.17}$$

► 답

Fredholm의 택일정리를 적용하기 위해 먼저 다음을 생각한다. RES A_3의 기저 $\{\hat{e}\}$와 이 벡터공간에 대해 정의된 텐서 $\underline{A}$ 그리고 벡터 $\underline{y}$를 다음과 같다고 하자.

$$\hat{e}_1 = \begin{pmatrix}1\\0\\0\end{pmatrix},\ \hat{e}_2 = \begin{pmatrix}0\\1\\0\end{pmatrix},\ \hat{e}_3 = \begin{pmatrix}0\\0\\1\end{pmatrix},\ \underline{A}\underline{x} = \begin{pmatrix}2x_1 + x_2 + x_3\\ x_1 \qquad + x_3\\ x_2 - x_3\end{pmatrix},\ \underline{y} = \begin{pmatrix}0\\2\\3\end{pmatrix} \tag{예3.7.18}$$

그러면 텐서 $\underline{A}$의 $\{\hat{e}\}$에 대한 표현 $\underline{A}^{\hat{e}} = A$를 다음과 같이 쓸 수 있다.

77) m 차원 아공간 R_1의 직교보집합 R_1^*는, R_1의 직교정규기저 $\{\hat{e}\} = \{\hat{e}_1, \hat{e}_2, ..., \hat{e}_m\}$를 이루는 어떤 벡터와도 직교하는 모든 벡터의 집합으로 정의한다.

$$A = \begin{pmatrix} 2 & 1 & 1 \\ 1 & 0 & 1 \\ 0 & 1 & -1 \end{pmatrix} \qquad \text{(예3.7.19)}$$

위에서 고려한 기저는 직교정규기저이므로 식 (3.4.24)에 의해 $(\underline{A}^T)^{\underline{e}} = A^T$를 다음과 같이 얻는데,

$$A^T = \begin{pmatrix} 2 & 1 & 0 \\ 1 & 0 & 1 \\ 1 & 1 & -1 \end{pmatrix} \qquad \text{(예3.7.20)}$$

$\underline{A}^T$의 0-공간이 존재하는지를 알기 위해 먼저 $\det A^T$를 구하면 다음을 얻으므로,

$$\det A^T = -2+2 = 0 \qquad \text{(예3.7.21)}$$

$\underline{A}^T$는 특이텐서이고, 0-공간 $N(\underline{A}^T)$이 존재함을 알 수 있다. $N(\underline{A}^T)$를 구하기 위해 $\underline{A}^T$의 고유값을 먼저 구하면, 특성다항식으로부터 다음을 얻는다.

$$\begin{aligned} F(\lambda) &= \det(A^T - \lambda I) \\ &= \begin{vmatrix} 2-\lambda & 1 & 0 \\ 1 & -\lambda & 1 \\ 1 & 1 & -1-\lambda \end{vmatrix} \\ &= (2-\lambda)\{\lambda(\lambda+1)-1\} - (-2-\lambda) \\ &= -(\lambda-2)(\lambda^2+\lambda-1) + (2+\lambda) = -(\lambda^3-\lambda^2-3\lambda+2)+(2+\lambda) \\ &= -(\lambda^3-\lambda^2-4\lambda) = -\lambda(\lambda^2-\lambda-4) \end{aligned} \qquad \text{(예3.7.22)}$$

그러므로 특성방정식에 대해 세 개의 서로 다른 실근을 얻는데, $\lambda_1 = 0$에 상응하는 1차원 ISS가 바로 $N(\underline{A}^T)$임을 알 수 있다. $\lambda_1 = 0$에 상응하는 고유벡터는 다음 식으로부터 얻는다.

$$\begin{aligned} 2x_1 + x_2 \quad\ &= 0 \\ x_1 \quad\ + x_3 &= 0 \\ x_1 + x_2 - x &= 0 \end{aligned} \qquad \text{(예3.7.23)}$$

두 번째 식과 세 번째 식으로부터 x_3를 소거하면 첫 번째 식과 같은 식을 얻으므로, $x_1 = 1$

로 놓으면 $x_2 = -2$, $x_3 = -1$을 얻으므로 결국 $\lambda_1 = 0$에 상응하는 고유벡터는 다음과 같이 얻는다.

$$\hat{z}_1 = \frac{1}{\sqrt{6}}\begin{pmatrix} 1 \\ -2 \\ -1 \end{pmatrix} \qquad \text{(예3.7.24)}$$

벡터 $\underline{y}$가 $N(\underline{A}^T)$에 속하지 않기 위해서는 $(\underline{y}, \hat{z}_1) = 0$을 만족해야 하는데 이에 대해 다음을 얻으므로,

$$(\underline{y}, \hat{z}_1) = \frac{1}{\sqrt{6}}(-4-3) = -\frac{7}{\sqrt{6}} \qquad \text{(예3.7.25)}$$

$\underline{y}$는 $N^*(\underline{A}^T)$에 속하지 않으며, 따라서 해는 존재하지 않음을 알 수 있다.

식 (예17)로 주어진 일차연립방정식의 해를 Cramer의 해법을 사용하여 구하기 위해서는 $\det A$를 구해야 하는데, $\det A = \det A^T = 0$이므로 역행렬 A^{-1}는 존재하지 않음을 알 수 있다. 따라서 식 (예17)의 유일해는 존재하지 않으며, 단 식 (예17)의 세 식으로부터 세 미지수 사이의 관계식을 얻을 수 있는 가능성은 있다. 이 가능성에 대해 알아보기 위해 식 (예17)의 첫 번째 식으로부터 두 번째 식을 빼고, 또 두 번째 식과 세 번째 식을 더하여 ξ_3를 소거하면 다음 두 식을 얻는다.

$$\xi_1 + \xi_2 = -2, \ \xi_1 + \xi_2 = 5 \qquad \text{(예3.7.26)}$$

이 두 식은 서로 모순되므로, 이 식들을 만족하는 해가 없음은 자명한 일이다.

만약 식 (예17)의 세 번째 식의 우변이 -4였다면 두 번째 식과 세 번째 식을 더하여 식 (예26) 대신에 다음과 같은 하나의 식을 얻었을 것이며,

$$\xi_1 + \xi_2 = -2 \qquad \text{(예3.7.27)}$$

이 경우에는 ξ_1을 매개변수로 하는 다음과 같은 해가 존재할 수 있다.

$$\xi_2 = -\xi_1 - 2, \ \xi_3 = -\xi_1 + 2 \qquad \text{(예3.7.28)}$$

여기서 ξ_1은 어떤 값을 취해도 무방하므로, $\xi_1 = \alpha$하고 하면 식 (예28)은 다음과 같은 형태

의 무한히 많은 수의 해가 존재함을 뜻한다.

$$\begin{pmatrix} \xi_1 \\ \xi_2 \\ \xi_3 \end{pmatrix} = \alpha \begin{pmatrix} 1 \\ -1 \\ -1 \end{pmatrix} + \begin{pmatrix} 0 \\ -2 \\ 2 \end{pmatrix} \qquad (예3.7.29)$$

여기서 α는 임의의 실수이다. 이 식에서 α 뒤의 벡터는 식 (예17)의 우변을 모두 0으로 취한 식을 만족하는 소위 **제차해**(homogeneous solution)이며, 우변의 마지막 벡터는 일종의 **특수해**(particular solution)로, 우변이 0이 아닌 **비제차 선형미분방정식**의 해와 유사한 형태를 가지고 있음을 알 수 있다. 단 식 (예29)는 해를 나타낼 수 있는 유일한 형태가 아님은 위에서 ξ_2 또는 ξ_3를 매개변수로 하는 해를 구할 수도 있었음을 생각하면 쉽게 이해할 수 있다([예제 3.46] 참조).

또 위와 같은 경우에는 벡터 $\underline{y}$가 다음과 같으므로,

$$\underline{y} = \begin{pmatrix} 0 \\ 2 \\ -4 \end{pmatrix} \qquad (예3.7.30)$$

$(\underline{y}, \hat{\underline{z}}_1) = 0$이 되어 $\underline{y}$는 $N^*(\underline{A}^T)$에 속하는 것을 알 수 있으며, Fredholm의 택일정리와 일관된 결과를 주고 있음을 확인할 수 있다.

3.8 소거법과 텐서의 기준형

대부분의 선형대수에 관한 교재에서 가장 먼저, 또는 가장 중요하게 다루는 일차연립방정식의 해법으로서의 **Gauss(1809)의 소거법**(Gaussian elimination)을 가장 마지막 절에서 다루게 된 이유는 논리적으로 Fredholm(1900)의 택일정리 이후에 오는 것이 타당하기 때문이다. 다시 한 번 논리적인 전개의 순서와 실제로 발생한 역사의 역전 현상을 볼 수 있는데, 앞에서도 몇 번 거론하였지만 중국의 구장산술에서 다루어진 일차연립방정식의 해법은 사실상 소거법과 거의 동일하게 때문에 이렇게 보면 수 천 년의 역전 현상이다. 컴퓨터 시대인 요즘, 수치해석에서 다루는 많은 문제가 일차연립방정식의 효율적인 해법, 또는 풀개(solver)와 관련을 가지게 되는데, 지금까지 알려진 많은 방식이 소거법을 그 기초로 삼는다. **전진소거**(forward elimination)와 **후진대입**(backward substitution)으로 구성되는 소거법은 많은 변종이 있지만 여기서는 기초적인 방법만을 다루기로 한다.

실제로 수치해석(numerical analysis)을 위한 행렬대수(matrix algebra)에서는 다양한 형태의 행렬들에 대해 다루게 되는데, 이 절에서는 일단, 소거법과 관련되어 등장하는 행렬과 텐서를 표현할 때의 기준형과 관련하여 얻어지는 행렬들에 대해 고찰함으로써, 차후의 다양한 이론적, 수치적연구를 위한 기본을 제공하고자 한다.

한편 텐서의 표현은 행렬로 주어지게 되는데, 이 행렬의 가장 간단한 형태, 즉 **기준형**(canonical form)은 무엇인가에 대한 의문은 Jordan(1838~1922, France; 1870, 쉬어가기 12 참조)에 의해 해답이 주어졌다. 그 증명은 조금 복잡한 개념들을 포함하고 있기 때문에, 여기서는 그 내용을 증명 없이 소개하는데 그치기로 한다.

소거법은 일차연립방정식을 푸는 데 있어, 미지수를 하나씩 소거하여 최종적으로 하나의 미지수만 포함하는 식을 얻게 되면 이 식으로부터 그 미지수를 구하고, 이번에는 구한 미지수를 대입하여 차례로 소거했던 미지수들을 거꾸로 구해가는 방법이다. 한편 이와 같은 연산을 함에 있어, 방정식을 다루는 것보다는 행렬로 바꾸어 계수와 우변을 다루는 것이 훨씬 간편하다. 그러나 어떤 경우에 해를 유일하게 구할 수 있고, 또 구할 수 없는 경우에는 어떤 형태의 해를 생각해야 하는지에 대한 고려를 위해서는, 그와 같은 단순한 연산의 대체와는 달리, 벡터공간 및 계수행렬에 상응하는 텐서의 성질 등에 대한 이해가 선행되어야 한다.

먼저 연립방정식에서 미지수를 소거할 때 통상 사용되는 연산은 다음과 같으며, 이와 같은 연산에 의해 해가 바뀌는 일은 없다는 것을 알고 있다.

E1) 방정식의 순서를 바꾼다.

E2) 어느 방정식에 상수를 곱한다.

E3) 어느 방정식에 상수를 곱하여 다른 방정식에 더한다.

따라서 연립방정식의 계수와 우변으로 이루어지는 행렬에 다음과 같은 연산을 하여도 얻어지는 해는 동일할 것이다.

M1) 두 행을 바꾼다.

M2) 한 행에 상수를 곱한다.

M3) 한 행에 상수를 곱하여 다른 행에 더한다.

아래에서는 위와 같은 연산을 3원 일차연립방정식의 예를 통하여 보임으로써 소거법에 대해 고찰하고자 한다. 주어진 문제가 다음과 같다고 할 때, 먼저 연립방정식을 소거법으로 푸는 과정에 대해 살펴보기로 한다.

$$\begin{aligned} x - y - 2z &= 1 \\ x + y \qquad &= -1 \\ x \qquad + z &= -2 \end{aligned} \tag{3.8.1}$$

두 번째 식에서 x를 소거하기 위해 두 번째 식으로부터 첫 번째 식을 빼주면 다음을 얻고(E3),

$$\begin{aligned} x - \ y - 2z &= 1 \\ 2y + 2z &= -2 \\ x \qquad + z &= -2 \end{aligned} \tag{3.8.2}$$

마찬가지로 세 번째 식에서 x를 소거하기 위해 세 번째 식으로부터 첫 번째 식을 빼주면 다음을 얻는다(E3).

$$\begin{aligned} x - \ y - 2z &= 1 \\ 2y + 2z &= -2 \\ y + 3z &= -3 \end{aligned} \tag{3.8.3}$$

이제 식 (3)의 두 번째 식의 y의 계수를 1로 만들어 주기 위해 두 번째 식을 2로 나누어 다음을 얻고(E2),

$$\begin{aligned} x - \ y - 2z &= \ 1 \\ y + \ z &= -1 \\ y + 3z &= -3 \end{aligned} \tag{3.8.4}$$

세 번째 식에서 y를 소거하기 위해 세 번째 식으로부터 두 번째 식을 빼주면 다음을 얻으며(E3),

$$\begin{aligned} x - \ y - 2z &= \ 1 \\ y + \ z &= -1 \\ 2z &= -2 \end{aligned} \tag{3.8.5}$$

세 번째 식을 2로 나누어 주면 세 번째 미지수 z의 값을 다음과 같이 얻는다(E2).

$$\begin{aligned} x - \ y - 2z &= \ 1 \\ y + \ z &= -1 \\ z &= -1 \end{aligned} \tag{3.8.6}$$

이제는 얻어진 z의 값을 두 번째 식에 대입하여 두 번째 미지수 y의 값을 다음과 같이 얻는데, 이 과정은 두 번째 식에서 세 번째 식을 빼준 것으로 볼 수도 있으며(E3),

$$\begin{aligned} x - \ y - 2z &= \ 1 \\ y \quad &= \ 0 \\ z &= -1 \end{aligned} \tag{3.8.7}$$

마지막으로 이미 얻어진 y, z의 값을 첫 번째 식에 대입하여 첫 번째 미지수 x의 값을 다음과 같이 얻는데, 이 과정은 첫 번째 식에서 두 번째 식에 -1을 곱하고, 세 번째 식에 -2를 곱하여 빼준 것으로 볼 수도 있다(E3).

$$\begin{aligned} x \quad &= -1 \\ y \quad &= \ 0 \\ z &= -1 \end{aligned} \tag{3.8.8}$$

식 (6)을 얻기까지의 과정은 미지수를 소거하여 최종적인 미지수의 값을 얻는 전진소거과정이며, 식 (7) 이후의 과정은 이미 얻어진 미지수의 값을 대입하여 마지막으로 첫 번째 미지수의 값을 얻기까지 진행되는 후진대입과정이다.

위에서 보인 바와 같은 과정을 미지수를 생략하고 계수와 우변만으로 이루어진 행렬에 대해 수행하는 것을 보이는데, 먼저 주어진 방정식은 우변을 마지막 열로 추가하여 다음과 같은 행렬에 상응하는 것으로 간주한다.

$$\begin{pmatrix} 1 & -1 & -2 & | & 1 \\ 1 & 1 & 0 & | & -1 \\ 1 & 0 & 1 & | & -2 \end{pmatrix} \tag{3.8.9}$$

이하에서는 행렬의 i 번째 행, j 번째 열 요소를 a_{ij}로 나타내기로 하자. **전진소거**과정은 다음과 같이 진행된다. 먼저 식 (9)의 a_{21}을 0으로 만들기 위해 두 번째 행으로부터 첫 번째 행에 a_{21}을 곱하여 빼주면 다음을 얻고(M3),

$$\begin{pmatrix} 1 & -1 & -2 & | & 1 \\ 0 & 2 & 2 & | & -2 \\ 1 & 0 & 1 & | & -2 \end{pmatrix} \tag{3.8.10}$$

a_{31}을 0으로 만들기 위해 세 번째 행으로부터 첫 번째 행에 a_{31}을 곱하여 빼주면 다음을 얻는다(M3).

$$\begin{pmatrix} 1 & -1 & -2 & | & 1 \\ 0 & 2 & 2 & | & -2 \\ 0 & 1 & 3 & | & -3 \end{pmatrix} \tag{3.8.11}$$

이제 식 (11)의 a_{22}를 1로 만들기 위해 두 번째 행을 a_{22}로 나누어 다음을 얻고(M2),

$$\begin{pmatrix} 1 & -1 & -2 & | & 1 \\ 0 & 1 & 1 & | & -1 \\ 0 & 1 & 3 & | & -3 \end{pmatrix} \tag{3.8.12}$$

a_{32}를 0으로 만들기 위해 세 번째 행으로부터 두 번째 행에 a_{32}를 곱하여 빼주면 다음을 얻으며(M3),

$$\begin{pmatrix} 1 & -1 & -2 & | & 1 \\ 0 & 1 & 1 & | & -1 \\ 0 & 0 & 2 & | & -2 \end{pmatrix} \tag{3.8.13}$$

a_{33}를 1로 만들기 위해 세 번째 행을 a_{33}로 나누어 다음을 얻는다(M2).

$$\left(\begin{array}{ccc|c} 1 & -1 & -2 & 1 \\ 0 & 1 & 1 & -1 \\ 0 & 0 & 1 & -1 \end{array}\right) \tag{3.8.14}$$

이 식을 보면 마지막 열을 제외한 계수행렬의 주대각선은 1로, 주대각선 아래의 요소들은 모두 0이 되어 있다. 이와 같은 행렬은 **상부삼각행렬**(upper triangular matrix)이라고 부르는데, 따라서 전진소거과정은 식 (14)에서 보는 바와 같이 원래 주어진 계수행렬을 상부삼각행렬로 만드는 과정이며, 주대각선 아래의 요소들을 첫 번째 열부터 시작하여 $n-1$번째 열까지 차례로 0으로 만드는 과정이다.

후진대입과정은 다음과 같이 진행된다. 두 번째 행으로부터 세 번째 행에 a_{23}를 곱하여 빼주면 다음을 얻으며(M3),

$$\left(\begin{array}{ccc|c} 1 & -1 & -2 & 1 \\ 0 & 1 & 0 & 0 \\ 0 & 0 & 1 & -1 \end{array}\right) \tag{3.8.15}$$

마지막으로, 두 번째 행에 a_{12}를 곱하고, 또 세 번째 행에 a_{13}를 곱하여 첫 번째 행으로부터 차례로 빼줌으로써 다음을 얻는다(M3).

$$\left(\begin{array}{ccc|c} 1 & 0 & 0 & -1 \\ 0 & 1 & 0 & 0 \\ 0 & 0 & 1 & -1 \end{array}\right) \tag{3.8.16}$$

이 식을 보면 마지막 열을 제외한 계수행렬이 단위행렬로 바뀌어 있으며, 마지막 열이 그대로 다음과 같은 구하고자 하는 해임을 알 수 있다.

$$\begin{pmatrix} x \\ y \\ z \end{pmatrix} = \begin{pmatrix} -1 \\ 0 \\ -1 \end{pmatrix} \tag{3.8.17}$$

따라서 후진대입과정은 식 (14)에서 구한 상부삼각행렬을 단위행렬로 만드는 과정이며, 주대각선 위의 요소들을 아래에서 두 번째 행부터 시작하여 첫 번째 행까지 차례로 0으로 만드는 과정이다. 실제 계산에서는 주대각선 아래의 요소들이 이미 0이 되어 있기 때문에 연산의 횟수는 전진소거과정의 반 정도에 해당한다.

일차연립방정식의 미지수의 수가 증가하여도 위에서 보인 연산의 **알고리즘**(algorithm)은 그대로 적용할 수 있는데, 문제는 위와 같은 연산을 진행하는 중에 주대각선 상의 요소들이 0(컴퓨터 내부에서는 0에 매우 가까운 작은 숫자)이 되는 경우이다. 예를 들어 식 (13)의 a_{33}가 0이 되어 다음과 같은 행렬이 얻어졌다면,

$$\begin{pmatrix} 1 & -1 & -2 & | & 1 \\ 0 & 1 & 1 & | & -1 \\ 0 & 0 & 0 & | & -2 \end{pmatrix} \tag{3.8.18}$$

명백히 세 번째 행에 상응하는 방정식은 모순이 되어 해가 존재하지 않는다.

한편, a_{33}뿐만 아니라 a_{34}까지 0이 되어 다음과 같은 행렬을 얻었다면,

$$\begin{pmatrix} 1 & -1 & -2 & | & 1 \\ 0 & 1 & 1 & | & -1 \\ 0 & 0 & 0 & | & 0 \end{pmatrix} \tag{3.8.19}$$

세 번째 행에 상응하는 방정식은 세 번째 미지수 z가 어떤 값을 취하더라도 만족되므로, 무한히 많은 수의 해가 존재하게 된다. 이 경우에는 식 (19)의 a_{13}를 0으로 만들기 위해 첫 번째 행으로부터 두 번째 행에 a_{13}를 곱하여 빼줌으로써 다음을 얻는다.

$$\begin{pmatrix} 1 & 1 & 0 & | & -1 \\ 0 & 1 & 1 & | & -1 \\ 0 & 0 & 0 & | & 0 \end{pmatrix} \tag{3.8.20}$$

이 식의 첫 번째 행은 x와 y 사이의 관계, 두 번째 행은 y와 z 사이의 관계를 주고 있다. 즉 이들은 다음 식에 상응하는데,

$$x+y=-1, \; y+z=-1 \tag{3.8.21}$$

세 미지수 중 하나는 임의의 값을 가지도록 할 수 있으므로, $z=\alpha$로 취하면, 식 (21)로부터 다음 결과를 얻는다.

$$x = \alpha\,,\ y = -1-\alpha \tag{3.8.22}$$

결국 해는 다음과 같은 형태로 주어진다.

$$\begin{pmatrix} x \\ y \\ z \end{pmatrix} = \alpha\begin{pmatrix} 1 \\ -1 \\ 1 \end{pmatrix} + \begin{pmatrix} 0 \\ -1 \\ 0 \end{pmatrix} \tag{3.8.23}$$

여기서 α는 임의의 실수이다.

위에서 얻은 결과를 앞 절에서 논의한 Fredholm 택일정리와 비교하여 살펴보자. 위에서 처음 다루었던 문제로부터는 식 (17)로 주어지는 유일해를 얻었는데, 이는 앞 절에서 유일해가 식 (3.7.22)로 주어지는 경우에 상응하며, 원래 주어진 문제의 계수행렬이 비특이텐서에 상응하는 경우이다. 식 (19)에서 고려하였던 해가 존재하지 않는 문제는, 앞 절에서 식 (3.7.24) 바로 아래에서 고려한 경우, 즉 계수행렬에 상응하는 텐서 $\underline{A}$가 특이텐서이며, 우변에 상응하는 벡터가 $N^*(\underline{A}^T)$에 속하지 않는 경우에 해당한다. 한편 식 (20)에서와 같이 해가 무한히 많아 식 (23)과 같은 해가 얻어지는 문제는, 앞 절에서 식 (3.7.25)로 주어지는 경우에 상응하며, 계수행렬에 상응하는 텐서 $\underline{A}$가 특이텐서이며, 우변에 상응하는 벡터가 $N^*(\underline{A}^T)$에 속하는 경우에 해당한다. 위에서 얻은 식 (23)은, 식 (3.7.25)에 $n=3$, $m=1$, $\zeta_1=\alpha$를 대입하여 얻은 결과에 상응한다.

따라서 문제를 풀기 전에 미리 주어진 문제의 계수행렬이 특이행렬인지 아닌지를 알 수 있는 방법이 있으면, 위와 같은 일차연립방정식을 푸는데 큰 도움이 될 것이다. 그러나 그러한 사실을 밝히기 위해 수행해야 하는 연산의 횟수가, 문제를 풀기 위해 수행해야 하는 연산의 횟수보다 더 많다면 큰 실용성이 없을 것이며, 그런 경우에는 우선 문제를 풀어보고, 문제가 생기면 다시 문제가 발생한 이유를 살펴보아야 할 것이다.

특이행렬의 경우에는 행렬식이 0이며, 이는 고유값 중의 최소한 하나가 0이라는 것을 의미한다. 따라서 문제가 발생할 경우에는 계수행렬의 행렬식을 구해 보거나, 또는 특성방정식의 해를 구하여 고유값을 구해 볼 수도 있을 것이다. 또한 어떤 경우에도 주대각선 상에 위치한 요소들의 크기가 크면 클수록 역행렬을 가질 가능성이 커지므로, 그와 같은 관점에서 **대각지배행렬**(diagonally dominant matrix)인지에 대해 살펴 볼 수도 있을 것이다. 대각 지배성은 주대각선 상에 위치한 요소의 크기가 그렇지 않은 요소들의 절대값의 합보다 큰 경우를 뜻하며, 보다 자세한 사항은 수치해석 관련 교재로 미루기로 한다.

n차원 RES R 상에 정의된 텐서의 가장 간단한 형태의 표현이 대각행렬과 얼마나 다를 것인가 하는 질문은 꽤 오랜 기간 동안 있어 왔는데, 이에 대해서는 3.6절에서 고유값과 고유벡터와 관련하여 논의한 대칭텐서와 직교텐서의 표현이 많은 사실을 내포하고 있다. n차원 RES R 상에 정의된 대칭텐서에 대해서는 3.6절 **S3**의 주기저정리에 의해, 항상 실수가 주대각선 상에 오는 대각행렬로 표현할 수 있는 주기저가 존재함을 알고 있다. 한편, n차원 RES R 상에 정의된 직교텐서에 대해서는 3.6절 **Q5**에 의해 그 표현이 준대각행렬로 주어지는 직교정규기저가 존재함을 알고 있다. 또한 3.7절에서 고찰한 극형분해정리에 따르면 n차원 RES R 상에 정의된 텐서는 항상 대칭텐서와 직교텐서의 곱으로 분해할 수 있으므로, 위의 논의를 종합하면 어떠한 R 상에 정의된 텐서도 대각행렬과 준대각행렬의 곱으로 나타낼 수 있으나, 이 때 일반적으로 대칭텐서와 직교텐서에 대한 기저가 같지 않으므로, 약간의 복잡성이 야기된다.

주어진 텐서를 하나의 기저를 사용하여 나타낼 때 가장 간단한 형태는 어떤 행렬이 될 것인가 하는 문제는 결국 스칼라를 실수로 한정하는 것을 벗어나, 스칼라로 복소수를 허용하는 유클리드공간, 즉 **복소유클리드공간**(CES, complex Euclidean space)을 생각함으로써 해결되었다. 대부분의 공학 문제에서는 스칼라로 복소수를 허용해야 할 필요가 없으므로, 지금까지 스칼라로 실수만을 생각해 왔으며, 여기서는 그러한 견지의 연장선 상에서 증명 없이 **Jordan(1870)의 기준형**(Jordan's canonical form)에 대해 그 결과에 대해서만 논의하기로 한다. 증명은 Gelfand[13]을 참조하기 바란다.

스칼라로 복소수를 허용하면, CES R에 속하는 벡터와 R 상에 정의된 텐서를 임의의 기저를 사용하여 나타낼 때 얻는 성분은 복소수가 될 수도 있다. 따라서 이하에서는 벡터와 텐서의 성분 및 고유값에 대해 복소수를 허용하기로 한다. 한편 벡터 $\underline{x}$와 벡터 $\underline{y}$의 **스칼라곱** $(\underline{x}, \underline{y})$도 일반적으로 복소수가 되는데, 3.2절의 식 (3.2.1), (3.2.2), (3.2.3), (3.2.4) 중에서 식 (3.2.1)만 다음 식으로 대치된다.

$$(\underline{x}, \underline{y}) = \overline{(\underline{y}, \underline{x})} \tag{3.8.24}$$

여기서 우변 위의 줄은 **공액 복소수**(complex conjugate)를 뜻한다. 다시 말하면 CES에 대해 정의되는 스칼라곱은 그 순서를 바꾸면 공액 복소수와 같아져야 하는데, 이는 벡터 $\underline{x}$의 크기를 식 (3.2.5), 즉 $|\underline{x}| = \sqrt{(\underline{x}, \underline{x})}$로 정의하기 위해서는, 임의의 벡터와 벡터 자신과의 스칼라곱을 한 결과는 양의 실수가 되어야 하기 때문이다.

n차원 RES 상에 정의된 텐서에 대해 대칭텐서와 직교텐서를 정의하였던 것과 같이, n차원 CES 상에 정의된 텐서에 대해서는 대칭텐서 대신 **Hermite텐서**[Hermitean tensor, Hermite(1822~1901, France)]와, 직교텐서 대신 **일원**(一元)**텐서**(unitary tensor)를 정의할 수 있다. Hermite텐서에 대해서는 주기저정리를 적용할 수 있고, 또한 임의의 텐서를 Hermite텐서와 일원텐서의 곱으로 분해할 수 있다는 극형분해정리도 성립한다.

이제 Jordan의 기준형에 대해 살펴보면, 먼저 n차원 CES R 상에 정의된 텐서 $\underline{A}$가 고유값 $\lambda_1, \lambda_2, \ldots, \lambda_k$에 상응하는 선형독립인 고유벡터 $\underline{e}_1^{(1)}, \underline{e}_2^{(1)}, \ldots, \underline{e}_k^{(1)}$를 가진다고 하자. 여기서 $1 \leq k \leq n$이다. 그러면 다음과 같은 성질을 가지는 k 개의 집합으로 이루어지는 기저가 존재한다.

$$
\begin{aligned}
\text{집합 1;}\quad & \underline{A}\underline{e}_1^{(1)} = \lambda_1 \underline{e}_1^{(1)} \\
& \underline{A}\underline{e}_1^{(2)} = \lambda_1 \underline{e}_1^{(2)} + \underline{e}_1^{(1)} \\
& \qquad \cdots \\
& \underline{A}\underline{e}_1^{(j_1)} = \lambda_1 \underline{e}_1^{(j_1)} + \underline{e}_1^{(j_1-1)}
\end{aligned} \tag{3.8.25}
$$

$$
\begin{aligned}
\text{집합 2;}\quad & \underline{A}\underline{e}_2^{(1)} = \lambda_2 \underline{e}_2^{(1)} \\
& \underline{A}\underline{e}_2^{(2)} = \lambda_2 \underline{e}_2^{(2)} + \underline{e}_2^{(1)} \\
& \qquad \cdots \\
& \underline{A}\underline{e}_2^{(j_2)} = \lambda_2 \underline{e}_2^{(j_2)} + \underline{e}_2^{(j_2-1)}
\end{aligned} \tag{3.8.26}
$$

$$\cdots$$

$$
\begin{aligned}
\text{집합 k;}\quad & \underline{A}\underline{e}_k^{(1)} = \lambda_k \underline{e}_k^{(1)} \\
& \underline{A}\underline{e}_k^{(2)} = \lambda_k \underline{e}_k^{(2)} + \underline{e}_k^{(1)} \\
& \qquad \cdots \\
& \underline{A}\underline{e}_k^{(j_k)} = \lambda_k \underline{e}_k^{(j_k)} + \underline{e}_k^{(j_k-1)}
\end{aligned} \tag{3.8.27}
$$

여기서 $j_1 + j_2 + \ldots + j_k = n$이다. 따라서 위와 같은 성질을 가진 기저 $\{\underline{e}\} = \left\{\underline{e}_1^{(1)}, \ldots, \underline{e}_k^{(j_k)}\right\}$를 사용하여 텐서 $\underline{A}$를 나타내면, 식 (3.3.27)에 보인 바와 같이 벡터 $\underline{A}\underline{e}_j$의 성분이 $\underline{A}^{\underline{e}}$의 j 번째 열에 위치하는 것을 상기하여, 다음을 얻는다.

$$\underline{A}^{\underline{e}} = \begin{pmatrix} \Lambda_1 & & & \\ & \Lambda_2 & & \\ & & \cdots & \\ & & & \Lambda_k \end{pmatrix} \tag{3.8.28}$$

여기서 나타내지 않은 성분은 모두 0이며, Λ_m 은 $j_m \times j_m$, $m = 1,2,...,k$ 인 다음과 같은 형태의 정방행렬이다.

$$\Lambda_m = \begin{pmatrix} \lambda_m & 1 & & & \\ & \lambda_m & 1 & & \\ & & \cdots & & \\ & & & \lambda_m & 1 \\ & & & & \lambda_m \end{pmatrix} \tag{3.8.29}$$

여기서도 나타내지 않은 항은 모두 0이다. 위에서 만약 $j_m = 1$ 이면 Λ_m 은 1×1 행렬, 즉 λ_m 이 된다. 또한 만약 $k = n$ 이면, $j_1 = j_2 = ... = j_k = 1$ 이 되어 식 (28)로 주어진 행렬은 대각행렬이 되며, 물론 Hermite행렬에 대해서는 주기저정리에 의해 주대각선상에 실수의 고유값이 위치하는 대각행렬로 나타낼 수 있다. 식 (25), (26), (27)로 정의된 k 개의 벡터 집합은 각각 텐서 $\underline{A}$ 의 ISS를 이루고 있으며, 각 ISS는 하나의 고유벡터를 포함하고 있음에 유의한다. 마지막으로 $\underline{A}$ 의 특성다항식에서 λ_m 이 가지는 중복도, 다시 말하면 특성다항식이 포함하는 $(\lambda - \lambda_m)^{l_m}$ 항의 l_m, 즉 **대수적중복도**(algebraic multiplicity)가 반드시 j_m, 즉 **기하학적중복도**(geometric multiplicity)와 같을 필요는 없다는 점을 지적해 둔다.

[예제 3.45] 소거법(유일해)

다음과 같은 3원 일차연립방정식의 해를 Gauss 소거법을 사용하여 구하시오.

$$\begin{aligned} \xi_1 + \xi_2 + \xi_3 &= 2 \\ \xi_1 + 2\xi_2 - \xi_3 &= 0 \\ \xi_1 - \xi_2 + 2\xi_3 &= 3 \end{aligned} \tag{예3.8.1}$$

► 답

본문에서 보인 바와 같은 순서를 따라 먼저 전진소거과정을 다음과 같이 수행한다. 주어진 방정식과 우변으로부터 다음과 같은 행렬을 구성하고,

$$\begin{pmatrix} 1 & 1 & 1 & | & 2 \\ 1 & 2 & -1 & | & 0 \\ 1 & -1 & 2 & | & 3 \end{pmatrix} \tag{예3.8.2}$$

a_{21}을 0으로 만들기 위해 두 번째 행으로부터 첫 번째 행을 빼주면 다음을 얻고(**M3**),

$$\begin{pmatrix} 1 & 1 & 1 & | & 2 \\ 0 & 1 & -2 & | & -2 \\ 1 & -1 & 2 & | & 3 \end{pmatrix} \tag{예3.8.3}$$

a_{31}을 0으로 만들기 위해 세 번째 행으로부터 첫 번째 행을 빼주면 다음을 얻는다(**M3**).

$$\begin{pmatrix} 1 & 1 & 1 & | & 2 \\ 0 & 1 & -2 & | & -2 \\ 0 & -2 & 1 & | & 1 \end{pmatrix} \tag{예3.8.4}$$

a_{32}를 0으로 만들기 위해 세 번째 행으로부터 두 번째 행에 a_{32}를 곱하여 빼주면 다음을 얻으며(**M3**),

$$\begin{pmatrix} 1 & 1 & 1 & | & 2 \\ 0 & 1 & -2 & | & -2 \\ 0 & 0 & -3 & | & -3 \end{pmatrix} \tag{예3.8.5}$$

a_{33}를 1로 만들기 위해 세 번째 행을 a_{33}로 나누어 다음을 얻는다(**M2**).

$$\begin{pmatrix} 1 & 1 & 1 & | & 2 \\ 0 & 1 & -2 & | & -2 \\ 0 & 0 & 1 & | & 1 \end{pmatrix} \tag{예3.8.6}$$

후진대입과정은 다음과 같다. 두 번째 행으로부터 세 번째 행에 a_{23}를 곱하여 빼주면 다음을 얻으며(**M3**),

$$\begin{pmatrix} 1 & 1 & 1 & | & 2 \\ 0 & 1 & 0 & | & 0 \\ 0 & 0 & 1 & | & 1 \end{pmatrix} \tag{예3.8.7}$$

첫 번째 행으로부터 두 번째 행, 그리고 세 번째 행을 차례로 빼줌으로써 다음을 얻는다(**M3**).

$$\begin{pmatrix} 1 & 0 & 0 & | & 1 \\ 0 & 1 & 0 & | & 0 \\ 0 & 0 & 1 & | & 1 \end{pmatrix} \tag{예3.8.8}$$

마지막 열이 그대로 다음과 같은 구하고자 하는 해이다.

$$\begin{pmatrix} \xi_1 \\ \xi_2 \\ \xi_3 \end{pmatrix} = \begin{pmatrix} 1 \\ 0 \\ 1 \end{pmatrix} \tag{예3.8.9}$$

[예제 3.46] 소거법(무한히 많은 해)

다음과 같은 3원 일차연립방정식의 해를 Gauss 소거법을 사용하여 구하시오.

$$\begin{aligned} 2\xi_1 + \xi_2 + \xi_3 &= 0 \\ \xi_1 \quad\; + \xi_3 &= -2 \\ \xi_2 - \xi_3 &= -4 \end{aligned} \tag{예3.8.10}$$

► 답

앞의 예제에서와 같이 먼저 전진소거과정을 다음과 같이 수행한다. 주어진 방정식과 우변으로부터 다음과 같은 행렬을 구성하고,

$$\begin{pmatrix} 2 & 1 & 1 & | & 0 \\ 1 & 0 & 1 & | & 2 \\ 0 & 1 & -1 & | & -4 \end{pmatrix} \tag{예3.8.11}$$

a_{11}을 1로 만들기 위해 첫 번째 행을 a_{11}으로 나누어 주어 다음을 얻고(**M2**),

$$\begin{pmatrix} 1 & 1/2 & 1/2 & | & 0 \\ 1 & 0 & 1 & | & 2 \\ 0 & 1 & -1 & | & -4 \end{pmatrix} \qquad (예3.8.12)$$

a_{21}을 0으로 만들기 위해 두 번째 행으로부터 첫 번째 행을 빼주면 다음을 얻으며(**M3**),

$$\begin{pmatrix} 1 & 1/2 & 1/2 & | & 0 \\ 0 & -1/2 & 1/2 & | & 2 \\ 0 & 1 & -1 & | & -4 \end{pmatrix} \qquad (예3.8.13)$$

a_{22}를 1로 만들기 위해 두 번째 행을 a_{22}으로 나누어 주어 다음을 얻는다(**M2**).

$$\begin{pmatrix} 1 & 1/2 & 1/2 & | & 0 \\ 0 & 1 & -1 & | & -4 \\ 0 & 1 & -1 & | & -4 \end{pmatrix} \qquad (예3.8.14)$$

a_{32}를 0으로 만들기 위해 세 번째 행으로부터 두 번째 행을 빼주면 다음을 얻는데(**M3**),

$$\begin{pmatrix} 1 & 1/2 & 1/2 & | & 0 \\ 0 & 1 & -1 & | & -4 \\ 0 & 0 & 0 & | & 0 \end{pmatrix} \qquad (예3.8.15)$$

세 번째행이 모두 0이 되었으므로, 이 행으로부터는 더 이상 정보를 얻어낼 수가 없다. 이제 a_{12}를 0으로 만들기 위해 첫 번째 행으로부터 두 번째 행에 a_{12}를 곱하여 빼주면 다음을 얻으며(**M3**),

$$\begin{pmatrix} 1 & 0 & 1 & | & 2 \\ 0 & 1 & -1 & | & -4 \\ 0 & 0 & 0 & | & 0 \end{pmatrix} \qquad (예3.8.16)$$

여기서 ξ_3를 매개변수로 취하여 $\xi_3 = \beta$라고 하고, 이를 첫 번째, 두 번째, 세 번째 행에 대입하고 이항하면 다음을 얻는다.

$$\begin{pmatrix} 1 & 0 & 0 & | & -\beta+2 \\ 0 & 1 & 0 & | & \beta-4 \\ 0 & 0 & 1 & | & \beta \end{pmatrix} \qquad (예3.8.17)$$

마지막 열로부터 다음과 같은 해를 얻는다.

$$\begin{pmatrix}\xi_1\\ \xi_2\\ \xi_3\end{pmatrix}=\beta\begin{pmatrix}-1\\ 1\\ 1\end{pmatrix}+\begin{pmatrix}2\\ -4\\ 0\end{pmatrix} \qquad (예3.8.18)$$

이 결과를 식 (예3.7.29)에서 구한 해와 비교하면 제차해는 본질적으로 같은 해가 얻어졌으나, 특수해는 다른 형태를 가지고 있음을 확인할 수 있다.

[예제 3.47] 소거법(해가 없는 경우)

다음과 같은 3원 일차연립방정식의 해를 Gauss 소거법을 사용하여 구하시오.

$$\begin{aligned}2\xi_1+\xi_2+\xi_3&=0\\ \xi_1\qquad+\xi_3&=2\\ \xi_2-\xi_3&=3\end{aligned} \qquad (예3.8.19)$$

► 답

식 (19)의 좌변은 식 (10)의 좌변과 같고 우변만 다른 점에 주목하면서 앞의 예제에서와 같이 먼저 전진소거과정을 수행한다. 주어진 방정식과 우변으로부터 다음과 같은 행렬을 구성하고,

$$\left(\begin{array}{ccc|c}2&1&1&0\\ 1&0&1&2\\ 0&1&-1&3\end{array}\right) \qquad (예3.8.20)$$

a_{11}을 1로 만들기 위해 첫 번째 행을 a_{11}으로 나누어 주어 다음을 얻고(**M2**),

$$\left(\begin{array}{ccc|c}1&1/2&1/2&0\\ 1&0&1&2\\ 0&1&-1&3\end{array}\right) \qquad (예3.8.21)$$

a_{21}을 0으로 만들기 위해 두 번째 행으로부터 첫 번째 행을 빼주면 다음을 얻으며(**M3**),

$$\begin{pmatrix} 1 & 1/2 & 1/2 & | & 0 \\ 0 & -1/2 & 1/2 & | & 2 \\ 0 & 1 & -1 & | & 3 \end{pmatrix} \qquad (\text{예}3.8.22)$$

a_{22} 를 1로 만들기 위해 두 번째 행을 a_{22} 으로 나누어 주어 다음을 얻는다(**M2**).

$$\begin{pmatrix} 1 & 1/2 & 1/2 & | & 0 \\ 0 & 1 & -1 & | & -4 \\ 0 & 1 & -1 & | & 3 \end{pmatrix} \qquad (\text{예}3.8.23)$$

a_{32} 를 0으로 만들기 위해 세 번째 행으로부터 두 번째 행을 빼주면 다음을 얻는데(**M3**),

$$\begin{pmatrix} 1 & 1/2 & 1/2 & | & 0 \\ 0 & 1 & -1 & | & -4 \\ 0 & 0 & 0 & | & 7 \end{pmatrix} \qquad (\text{예}3.8.24)$$

세 번째 행의 계수행렬에 해당하는 부분은 모두 0이지만, 우변은 0이 아니므로 이 식은 ξ_1, ξ_2, ξ_3 를 어떻게 취한다고 하더라도 만족될 수 없는 식이다. 따라서 식 (예19)는 해를 가지지 않음을 확인할 수 있다.

쉬어가기 12

Jordan(1838~1922, France)과 Fredholm(1866~1927, Sweden)

프랑스에서는 1830년 7월 혁명으로 인해 Louis-Philippe(1830~1848, 재위기간)이 왕위에 오르나, 1848년 2월 혁명으로 퇴위, 제2공화정(1848~1852)으로 들어선다. 그러나 대통령에 선출된 Napoleon의 조카가 다시 쿠테타를 통해 Napoleon 3세(1852~1870, 재위기간)로 황제에 오름으로써 제2제정으로 들어섰는데, 프러시아에 의해 Napoleon 3세가 패퇴하면서 다시금 제3공화정(1870~1940)으로 탈바꿈한다. 제3공화정은 그 존속기간인 70년을 통해, 사회주의자, 공화주의자, 왕정주의자 들의 끊임없는 각축이 계속되었으며, 또 교회와 국가의 분리, 여타 강대국과의 관계 설정, 식민지경영, 그리고 일차세계대전 등 수많은 문제들 때문에 불안한 가운데 지속되었다.

노벨상의 나라 스웨덴은 1814년 노르웨이와의 전쟁을 마지막으로 현재까지 200년 정도의 평화를 지속하고 있는 영세중립국이며, 1866년 양원제의 의회를 가진 입헌군주국으로 정치 체제를 바꾸었다. 1849년에 이미 자연 계열의 중학생들은 영어를 의무적으로 배우고 있었고, 스칸디나비아 반도에서 가장 오래된 대학인 Uppsala 대학(Uppsala University)은 1477년에 창립되어, Celcius(1701~1744), Ångstrom(1814~1874)과 같은 자연 과학자들을 배출하고 있었다.

Jordan은 Cauchy(쉬어가기 8a, b 참조)가 1830년 7월 혁명 이래 8년 동안의 외국 방랑생활을 끝내고 귀국한 1838년에 태어났다. Jordan의 아버지 역시 École Polytechnique을 졸업한 엔지니어였으며, 그의 집안은 프랑스의 과학, 정치계에서 명망이 높은 집안이었다. 그는 Lycée de Lyon을 졸업하고 17세(1855년)에 École Polytechnique에 입학하였으며(X1855), 23세(1861년)에 박사학위를 마친 후, 그 당시 프랑스의 많은 수학자들의 전례에 따라 엔지니어가 되었다. 1860년대에는 군이론(group theory)의 전반적인 토대를 마련하는데, 28세(1866년)에는 위상학에서 주요한 역할을 하는 homotopy의 개념을 도입하였고, 32세(1870년)에는 최초의 군이론에 관한 교재를 저술함으로써 이 분야의 향후 발전에 막대한 영향을 끼쳤으며, 이 책에는 행렬과 관련한 Jordan의 기준형에 대한 정리가 실려 있었다. 또한 같은 해, 3차원 공간의 유클리드변환군에 대한 연구와 관련하여 Klein(1849~1925, Germany), Lie(1842~1899, Norway) 등이 파리로 그를 방문하여 공동연구를 수행하였다.

Fredholm은 스웨덴이 입헌군주국으로 바뀐 1866년에 스톡홀름에서 태어났으며, 그의 부모는 가스등을 전기등으로 교체하는 사업으로 크게 성공한 상인이었다. 그는 19세(1885년)에 고등학교를 졸업하고, Royal Institute of Technology[78]에 입학하여 1년 동안 응용수학을 전공하였다. 그러나 이때 이미 Fredholm은 박사까지 마친 후 수학을 직업으로 삼을 생각이었으므로, 당시 스웨덴에서 박사학위를 수여할 수 있는 유일한 대학인 Uppsala 대학으로 옮겨야만 했다. 22세(1888년)에 석사학위를 받았으나, 그가 지도교수로 삼고 싶어 했던 Mittag-Leffler(1846~1927, Sweden)는 Stockholm 대학에 재직하고 있었다. Stockholm 대학은 1878년 개교하였으며, 당시에는 UC에 속하는 학교였으므로, Fredholm은 등록은 Uppsala 대학에 하되, 교육은 Stockholm 대학에서 받는 편법을 취하게 되었다. 24세(1890년)에 첫 번째 논문을 열전달과 관련하여 고안된 특수한 형태의 함수에 대해 작성하였는데 스승인 Mittag-Leffler도 이를 높이 평가하여 Poincaré(1854~1912, France)에게 사본을 보낸 것으로 알려져 있다. 27세(1893년)에 탄성체의 평형과 관련된 편미분방정식에 대한 논문으로 박사학위를 마친 그는, 32세(1898년)에는 Dr. of Science를 받았는데, 당시 유럽에서의 이 학위는 국제적으로 업적이 널리 알려진 교수들에게 주는 명예학위였으며, 같은 해 그는 Stockholm 대학에 수리물리학 강사로 임용되어 평생을 이 대학에서 보내게 된다.

한편 Jordan은 35세(1873년)부터는 모교인 École Polytechnique의 입학 및 졸업시험

쉬어가기 그림 33 Jordan과 Fredholm

78) 1827년에 창립된 이 학교는 원래의 이름인 KTH(Kungliga Tekniska Högskolan)로 더욱 잘 알려진 학교인데, Kungliga는 영어로 Royal이며, TH는 독일계의 공과대학을 뜻한다. 스웨덴의 대학제도는 독일과 비슷하나, U(University)와 UC(University College, 스웨덴어로는 Högskola)로 구분되며, UC에서는 박사학위를 줄 수 없는 점이 다르다. 초기의 TH는 UC에 속하였으며, 지금의 KTH는 물론 U에 속하지만 아직도 전통적인 명칭을 더욱 선호하고 있다.

을 위한 시험관(Examiner)을 맡았는데, 38세(1876년)에는 해석학 교수로 발령을 받으며, 45세(1883년)부터는 Collège de France의 교수직도 겸임하게 된다. 재미있는 것은 그는 공식적으로는 47세까지 엔지니어였으며, 이 기간 동안 그의 학문적 생산성이 최고에 달했다는 점이다. 그는 43세(1881년)에는 파리 과학아카데미의 회원으로 피선되었고, 1882년 X1825인 Liouville(1809~1882, France)이 명을 달리한 후, 그가 편집을 맡고 있던 Liouville 논문집의 편집을 47세(1885년)부터 84세(1922년)로 죽을 때까지 37년 동안 맡았다. 이 논문집은 1836년 Liouville이 창간하였는데, 이 보다 10년 전 독일의 Crelle(1780~1855, Germany)에 의해 창간된 Crelle 논문집에 대응하여 만들어진 프랑스 논문집이었다[79]. Crelle 논문집은 학회 또는 Academy와 관련이 없이 발간된 최초의 수학 논문집으로 독일 수학의 발전에 매우 주요한 역할을 하였고, Berlin 대학 수학 교수들의 주요 논문이 이 논문집을 통해 다수 발표되었다. 1868년에는 Göttingen 대학이 주동이 되어 또 하나의 수학논문집인 Mathematische Annalen을 창간하였고, 1882년에는 Fredholm의 스승인 스웨덴의 Mittag-Leffler가 Acta Mathematica를 창간함으로써 유럽에서는 수학자들이 논문을 발표할 수 있는 장의 폭이 더욱 넓어졌다. 또한 Jordan은 44세(1882년)부터 시작하여 77세(1915년)까지 Cours d'analyse를 3판까지 발간하였는데, 이는 Cauchy의 같은 제목의 책을 본떠 발간되었으며, 내용상으로도 충실하여 차후 해석학의 진전 방향을 설정하였다. 이 책의 마지막 판에는 Jordan의 곡선정리가 포함되어 있으며, 19세기 말 해석학 토대의 변화 방향을 보여 주듯이 1판에서 3판으로 갈수록 위상학적인 개념이 처음부터 본격적으로 사용되고 있다. 유한군(finite group), 선형 및 다선형대수학, 수론, 다면체의 위상학, 미분방정식, Fourier급수, 역학 등의 다양한 분야에 걸쳐 논문을 발표한 그는 74세(1912년)에 은퇴하였는데, École Polytechnique의 그의 교수직은 Hadamard(1865~1963, France)에 의해 승계되었다. 2년 후에 발발한 일차세계대전의 참화는 그의 아들 셋을 빼앗아 갔으며, 그의 말년을 몹시 어둡게 하였다.

Stockholm 대학에 새롭게 둥지를 튼 Fredholm은, 다음 해인 33세(1899년)에는 파리를 방문하여 Poincaré, Picard(1856~1941, France), 그리고 Picard의 제자 Hadamard 등과 같이 Dirichlet 문제에 대해 공동연구를 수행한다. 당대 최고의 수학자들과 같이 보낸 이 기간 동안 그는 적분방정식에 대한 그의 기본적인 결과들에 대해 상당한 밑그림을 그렸던 것으로 알려져 있다. 파리에서 귀국한 다음 해인 1900년, 그는 택일정리를 포함한 적분방정식에 대한 1차 보고서를 제출하고, 3년 후인 37세(1903년)에는 보다 완벽한 내용의 논문을 Acta Mathematica에 Sur une classe d'équations fonctionelle(On a class of functional equations)라는 제목으로 발표하며 일약 일류 수학자의 대열에 합류한다. 그의

79) Liouville 논문집과 Crelle 논문집의 공식 명칭을 영어로 번역하면 둘 다 Journal of Pure and Applied Mathematics이다. 즉 전자는 Journal de Mathématiques Pure et Appliquées, 후자는 Journal für die reine und angewandte Mathematik이다. 당대의 프랑스와 독일의 은근한 경쟁심을 느낄 수 있다.

연구의 연장선 상에서 Hilbert는 Hilbert공간의 개념을 얻게 되며, 20세기 초반의 수학 연구 방향에 결정적인 영향을 끼쳤다. 그는 40세(1906년)에 역학 및 수리물리 석좌교수에 오르며, 43세(1909년)에는 부학장, 다음 해에는 학장에 임명되어 행정적인 수완을 발휘하기도 하였다. 또한 그는 36세(1902년)에는 스웨덴 국립보험회사에서 과장직을 맡았고, 38세부터는 3년간 Scandia 보험회사에서 보험회계사직을 수행한 것을 비롯하여, 많은 공직을 맡았으며, 45세(1911년)가 되어서야 결혼하였다. 그는 연산자이론, 적분방정식, spectral theory 등에 관한 연구를 집중적으로 수행하였으며, 논문 한편 한편의 작성에 대단한 정성을 기울여 그의 사후 만들어진 논문모음은 160쪽에 지나지 않았다.

3장 연습문제

3.1 [예제 3.6]에서 구한 직교정규기저는 다음과 같은 **Legendre 다항식**(Legendre polynomial)과 깊은 관련이 있다.

$$P_0(t) = 1,\ P_1(t) = t,\ P_2(t) = (3t^2 - 1)/2 \qquad (연3.1)$$

기저의 정규성 대신, 기저를 이루는 벡터가 $t = 1$에서 1의 값을 가지도록 정하면 Legendre 다항식을 얻을 수 있음을 보이시오.

3.2 R_3에 속하는 다음과 같은 서로 선형독립인 3 벡터가 있다.

$$\underline{x}_1 = (2,1,0),\ \underline{x}_2 = (1,2,0),\ \underline{x}_3 = (1,1,1) \qquad (연3.2)$$

이들로부터 Gram-Schmidt 직교화 과정을 이용하여 직교정규기저를 구하시오.

3.3 δ_{ij}와 ϵ_{ijk}를 포함하는 지수표기법(index notation)을 사용하여 다음을 보이시오.

$$(\underline{x} \times \underline{y}) \cdot \underline{z} = \underline{x} \cdot (\underline{y} \times \underline{z}) \qquad (연3.3)$$

3.4 $t \in [-\pi, \pi]$에 대해 정의된 모든 연속인 함수로 이루어지는 C_0의 아공간 F_n의 기저로 다음과 같은 함수를 취하였다.

$$e_1 = \sin t,\ e_2 = \sin 2t,\ \cdots,\ e_n = \sin nt \qquad (연3.4)$$

C_0에 속하는 임의의 함수 $f(t)$에 대해 F_n에 대한 투영과 거리를 구하시오. 단 스칼라곱은 다음과 같이 정의한다.

$$(f, g) = \int_{-\pi}^{\pi} fg\,dt \qquad (연3.5)$$

3.5 기저변환공식

$\underline{x}^{\underline{e}}$, $\underline{A}^{\underline{e}}$가 다음과 같을 때, 기저변환공식을 사용하여 $\underline{x}^{\underline{e}'}$, $\underline{A}^{\underline{e}'}$을 구하시오.

$$\underline{x}^{\underline{e}} = \begin{pmatrix} 1 \\ 1 \end{pmatrix}, \quad \underline{A}^{\underline{e}} = \begin{pmatrix} 2 & 1 \\ 1 & 2 \end{pmatrix} \qquad \text{(연3.6)}$$

단 새로운 기저는 다음과 같다.

$$\underline{e}_1' = \frac{1}{\sqrt{2}}\underline{e}_1 + \frac{1}{\sqrt{2}}\underline{e}_2, \quad \underline{e}_2' = -\frac{1}{\sqrt{2}}\underline{e}_1 + \frac{1}{\sqrt{2}}\underline{e}_2 \qquad \text{(연3.7)}$$

3.6 선형함수의 정의

벡터공간 R에 대해 **선형함수**(linear function) ϕ는 다음과 같이 정의된 실수 값을 가지는 함수이다.

$$\phi(\underline{x}+\underline{y}) = \phi(\underline{x}) + \phi(\underline{y}) \qquad \text{(연3.8)}$$

$$\phi(\alpha\underline{x}) = \alpha\phi(\underline{x}) \qquad \text{(연3.9)}$$

여기서 $\underline{x}$, $\underline{y}$는 R에 속하는 임의의 벡터이고 α는 임의의 스칼라이다.

1) 벡터공간 R이 RES이고, $\underline{h}$가 R에 속하는 고정된 벡터라고 하면 다음과 같이 정의되는 함수는 선형함수임을 보이시오.

$$\phi(\underline{x}) = (\underline{h}, \underline{x}) \qquad \text{(연3.10)}$$

2) $\dim R = n$이고, $\underline{e}_1, \underline{e}_2, \cdots, \underline{e}_n$이 R의 기저라고 할 때, R에 대해 정의된 어떠한 선형함수도 다음과 같이 나타낼 수 있음을 보이시오.

$$\phi(\underline{x}) = \xi_1 a_1 + \xi_2 a_2 + \cdots + \xi_n a_n \qquad \text{(연3.11)}$$

여기서 ξ_i는 벡터 $\underline{x}$를 기저 $\{\underline{e}\}$를 사용하여 나타냈을 때의 성분이고, a_i는 다음

과 같다.

$$a_i = \phi(\underline{e}_i) \qquad \text{(연3.12)}$$

3) 벡터공간 R이 RES이고, $\dim R = n$일 때, 어떠한 선형함수도 다음과 같은 형태로 나타낼 수 있음을 보이시오.

$$\phi(\underline{x}) = (\underline{h}, \underline{x}) \qquad \text{(연3.13)}$$

여기서 $\underline{h}$는 R에 속하는 어떤 벡터이다. 이 때 $\underline{h}$는 유일하게 결정될 수 있음을 보이시오.

3.7 선형함수의 예

구간 [-1, 1]에서 연속인 모든 함수로 이루어지는 벡터집합과 모든 실수로 이루어진 스칼라집합에 대해 통상적인 덧셈과 숫자곱을 사용하여 얻어지는 벡터공간 C_0이 선형벡터공간임을 [예제 3.7]에서 보였다. C_0에 대해 정의된 선형함수의 예를 드시오.

3.8 유한한 차원을 가지는 RES 상에 정의된 텐서의 전치텐서의 존재

벡터공간 R이 RES이고, $\dim R = n$이면, $\underline{x}$, $\underline{y}$가 R에 속하는 임의의 두 벡터이고, $\underline{A}$는 R 상에 정의된 텐서라고 할 때, 다음과 같이 정의되는 $f_{\underline{x}}(\underline{y})$가 선형함수임을 보이시오,

$$f_{\underline{x}}(\underline{y}) = (\underline{x}, \underline{A}\,\underline{y}) \qquad \text{(연3.14)}$$

여기서 벡터 $\underline{x}$는 매개변수, $\underline{y}$는 독립변수로 간주한다.

[도움말; 텐서 $\underline{A}$의 선형성을 이용한다.]

한편, 위의 연습문제 3.6-3)에서 생각한 바와 같이 유한차원의 RES R 상에 정의된 어떠한 선형함수도 $\phi(\underline{y}) = (\underline{h}, \underline{y})$와 같은 형태로 나타낼 수 있으므로, $f_{\underline{x}}(\underline{y}) = (\underline{h}, \underline{y})$인 벡터 $\underline{h}$가 존재하는데, 물론 매개변수 $\underline{x}$를 변화시키면 벡터 $\underline{h}$도

변화한다. 여기서 $\underline{x}$를 입력으로 하고 $\underline{h}$를 출력으로 하는 변환을 고려할 수 있는데 이 변환이 선형변환, 즉 텐서임을 보이시오.

[도움말; $\underline{h}$를 $\underline{h}(\underline{x})$로 보아 $\underline{h}$의 선형성을 보인다.]

위에서 얻은 텐서를 $\underline{B}$라고 하면 $\underline{h}=\underline{B}\underline{x}$이므로 결국 다음 식을 얻는다.

$$f_{\underline{x}}(\underline{y})=(\underline{x},\underline{A}\,\underline{y})=(\underline{B}\underline{x},\underline{y}) \tag{연3.15}$$

따라서 전치텐서의 정의에 의해 $\underline{B}=\underline{A}^T$이며, 전치텐서의 존재를 보였다.

3.9 함수공간에 대한 고유값, 고유벡터

구간 [0, 1]에서 연속인 모든 함수로 이루어지는 벡터공간 C_0 상에 텐서 $\underline{A}$를 다음과 같이 정의한다.

$$\underline{A}f=\frac{1}{t}\int_0^t f(\tau)\,d\tau \tag{연3.16}$$

여기서 $f(t)$는 C_0에 속한 벡터이다. 텐서 $\underline{A}$의 고유값이 $\lambda\in(0,1]$인 모든 실수로 주어지며, 이에 상응하는 고유벡터 $z(t)$는 다음과 같이 주어짐을 보이시오.

$$z(t)=t^{\frac{1}{\lambda}-1} \tag{연3.17}$$

[도움말; $\underline{A}f=\lambda f$로부터 $f=\lambda\dfrac{d}{dt}(tf)$를 얻고 이 미분방정식의 해를 구한다.]

3.10 미분방정식에 대한 고유값, 고유벡터

구간 [0, 1]에서 2계도함수가 연속인 모든 함수로 이루어지는 벡터공간 C_2 상에 텐서 $\underline{A}$를 다음과 같이 정의한다.

$$\underline{A}y=\frac{d^2y}{dt^2} \tag{연3.18}$$

여기서 $y(t)$는 C_2에 속한 벡터이다. $y(0)=y(1)=0$의 경계조건을 만족하는 텐서 $\underline{A}$의 고유값이 $\lambda_n=-n^2\pi^2$, $n=1,2,\cdots$인 실수로 주어지며, 이에 상응하는 고유벡터 $z_n(t)$는 다음과 같이 주어짐을 보이시오.

$$z_n(t)=\sin n\pi t \qquad (연3.19)$$

[도움말; $\underline{A}f=\lambda f$로부터 $\frac{d^2y}{dt}-\lambda y=0$를 얻고 경계조건을 고려하여 이 미분방정식의 해를 구한다.]

3.11 적분방정식에 대한 고유값, 고유벡터

구간 [0, 1]에서 연속인 모든 함수로 이루어지는 벡터공간 C_0 상에 텐서 $\underline{A}$를 다음과 같이 정의한다.

$$\underline{A}f=\int_0^1(1-3t\tau)f(\tau)\,d\tau \qquad (연3.20)$$

여기서 $f(t)$는 C_0에 속한 벡터이다. 텐서 $\underline{A}$는 세 개의 고유값 $\lambda_1=0$, $\lambda_2=1/2$, $\lambda_3=-1/2$을 가지며, 이에 상응하는 고유벡터 $z_1(t)$는 다음을 만족하고,

$$\int_0^1 f(\tau)\,d\tau=\int_0^1 \tau f(\tau)\,d\tau=0 \qquad (연3.21)$$

$z_2(t)$, $z_3(t)$는 다음과 같음을 보이시오.

$$z_2(t)=1-t,\ z_3(t)=1-3t \qquad (연3.22)$$

[도움말; $\underline{A}f=\lambda f$로부터 적분방정식을 얻은 후, $\lambda=0$인 경우와 그렇지 않은 경우를 나누어 생각하고, $\lambda\neq 0$인 경우에 대해서는 $z(t)$가 t의 일차방정식임을 가정하여 고유벡터를 구한다.]

3.12 Cayley-Hamilton 정리

유한차원의 RES R 상에 정의된 대칭텐서 $\underline{A}$는 그 자신의 특성방정식을 만족한다는 Cayley-Hamilton 정리(Cayley-Hamilton theorem)를 증명하시오. 또 이 정리를 사용하여 $\dim R = 3$인 경우 A^3을 I, A, A^2의 함수로 나타내시오. 단 편의상 A는 주기저를 사용하여 나타낸 대칭텐서의 표현인 행렬로 간주한다.

[도움말; 주기저정리에 의해 대칭텐서를 대각행렬로 나타낼 수 있는 기저가 존재함을 알고 있으며, 주대각선 상에 있는 고유값은 모두 특성방정식의 해임을 이용한다. 이 정리는 순전히 수학적으로 유도되었으나, 예를 들어 물질의 재료적 성질과 관련하여 주요한 단서를 제공하는데, 어떤 물리량이 대칭텐서 $\underline{A}$의 함수라면 그 함수는 결국 I, A, A^2만의 함수로 나타낼 수 있음을 뜻하므로, 따라서 그 물리량을 I, A만의 함수로 근사(즉 선형근사)할 경우, 단지 2차 항인 A^2만 무시되는 것임을 알 수 있다.]

3.13 주기저정리

다음과 같은 3원 일차연립방정식과 관련하여 정의되는 대칭텐서 $\underline{A}$의 주기저를 구하고 방정식의 해를 구하시오.

$$\begin{aligned} \xi_1 + 2\xi_2 + 3\xi_3 &= 2 \\ 2\xi_1 + \xi_2 + 2\xi_3 &= 0 \\ 3\xi_1 + 2\xi_2 + \xi_3 &= 3 \end{aligned} \qquad \text{(연3.23)}$$

3.14 우극형분해

RES A_2를 취하고, 그 기저 $\{\hat{e}\}$로 다음과 같은 단위벡터들을 취하면 텐서 $\underline{A}$의 $\{\hat{e}\}$에 대한 표현 $\underline{A}^{\hat{e}} = A$를 다음과 같이 쓸 수 있다.

$$\hat{e}_1 = \begin{pmatrix} 1 \\ 0 \end{pmatrix},\ \hat{e}_2 = \begin{pmatrix} 0 \\ 1 \end{pmatrix},\ A = \begin{pmatrix} 1 & \frac{8}{3} \\ 0 & 1 \end{pmatrix} \qquad \text{(연3.24)}$$

위와 같은 텐서 $\underline{A}$의 우극형분해를 구하시오. 또 이와 관련하여 원점에 좌하방 꼭지점을 둔 한 변의 길이가 1인 정사각형의 둘레 위에 있던 벡터들이 어떤 방식으로 변환되는지에 대해 설명하시오.

3.15 특이텐서에 대한 극형분해정리

특이텐서에 대한 극형분해정리를 증명하시오.

3.16 택일정리

다음과 같은 일차연립방정식에 대해 Fredholm의 택일정리를 사용하여 해의 유무 가능성에 대해 논하시오.

$$\begin{aligned} \xi_1 + \ \ \xi_2 &= 0 \\ \xi_1 + 2\xi_2 &= 2 \end{aligned} \qquad (\text{연}3.25)$$

3.17 택일정리

[예제 3.46]과 [예제 3.47]에서 다룬 방정식들에 대해 얻은 해와 관련하여 Fredholm의 택일정리의 관점에서 논하시오.

3.18 Gauss의 소거법

식 (연23)으로 주어진 연립방정식의 해를 Cramer의 해법, Gauss의 소거법을 사용하여 구하고, 각 해법의 장단점에 대해 논하시오. 특히 미지수의 갯수 n이 매우 클 때, 컴퓨터를 사용하여 해를 구하는 경우를 상정하여 비교하시오.

참고문헌

[1] I., Asimov, 1982, Asimov's Biographical encyclopedia of science & technology, 2nd Revised Ed. Doubleday & Company, Inc., New York

[2] von Karman & M. A. Biot, 1940, Mathematical methods in engineering, McGraw-Hill Book Company, Inc., New York & London

[3] M. Kline, 1972, Mathematical thought from ancient to modern times, Oxford University Press, New York

[4] C. B. Boyer & U. C. Merzbach, 1991, A history of mathematics, 2nd Ed., John Wiley & Sons, Inc., New York

[5] M. J. Crowe, 1994, A history of vector analysis; The evolution of the idea of a vectorial system, Dover Publications, Inc., New York

[6] C. Truesdell, 1968, Essays in the history of mechanics, Springer-Verlag, New York

[7] H. Rouse & S. Ince, 1963, History of hydraulics, Dover Publications, Inc., New York

[8] J. J. O'Connor & E. F. Robertson, The MacTutor history of Mathematics Archive,

http://www-history.mcs.st-andrews.ac.uk/history/index.html

[9] R. Courant & F. John, 1965, Introduction to calculus and analysis, Vol. 1, Interscience Publishers

[10] R. Courant & F. John, 1974, Introduction to calculus and analysis, Vol. 2, A Wiley-Interscience Publication, John Wiley & Sons

[11] 이승준, 2002, 역사로 배우는 동역학, 인터비젼

[12] 이승준, 2009, 역사로 배우는 유체역학, 개정판, GS인터비젼

[13] 이승준, 1991, Lecture Note on Linear Algebra, Dept. of NAOE, CNU

[14] I. M. Gelfand, 1978, Lectures on Linear Algebra, Robert E. Krieger Publishing Company, New York

[15] C. D. Meyer, 2000, Matrix Analysis and Applied Linear Algebra, SIAM, Philadelphia

부록: 공학수학 연대표

Pythagoras(BC560~480, Greece) 피타고라스의 정리, 무리수
Aristotle(BC384~322, Greece) 사변형정리
Euclid(BC325~270, Greece) 기하학원본
Archimedes(BC287~212, Syracuse) 정역학, 부력의 원리, 소진법, π의 상하한
Oresme(1323~1382, France) 함수와 좌표계의 개념
Recorde(1510~1558, UK; 1557) 등호
Vieta(1540~1603, France; 1591) 방정식에 문자 도입
Galileo(1564~1642, Italy; 1638) 벡터의 개념, Two New Sciences
Descartes(1596~1650, France; 1637) 직각좌표계
Newton(1642~1727, UK; 1687) Principia
Leibniz(1646~1716, Germany; 1684) 미적분
Cramer(1704~1752, Switzerland; 1750) Cramer 해법
Euler(1707~1783, Switzerland, Germany, & Russia; 1752) Euler 운동방정식
d'Alembert(1717~1783, France; 1752) d'Alembert 역설, 연속방정식, 파동방정식
Laplace(1749~1827, France; 1772) 행렬식의 전개
Gauss(1777~1855, Germany, 1809) Gauss 소거법
Cauchy(1789~1857, France; 1815) 행렬식의 명칭
Coriolis(1792~1843, France; 1829) 일과 운동에너지
Green(1793~1841, UK; 1828) Green 정리 및 Green함수
Lamé(1795~1870, France; 1833) 일반직교좌표계
Jacobi(1804~1851, Germany; 1832) 적분의 변수 변환
Hamilton(1805~1865, UK; 1843) 4원수(quaternion)
Grassmann(1809~1877, Germany; 1844) 선형벡터공간의 기초
Sylvester(1814~1897, UK & USA; 1850) 행렬의 명명
Stokes(1819~1903, UK; 1845, 1854) 점성유체에 대한 운동방정식, Stokes 정리
Cayley(1821~1895, UK; 1858) 행렬이론
Helmholtz(1821~1894, Germany; 1858) 와도
Hermite(1822~1901, France) Hermite행렬
Kelvin(1824~1907, UK; 1869) 순환
Riemann(1826~1866, Germany; 1854) 非Euclid 기하학

Maxwell(1831~1879, UK, 1873), 전자장이론
Dedekind(1831~1916, Germany; 1872) 실수 체계
Jordan(1838~1922, France; 1870) 텐서의 기준형
Gibbs(1839~1903, USA; 1884) 벡터표기법
Schwarz(1843~1921, Germany; 1885) Schwarz 부등식
Frobenius(1849~1917, Germany; 1878) 직교행렬
Heaviside(1850~1925, UK; 1893) 전자장이론
Ricci(1853~1925, Italy; 1892) 일반직교좌표계 변환
Peano(1858~1932, Italy; 1888) 선형벡터공간
Hilbert(1862~1943, Germany) Hilbert공간
Fredholm(1866~1927, Sweden; 1900) 택일정리
Levi-Civita(1873~1941, Italy; 1901) 일반직교좌표계 변환
Prandtl(1875~1953, Germany; 1905) 경계층이론
von Karman(1881~1963, Hungary, Germany & USA, 1940) 공학수학

찾아보기

A

abstract groups 185
acceleration 32
addition 31
algebra 2
algebraic multiplicity 301
algorithm 297
analog 2
analysis 2
analytic 90
analytic function 89
analytic geometry 2
angular velocity 179
approximation 173
arc length 81, 131
area integral 78
argument 145
array 146
arrow quantity 23
associativity 153

B

backward substitution 292
base 145
basis 155
best approximation 174
binomial theorem 73
binormal 36
boundary 78, 136
boundary surface 97
boundary value problem 105

C

calculus 2
canonical form 292
Cartesian 23, 26
Cartesian co-ordinate system 45
Cauchy-Riemann-equation 90
Cayley-Hamilton theorem 316
center 58
center of gravity 69
center of mass 134
central force 69
change-of-basis formula 156
characteristic equation 247
characteristic length 45
characteristic polynomial 247
circular helix 40
circulation 62, 84
closed contour 69
closed path 69
closed surface 97
co-ordinate 75
co-ordinate system 2
coefficient matrix 236
cofactor 200, 231
column 156
commutativity 3, 153
complex conjugate 299
complex Euclidean space 299

complex function 145
complex number 22
complex root 247
complex variable 89
complex velocity potential 91
components of tensor 197
components of vector 155
concept 30
conservative force 69
Cramer's rule 227
cross product 24
curl 60
curvilinear co-ordinate system 121
cylindrical co-ordinate system 51

D

definite integral 66
del 48
dependent variable 30
determinant 60, 146
diagonal matrix 253
diagonally dominant matrix 298
digital 2
dimension 155
directional cosine 47
directional derivative 45
Dirichlet problem 105
discriminant 167, 185
displacement 30
distance 173
distributivity 153
divergence 60
domain 78
dot product 24
double root 263
drag 60
dynamics 55

E

Eddington's epsilon 177
eigen 243
eigenvalue 243
eigenvector 243
electromagnetic theory 24
Elements 1, 3, 14, 28, 128
elements of matrix 198, 228
empty set 255, 288
engineer 4
engineering 4
engineering mathematics 4
equation 1
equation of continuity 60
equation of motion 60
error 174
even permutation 178
exact differential 68
exponential function 50

F

fluent 75
fluid particle 45
fluxion 75
forward elimination 292
Fredholm's alternative theorem 285
fundamental theorem of algebra 144, 248

G

Gauss theorem 99

Gaussian elimination 292
generalized orthogonal co-ordinate system 86
geocentric theory 28
geometric 3
geometric multiplicity 301
geometric structure 166
geometry 1, 55
gradient 48
Gram-Schmidt orthogonalization process 173
Green's first formula 104
Green's second formula 104
Green's theorem 78

H

harmonic function 89
heat conduction coefficient 52
heat flux 52
heliocentric theory 28
Hermitean tensor 300
homogeneous equation 236
homogeneous solution 291
hydrodynamics 83
hypergeometric function 152

I

identity tensor 188
identity transformation 270
imaginary number 144
improper orthogonal tensor 240
indefinite integral 66
independent 66
independent variable 30
index notation 156, 311
infinite dimensional Hilbert space 285
infinitesimal 3, 77
input 48
instantaneous velocity 31
integral 92
integral equation 192
integrand 67
integration path 66
invariance 275
invariant 146, 199
invariant subspace 242
inverse function 109
inverse matrix 237
inverse operation 34
inverse tensor 192
irrational number 145
irrotational 65
irrotational flow field 87

J

Jacobian 125
Jordan's canonical form 299

K

kernel function 192
Kronecker's delta 169

L

Laplace equation 89
Laplace's expansion 231
law of parallelogram 31

least square method 152
left polar decomposition 279
Legendre polynomial 311
Levi-Civita's symbol 177
limit 3
line integral 68
linear combination 154
linear function 312
linear operation 166
linear operator 33
linear space 22
linear transformation 146, 187
linear vector space(LVS) 22, 153
linearity 153
linearly dependent 154
linearly independent 154

M

mass moment of inertia 126
mass moment of inertia tensor 262
mass point 30
mathematical analysis 94
mathematical description 21
matrix 143, 146, 185
matrix algebra 292
matrix notation 228
mean free path 45
Mechanica 93
mechanics 22
Meteorology 55
method of exhaustion 17
minor 200, 231
modulus 277
moment 178
motion trajectory 32
multi-variable function 45

N

n-column vector 157, 227
negative definite 261
Neumann problem 138
non-Euclidean geometry 164
non-negative definite 277
non-orthogonal co-ordinate system 123
non-singular matrix 238
non-singular tensor 192
non-trivial solution 236
nonlinear 62
normal 36
normal distribution 139
normal mode 209
notation 23
null-space 243
number quantity 23
number theory 93, 97
numerical analysis 292

O

object 209
odd permutation 178
one-to-one correspondence 192
operation 3
Optics 55
ordered pair 144
origin 30
orthogonal 168
orthogonal basis 168
orthogonal complement 288

orthogonal tensor 209
orthonormal basis 168
output 48

P

parabola 31
parallelepiped 182
parameter 30
partial matrix 277
particular solution 291
path 66
path-independent 137
piecewise continuous 68
piecewise smooth 68
point vortex 133
polar co-ordinate system 62
polar decomposition 209, 277
polar form 209, 277
polynomial 242
position vector 179
positive definite 261
post-multiply 280
potential energy 68
potential function 78
pre-image 192
pre-multiply 237
principal axes 146, 209, 262
principal basis 254
principal basis theorem 254
Principia 2, 30, 75
projectile 32
projection 84, 173
proper orthogonal tensor 240

Q

quadratic differential form 275
quadratic form 146, 260
quadrature 20
quasi-diagonal matrix 270
quaternion 24, 128

R

radius of curvature 36
radius of gyration 126
radius of torsion 43
rate of change 45
Rayleigh's principle 262
Rayleigh's quotient 262
real Euclidean space(RES) 34, 166
real function 145
real number 22, 227
real number system 11
real root 247
reflection 220, 265, 270
represent 154
representation 200
right polar decomposition 279
rotation 60
rotational motion 178
row 156

S

scalar 22
scalar multiplication 22
scalar product 22, 24
scale factor 108
similarity transformation 205
simple closed contour 69

single variable function 45
singular matrix 238
singular tensor 192
sink 102
smoothness 5
solver 292
source 100
spectrum 243
spherical co-ordinate system 49
spherical shell 125
square array 156
square matrix 227
square root 277
steady flow 45
Stokes' theorem 85
stream function 91, 136
streamline 137
strength of materials 55
stress tensor 61
string 95
subset 173
subspace 173
subtraction 31
surface integral 83
symmetric tensor 209

T

tangential 33
tension quantity 23
tensor 23, 187
tensor analysis 275
tensor notation 187
three-dimensional
Euclidean space 176
total differential 88
traction vector 61
translational motion 180
transpose matrix 228
transpose tensor 211
tripos 183
trivial solution 236

U

uncoupled 255
uniqueness 105, 155
unit circle 269
unit matrix 237
unit tensor 188
unitary tensor 300
unknown 227
unknown function 88
upper triangular matrix 296
useful mathematics 4

V

vector 3, 128
vector differential operator 24
vector field 65, 102
vector product 24
vector space 22
vector triple product 182
vector variable 45
velocity 31
volume distribution 101
volume flow rate 58
volume integral 97
vortex theory 56
vorticity 60

W

wave equation 95
work 66

저자 약력

1976. 3. - 1979. 7. OCS 65차, 해군사관학교 교수부 교관
1979. 10. - 1981. 7. 서울대학교 공과대학 조교
1988. 5. - 1989. 4. Univ. New South Wales, Visiting Fellow
1993. 7. - 1993. 8. 清華大學, 객원 연구원
1995. 8. - 1995. 9. California Institute of Technology, Visiting Associate
1999. 9. - 2000. 2. Hiroshima University, Visiting Professor
2000. 3. - 2000. 8. Univ. California, Santa Barbara, Visiting Engineer
2005. 3. - 2006. 2. Hong Kong University, Visiting Professor
1985. 10. - 현재 충남대학교 선박해양공학과 교수

학력

1985. 6. California Institute of Technology, Ph.D.
1976. 2. 서울대학교 조선공학과, 공학석사
1974. 2. 서울대학교 조선공학과, 공학사

역사로 배우는 공학수학

2010년 5월 1일 초판 인쇄
2016년 2월 25일 3쇄 발행

저 자 이승준
발 행 인 송기수
발 행 처 도서출판 GS인터비전
편 집 처 도서출판 GS인터비전
인 쇄 처 대일문예사
등록번호 제 313-2011-120 호
I S B N 978-89-93668-55-1 (92530)

주 소 서울 은평구 증산로 15길 69 2층
전 화 02-976-7898,
팩 스 02-6468-7898
Homepage gsintervision.co.kr
E-Mail gsinter7@gmail.com

정 가 22,000원